白酒

生产实用技术

第二版

赖登燡

王久明　余乾伟　陈万能　／编著

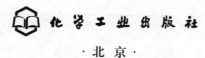

化学工业出版社

·北京·

内容简介

本书以浓香型白酒为重点，详细介绍了浓香型白酒大曲制作、窖泥技术、生产工艺、入窖条件七要素分析、提高浓香型白酒质量的措施、酒中常见异杂味与生产的关系、减轻异杂味的措施等，对其他香型白酒从不同角度、不同层面也分别加以介绍，相对强化了目前热门的酱香型白酒生产技术。书中对白酒生产过程中出现的一些问题进行了详细的分析，强调在生产环节注重香型融合技术及酒体设计的应用，注重质量安全，并对职业鉴定及评委考试提出了一些建议和点评。

本书适合白酒生产企业从业人员、大中专院校相关专业师生参考。

图书在版编目（CIP）数据

白酒生产实用技术/赖登燡等编著. —2 版. —北京：化学工业出版社，2021.2（2024.2重印）
ISBN 978-7-122-38156-9

Ⅰ.①白⋯ Ⅱ.①赖⋯ Ⅲ.①白酒-酿酒 Ⅳ.①TS262.3

中国版本图书馆 CIP 数据核字（2020）第 243317 号

责任编辑：彭爱铭　　　　　　　　　　装帧设计：史利平
责任校对：宋　玮

出版发行：化学工业出版社（北京市东城区青年湖南街 13 号　邮政编码 100011）
印　　装：三河市延风印装有限公司
710mm×1000mm　1/16　印张 19¼　字数 385 千字　2024 年 2 月北京第 2 版第 3 次印刷

购书咨询：010-64518888　　　　　　　售后服务：010-64518899
网　　址：http://www.cip.com.cn

定　　价：89.00 元

第二版序言

改革开放以来，具有悠久历史和文化传承的中国白酒产业得到了快速、健康的发展，取得了显著的经济效益和社会效益，为国家经济发展作出了巨大贡献。特别是在解决劳动力就业、增加财政税收、带动农业结构调整和农民增收等方面，发挥了重要作用，并促进了其他关联产业的发展。

中国白酒近年来发展迅速，行业新技术、新工艺、新产品层出不穷。酿酒行业的传承创新进入到新阶段，涌现出一大批具有工匠精神的酿酒大师。本书就是由活跃在一线的酿酒大师编著。本书主要介绍白酒生产过程中的实用技术，包括原辅材料特点和选择、酒曲的制备、主要香型白酒生产工艺、勾兑调味、酒体设计、质量安全控制、职业培训考试试题类型和解答技巧等。

本书第一版从 2012 年出版以来，得到了全国酿酒从业人员广泛关注，对一线技术人员起到了指导作用，并在全国性酿酒技术培训班多次使用，受到了广泛的好评！

本书的再版，将继续为酿酒教学科研人员、广大企业技术人员提供帮助和服务。

曾祖训

2020. 4. 16.

中国白酒是世界著名六大蒸馏酒之一，它以精湛的技艺、独特的品质享誉世界，是我国人民物质文化生活的重要组成部分，成为中华民族的宝贵遗产！据考证，从裴李岗文化、大汶口文化出土文物中，就发现有杯、壶、觚、觥等饮酒器物及用于发酵的瓮等陶器。

今天，酒类生产得到空前发展，2011年全国白酒产量突破1000万千升，销售额3600多亿元，在我国国民经济和国民生活中也占有重要地位，酿酒科技不断取得进步。本书从实际生产出发，按照白酒生产操作流程撰写，并针对生产中常见的问题提出实用有效的解决措施，通过对糟醅、黄水等眼观、鼻闻、口尝、手摸等方面判断生产情况，具有很强的实用性和可操作性。

该书作者赖登燡先生是中国首届酿酒大师、中国著名白酒专家、国家级非物质文化遗产酿造技艺代表性传承人、教授级高级工程师、四川大学客座教授，从事白酒生产和科研40余年，荣获部、省、市各级科技成果奖15项，现为水井坊股份有限公司总工程师、副总经理。另三位作者王久明、余乾伟、陈万能均是从事酿酒生产和科研20多年的白酒专家，具有丰富的实践经验和深厚的理论基础。该书具有较强的科学性和系统性，理论与实践紧密结合，实用、可操作性强，对白酒生产厂家具有实际指导作用，也可作为科研人员和大专院校师生参考资料。相信本书的出版，对广大酿酒企业解决生产中实际问题会有很大帮助，对促进中国白酒生产发展和人才的培养具有十分现实的意义。我乐为之序。

享誉酒界一奇葩，专业论著绽新花。

精湛技艺广传承，酿得美酒醉华夏。

沈怡方

二0一二年四月六日

第二版前言

中国白酒历史悠久、风格独特、香型众多。本书以浓香型白酒为重点，详细阐述浓香型白酒大曲制作、窖泥技术、生产工艺、生产要点、入窖条件七要素分析、提高浓香型白酒质量的技术措施、酒中常见异杂味与生产的关系，以及浓香型流派分析等；对另一个生产量较大的小曲酒生产也作了比较详细的介绍；对其他香型的白酒从不同角度、不同层面也分别加以介绍。本书对白酒生产过程出现的一些问题进行了详细的分析，强调在生产环节注重香型融合技术及酒体设计的应用，注重白酒质量安全；对职业鉴定及评委考试提出了一些管见，以全国白酒培训考试为例进行技术点评。本书每章均列出复习思考题，供读者掌握其要点。希望本书能对白酒生产厂家一线人员及相关同志有所帮助和指导。

本书由具有丰富实践经验的中国首届酿酒大师、教授级高级工程师、四川水井坊股份有限公司原总工程师赖登燡先生，四川宜府春酒业集团有限公司董事长王久明先生，四川省食品发酵工业研究设计院教授级高级工程师余乾伟先生，四川水井坊股份公司曲酒车间主任陈万能先生主笔。

全书共分为6章及附录。由赖登燡、余乾伟提出全书纲要，第一章由余乾伟、陈万能编写；第二章由余乾伟、陈万能、赖登燡、王久明编写；第三章由赖登燡、王久明、陈万能、余乾伟编写；第四章第一节由赖登燡、陈万能、王久明编写，第四章第二节~第十三节由余乾伟、赖登燡、陈万能编写；第五章由赖登燡、王久明、余乾伟编写；第六章由陈万能、余乾伟编写；附录由余乾伟编写。全书最后由赖登燡、余乾伟统稿、定稿。为突出中国白酒生产的实用技术，对微生物基础知识、发酵、蒸馏等方面的基本理论等，本书一概从略。

本书第一版于2012年出版，由我国著名白酒专家、第五届全国评酒专家组长沈怡方先生提出宝贵意见并致序！自出版以来，深受酿酒从业人员喜爱，本次保持了原来的风格，修订了部分不妥之处，补充了一些新的技术、观点，特别增加了酱香型白酒生产技术部分。第二版完成后承蒙我国著名白酒专家、中国食品工业协会高级顾问、四川省酿酒专家组组长曾祖训先生作序。

本书在编著过程中参考了有关作者的研究成果及技术文献，吸收了许多老一辈专家、同行的观点论述，得到了四川水井坊股份有限公司、四川省食品发酵工业研究设计院领导的关怀及支持，在此一并致谢！

希望本书继续为白酒生产企业从业人员、大中专院校师生服务，期待行业专家、学者及广大酿酒爱好者提出宝贵意见，并交流学习（邮箱：yuqw0987@163.com）。

编著者

2020年5月　四川成都

第一版前言

　　中国白酒近年来发展迅速，新技术、新工艺、新产品层出不穷。 2011年产量突破1000万吨，创历史新高，其中浓香型白酒产销量占白酒总量70%以上，在全国白酒行业中占有重要地位。本书以浓香型为重点，详细阐述浓香型大曲、窖泥技术、生产工艺、生产要点、入窖条件七要素分析、提高浓香型曲酒质量的技术措施、酒中常见异杂味与生产的关系，以及浓香型流派分析等。对另一个生产量较大的小曲酒生产也作了详细介绍，对其生产过程出现的问题一一分析。希望该书能对白酒生产厂家有实际的借鉴和指导作用。

　　在目前已形成白酒香型中，除重点介绍浓香型外，对其他香型白酒从不同角度、不同层面也分别加以介绍；强调在生产环节注重香型融合技术及酒体设计的应用，白酒质量安全不可忽视。书中每章均列出复习思考题供掌握其要点。对职业鉴定及评委考试，提出一些管见，以近年来全国白酒培训考试为例进行技术点评，希望对酒厂一线人员及相关同志有所帮助。

　　全书共分为6章及附录，由具有丰富实践经验的中国首届酿酒大师和四川水井坊股份有限公司总工程师赖登燡先生、四川宜府春酒厂总工程师王久明先生、四川省食品发酵工业研究设计院余乾伟高级工程师、水井坊公司曲酒车间主任陈万能主笔。具体分工如下：赖登燡、余乾伟提出全书纲要，第一章由余乾伟、王久明编写；第二章由余乾伟、陈万能、赖登燡、王久明编写；第三章由赖登燡、王久明、陈万能、余乾伟编写；第四章第一节由赖登燡、陈万能、王久明编写，第四章第二节~第十三节由余乾伟、赖登燡、陈万能编写；第五章由赖登燡、王久明、余乾伟编写；第六章由陈万能、余乾伟编写；附录由余乾伟编写。全书最后由赖登燡、余乾伟统稿、定稿。为突出中国白酒精湛技艺，对微生物基础知识，发酵、蒸馏基本理论等，相关书籍有详细阐述，本书一概从略。书稿完成后由我国著名白酒专家、第五届全国评酒专家组长沈怡方先生提出宝贵意见并致序！

　　本书承化学工业出版社具体指导，在编著过程中参考了有关作者的研究成果及技术文献，吸收了许多老一辈专家、同行的观点论述，承四川水井坊股份有限公司、四川省食品发酵工业研究设计院领导的关怀及支持，在此一并致谢！

　　本书采录了大量技术图表及最新信息资料，内容丰富，实用性强，对广大酿酒工人、技术人员、大专院校师生应该有所帮助，可作为职业培训教材使用。

　　限于时间及水平，书中尚有许多不足之处，恳请专家、学者及广大读者批评赐教，并欢迎与编著者交流（yuqw 0987@163.com）。

编著者

2012年2月　四川成都

目录

第一章

概述

❀ 第一节　酒史说略

中国白酒历史悠久，酒文化源远流长，传统工艺精湛，风格独特，是重要的民族工业产品，是世界著名六大蒸馏酒之一，在我国食品行业中占有重要的地位。

一、酒的起源

关于酒的起源在中国有多种说法，归纳起来主要包括民间传说、文献资料、出土文物和现代科技等几个方面。

1. 民间传说

（1）仪狄酿酒　相传夏禹时期的仪狄发明了酿酒。战国时期《世本·作篇》"仪狄做酒醪变五味"，这是造酒最早的文字记载。

（2）杜康酿酒　另一则广为流传的说法为"杜康造酒"。东汉许慎《说文解字·巾部》"古者少康初作箕、帚、秫酒。少康，杜康也。"《世本》也有同样的说法。更有曹操的《短歌行》诗句"慨当以慷，忧思难忘；何以解忧，唯有杜康"流传。

（3）酿酒始于黄帝时期　另一种传说是在远古黄帝时代人们就已开始酿酒。汉代成书的《黄帝内经·素问》中记载了黄帝与岐伯讨论酿酒的情景，《黄帝内经》中还提到一种古老的酒——醴酪，即用动物的乳汁酿成的甜酒。

以上传说尽管各不相同，但从中可以大致推断我国酿酒早在夏朝或者夏朝以前就已经存在。

2. 考古资料及出土文物

考古资料对研究酿酒的起源有重要参考价值。对于谷物酿酒来说，酿酒原料和酿酒容器是两个先决条件。以下是几个与酒有关的考古资料。

（1）裴李岗文化时期　裴李岗文化（公元前 6000～公元前 5000 年）是我国新石器时代早期的考古学文化，也是中华民族文明起步文化。20 世纪 50 年代开始，在河南省新郑市新村镇的裴李岗村一带，陆续出土石斧、石铲、石磨盘、陶窑和陶器等。从出土的文物内涵分析，考古学家认为我国的农业革命最早在这里发生，裴李岗居民已进入锄耕农业阶段，处于以原始农业、手工业为主，以家庭饲养和渔猎业为辅的母系氏族社会。由于农业革命的形成以及陶器的遗存，在裴李岗文化时期，已具备酿酒的物质条件。

（2）河姆渡文化时期 河姆渡文化（公元前5000～公元前4000年）是中国长江流域下游地区发现最早的古老而多姿的新石器文化，因第一次发现于浙江余姚河姆渡而得名，主要分布在杭州湾南岸的宁绍平原及舟山岛。在河姆渡文化遗址第4层较大范围内，普遍发现稻谷遗存，这对于研究中国水稻栽培的起源及其在世界稻作农业史上的地位，具有重大意义。河姆渡文化时期的生活用器以陶器为主，并有少量木器。在这个文化时期陶器和农作物的遗存，表明具备了酿酒的物质条件。

（3）磁山文化时期 磁山文化（公元前5400～公元前5100年）是中国华北地区的早期新石器文化。因1933年首先在河北武安县磁山发现而命名。磁山文化时期有发达的农业经济，家鸡、家猪、家犬的饲养已比较普遍；有相当一部分人从事专项手工劳动，原始手工业已成为原始农业、渔猎、采集生产及其生活的重要组成部分。1976～1978年在这里进行了三次发掘，发掘灰坑468个，发现其中88个长方形窖穴底部堆积有粟灰，层厚为0.3～2m。同时还发现了一些形制类似于后世酒器的陶器。因此有人认为磁山文化时期，谷物酿酒的可能性是很大的。

（4）仰韶文化时期 仰韶文化（公元前5000～公元前3000年）是黄河中游地区重要的新石器时代文化。因1921年在河南省三门峡市渑池县仰韶村被发现而得名。到目前为止已发现上千处仰韶文化遗址，以河南省和陕西省最多。1953年春在西安市东郊7公里处发现的半坡遗址（距今5600～6700年之间）是黄河流域一处典型的新石器时代仰韶文化母系氏族聚落遗址。该遗址从1954年9月到1957年夏季前后发掘5次，发掘房屋遗迹45座，储藏地窖200多个，烧制陶器的窑址6座，生产工具和生活用具万件之多。在半坡遗址发掘出的陶器中，已经有了像甲骨文或金文"酉"字的罐子（古文字"酒"作"酉"）。

（5）三星堆遗址 三星堆遗址（公元前4800～公元前2870年）是中国西南地区的青铜时代遗址，位于四川广汉南兴镇，1929年春开始发现，1980年起发掘，在遗址中发现城址1座。据认为，其建造年代至迟为商代早期。该遗址现已进行了13次大规模发掘。出土文物中发现了大量的陶器和青铜酒器，其器形有杯、瓿、壶等，其形体之大也为史前文物中所少见。

（6）大汶口文化墓葬 1979年，考古工作者在山东莒县陵阳河大汶口文化墓葬（距今4000年前）中发掘到大量酒器。尤其引人注意的是这些酒器中有一组合酒器，包括酿造发酵所用的大陶尊、滤酒所用的漏缸、储酒所用的陶瓮、用于煮熟物料所用的陶鼎，还有各种类型的饮酒器具100多件。在发掘到的陶缸壁上还刻有一幅滤酒图。根据考古人员的分析，墓主生前可能是一位职业酿酒者。

（7）龙山文化时期 龙山文化（距今4000余年）泛指中国黄河中下游地区新石器时代晚期的一类文化，因1928年首先在山东省章丘县龙山镇城子崖发现而命名。在龙山文化时期墓葬中发掘到许多酒器，国内学者普遍认为龙山文化时期酿酒已经是较为发达的行业。

据报道，河南贾湖遗址研究证明：9000 年前贾湖人已经掌握了酒的酿造方法，所用原料包括大米、蜂蜜、葡萄和山楂等。

3. 现代观点

根据现代观点，从自然成酒到人工酿酒经历了四个阶段（表 1-1）。从这个意义上讲，人类并不是发明了酒，而只是发现和利用了酒。关于酒的起源，可以从以下几个方面来说明。

表 1-1　酒起源的四个阶段

阶段	与酒有关的事件	推测期间
1	自然界天然成酒	人类产生以前
2	人类饮酒（发现果酒，祭祀天神和祖先）	距今 50 万年左右
3	人类酿酒（发现、认识酒，初步学会酿酒）	距今 4 万～5 万年
4	人类大规模酿酒	距今 5 千～7 千年(考古、文字)

（1）酒是天然产物　酒中的主要成分是酒精，其化学名是乙醇（C_2H_5OH），只要具备一定条件，某些物质就可以转变为酒精（如葡萄糖可在微生物所分泌的酶的作用下转变成酒精），大自然完全具备产生这些条件的基础。

（2）酒是谷物自然发酵的产物　人类开始酿造谷物酒，并非发明创造，而是发现。方心芳先生对此作了具体的描述："在农业出现前后，贮藏谷物的方法粗放。天然谷物受潮后会发霉和发芽，吃剩的熟谷物也会发霉，这些发霉发芽的谷粒，就是上古时期的天然曲蘖，将之浸入水中，便发酵成酒，即天然酒。人们不断接触天然曲蘖和天然酒，并逐渐接受了天然酒这种饮料，久而久之，就发明了人工曲蘖和人工酒。"

（3）果酒和乳酒是第一代饮料酒　人类有意识地酿酒，是从模仿大自然开始的。我国古代书籍中有不少关于水果自然发酵成酒的记载。如宋代周密在《癸辛杂识》中曾记载山梨被人们贮藏在陶缸中后变成了清香扑鼻的梨酒。元好问在《蒲桃酒赋》的序言中也记载某山民因避难山中，堆积在缸中的蒲桃（葡萄）变成了芳香醇美的葡萄酒。古籍中还有所谓"猿酒"的记载，这种酒并不是有意识酿造的酒，而是猿猴采集的水果自然发酵所生成的果酒。

远在旧石器时代，人们以采集和狩猎为生，水果是主食之一。水果中含有较多的糖分（如葡萄糖、果糖）及其他成分，在自然界中微生物的作用下，很容易自然发酵生成香气扑鼻、美味可口的果酒；此外，动物的乳汁中含有蛋白质、乳糖，也易发酵成酒，以狩猎为生的先民们有可能意外地从留存的乳汁中得到乳酒。在《黄帝内经》的"醴酪"即是我国乳酒的最早记载。

根据古代的传说及酿酒原理推测，人类有意识酿造的最原始的酒类品种应是果酒和乳酒。因为果物和动物的乳汁极易发酵成酒，所需的酿造技术较为简单。

二、中国白酒的出现

中国白酒属于蒸馏酒，俗称"烧酒"。与酿造酒相比，蒸馏酒在制造工艺上多了一道蒸馏工序，因此蒸馏器是关键设备，蒸馏器的发明是蒸馏酒起源的前提。关于蒸馏酒的创始时间，一直是世界科技史界争论不休的问题。有关蒸馏酒起源的依据多是古代史籍和诗赋中关于酒的描述和造酒方法的介绍，由于对这些材料的理解和解释不同，结论也不尽相同。目前关于蒸馏酒的起源主要有以下几种不同观点。

1. 元代说

明代医学家李时珍在其《本草纲目》中写道："烧酒非古法也，自元时始创。其法用浓酒和糟，蒸令汽上，用器承取滴露，凡酸坏之酒，皆可蒸烧。其性烈，盖酒露也。"这是最早提出我国蒸馏酒起源于元代的观点。

元代文献中有蒸馏酒及蒸馏器的记载，如成书于1330年的《饮膳正要》中就有相关的描述。但蒸馏酒是否自创于元代，史料中没有明确说明。美国学者劳佛尔认为中国的蒸馏器是元代时从阿拉伯引进的；我国学者中也有人认为宋人不知道蒸馏设备和蒸馏方法，元朝始有蒸馏器，而且很可能是从阿拉伯传入的。

清代檀萃的《滇海虞衡志》中说："盖烧酒名酒露，元初传入中国，中国人无处不饮乎烧酒。"章穆的《调疾饮食辨》中说："烧酒又名火酒，《饮膳正要》曰'阿剌吉'，番语也，盖此酒本非古法，元末暹罗及荷兰等外人始传其法于中土。"

现代吴德铎先生则认为，撰写《饮膳正要》的作者忽思慧（蒙古族人）当时是用蒙文的译音将烧酒写成"阿剌吉"，不应视为外来语，也就是说，忽思慧并没有将烧酒看作是从外国传入的。

至于烧酒从元代传入的可信度如何，曾纵野先生认为："在元时一度传入中国可能是事实，从西亚和东南亚传入都有可能，因其新奇而为人们所注意也是可以理解的。"

2. 宋代说

此观点是经过现代学者的大量考证之后提出的，主要有以下几方面的依据。

（1）宋代史籍中已有蒸馏器的记载　南宋张世南在《游宦纪闻》卷五中记载了一例蒸馏器，用于蒸馏花露；宋代的《丹房须知》一书中画有当时蒸馏器的图形。吴德铎先生认为："至迟在宋以前，中国人民便已掌握了蒸制烧酒所必需的蒸馏器。"当然，这并未表示此蒸馏器就一定是用来蒸馏酒的。

（2）考古发现了金代的蒸馏器　20世纪70年代，考古工作者在河北省承德地区青龙县土门子公社发现了被认为是金世宗时期的铜制蒸馏烧锅。此器高41.6cm，由上下两个分体套合而成。下分体为半球状甑锅，口沿作双唇凹槽，槽边有出酒流

（水道、水嘴）；上分体为圆桶状冷却器，穹隆底，近底部有一排水流。依其结构可以推知其使用方法：甑锅盛适量的水，水面以上安箅子，上装酿酒坯料。冷却器套合于甑锅之上，器内注冷水，用活塞堵住排水流。蒸酒时，蒸气上升，遇冷成为液态的酒，并由出酒流注入盛酒器。这一蒸馏器的发现，不仅证明了蒸馏器在金代已有，也与《金史》所记载的"诸妃皆从，宴饮甚欢""今日甚饮成醉""可极欢饮，君臣同之"等皇家盛饮之史实相符。邢润川据此认为："宋代已有蒸馏酒应是没有问题。"

从所发现的这一蒸馏器的结构来看，与元代朱德润在《轧赖机酒赋》中所描述的蒸馏器结构相同。器内液体经加热后，蒸气垂直上升，被上部盛冷水的容器内壁所冷却，从内壁冷凝，沿壁流下被收集。而元代《居家必用事类全集》中所记载的南番烧酒所用的蒸馏器尚未采用此法，南番的蒸馏器与阿拉伯式的蒸馏器则相同，器内酒的蒸气是左右斜行走向，流酒管较长。从器形结构来考察，我国的蒸馏器具有鲜明的民族传统特色，由此推测我国在宋代可能已自创蒸馏技术。

（3）文献记载　宋代的文献记载中，"蒸酒""烧酒"一词的出现颇为频繁，而且关于"烧酒"的记载比较符合蒸馏酒的特征。

"蒸酒"一词，也有人认为是指酒的蒸馏过程（"蒸酒"在清代表示蒸馏酒）。如宋代洪迈的《夷坚丁志》卷四的《镇江酒库》记有"一酒匠因蒸酒堕入火中"，但这里的蒸酒并未注明是蒸煮米饭还是酒的蒸馏。

《宋史·食货志》中关于"蒸酒"的记载较多。采用"蒸酒"操作而得到的一种"大酒"，也有人认为是指蒸馏酒。但宋代几部重要的酿酒专著（朱肱的《北山酒经》、苏轼的《酒经》等）及酒类百科全书《酒谱》中均未提到蒸馏的烧酒。北宋和南宋都实行酒的专卖，酒库大都由官府有关机构所控制。如果蒸馏酒确实出现的话，普及速度应是很快的。

3. 唐代说

唐代是否有蒸馏烧酒，也是人们关注的焦点之一。烧酒一词首先是出现于唐代文献中。如白居易的诗句"荔枝新熟鸡冠色，烧酒初开琥珀香"；雍陶（唐大和大中年间人）的诗句"自到成都烧酒熟，不思身更入长安"等。

但从唐代的《投荒杂录》的记载"南方饮'既烧'，即实酒满瓮，泥其上，以火烧方熟，不然不中饮"来看，是一种加热促进酒陈熟的方法，而不是酒的蒸馏操作。在宋代《北山酒经》中，这种操作又称为"火迫酒"。由此看来，唐代已有蒸馏的烧酒的观点尚缺乏足够的说服力。

尽管如此，李肇在《国史补》中罗列的一些名酒中有"剑南之烧春"，现代一些人认为唐代文献中所提到的烧酒即是蒸馏的烧酒。

4. 东汉说

近年来，在上海博物馆陈列了东汉时期的青铜蒸馏器。该蒸馏器的年代，经过青铜专家鉴定是东汉早期或中期的制品。此外在安徽滁州天长市黄泥乡汉墓中也出土了一件几乎同样的青铜蒸馏器。

吴德铎先生和马承源先生认为，我国早在公元初或公元一二世纪时期，人们在日常生活中已使用青铜蒸馏器，但他们并未认定此蒸馏器是用来蒸馏酒。吴德铎先生在 1986 年于澳大利亚召开的第四届中国科技史国际学术研讨会上发表这一轰动世界科技史学界的研究结果后，引起了《中国科学技术史》的编撰者、英国剑桥大学李约瑟博士的高度重视，并表示要对其原著作中关于蒸馏器的这部分内容重新修正。该论文也引起了国内学者的关注，有人据此认为"东汉已有蒸馏酒"。

东汉青铜蒸馏器的构造与金代蒸馏器的也有相似之处。该蒸馏器分甑体和釜体两部分，通高 53.9cm。甑体内有储存料液或固体酒醅的部分，并有凝露室。凝露室有管子接口，可使冷凝液流出蒸馏器外，在釜体上部有一入口，大约是随时加料用的。

蒸馏酒起源于东汉的观点，目前没有被广泛接受，因为仅靠用途不明的蒸馏器很难说明问题。此外，东汉以降的众多酿酒史料中都未找到任何蒸馏酒的记载，缺乏文字资料的佐证。

在国外，已有证据表明，大约在公元 12 世纪，人们第一次制成了蒸馏酒。据说当时蒸馏得到的烈性酒并不是饮用的，而是作为燃料或溶剂，后来又用于药品。国外的蒸馏酒大都用葡萄酒进行蒸馏得到。

从时间上来看，公元 12 世纪相当于我国的南宋时期，与金世宗时期几乎同时。我国的烧酒和国外的烈性酒的出现在时间上是否偶合尚难断定。

5. 商代说

近年来的考古研究发现，在安阳殷墟妇好墓中出土的青铜汽柱甑可用于提取蒸馏酒。该器作圆形盆状、敞口，沿面有一周凹槽，可与它器吻合，腹附双耳，凹底。甑内正中竖立一圆筒状透底汽柱，柱顶作四瓣花朵形，中心呈苞状突起，周身有四个瓜子形镂孔，汽柱稍低于甑口。一般认为，此器为炊具，置于鬲上蒸制食品。但显然它决非一般蒸制食品的甑。普通铜甑在妇好墓中出土多件，形制与汽柱甑不同，均敞口，腹较深，平底或凹底，上留四个汽孔。两相比较，汽柱甑有可能是用于蒸制流质或半流质食品的，也有可能是提取蒸馏酒的器具。

可见，我国蒸馏酒的起源甚至可能上溯到商代晚期。据此也不能排除国外蒸馏酒（烈性酒）技术是我国烧酒技术的发展和演变。据报道，2015 年江西南昌海昏侯墓出土的蒸馏器考证中国白酒的历史有 2000 多年。中国白酒是世界蒸馏酒当中历史最久远的之一。

❀ 第二节 白酒的分类

总的看来，中国消费市场上的酒除了包括占主要地位的白酒和黄酒外，还有各种类型的传统酒类，如果酒、药酒、奶酒等，以及近代迅速发展起来的啤酒、葡萄酒和洋酒等。由于生产历史悠久，原料多样，工艺技术繁杂等多种因素，酒的种类很多，分类方法也不尽统一。

一、按国家标准 GB/T 17204—2008 分类

凡酒精含量大于 0.5%（体积分数）的饮料和饮品均称为酒或酒精饮料（习惯称为饮料酒，酒精度低于 0.5% 的无醇啤酒也属于饮料酒），我国饮料酒包括发酵酒、蒸馏酒和配制酒三大类。发酵酒细分为啤酒、葡萄酒、果酒、黄酒和其他发酵酒等；蒸馏酒细分为白酒和其他蒸馏酒，如中国白酒、白兰地、威士忌、俄得克、朗姆酒、金酒等。（注：由于 GB/T 17204 等新标准尚未发布，暂使用以前的分类，相关新标准发布后执行最新的，下同。）

1. 发酵酒

以粮谷、水果、乳类等为主要原料经发酵或部分发酵酿制而成的饮料酒，包括啤酒、葡萄酒、果酒、黄酒和其他发酵酒。

（1）啤酒 以麦芽、水为主要原料，加啤酒花（包括酒花制品），经酵母发酵酿制而成的、含有二氧化碳的、起泡的、低酒精度的发酵酒。国家标准为 GB 4927—2008。

按灭菌（除菌）处理方式分类：熟啤酒、生啤酒、鲜啤酒。

按色度分类：淡色啤酒、浓色啤酒、黑色啤酒。

按其他方式分类：特种啤酒，如干啤酒、冰啤酒、低醇啤酒、无醇啤酒、小麦啤酒、浑浊啤酒、果蔬类啤酒等。

以前还根据生产方式、产品浓度、啤酒的消费对象、啤酒的包装容器、啤酒发酵所用的酵母菌的种类来分。

（2）葡萄酒 以鲜葡萄或葡萄汁为原料，经全部或部分发酵酿制而成的、含有一定酒精度的发酵酒。国家标准为 GB 15037—2006。

按酒中含糖量分类：干葡萄酒、半干葡萄酒、半甜葡萄酒、甜葡萄酒。

按酒中二氧化碳含量分类：平静葡萄酒、起泡葡萄酒、高泡葡萄酒、低泡葡萄酒。

按生产工艺分类：特种葡萄酒，如利口葡萄酒、葡萄汽酒、冰葡萄酒（GB/T 25504—2010）、贵腐葡萄酒、产膜葡萄酒、加香葡萄酒、低醇葡萄酒、脱醇葡萄酒、山葡萄酒（GB/T 27586—2011）。

（3）果酒（发酵型）　以新鲜水果或果汁为原料，经全部或部分发酵酿制而成的发酵酒。

果酒应按原料水果名称命名，以区别于葡萄酒。当使用一种水果作原料时，可按该水果名称命名，如草莓酒、柑橘酒等。当使用两种或两种以上水果为原料时，可按用量比例最大的水果名称命名。其分类可参照葡萄酒的分类方法。

（4）黄酒　以稻米、黍米、小米、玉米、小麦、水等为主要原料，经加曲或部分酶制剂、酵母等糖化发酵剂酿制而成的发酵酒。国家标准为GB/T 16332—2018。

按酒中含糖量分类：干黄酒、半干黄酒、半甜黄酒、甜黄酒。

按产品风格分类：传统型黄酒、清爽型黄酒、特型黄酒。

（5）奶酒（发酵型）　以牛奶、乳清或乳清粉等为主要原料，经发酵、过滤、杀菌等工艺酿制而成的发酵酒。（注：奶酒指牛奶酒。如以马奶或羊奶为主要原料酿制而成的，应称为马奶酒或羊奶酒。）

（6）其他发酵酒　除上述以外的发酵酒。

2. 蒸馏酒

以粮谷、薯类、水果、乳类等为主要原料，经发酵、蒸馏、勾兑制成的饮料酒。

（1）白酒　以粮谷为主要原料，以大曲、小曲或麸曲及酒母等为糖化发酵剂，经蒸煮、糖化、发酵、蒸馏而制成的蒸馏酒。白酒可按下面的方法分类。

① 按糖化发酵剂分类

大曲酒：以大曲为糖化发酵剂酿制而成的白酒。

小曲酒：以小曲为糖化发酵剂酿制而成的白酒。

麸曲酒：以麸曲为糖化剂，加酒母发酵酿制而成的白酒。

混曲酒：以大曲、小曲或麸曲等为糖化发酵剂酿制而成的白酒，或以糖化酶为糖化剂，加酿酒酵母发酵酿制而成的白酒。

② 按生产工艺分类

固态法白酒：以粮谷为原料，采用固态（或半固态）糖化、发酵、蒸馏，经陈酿、勾兑而制成，未添加食用酒精及非白酒发酵产生的呈香呈味物质，具有本品固有风格特征的白酒。

液态法白酒：以含淀粉、糖类物质为原料，采用液态糖化、发酵、蒸馏所得的基酒（或食用酒精），可调香或串香，勾调而成的白酒。执行标准为GB/T 20821—2007。

固液法白酒：以固态法白酒（不低于30%）、液态法白酒、食品添加剂勾调而成的白酒。执行标准为 GB/T 20822—2007。

　　③ 按香型分类

　　浓香型白酒：以粮谷为原料，经传统固态法发酵、蒸馏、陈酿、勾兑而成，未添加食用酒精及非白酒发酵产生的呈香呈味物质，具有以己酸乙酯为主体复合香的白酒。执行标准为 GB/T 10781.1—2006。

　　清香型白酒：以粮谷为原料，经传统固态法发酵、蒸馏、陈酿、勾兑而成，未添加食用酒精及非白酒发酵产生的呈香呈味物质，具有以乙酸乙酯为主体复合香的白酒。执行标准为 GB/T 10781.2—2006。

　　米香型白酒：以大米等为原料，经传统半固态法发酵、蒸馏、陈酿、勾兑而成，未添加食用酒精及非白酒发酵产生的呈香呈味物质，具有以乳酸乙酯、β-苯乙醇为主体复合香的白酒。执行标准为 GB/T 10781.3—2006。

　　凤香型白酒：以粮谷为原料，经传统固态法发酵、蒸馏、酒海陈酿、勾调而成，未添加食用酒精及非白酒发酵产生的呈香呈味物质，具有乙酸乙酯和己酸乙酯为主的复合香气的白酒。执行标准为 GB/T 14867—2007。

　　豉香型白酒：以大米或预碎的大米为原料，经蒸煮，用大酒饼作为主要糖化发酵剂，采用边糖化边发酵的工艺，经蒸馏、陈肉酝浸、勾调而成，不直接或间接添加食用酒精及非自身发酵产生的呈色呈香呈味物质，具有豉香特点的白酒。执行标准为 GB/T 16289—2018。

　　芝麻香型白酒：以高粱、小麦（麸皮）等为原料，经传统固态法发酵、蒸馏、陈酿、勾调而成，未添加食用酒精及非白酒发酵产生的呈香呈味物质，具有芝麻香型风格的白酒。执行标准为 GB/T 20824—2007。

　　特香型白酒：以大米为主要原料，以面粉、麦麸和酒糟培制的大曲为糖化发酵剂，经红褚条石窖池固态发酵，固态蒸馏、陈酿、勾调而成，不直接或间接添加食用酒精及非自身发酵产生的呈色呈香呈味物质的白酒。执行标准为 GB/T 20823—2017。

　　浓酱兼香型白酒：以粮谷为原料，经传统固态法发酵、蒸馏、陈酿、勾调而成，未添加食用酒精及非白酒发酵产生的呈香呈味物质，具有浓香兼酱香独特风格的白酒。执行标准为 GB/T 23547—2009。

　　老白干香型白酒：以粮谷为原料，经传统固态法发酵、蒸馏、陈酿、勾调而成，未添加食用酒精及非白酒发酵产生的呈香呈味物质，具有以乳酸乙酯、乙酸乙酯为主体复合香的白酒。执行标准为 GB/T 20825—2007。

　　酱香型白酒：以高粱、小麦、水等为原料，经传统固态法发酵、蒸馏、陈酿、储存、勾兑而成，未添加食用酒精及非白酒发酵产生的呈香呈味呈色物质，具有酱香风格的白酒。执行标准为 GB/T 26760—2011。

　　董香型：以高粱、小麦、大米等为主要原料，采用独特的传统工艺制作大曲、小曲，用固态法大窖、小窖发酵，经串香蒸馏、长期储存、勾调而成，未添加食用酒精及非白酒发酵产生的呈香呈味物质，具有董香型风格的白酒。执行标准为 DB52/T 550—2013。

馥郁香型：具有前浓、中清、后酱独特风格的白酒。以酒鬼酒为代表。其标准为 GB/T 22736—2008《地理标志产品酒鬼酒》。

（2）白兰地 以新鲜水果或果汁为原料，经发酵、蒸馏、陈酿、调配而成的蒸馏酒。国家标准为 GB/T 11856—2008。

包括：葡萄白兰地（简称白兰地）、水果白兰地、调配白兰地。

（3）威士忌 以麦芽、谷物为原料，经糖化、发酵、蒸馏、陈酿、调配而成的蒸馏酒。国家标准为 GB/T 11857—2008。

包括：麦芽威士忌、谷物威士忌、调配威士忌。

（4）伏特加（俄得克） 以谷物、薯类或糖蜜等为原料，经发酵、蒸馏制成食用酒精，再经过特殊工艺精制加工制成的蒸馏酒。国家标准为 GB/T 11858—2008。

（5）朗姆酒 以甘蔗汁或糖蜜为原料，经发酵、蒸馏，陈酿、调配而成的蒸馏酒。

（6）杜松子酒（金酒） 以粮谷等为原料，经糖化、发酵、蒸馏后，用杜松子浸泡或串香复蒸馏后制成的蒸馏酒。

（7）奶酒（蒸馏型） 是以牛奶、乳清或乳清粉等为主要原料，经发酵、蒸馏等工艺酿制而成的蒸馏酒。国家标准为 GB/T 23549—2009。

（8）其他蒸馏酒 除上述蒸馏酒以外的蒸馏酒。

3. 配制酒（露酒）

以发酵酒、蒸馏酒或食用酒精为酒基，加入可食用的辅料或食品添加剂，进行调配、混合或再加工制成的、已改变了其原酒基风格的饮料酒。《露酒》国家标准为 GB/T 27588—2011。

（1）植物类配制酒（植物类露酒） 利用食用植物的花、叶、根、茎、果为香源及营养源，经再加工制成的、具有明显植物香及有用成分的配制酒。

例如果酒（浸泡型）：利用水果的果实为原料，经浸泡等工艺加工制成的、具有明显果香的配制酒。

（2）动物类配制酒（动物类露酒） 利用食用或药食两用动物及其制品为香源和营养源，经再加工制成的、具有明显动物有用成分的配制酒。

（3）动植物类配制酒（动植物类露酒） 同时利用动物、植物有用成分制成的配制酒。

（4）其他类配制酒（其他类露酒） 除上述以外的配制酒。

二、按国家统计局的统计标准分类法

饮料酒分为啤酒、白酒、葡萄酒、黄酒、酒精、其他酒（果露酒）6 类，这种分类方法简单明确。按国家统计标准它们归属于制造业中的 13～43 大类中的 15 大类饮料制造业。注意：①国家只统计规模以上的企业。②其他酒包括果酒、露酒及其他蒸馏酒，由于这 3 类酒产量小，历史原因有相当关联，故合并在一起计算，业内又称为"果露酒"（统计指标也这样称谓）。

❉ 第三节 白酒未来的发展规划

一、未来发展展望

展望未来，白酒工业要抓住新的历史机遇，创造更加辉煌的业绩。

1. 坚持创新驱动发展

白酒是具有悠久历史和蕴含丰富文化的民族传统食品，继承和创新发展是永恒的主题。创新要以高质量、多品种、精品化、典型性、低消耗、高效益为目标。白酒工业的科技创新可从以下 4 个方面着手：一是继承和优化传统白酒生产方式。二是加强酿酒微生物的研究和应用。三是结合现代生物技术，推动固态发酵技术进步。四是加强白酒中有益人体健康的生物活性物质研究及宣传。同时，以科学为根据，对白酒产品加强科普宣传和科学解读，引导国内外广大消费者正确认识白酒，建立科学理性的消费行为。

2. 坚持可持续发展

21 世纪以来，绿色、环保、生态建设以及可持续发展战略已经成为人类最为关注的全球性目标。近年来，白酒行业也极其重视可持续发展方式的研究和探索。对白酒发酵过程中的废弃物开展综合利用，进行无害化和资源化的开发研究，为白酒生产迈向循环经济道路奠定坚实的基础。同时，加强酿酒生态环境建设，加大资金和科技投入，配合地方政府开展对水源、土壤、大气、林木等生态环境的治理、保护，改善和优化酿酒生产微观环境，建立人与自然和谐共生的酿酒生态园区。

3. 坚持质量安全第一

近年来，时有发生的食品安全和产品质量事故，以及媒体的报道和渲染，已经造成消费者恐慌心理，白酒行业也接连受到一些媒体和消费者的质疑，包括滥用食品添加剂、环境污染迁移等问题。白酒企业应当积极回应社会关切，更加重视食品安全风险控制和产品质量提升，加大基础性、前瞻性和预警性研究。客观认识白酒中微量成分的复杂性和多样性，进一步落实和完善食品安全检验检测机构、设施和人员，将酿酒原料、包装材料、接触性材料及其可能对产品质量安全发生影响的各类因素的分析检测制度化、标准化、规范化。同时，在食品安全和质量标准上，密切关注和及时掌握发达国家和国际组织的法规、标准要求及其变化，同步提升我国白酒产品的质量安全标准、法规和分析检测能力，切实保障白酒产品符合消费者身体健康和生命安全的全面要求，并为白酒开启全球化发展奠定质量安全基础。

4. 着力全球化发展，加快传统白酒产业国际化步伐

白酒不仅是中国人日常生活中不可或缺的消费品，更是浓缩了中华民族饮食文化的典型代表，与丝绸、茶叶和瓷器一样，早已成为中华文明的名片。白酒产业应当面向未来、面向世界，开启走向世界通畅型蒸馏酒大家族的旅程，为我国白酒产业融入世界各民族人民的幸福生活，在国际舞台上与世界知名蒸馏酒百花齐放，让中华文明走向全球，迈出坚实的步伐。

二、中国白酒金三角

"中国白酒金三角"简称"国酒金三角"，它既是一个地域空间概念，更是一个区域品牌概念。从空间范围看，主要包括核心三角区、延伸区和协作区三个部分。核心三角区位于北纬 $27°50'\sim29°16'$、东经 $103°36'\sim105°20'$ 最佳酿酒纬度带的长江（宜宾—泸州）、岷江（宜宾段）、赤水河流域；延伸区位于涪江和岷江流域沿线，以成都、德阳、绵阳、遂宁等地为承载点；协作区位于四川盆地周边山区及高原地带，主要包括巴中、内江和凉山等地。这一地区因具有得天独厚的生态酿酒环境，孕育形成了五粮液、茅台、泸州老窖、郎酒剑南春、沱牌、水井坊等中国著名的白酒品牌。"中国白酒金三角"是 2008 年由四川省委、省政府提出的白酒产业战略构想，其目的是为了弘扬中国酒文化，让川酒更多地进入国际市场。

2010 年 8 月 16 日在上海世博园举行的"'中国白酒金三角'酿造区生态科学论坛"上，四川省委常委、省工业化城镇化工作领导小组组长王少雄发布了《中国白酒金三角发展报告》（以下简称《报告》）。

《报告》指出，近年来，四川白酒产业发展迅猛，拥有全国白酒行业百强企业 33 户、中国驰名商标 40 个，并占有中国 17 大名酒中的 6 个。其中"五粮液"品牌价值突破 450 亿元，连续 14 年稳居行业第一。白酒产业的发展，使四川盛产美酒的长江、岷江和赤水河流域具备了打造"中国白酒金三角"国际品牌、进一步提升优势产业竞争力的基础和条件。"中国白酒金三角"拥有中国高档白酒第一集群，在该区域内，除"六朵金花"竞相绽放外，新兴品牌也纷纷含苞怒放。全国酒业百强的丰谷、江口醇、小角楼、仙潭等品牌正逐步走向具有全国影响力的高中档品牌行列，宝莲大曲、火把液、高洲等白酒品牌快速成长，与"六朵金花"共同构成了区域白酒产业的整体竞争力。

《报告》指出，"中国白酒金三角"包括 6 个核心价值，即地理标志产品、川酒文化、名酒名镇、品牌体系、生态环境、质量体系。对于"中国白酒金三角"的价值构建，《报告》指出，应突破区域界限，实现跨区域战略合作；坚持强虚扩实、虚实结合，建设酒类开发区；推进酒产业、酒文化、酒旅游产业综合开发建设，以名酒名镇为节点，以资源整合为手段，打造品牌突出、设施完善的川酒文化综合开发产业链。

为打造"中国白酒金三角"，四川提出"三大构想＋政策创新支持"。

三大构想包括"企业品牌构想""名城名镇建设构想""区域发展构想"。为整合资源着力打造形成"中国白酒金三角"的区域性国际知名品牌，对于进一步挖掘名酒文化、丰富名酒内涵、提升川酒乃至中国白酒的整体国际品牌效应将产生巨大的推动作用，以形成"世界白酒看中国，中国白酒看川黔，川黔白酒看'国酒金三角'"的区域品牌效应。

为此，根据自然资源、质量、技术、品牌和影响力等因素，四川已形成以核心区域为龙头、延伸区域为腹地、协作区域为配套的"中国白酒金三角"空间发展形态。

核心区域：以宜宾、泸州为核心区域。该区地处川滇黔三省结合部，长江（宜宾—泸州）、沱江（泸州段）、岷江（宜宾段）、赤水河（泸州段）皆流经于此，形成了独特的酿酒地域性资源，孕育了四川白酒的精华与特色。现已形成以五粮液、泸州老窖、郎酒为引领，众多地方名酒企业为支撑的产业力量，在白酒产量、销售收入和品牌影响力等方面有着举足轻重的地位，是四川乃至全国白酒产业的龙头。该区域已建立泸州酒业集中发展区、五粮液生态酒业园区。

延伸区域：延伸区域是以涪江流域和岷江流域沿线为核心、成都、德阳、绵阳、遂宁等市为其主要承接载体，该区气候温和，雨量充沛，其环境有利于白酒酿造。形成了以剑南春、水井坊、沱牌、丰谷为主导的重要的四川白酒生产基地。延伸区域是四川白酒的重要生产区，是"中国白酒金三角"核心区域向四川腹地的进一步延伸，传承和延续了四川白酒的优良品质，一方面增加了四川优质白酒品牌数量，另一方面扩大了四川白酒的影响范围。

协作区域：协作区域位于四川盆地周边山区和高原地带，该区有发展白酒产业的必要条件和鲜明的民族区域特色，形成了以江口醇、小角楼、丰谷等品牌为核心，基酒生产为基础，民族特色为辅助的四川白酒新兴发展基地。其区域分布较为广泛，涉及巴中、内江、西昌及成都邛崃等地，是四川基酒生产的主要基地，在品牌效应和产品销量上拥有巨大的提升空间。重点规划建设内江、邛崃为主的基酒生产基地；支持巴中、资阳等市将现有品牌企业进一步做大做强；在有条件的市县布局品牌白酒生产园区。

"中国白酒金三角"实施元年（2010 年），实现主营业务收入 1056.81 亿元，同比增长 33.09％，历史性地突破千亿大关，提前两年实现省委、省政府确立的打造川酒千亿产业目标。

10年来，四川白酒发生巨大变化。2019年全省规上白酒企业共完成主营业务收入2653.0亿元，同比增长12.7%，占全国的47.2%；实现利润448.8亿元，同比增长31.0%，占全国的32%。

2020年3月19~20日，四川在泸州召开"2020年全省优质白酒产业振兴发展推进会"。省委宣传部、省发展和改革委员会、经济和信息化厅、生态环境厅等"省领导联系'优质白酒'产业振兴发展机制"成员单位负责人，成都、泸州、德阳、宜宾市"四大主产区"政府分管领导以及"六朵金花"和"十朵小金花"企业负责人参加相关活动。

会上，汇报了优质白酒产业工作推进情况及今后几年重点任务安排。生态环境厅、农业农村厅、省市场监督管理局围绕职责职能，分别介绍了推动优质白酒产业发展所做的主要工作及对策建议。提出了2020年及今后几年重点工作，即着力抓好产业政策引导，着力推动重大项目建设，着力支持企业做大做强，着力提升川酒质量效益，着力抓好重要活动举办，着力整顿市场行为规范，着力推进产业融合发展。

一是要确保完成全年目标。保证产品质量，保证优质服务，越是关键时候，越要展现四川"好山好水出好酒"形象。当前，川酒在全国白酒行业的比重正在持续增长，2019年较上年提高了5.6个百分点，各级政府和企业一定要坚定信心、攻坚克难，确保年度重点任务有序推进、全年目标任务顺利完成。

二是抢抓产业政策机遇，实现行业加速发展。要逐步完善优化涉及技改立项、环境审批、准入许可等方面的配套政策，为更加有效推动行业高质量发展提供政策支撑。要加快调整产业结构，优化产业布局，推动一批重大项目实施，进一步提升名优企业固态酿造产能。名优酒企要积极利用好政策红利，做好发展规划，抢占市场先机。

三是坚持龙头带动，巩固名酒品牌优势。各企业要稳步释放优势产能，发挥在产业链中核心骨干作用，带动产业链上下游全面发展；要加大技术与品牌建设投入力度，提升产品质量，丰富品牌内涵，强化企业核心竞争力；要积极发挥"四川名优白酒联盟"作用，携手提升"川酒"整体形象，发挥"川酒"品质和品牌效应。

四是坚持协同推进，壮大二线企业实力。要制定并发布《"十朵小金花"及二线品牌企业培育计划》，联动协同，统筹解决"十朵小金花"和二线品牌企业发展重大问题，通过产能提升、品牌培育、市场开拓、人才培养等措施，大力提升"十朵小金花"企业实力、产业规模和品牌影响力，推动全省白酒梯度化、品牌化、集群化发展。

五是坚持三产联动，做强产业发展支撑。要持续推动产业链向原粮种植、物流运输、电子商务、文化旅游等领域拓展延伸，打造一二三产业融合发展的万亿级白酒产业。要强化"种酿合一"，全面扩大本地酿酒专用粮种植发展，为川酒提供优质的原料支撑。要加大投资和技改扶持力度，推动名优白酒重大项目的建设。要促进养生酒、文旅小镇、酒镇酒庄等"白酒＋大健康＋文旅"创新转型发展；要加强创新型白酒和智能酿酒设备研发，不断提升白酒产业现代化水平。要积极探索线上线下、"川酒＋川菜"体验式消费等多元营销模式。

六是坚持合作发展，拓展川酒市场空间。要深化川黔交流合作，推进两省优势资源整合协同，推动泸州市与遵义市、宜宾市与毕节市之间深度合作，加强长江沿岸浓香型白酒产业带、沱江沿岸基酒产业带、赤水河谷酱香型白酒产业带等产业集群协同发展，不断扩大"中国白酒金三角"区域品牌影响力。筹备参加贵州酒博会等展会活动，继续开展"川酒全国行"活动，积极谋划川酒"一带一路行"活动。

复习思考题

1.酒史说略。

2.白酒如何分类？

3.准确描述 12 大香型白酒的风格特点。

4.试论白酒工业未来的发展趋势。

第二章

原辅料、水及环境

❖ 第一节　白酒的原料

决定白酒质量的第一物质基础即为酿酒原料。理论上，只要含淀粉和可发酵性糖、或可转化为可发酵性糖的原料均可用来酿酒。所以酿酒的原料颇多，大致可分为粮谷原料、薯类原料、代用原料及农产品加工副产物原料。中国白酒主要以粮谷类为原料，薯类等主要用于生产食用酒精。

传统的白酒原料以高粱为主，搭配适量的玉米、小麦、大米、糯米、荞麦等。不同原料产出的酒，风格差别很大；产地不同，粮食的品质、成分也有差异，其产品质量和出酒率亦大有不同。只有充分了解原料的性能，才能准确合理地加以选用，达到酿制好酒的目的。实践证明，"高粱产酒香，玉米产酒甜，大米产酒净，糯米产酒绵，小麦产酒冲"。

优良的酿酒原料，要求新鲜，无霉变、无虫蛀和无杂质，淀粉含量高，蛋白质含量适量，脂肪含量少，单宁含量适量，并含有多种维生素及矿物质元素，含果胶质极少，不得含有过多的有害物质，如含氰化合物、番薯酮、龙葵苷、黄曲霉毒素等。粮谷原料应颗粒饱满，有较高的千粒重，原粮含水分在14％以下。除此之外，还要求具有产量高，易于收集，易于储藏、加工和价格低廉等特性。

固态法大曲白酒都以高粱为主要原料；普通低档白酒，可以薯类块根或块茎为原料，也可以甘蔗糖蜜或甜菜糖蜜为原料。

一、粮谷原料

传统上多用粮谷类植物的子实作原料，包括高粱、玉米、小麦、大米、糯米、荞麦等，优质白酒以高粱为主要原料。

1. 高粱

高粱又称红粮，依穗的颜色有红高粱、黄高粱、白高粱之分。按淀粉分子结构有糯高粱（多产于南方，又称黏高粱）、粳高粱（多产于北方，又称饭高粱）。糯高粱，其淀粉几乎全是支链淀粉，具有吸水性强、容易糊化的特点，因此出酒率高；粳高粱则几乎全部是直链淀粉。高粱所含单宁和色素大部分集中在种皮中，对酒精发酵具有阻碍作用，但微量的单宁在发酵中形成的化合物可赋予白酒特殊的香味。

高粱子实部分的化学成分（表2-1），因品种、产地、气候、土壤的不同而有差别，主要反映在单宁、粗蛋白质和粗脂肪的含量上。高粱子实的单宁含量比较高，因为单宁能使蛋白质凝固而致酶失活，故高粱一般不用作制曲的原料。

表 2-1 高粱子实部分的化学成分（以 100g 可食部分计）

成分名称	含量	成分名称	含量	成分名称	含量
能量/kJ	1469	镁/mg	129	亮氨酸/mg	1506
碳水化合物/g	74.7	硒/μg	2.83	蛋氨酸/mg	251
灰分/g	1.5	脂肪/g	3.1	苯丙氨酸/mg	655
尼克酸/mg	1.6	核黄素/mg	0.1	组氨酸/mg	151
钙/mg	22	维生素 E/mg	1.88	谷氨酸/mg	2541
钠/mg	6.3	钾/mg	281	丝氨酸/mg	482
锌/mg	1.64	铁/mg	6.3	赖氨酸/mg	231
锰/mg	1.22	铜/mg	0.53	胱氨酸/mg	245
水分/g	10.3	异亮氨酸/mg	459	酪氨酸/mg	335
蛋白质/g	10.4	苏氨酸/mg	334	缬氨酸/mg	562
膳食纤维/g	4.3	精氨酸/mg	361	丙氨酸/mg	962
硫胺素/mg	0.29	天冬氨酸/mg	686	甘氨酸/mg	309
磷/mg	329	脯氨酸/mg	782		

注：此数据是高粱去皮后测定，高粱皮壳占总重的 8% 左右。

高粱淀粉含量 56%～65%，根据产地和品种不同其支链淀粉和直链淀粉含量均不同，四川糯红高粱属糯质胚乳型，皮薄红润、颗粒饱满，耐煮蒸、耐翻糙，其高粱淀粉含量高（总淀粉含量≥65%），特别是支链淀粉含量高（支链淀粉含量≥92%），糯性好，蛋白质含量适中，籽粒具有角质率小，支链淀粉易糊化，糊化后黏性好、不轻易老化的特点，生产的酒出酒率高、品质好。

淀粉是高粱的主要成分，由几百到几千个葡萄糖分子组成，可发酵生成酒精。从理论上讲，每 50kg 淀粉可生产质量分数为 65% 白酒 49.26kg，故含淀粉愈多出酒率愈高。

单宁在其壳内含量较多，为 2%～3%；粉粒中仅 0.2%～0.3%。单宁有涩味和收敛性，遇铁生成黑色沉淀，并有凝固蛋白质的能力，有澄清作用，会阻碍大曲进行糖化和发酵，但微量的单宁也有抑制杂菌的作用，不仅发酵率高，还能赋予白酒特殊香味（如生成丁香酸、丁香醛等）；当含量过多时，能抑制微生物的生长，会使淀粉酶钝化，使酒醅发黏，并在开大汽蒸馏时会被带入酒中，使白酒带有苦涩味，以至降低出酒率等。

关于粳高粱与糯高粱：北方大曲酒多用粳高粱，清香型大曲（如汾酒）认为直链淀粉含量高的非糯型品种较好；南方的大曲酒和小曲酒多用糯高粱。糯高粱绝大部分含支链淀粉，结构较疏松，吸水性强，易糊化，非常适宜根霉的生长，四川、贵州名酒多以糯高粱为原料，如川酒及黔酒，他们认为糯高粱品种出酒率高，酒质也好。

粳型高粱的直链淀粉与支链淀粉之比近于 1∶3，而糯型高粱则为 1∶17，差异极大。业界认为，支链淀粉高的原料，其产品质量较好。原料中的蛋白质在发酵过程中分解成为各种氨基酸，是高级醇及吡嗪等香味成分的前体物质，又是微生物的营养物质及生成酶的必需成分。但氨基酸过量则使酒有邪味，并生成过量的高级醇（杂醇油），影响酒的质量及卫生指标。

关于脂肪含量，脂肪含量高对酿酒不利，会导致发酵过程中升酸快、幅度大、出酒率低，酒液浑浊，也影响酒味。应尽可能选用脂肪含量低于 4% 的高粱品种。

某些杂交高粱种皮较厚，质地坚硬，果胶质和生物碱含量较高，酿酒时必须严格破碎，掌握蒸煮条件，做到"熟而不黏，内无生心"，方能保证酿酒质量。

经验表明，高粱品种不同，其籽粒成分有一定差异，酿酒的工艺参数要作相应调整，只要掌握了粳高粱的特性，选用红粒种，调节原料配比，稍加改进发酵工艺，粳高粱的某些弱点可以克服，其产酒量和酒质可接近糯高粱的指标。

另外，高粱适宜在低温、干燥的环境下储存。调查发现如果储存的高粱杂质多，水分高，那么在保管中易引起发热。高粱发热迅速，在 15 天内就可能导致高粱结块、霉变。有的企业采用不锈钢夹层保温罐，符合标准的高粱才能入库，入仓后定期倒仓，通风换气。条件好的大企业可采用大型金属粮仓，效果很不错，如沱牌从美国引进 10 万吨自动控温、控湿、除杂、除虫的国际一流低湿冷冻粮食储备系统进行储存，粮食不生虫、不霉变，不需施放除虫剂，确保了酿酒用粮的无污染。

2. 玉米

酿酒用的是玉米子实，以颜色分，有黄玉米和白玉米两种，前者的淀粉含量高于后者。玉米子实含脂肪较高，特别是其胚芽部分，因过多的脂肪不利于白酒发酵，所以可预先分离掉玉米的胚芽。玉米子实还含有较多的植酸，在发酵过程中植酸被分解为环己六醇和磷酸，前者使酒呈醇甜味，后者能促进甘油的生成。

玉米子实蒸煮后疏松适度，不黏糊，有利于发酵。但玉米的蛋白质及脂肪高于其他原料，特别是胚芽中脂肪含量高达 30%～40%，在发酵中难被微生物所利用，易使酒中高级脂肪酸乙酯的含量增高，加之蛋白质高而杂醇油生成量多，导致白酒邪杂味重，降低出酒率。并因其籽粒坚硬难以糊化透，所以，纯玉米原料酿造的白酒不如高粱酿出的香醇（玉米酒闻香上有明显的脂肪发酵味，多数人不是很喜欢，故玉米只能酿制普通白酒）。生产中选用玉米作原料时，可将其胚芽除去后酿酒，故浓香多粮型酒酿造原料中只加少量玉米。研究表明，玉米含有 60 多种挥发性成分，包括 C_1～C_9 的饱和醇及 1-辛烯-3-醇、4-庚烯-2-醇；C_2～C_9 的饱和醛及 2,4-癸二烯醛；C_6～C_9 饱和甲基酮及 4-庚烯-2-酮；芳香族化合物及 2-戊基呋喃。可见白酒中芳香族化合物有些来源于玉米。

对玉米原料酿酒除基本要求外，果胶质含量越少越好。

3. 大米

大米可分为籼米、粳米和糯米 3 种。通常用于酿酒的主要是粳米和糯米。习惯上称籼米、粳米为大米。

大米的营养成分组成特别适合根霉菌的生长，因此小曲都是以大米为主要原料制造。以糯米为原料酿制的白酒，其质量比粳米酿制的白酒好。随着农业技术的提高，现已培育出多种高产杂交稻谷，有早熟和晚熟之分，晚熟稻谷的大米蒸煮后较软、较黏。

粳米淀粉结构疏松，利于糊化，蛋白质、脂肪及纤维素含量较少，因而酿出的酒较净，如四特酒、文君酒等均以粳米为主料，而三花酒、玉冰烧、长乐烧等小曲酒则全是以粳米为原料。五粮液、剑南春、叙府大曲等均配一定量的粳米，就是利用其在混蒸混烧的蒸馏中，可将饭的香味成分带至酒中，使酒质爽净。

研究表明，大米及糠壳含有 250 多种挥发性物质，包括醇、醛、酮、酸、酯、酚、内酯类、乙缩醛类、呋喃类、吡嗪类、噻吩、噻唑类等化合物。其中内酯类如 γ-壬内酯、2,3-二甲基-2-壬烯-γ-内酯，香气温和，甜而浓重或称老练。甲基酮类如 3-戊烯-2-酮，甜而略带酸味。2-乙酰基噻唑、苯并噻唑是米糠气味的重要特征组分。米糠中不愉快的气味物质为 4-乙烯基苯酚、4-乙烯基愈创木酚，呈腐败的稻草臭味。

糯米是酿酒的优质原料，淀粉含量比粳米高，几乎全为支链淀粉，经蒸煮后，质软、性黏易糊烂，单纯使用如果蒸煮不当而太黏，则容易导致发酵不正常（发酵温度难以控制，必须与其他原料配合使用）。五粮液酒的原料中，配有 18% 的糯米，产出的酒具有醇厚绵甜的风味。每 100g 大米中主要化学成分见表 2-2。

表 2-2 每 100g 大米中主要化学成分

成分名称	含量	成分名称	含量	成分名称	含量
可食部/g	100	锰/mg	1.75	能量/kJ	1448
蛋白质/g	12.7	水分/g	12.9	核黄素/mg	0.08
碳水化合物/g	72.4	脂肪/g	0.9	维生素 E/mg	0.7
灰分/g	1.1	膳食纤维/g	0.6	钾/mg	49
尼克酸/mg	2.6	磷/mg	106	铁/mg	5.1
钙/mg	8	镁/mg	12	铜/mg	0.52
钠/mg	21.5	硒/μg	4.6		
锌/mg	0.69	碘/mg	2.3		

4. 麦类

（1）小麦 小麦的子实是固态法大曲酒用于制曲的主要原料。小麦子实除淀粉外，还含有少量的蔗糖、葡萄糖、果糖等。小麦，常见的有黄白色、黄色和金黄色。

小麦颗粒由皮层、胚和胚乳三部分组成。小麦的胚乳是制粉的基本成分，占全麦粒重量的 80% 以上，其主要成分是淀粉，其次是蛋白质。因为小麦中含丰富的面筋质（以麦醇溶蛋白和麦谷蛋白为主），黏着力强，营养丰富，适于霉菌生长，所以是制曲的最好原料，对酿酒微生物繁殖、产酶有相当的促进作用。小麦中的碳水化合物，除淀粉外，还有少量的蔗糖、葡萄糖、果糖等（含量为 2%）及 2%～3% 的糊精。小麦还含有较多的维生素及 K、P、Ca、Mg、S 等矿物元素，是各类微生物的优良天然基料。研究表明：小麦的挥发性成分比较单纯，主要为 $C_1 \sim C_9$ 的饱和醇、$C_2 \sim C_{10}$ 的饱和醛、个别不饱和醛、$C_2 \sim C_7$ 饱和脂肪酮及少量的乙酸乙酯。

（2）大麦　大麦的主要成分除淀粉外，还有蛋白质、脂肪、纤维素等。大麦含有较多的 α-淀粉酶和 β-淀粉酶，制曲中为微生物在曲坯生长繁殖提供了先决条件。同样，大麦经微生物利用可产生香兰素、香兰素酸赋予白酒特殊香味。研究表明，大麦受热时生成的挥发性组分较多，有醇、酸、酚、酮及内酯、呋喃、吡啶、吡嗪类化合物、其中羰基化合物、内酯类及吡嗪类化合物含量较高。

小麦和大麦除用于制曲外，还可用于酿酒，特别是多粮型酒，如五粮液、剑南春及叙府大曲等，均使用一定的小麦。但小麦的用量要得当，以免发酵时产生过多的热量。

有的酒厂原来使用过荞麦，但因去壳不尽而使酒苦涩味较重，故后改用小麦。

（3）青稞　青稞是我国藏区人民对当地裸大麦的俗称，在其他地区也称为米大麦、裸麦、元麦，属禾本科植物，是大麦的一个变种。

青稞按其棱数来分，可分为二棱裸大麦、四棱裸大麦和六棱裸大麦，我国主要以四棱裸大麦和六棱裸大麦为主。青稞是一种很重要的高原谷类作物，耐寒性强，生长周期短，高产早熟，适应性广（可种植于海拔 3000 m 以上地区）。青稞颜色有灰白色、灰色、紫色、紫黑色等。

青稞籽粒粗蛋白质含量约 10.1%，高于许多谷类作物；纤维素含量 1.8% 左右，低于小麦但高于其他谷类作物；矿物质和维生素均比其他的谷类作物高。脂肪含量偏低，糖类含量低于其他谷类作物。

青稞淀粉成分独特，普遍含有 74%～78% 的支链淀粉，有些甚至高达或接近 100%，是酿酒的好原料。我国少数民族历来就有青稞酿酒的传统。第一批获得"全国地理标志产品"的青海"互助青稞酒"就是青稞酿酒的典型代表。

二、薯类原料

1. 甘薯

酿酒用的是甘薯块根。甘薯的淀粉含量高，与高粱、玉米或小麦、大米相比较，其蛋白质和脂肪含量较低，酿酒发酵过程中生酸较慢，升酸幅度小，糖化酶受到的损害较小；而且甘薯块根结构疏松，容易蒸煮糊化，因此糖化完全。用甘薯酿酒出酒率较高。

用甘薯作为酿酒原料也有一些缺点：甘薯块根含有较多的果胶，在蒸煮糊化过程中产生出大量对人体健康有害的甲醇；甘薯块根中的甘薯树脂糖苷对发酵有一定抑制作用；最突出的问题是鲜甘薯不易保存，极易受病菌侵害，产生出对发酵有极强抑制力的番薯酮，并使白酒带有明显苦味。

鲜甘薯易染病，常见的如黑斑病、软腐病等。若酿造白酒，一定要选择正常的甘薯，且只能酿制普通白酒。薯干多数用来生产酒精，经多级蒸馏塔蒸馏，降低杂醇油及甲醇含量。

2. 木薯

木薯具备独特的生物学适应性和经济价值。块根淀粉率高和淀粉特殊，其块根淀粉含量一般为 $26\%\sim34\%$，木薯干淀粉含量达 70% 左右，被誉为"淀粉之王"，高于甘薯和马铃薯，并且淀粉粒较大，透明度、黏度高，是被世界公认具有很大发展潜力、很有前途的酒精生产的可再生资源。

木薯中含有较多的果胶质及氰苷等有害成分，应用大量水浸泡后清蒸处理，才能进行下步发酵酿酒（可用麸曲为糖化剂、酒母为发酵剂进行固态发酵）。木薯主要用来作酒精生产原料，淀粉出酒率可达 80% 以上。

3. 马铃薯

马铃薯又名洋山芋、土豆。目前，我国 22 多个省、市、自治区都有种植，总产量达 8000 万吨，约占世界总量的 26%，是世界马铃薯第一生产大国。

马铃薯的淀粉颗粒较大，较易糊化，固态化发酵使用马铃薯酿酒，辅料用量较大。注意马铃薯发芽后，其有毒的龙葵苷含量为 0.12%，但呈绿色部分，其龙葵苷含量会增加 3 倍，外皮及幼芽中含量则更高，龙葵苷对发酵有危害作用。

三、豆类

豌豆因蛋白质含量高，不是酿酒的好原料，有些酒厂用它来制曲。过去洋河酒厂制曲用的原料，豌豆占 10%；清香型汾酒厂制曲，豌豆占 40%。豌豆中含有丰富的香兰素等化合物，可能在白酒香味上有作用。研究表明：豌豆中 2-甲基-3-乙基吡嗪、2-甲氧基-3-异丁基吡嗪最为重要，具有极强的坚果香及甜焦香气，并含有丰富的蛋白质和维生素，为白酒香味组分形成提供了丰富的前驱物质。所以某些酿酒企业，利用大麦及豌豆为制曲原料，其目的是增加酒体中的香味成分，而使酒体优雅丰满。

有人认为在酿酒原料中适量加入豌豆，可使酒质变得柔和。洋河酒厂曾做过试验，豌豆作为单一原料浓香型酿酒，有明显的豌豆味，味冲，欠协调，浓香不突出，酒质是最差的一个；在生产试验中，加豌豆8％口感最好，窖香特浓厚，微有熟豆香气，令人愉快，入口浓厚绵甜。

四、糖质原料

用糖质原料生产白酒，最常见的是将制糖工业的副产物废糖蜜作原料，采用液体发酵的方法，经多塔式蒸馏得到酒精，然后再降低酒度、勾兑，制作成品酒。

1. 甘蔗糖蜜

甘蔗糖蜜是以甘蔗为制糖原料的废蜜。由于产区的土质、气候、原料品种、收获季节和制糖方法、工艺条件的不同，糖蜜中的化学成分相差较大。

2. 甜菜糖蜜

甜菜糖蜜是以甜菜为制糖原料的废蜜。甜菜糖蜜的组成成分与甘蔗糖蜜类似，但在一些成分的含量上与甘蔗糖蜜相差较大，特别是还原糖和含氮量。

除上述原料外，以前还有一些代用原料如柿子、橡子、土茯苓、蕨根等，但目前使用代用原料的已很少见，且酿出酒的质量也得不到保证。

❀ 第二节　辅料

固体发酵酿制白酒时要使用一定量的辅料。常用的辅料有麸皮、谷糠、高粱糠、稻壳、酒糟、高粱壳、玉米芯等。辅料经蒸熟后使用，可调节入池酒醅的淀粉浓度和酸度，保持一定的水分和酒精分，并对酒醅起填充疏松作用。

辅料的质量优劣和用量多少，关系到白酒产品的质量及出酒率，在白酒生产中受到极大重视，要求有疏松性、吸水性好、含杂质少、无霉变等。

1. 麸皮

麸皮是小麦加工面粉过程的副产品，其成分因加工设备、小麦品种及产地而异。在麸曲白酒和液态法白酒的生产中，使用麸皮为制曲原料，其原因除麸皮可给酿酒用微生物提供充足的碳源、氮源、磷源等营养物质外，还含有相当数量的α-淀粉酶，其次是麸皮比较疏松，有利于糖化剂曲霉菌、根霉菌的生长繁殖，可以制得质量优良的曲块。

2. 高粱糠

高粱糠是加工高粱米的副产物。高粱糠不仅被用作辅料，而且还可以作为酿酒的原料，但需要在酿制工艺上作必要的调整。因为高粱糠的淀粉含量较低，而脂肪和蛋白质含量高，所以发酵时生酸速度较快，升酸幅度大，微生物酶受到损害大，发酵不易顺利进行。

3. 稻壳

在白酒酿制过程中，可以加入的起填充作用的辅料包括稻壳、花生壳、高粱壳、玉米芯、麦秆、酒糟、甘薯蔓等。

稻壳的检验可用目测法，将稻壳放入玻璃杯中，用热水烫泡 5min 后，闻稻壳的气味，判断有无异味。一般要求新鲜、干燥、无霉味，呈金黄色。

4. 鲜酒糟

传统固态法白酒生产中产生的废酒糟量很大，除可以继续作酿酒的辅料（填充料，鲜酒糟干燥后使用）外，还有大量的要做处理，如何合理利用酒糟已成为酿酒界需要面对的现实，实现"资源—产品—废弃物—再生资源—再生产品"的良性循环，是当今"节能减排"的重点。

5. 其他辅料

玉米皮既可以作制曲原料，又可以作为酿酒的辅料。花生皮、禾谷类秸秆的粉碎物等，均可作为酿酒的辅料，但使用时必须清蒸排杂。甘薯蔓作为酿酒的辅料会使成品酒较差；麦秆会导致酒醅发酵升温猛、升酸高；荞麦皮含有紫芸苷，会影响发酵；单独使用花生皮作辅料，成品酒中甲醇含量较高。

从白酒产品质量和饲料价值角度考虑，在辅料中，以稻壳和米糠为最好。

❖ 第三节　水和环境

一、水源及水质

自古以来，酿酒用水历来都很重视，从古人作坊式生产到今天现代化酿酒，都对水——这一酿酒原料给予极大的关注。传统经验认为"湛炽必洁，水泉必香"，可见对水的要求之严。"名酒产地，必有佳泉"，这是古代对水质与酒质关系问题作出的结论，现代的分析技术证实了这一结论是科学的。酒类生产用水，是含有各种矿物质的自然水，与酿造过程中微生物生长、酶促反应活性、耐热性、pH 变化等有关，并影响酒的风味。我国酿酒工业目前主要采用地表水、地下水为生产水源。

二、白酒工业用水

根据用途不同，主要分为工艺用水、锅炉用水、洗涤及冷却用水等几类。

工艺用水包括酿造用水和勾兑用水。白酒属于蒸馏酒，酿造用水以满足微生物培养、酿酒发酵为准，不直接涉及对白酒产品质量的影响，但勾兑降度用水，对水的质量要求很高。

1. 白酒酿造用水

用于白酒酿造的水源，一般应符合《生活饮用水卫生标准》（GB 5749—2006）的要求，水量充沛稳定，水质优良，清洁无污染，水温较低，硬度适中，咸水、苦水有碍酵母发酵，不宜使用。

2. 勾兑用水

用于白酒降低酒度的水，除符合《生活饮用水卫生标准》外，还应达到以下要求：

① 总硬度应小于 1.783mmol/L（即 89.23mg/L）；低矿化度，总盐量少于 100mg/L，因微量无机离子也是白酒组分，故不宜用蒸馏水作为降度用水。

② NH_3 含量低于 0.1mg/L。

③ 铁含量低于 0.1mg/L。

④ 铝含量低于 0.1mg/L。

⑤ 不应有腐蚀质的分解产物。将 10mg 高锰酸钾溶解在 1L 水中，若在 20min 内完全褪色，则这种水不能作为降度用水。

⑥ 自来水应用活性炭将氯吸附，并经过滤后使用。

若水质达不到以上要求，必须处理后方可使用，特别是低度酒生产。常用的方法有煮沸法、砂滤法、活性炭过滤法、离子交换树脂过滤法、反渗透法、超微渗透法等，目前市面上已有相应成套设备出售，根据水质具体情况选用。

3. 锅炉用水

锅炉用水一般要求无任何固形悬浮物，总硬度低。锅炉用水如硬度过高，必须采用离子交换树脂法或其他方法进行软化，否则锅炉壁易结垢，影响传热，严重时会引起锅炉爆炸。

4. 洗涤及冷却用水

洗涤用水部分属于工艺用水，进入酿酒过程；部分属于有机污水，进入环保系统进行再生利用。

为了降低费用，节约用水，冷却水应尽可能循环使用。对冷却用水的要求是硬度适当，温度较低。

三、地理环境

酿酒界公认"天时、地利、人和"，可见地理环境对酿酒的重要意义。

几乎所有的原始发酵酒类的产生，都具有一定的偶然性。存在于空气或环境中的霉菌、酵母等微生物自然混入糖类食物中，通过对食物成分的利用和改造，以及转化糖类为二氧化碳和乙醇而产生芳香的酒类物质。

由于微生物与其存在的自然环境有着一定的相关性，因此，在世界不同的地域，不同的民族在长期的历史进程中，受其地域的自然资源、气候土壤、民族饮食习惯的影响，形成了不同风格的酒类产品。在蒸馏酒中，中国有白酒，法国有白兰地，英国有威士忌，俄国有伏特加，古巴有朗姆酒，荷兰有金酒等。

中国白酒的名酒之多，可称世界之冠，这是得天独厚的自然环境决定的。我国幅员辽阔，气候带、土壤、水资源各具特色，因此在这片古老的土地上名酒辈出，成为世界酒文化的发祥地之一。

我国 2005 年颁布的《地理标志产品保护规定》明确规定：地理标志产品，是指产自特定地域，所具有的质量、声誉或其他特性本质上取决于该产地的自然因素和人文因素，经审核批准以地理名称进行命名的产品。目前获得地理标志产品的白酒有 50 多个，包括中国白酒金三角区域的所有名酒系列，洋河、宝丰、古井、三花、西凤，以及北京醇系列、崇明老白酒、大泉源白酒、口子窖、酒鬼酒、景芝、张弓、四特、玉泉、牛栏山等。地理标志产品就是地理环境对白酒生产重要性的一个体现。

复习思考题

1. 为什么说高粱是酿酒的主要原料？
2. 描述原料中主要成分与酒质的关系。
3. 介绍水源选择及水质要求。
4. 怎样对水净化处理？

第三章

白酒的制曲

❖ 第一节　概述

酿酒必须依靠曲的作用，曲是一种糖化发酵剂，是酿酒的原动力。我国用曲酿酒历史悠久，酒曲种类数不胜数，现代一般大体上将酒曲分为五大类，分别用于不同酒的酿造。中国酒曲的主要种类及用途见表 3-1。

表 3-1　中国酒曲的主要种类及用途

类别	品种	用途
大曲	传统大曲 强化大曲(半纯种) 纯种大曲	白酒
小曲	按接种法,分传统小曲和纯种小曲 按用途,分为黄酒小曲、白酒小曲、甜酒药 按原料,分为麸皮小曲、米粉曲、液体曲	黄酒、白酒
红曲	主要分为乌衣红曲和红曲,红曲又分为传统红曲和纯种红曲	黄酒
麦曲	传统麦曲(草包曲、砖曲、挂曲、爆曲) 纯种麦曲(通风曲、地面曲、盒子曲)	黄酒
麸曲	地面曲、盒子曲、帘子曲、通风曲、液体曲	白酒

❖ 第二节　大曲的制作

大曲按品温传统上分为高温大曲（品温 60～65℃）、中温大曲（50～60℃）、低温大曲（40～50℃）（注：目前中高温大曲实际制曲温度有超过高限的迹象）；按其生产的产品可分为酱香型大曲、浓香型大曲、清香型大曲、兼香型大曲等；按工艺区分为传统大曲、强化大曲、纯种大曲。生产大曲的主要原料为小麦、大麦、高粱、豌豆。

大曲是以小麦为主要原料制成的形状较大、含有多种菌类及酶类物质的曲块。大曲相对小曲形状较大，又称块曲。

大曲中的 3 系：菌系——微生物，酶系——生物酶，物系——化学物质。

大曲中的微生物主要有霉菌类、酵母类、细菌类、放线菌类 4 大类。

大曲中的生物酶（酶系）主要有 α-淀粉酶、β-淀粉酶、葡萄糖淀粉酶、蛋白酶等；大曲中的主要物质为淀粉、水分、粗蛋白、粗脂肪、灰分、氨基酸。了解大曲的 3 系以后，就不难理解大曲在酿酒中的作用了（即 4 大作用：提供菌源、糖化发酵、投粮作用、生香作用）。

一、浓香型大曲

1. 制曲基本特点

浓香型大曲属于中温和中偏高温曲（注：目前实际制曲生产中，一些地区浓香型大曲的制曲温度有向高温转变的迹象），其生产的基本特点包括：以小麦（有的配料大麦、豌豆、高粱等）为制曲原料，经润料，生料磨碎，加水（有的配料母曲粉）拌料，人工踩制或者机械压制成块状曲坯，稻壳等作为支撑透气物，稻草或者编织草帘作为保温保湿覆盖物安曲培菌，翻曲逐层堆积转化生香，入库储存备用，粉碎投入酿酒生产。

2. 制曲工艺类型

（1）按照制曲原料划分

① 小麦曲　以小麦为唯一的淀粉质原料生产的大曲。

② 多粮曲　主要以小麦和大麦按照一定比例配料共同作为淀粉质原料生产的大曲；或以小麦、大麦和豌豆、高粱按照一定比例配料共同作为淀粉质原料生产的大曲。

（2）按照曲坯成型方式划分

① 人工曲　依靠木制曲模，将拌和好的曲料加入曲模，利用人脚反复踩制成型而生产的大曲。人工踩制曲坯属于大曲的传统曲坯成型方式，制坯效率较低，但质量较好。

② 机制曲　依靠机械模具，将拌和好的曲料传送到模具中，利用机器压制成型（又分为一次压制成型和多次压制成型）而生产的大曲。机械制坯是在传统人工踩制曲坯基础上的技术创新，大幅度地提高了制坯效率。

（3）按照曲坯成型形状划分

① 平板曲　成型曲坯为典型的长方体的大曲。

② 包包曲　成型曲坯在长方体的一个宽面呈现凸起的包状的大曲，如"五粮液"曲。

（4）按照翻曲的次数划分

① 多翻曲　曲坯发酵过程中，每间隔一定时间就翻一次曲坯生产的大曲。该工艺属于传统翻曲工艺，随着翻曲次数的增加，曲坯堆码层数依次增加，没有严格的培菌发酵和转化发酵过程界限，生产效率较低。

② 单翻曲　曲坯整个发酵过程中只翻一次曲坯生产的大曲。该工艺是在传统多翻曲工艺基础上的技术创新，培菌发酵和转化发酵过程以翻曲为严格的界限，生产效率显著提高。

3. 主要操作要点

（1）原料及粉碎　各大名酒厂制曲的原料配比都有一定差异，其原料粉碎度也有不同之处。传统制曲要求是将小麦磨成"烂心不烂皮"的"梅花瓣"。一般要求是过 20 目筛 30% 左右（冬季 30%～40%，夏季 20%～30%）。原料的粉碎度应根据原料品种、制曲季节、制曲工艺、酿酒要求等具体情况适当调整。

（2）踩曲　传统"包包曲"的生产方法为：原料拌料前，将场地、器具等打扫干净，将麦粉倒于地面堆成凹形，用量水桶将水注入麦粉堆凹中，用耙梳、铁铲等工具拌和均匀。拌料加水量 36%～40%（以麦粉重计），加水量视季节不同而有差异，水温也不同（夏季用冷水，冬季用 40～60℃热水）。将拌和均匀的曲料装入曲盒，用手压紧，再用双足掌从两头往中间踩，踩出包包并提出麦浆（俗称提浆）。踩曲要踩紧，特别是四周一定要踩实，中间可略松，应均匀无裂缝。

一般浓香型大曲是踩成平板曲和包包曲。

（3）培养　传统经验是，当品温上升至 40℃左右，第一次翻曲，底翻面，四周翻到中间，硬度大的放在下层；以后 2～5 天再翻曲，2 次翻后即堆烧，堆至 4～5 层。收堆后应搭盖草帘保温，避免品温急剧下降。堆烧品温原则上为 60℃左右，应开窗调节，堆烧时曲坯间应留 2cm 间距。若发现曲心的水分已大部分蒸发，品温逐渐下降，可进行最后一次翻曲，即收拢（打拢），此时曲坯间不再留空隙，可堆至 5～6 层。收拢后应避免品温下降过快，致使后火太小，产生黑心曲、窝心曲等。曲坯入房到成熟约需一月（季节、气温不同有伸缩），成熟后运至干燥通风的贮曲房。

（4）入库贮存　培养好的曲即入库贮存。入库前应将曲库清扫干净，铺上糠壳，曲坯入库后应堆码整齐，曲间应留有空隙，并保证曲库通风良好。一般贮存 3～6 个月后的陈曲方可投入酿酒生产。有的厂有使用贮存 1 年以上的陈曲的习惯（特别是夏季）。这是他们的一大特色。因为 1 年的陈曲贮存期长，染菌少，其糖化力不高，酵母数相应减少，但其他酿酒发酵的有益菌较多，仍生长繁殖，能耐比较高的温度，有利于安全度夏。在夏季温度高的情况下，有利于控制发酵缓慢升温，这样才能出好酒。这里要特别指出的是，传统浓香单粮型大曲踩成平板曲，而多粮型大曲则要求踩成包包曲，踩曲过程更细致。虽然平板曲和包包曲均属中温曲，但包包曲因"包包"部位较厚且较疏松，在培菌过程中其品温相对较高，是中温曲块中的高温区，该高温区由于温度、湿度同平面部位的差异，在其发酵过程中微生物生长及代谢产物的积累有所不同。包包曲既有浓香型大曲的共性，又有其个性，其个性的形成与多粮型独特风格之一（酱）陈味的产生有相当大的关系，使得多粮型酒带有陈味，并衬托出主体香更加突出，酒体更丰满。现有关浓香型大曲酒厂亦从平板曲逐步改为包包曲。

二、酱香型大曲

1. 酱香型大曲的制曲工艺流程

酱香型大曲是典型的高温大曲，生产工艺如图 3-1 所示。

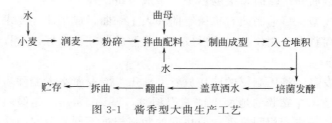

图 3-1　酱香型大曲生产工艺

2. 主要操作要点

（1）润麦　小麦除杂后加水润麦，润麦须掌握润麦的水量、水温和时间三项条件，一般应遵守"水少温高时间短，水大温低时间长"的原则。用水量视其所采用的原料而定，一般都按粮水比 100 :（3~8）计，时间以不超过 12h 为好。如果考虑原料的吸水性，则润粮的时间应当缩短，并应减少水量，提高水温，一般遇此情况，时间控制在 4h 内即可。润麦的水温夏天保持在 40℃ 左右，冬天以 60~80℃ 为宜。

润麦时在操作上要注意翻糙堆积，翻糙旨在使每粒麦子都均匀地吸收水分，要求是"水洒均，翻糙匀"。润麦后的标准是：表皮收汗，内心带硬，口咬不粘牙，尚有干脆响声。

（2）粉碎　采用对辊式粉碎机，将小麦粉碎成"心碎皮不碎"的梅花瓣。

（3）拌曲配料　将粗麦粉通过定量供粉器和定量供水器，加一定比例的曲母连续进入搅拌机，搅匀后送入压曲设备进行成型。搅拌后水、曲、粉三者混合均匀，目测无疙瘩、无干粉，检验以用手捏成团、丢下即散为准。其目的是使曲粉吸水均匀，利于有益菌种培养生长，在曲内积蓄酶及发酵前体物质，并为发酵提供营养物质。

酱香型大曲的制作是在拌曲时接入约 6% 的母曲（起接种作用），母曲使用量随踩曲季节而异：夏季用量为麦粉的 4%~5%；冬季用量为麦粉的 5%~8%。如母曲使用过多，则曲坯升温过猛，曲块变色发黑；如母曲使用过少，升温缓慢，影响大曲的培养及糖化发酵。所以，随着季节性添加母曲，量应有所变动。还有母曲应选用前一年生产的优质曲。

　　加水量与曲坯的关系密切，水分过大，压块时，曲坯易被压得太实，入房培养过程中，发酵后易黏结，不易成型。曲坯表皮易繁衍微生物，挂衣快而厚，毛霉生长旺盛，升温快而猛，温度不易散失，水分不易挥发。不利于微生物向曲心部位繁殖，曲子成熟慢，难于操作。如果室温、潮气放调不好，或遇阴雨天，极易造成曲坯的营养酸败。房内温度过高，也影响微生物的繁殖，影响大曲质量。水分过小，曲料吸水慢，曲坯易散，不挺身。由于不能提供微生物生长繁殖所必需的水分，影响霉菌、酵母菌及细菌的生长和繁殖，使曲坯发酵不透，曲质不好，另外，曲坯稍干，边角料在翻曲和运输时，极易损失，造成浪费。

　　(4) 制曲成型　目前制曲有机械制曲和人工踩曲，成型曲坯要求表面光滑、不掉边缺角、四周紧中心稍松，以能形成松而不散的曲坯为最好，这样形成黄色曲块多，曲香浓郁。

　　(5) 培菌发酵　将压制好的曲坯放置 2～3h，待表面略干变硬后，移入曲室培养。堆曲方法是先在靠墙的地面上铺一层稻草，厚约 15cm，起保温作用。然后将曲块横三块、竖三块，相间排列，曲块间的距离根据不同季节对曲块间的距离要求不同，一般冬季为 1.5～2cm，夏季为 2～3cm，用草隔开，行间及相邻曲块互相靠紧，以免曲块变形，影响翻曲操作。

　　排满下层曲坯后，在曲块上再铺一层稻草，厚约 7cm，上面再排曲块。但曲块的横竖排列应与下层错开，以便流通空气。一直排到 4～5 层，再排第二行，直至堆放到曲室只留 1～2 行曲坯的空位。留下空位，便于下次翻曲。

　　(6) 盖草洒水　曲块堆好后，用稻草覆盖曲坯上面及四周，进行保温保湿。要常在曲堆上面的稻草层上洒水，洒水量夏季比冬季要多，以水不流入曲堆为准。

　　(7) 翻曲　曲堆盖草及洒水后，立即紧闭曲室门窗，微生物逐渐在曲表繁殖，曲堆品温逐渐上升。夏季气温较高，只需经 5～6 天；而冬季气温较低，需用 7～9 天，曲坯温度达到最高点应为 65℃左右。此时，曲坯表面的霉衣已经长成，即可进行第一次翻曲。再过一周左右，可翻第二次曲。

　　翻曲要上下、内外层对调，将内部湿草换出，垫以干草，曲块间仍夹以干草，将湿草留作堆旁盖草；曲块要竖直堆积，不可倾斜。温度每升高到 60～65℃即翻曲，直至曲坯成熟。每次翻曲后，曲间行距可逐渐放宽，这样做的目的就在于避免曲块之间相互粘连，以便于曲块通气、散热和制曲后期的干燥。

　　(8) 拆曲　每次翻曲后，一般品温会下降 7～12℃。大约在翻曲后 7 天左右，温度又会渐渐回升到最高点，以后又逐渐降低，同时曲块逐渐干燥，在翻曲后 15 天左右，可略微开门窗，进行换气，到 40 天以后（冬季要 50 天），曲温会降到接近室温时，曲块大部分已经干燥，即可拆曲出房。

　　出房时，如发现下层有含水量高而过重的曲块（水分超过 15%），应另行放置于通风良好的地方或曲仓，以促使干燥。

　　(9) 成品曲的贮存　制成的高温曲，分黄、白、黑三种颜色。以具有菊花心、红心的金黄色曲为最好，这种曲酱香气味好。白曲的糖化力强，但根据生产需要，仍要求以金黄色曲多为好（要求 80％以上）。

在曲块拆出仓后，应储存 6 个月（称为陈曲，各种酶活力趋于稳定），再用磨曲机粉碎，便可投入酿酒生产。

3. 酱香型大曲的检验和质量控制

（1）酱香型大曲生产检验中的常用术语

① 大曲　以小麦制成而形状较大的含有多菌酶类物质的曲块。

② 皮张　大曲发酵完成后，曲坯表面的生淀粉部分叫作皮张。

③ 窝水　大曲发酵完成后，曲块内心留有不能挥发水的严重现象。

④ 穿衣　大曲培养时，霉菌着生于曲坯表面的优劣状态。或大曲培养时霉菌着生于大曲表面出现的白色针尖大小的现象。

⑤ 泡气　培养成熟后的大曲，其断面所呈现的一种现象。

⑥ 生心　大曲培养后曲心有生淀粉的现象。

⑦ 整齐　培养成熟后的大曲，其切面上出现较规则的现象。这里主要指菌丝的生长与否。

⑧ 死板　培养成熟后的大曲，其断面表现出一种结实、硬板、不泡气的现象。

⑨ 菌斑　大曲表面和内部感染杂菌所呈现的斑点现象，主要是霉菌等。

⑩ 香味　大曲香味指大曲在成熟贮存以后散发出的一种扑鼻的气味中带有浓香味。

（2）酱香型大曲的质量鉴别及控制方法

① 酱香型大曲的感官鉴别

A. 曲块颜色　曲的外表应有颜色一致的白色斑点或菌丛，不应有光滑无衣或成絮状的灰黑色菌丛。光滑无衣，是由于曲料拌和时加水不足或在踩曲场上曲坯放置过久，入房后水分散失太快，在未生衣前，曲坯表面已经干涸，微生物不能生长繁殖所致。絮状的灰黑色菌丛是由于培养时曲坯过密，水分不易蒸发或水分过多，翻曲又不及时所造成的。

B. 曲香味　将成品曲块折断，用鼻嗅之，应有特殊的曲香味，不带有霉酸味。

C. 曲皮厚度　越薄越好，过厚是由于入房后升温过猛，水分蒸发太快；或踩好的曲坯在室外搁置过久，使曲表面水分蒸发过多。

D. 断面颜色　曲的横断面要有菌丝生长，且全为白色，不应有其他颜色掺杂在内。

窝心曲：由于曲块排列过密或后火太小，水分得以蒸发所致。

曲心里黑褐色：温度过高或水分蒸发太快，致使微生物不能繁殖造成的。

曲心长灰黑色：曲坯发酵过程中，后火过小而不能散发过多的水分，这种湿度大、温度低的环境，使曲心易长灰绿曲霉或青霉。

反火曲：在贮存过程中，由于水分过高或通风不良，发生"倒烧"现象，使曲变坏。

② 酱香大曲的病害及防治

A. 大曲生产中的病害　大曲采用自然接种微生物进行扩大培养，微生物主要来自环境、空气、器具、原料和覆盖物及制曲用水等，种类复杂，优劣共存。在操作中往往由于各种主观、客观原因而导致大曲发生病害，常见的有以下几种。

生霉：曲坯入房后 2～3 天，仍未见表面生出白斑菌丛，叫作不生霉或不生衣。这是由于温度过低，曲表面水分蒸发过多造成的。这时应加盖草垫或麻袋，再喷洒 40℃ 的热水，至曲块表面润湿为止，然后关好门窗，使其发热上霉。

受风：曲坯表面干燥、不长菌、内生红心。这是由于对着门窗的曲块受风吹，表面失去水分，中心为红曲霉繁殖所造成的。因此应经常调换曲块位置来加以调节。同时在对门窗的地方，挂上席子或草帘等物，挡住冷风。此病害在春秋季节最易发生，特别注意。

受火：曲坯入房培养的干火阶段，菌类繁殖旺盛，曲坯温度较高。如果温度调节不当，或因管理上的疏忽，使曲坯温度升得过高，内部热量不及时散发，引起淀粉炭化，造成受火。此时应将曲块的距离拉宽，逐步降低曲的品温，使曲逐渐成熟。

生心：曲坯微生物在发育后半期，由于品温过低，以致不能生长繁殖，造成生心。因为前期微生物繁殖旺盛，温度极易上升，对有害细菌的繁殖有利。后期微生物繁殖力减弱，水分渐少，温度极易降低，致使有益微生物不能正常生长，曲中养分也未被充分利用，故出现局部生曲现象。如果较早发现生心，可把曲块距离靠近一些，把生心较重的曲块方在上层，周围加盖草垫，并提高室温，促进微生物的生长，来加以弥补。如发现太晚，内部已经干涸，则无法挽救。

皮厚与白砂眼：晾霉时间过长，曲块表面干燥，待里面反起火来才关闭门窗造成的。究其原因，是因为曲块太热，又未随时散发，曲块内部温度太高而形成暗灰色，生成黄圈、黑圈等病症。应控制晾霉时间不能过长，以曲块大部分发硬不粘手为原则，并保持曲块一定的水分和温度，以利微生物繁殖，使其由外往里生长，达到内外一致。

反火生熟：出房后的曲块或成品曲，不可放在潮湿或日光直射的地方，否则容易反火生熟、生长杂菌。

B. 大曲贮存中的病虫害　危害大曲的昆虫俗称曲虫。曲虫历来就有发生，影响大曲的质量，造成酒厂的经济损失，还严重污染了生产及生活环境，尤其在每年 7～9 月份种群发生高峰期成虫到处飞舞。

从酿造车间的环境调查发现，主要有土耳其扁谷盗、咖啡豆象、药材甲 3 种曲虫，在曲库内繁殖、危害。曲虫对于曲香味均有强烈的正趋性，吸引着大量曲虫飞入到曲库繁殖生长。

综合治理曲虫的具体措施如下：加强大曲的生产计划性，基本做到产需平衡，减少不必要的库存曲；加强曲库管理，曲库使用完毕后，应立即清扫干净，用药喷洒地面和墙角，用纱窗纱门把曲库封闭，阻止曲虫传播；当酒厂出现大量曲虫飞舞时，则采用药膜触杀方法，效果显著，但忌用药剂熏蒸和喷洒化学杀虫剂，以保证曲的质量。

（3）酱香型大曲的"三系"构成及生化变化

① 酱香型大曲的微生物、酶系、物系构成

A. 微生物构成　大曲中主要的微生物是霉菌，有曲霉、根霉、毛霉、青霉、红曲霉和犁头霉等。曲霉菌中的黑曲霉具有多种活力较强的酶系，并可产生少量的酒精。犁头霉中的念珠菌是大曲"上霉""穿衣"的有益菌种，特别是当它生于曲的表面的时候可以保护曲块不裂口。根霉中以米根霉为主，米根霉具有一定的发酵能力和糖化能力，可以与酵母菌和毛霉共存，判断其生长状态可以观察曲的断面，断面是否整齐与根霉的健壮与否有直接关系。

细菌在发酵过程中主要起到了生香的作用，分为球菌和杆菌两类，具体有乳酸菌、醋杆菌、枯草芽孢杆菌。乳酸菌数量最多，但是要控制其生长的数量，如果产生乳酸过多会使酒体产生馊、酸、涩等味道。醋杆菌属好氧性细菌，主要作用是氧化葡萄糖生成醋酸和少量酒精，数量过多会抑制酵母菌的生长。醋杆菌产生于发酵的前期和中期，在干燥和低温的环境下芽孢会失去发芽能力，故新曲贮存一段时间再入窖发酵可控制其数量。枯草芽孢杆菌在大曲高温、高水分、曲块软的环境下繁殖速度很快，它具有分解蛋白质和水解淀粉的能力，可以产生双乙酰等芳香类物质，对曲对酒都有利，是大曲中不可缺少的细菌。大曲中的细菌具有种类多、数量多和功能多三大特点。大多数细菌除可产酸外，同时作用于曲料产生热量，放出CO_2及少量酒精，经代谢后产生众多物质积累。

大曲中的酵母有酒精酵母、产酯酵母、假丝酵母等。酒精酵母是大曲的主要酵母，它的最佳生长作用温度为28～32℃，pH值在4.5～6.2之间，酒精生成力强，对大曲和酒的质量起着决定性的作用。产酯酵母以糖、醛、有机酸、盐等作为养料，在酯酶作用下将酸醇结合而产生酯，所以又把它称为生香酵母。假丝酵母大多有发酵能力，通常呈黄色小斑点，当大曲进入高温转化期时，转入休眠或死亡。

大曲中生长的微生物主要来源于空气、水、原料和器具。大曲的生产过程就是控制微生物的消长过程，包括适应期、增长期、平衡期、衰老期。而影响微生物生长的因素又很多，除了温度、水分、pH值、养分等条件外，还有各种微生物间互生、共生、抗生的作用。

制曲发酵阶段微生物在酱香型大曲中的分布、酱香型大曲培养各阶段微生物的总数及成曲贮存期内微生物的变化如表3-2～表3-4所示。通过表3-2和表3-3可以说明，细菌及低温期的微生物总数始终占绝对优势，曲皮无论在哪个阶段微生物总数都多于曲心。表3-4显示，随着成曲贮存时间的延长，细菌总数、酵母菌总数、霉菌总数虽有所反复，但总体趋势是减少的。通过对大曲部位和贮存中的微生物状况了解，可知一般大曲贮存以6个月为好。

表 3-2　制曲发酵阶段微生物在酱香型大曲中的分布（以干曲计）单位：个/g

部位	低温期在麦汁琼脂上各类微生物总数		
	细菌	酵母菌	霉菌
曲皮[①]	1.01×10^8	2.37×10^7	2.12×10^6
曲心	8.12×10^7	4.28×10^6	1.11×10^6

① 曲皮为曲表面向内深度 1cm 的范围，其余为曲心。

表 3-3　酱香型大曲培养各阶段微生物的总数（以干曲计）　单位：个/g

部位	在麦汁琼脂上各类微生物总数		
	低温期[①]	高温期[②]	出房期
曲皮	1.27×10^8	2.81×10^6	1.04×10^6
曲心	8.66×10^7	0.04×10^6	0.76×10^6

① 低温期：曲坯的品温在 40℃ 以内。

② 高温期：曲坯的品温在 55～60℃ 之间。

表 3-4　成曲贮存期内微生物的变化（以干曲计）　单位：个/g

贮存时间/月	细菌	酵母菌	霉菌
新曲	5.31×10^5	9.00×10^4	2.00×10^4
3	3.49×10^5	4.45×10^5	4.01×10^5
6	7.82×10^4	7.55×10^5	3.03×10^5
9	4.45×10^4	8.94×10^4	3.97×10^5
12	3.75×10^4	4.29×10^4	2.52×10^5
24	5.20×10^4	1.73×10^4	3.72×10^4

　　微生物在曲坯上生长繁殖，前期以霉菌、酵母为主；中期霉菌由曲坯表面向内部繁殖；后期由于品温升高，酵母大量死亡，而耐热的芽孢杆菌仍能存活生长，少量耐热红曲霉也开始繁殖。大部分曲块，第一次翻曲后，霉菌菌丝才由曲坯表面向内部生长，并随着曲块水分的收缩而逐渐深入内部。如果曲坯水分过高，将会延缓霉菌在曲块中的生长速度。

　　B. 酶系　主要包括淀粉酶、蛋白酶和脂肪酶等。

　　α-淀粉酶主要由枯草芽孢杆菌、霉菌等产生，专起液化作用。

　　β-淀粉酶可以直接将直链淀粉全部分解，但对支链淀粉中的 α-1,6 葡萄糖苷键无作用。作用的最终产物是麦芽糖。

　　葡萄糖淀粉酶（糖化酶）主要由霉菌所分泌，作用的最终产物是葡萄糖。根霉的糖化酶活力最强，其次为黑曲霉。此外，霉菌还分泌麦芽糖酶、转移葡萄糖苷酶及异淀粉酶。

　　蛋白酶分酸性蛋白酶和碱性蛋白酶，大曲中含有酸性蛋白酶，它对死亡的酵母菌有极强的分解作用，最终产物是氨基酸，为酒体提供充足的香味物质。此外，还有纤维素酶、脂肪酶等。

C. 物系　大曲中含量最多的是淀粉等碳水化合物，其余依次为水分、粗蛋白、粗脂肪、灰分、氨基酸等。

② 酱香大曲的主要生化变化　在大曲的培养过程中，微生物在曲料中生长繁殖，分泌出各种各样的酶类，引起基质的变化，合成了各种香味成分及其前体物质，构成了酱香型大曲的特殊香味。

A. 蛋白质的分解　曲料中的蛋白质，经蛋白酶作用逐步转化为氨基酸。这些氨基酸在微生物作用下进一步分解为高级醇，高级醇与脂肪酸结合生成酯类。氨基酸和糖发生美拉德反应生成各种含氮有机化合物。这些成分构成了酒的香味。

氨基酸分解成高级醇时，同时放出氨基为微生物利用。一般来讲，曲坯含水量大有利于蛋白质的分解，但要严格控制，不然，水大会造成杂菌繁殖，致使曲质不好。

B. 糖的进一步分解　糖在微生物作用下，能进一步分解成酒精、乳酸、醋酸等。这些酸与醇酯化，给麦曲带来香味。

C. 酚类化合物的生成　经研究表明，在小麦为主的大曲培养中，在微生物的作用下，生成了挥发性酚类物质。

三、清香型大曲

清香型大曲以汾酒大曲为代表，热曲顶点温度在50℃以下，是典型的低温大曲。汾酒大曲关键是原料配合、拌和踩曲、入房、上霉、晾霉、潮火、干火、后火、养曲。要培养出好曲首先要在制曲上下功夫，制曲中的任何一个环节出问题都会影响曲房内的管理。因此在大曲生产中必须将制曲与曲房内培养两部分紧密结合在一起，要让制曲的人懂得曲房培养，曲房培养的人了解制曲，才能做出高质量的大曲。其品温控制严格遵循"前缓、中挺、后缓落"的原则。汾酒大曲一般分3种（清茬曲、后火曲、红心曲）。生产方法如下。

1. 清茬曲制备

（1）配料　豌豆：大麦的配比4：6，要根据原料的品种、产地与气候适当调整，配料要准确，拌料要均匀。

（2）粉碎　清香型大曲在培养中每天品温要"两起两落"，曲坯要有较好的通透性，粉碎时要使豌豆、大麦皮保持完整，淀粉要磨得细些，不可有太多的淀粉颗粒。粉碎要经过两道辊子磨。第1道辊子磨出来后过筛，将皮分出来与过了第2辊子的细粉混合入仓。清香型大曲的原料适宜粉碎度见表3-5。

表3-5　清香型大曲的原料适宜粉碎度

筛孔直径/mm	>2.5	>1.0	>0.6	>0.3	>0.15
粉碎度/%	4.86～6.88	18.5～20.48	29.5～42.90	60.9～66.27	83.5～80.71

（3）踩曲

A. 加水拌和是踩制曲坯的关键。粉碎曲料要粗细均匀，才能保证曲坯的正常水分。如下料粗细不匀，曲坯的水分、轻重、硬度等差别很大，培养时很难控制。水分36%～58%。要求曲坯既无白点也不发软。

B. 清香型大曲要求踩压曲尽量紧，这样曲子在培养中温度来得缓，经得住晾。

（4）入房卧曲　汾酒大曲的酒坯入房后，以干谷糠铺地，上下三层，以苇秆相隔，排列成"品"字形。曲间距3～4cm，一行接一行，无行间距。苇秆上沾染着许多大曲中的有益微生物，可起部分接种作用。

（5）上霉　汾酒大曲上霉阶段明显。曲坯入房后，将曲室调制一定温度，冬季12～15℃，春秋两季15～18℃，夏季也要尽可能保持这个温度。将曲坯表皮风干后，约6～8h，用喷壶稍洒一点冷水，覆盖苇席，再喷水，使苇席湿润，令其徐徐升温，缓慢起火。冬季控制在72～80h，使区间品温上升到38℃，则可上霉良好。如区间品温超过38～40℃，应立即揭开苇席，缓缓散热；品温下降后，为防止散潮，需再覆盖苇席，继续培养至90%以上曲坯上霉良好。夏天，因气温较高，升温较急，只需38～40h就达到38℃，因此，曲表皮的菌丝、霉点较少。

（6）晾霉　曲坯表皮上霉良好时，揭开苇席，开窗放潮，使曲皮干燥，然后翻曲。第一次翻曲，由三层翻成四层，中间以苇席相隔，成品字形排列，曲间距3～4cm。曲间品温翻曲后在28～32℃时，关窗起火。昼夜温度两起两落，窗户两封两起。2～3天后，当曲间品温升至32～36℃时，再把曲块由四层翻成五层，排列方法相同。

（7）潮火　应提前1天做好准备，当曲间品温恰好升到38℃，将曲块由五层翻成六层时，抽取苇秆，将曲块摆成人字形。1天后，再由六层翻成七层，中间空出火道。昼夜升温两起两落，窗户两封两起，经过4～5天，逐步升温，曲间顶点温度达到44～46℃，可晾曲降温（凭经验和感觉），以曲间温度降到28～30℃为限。晾曲时应严密注视，不使曲心温度太高或太低。一到两天翻曲一次，排列方法同上，至七层为止。

（8）干火　由潮火至热曲的顶点温度44～46℃，开始进入干火（又称大火）期。昼夜升温两起两落，窗户两封两起。经过7～8天，热曲的顶点温度保持44～46℃，晾曲降温限度保持28～30℃，干火期每天翻曲一次。

（9）后火　由干火热曲的顶点温度44～46℃，逐步下降，但曲心尚有余热。然后再加外温，保持热曲升温顶点温度32～33℃。晾曲降温限度28～30℃，需5～6天，每2～3天翻曲一次。

（10）养曲　曲心稍有余热，加外温使曲块保持32～33℃，晾曲降温限度28～30℃，维持3～4天。总培养期24～25天，不超过28天。

（11）出房　养曲期结束，曲心仅有的一点水分已除，曲块即可出房。

2. 后火曲制备

后火曲的上霉、晾霉阶段与清茬曲完全相同，唯有潮火末期和干火期的热曲顶点温度为 46～48℃，晾曲的降温限度为 30～32℃。因此，清茬曲叫作小热大晾，后火曲叫作大热中晾。

3. 红心曲制备

红心曲的上霉与清茬曲、后火曲完全相同。晾霉至起潮火无明显界限，可边晾霉边起潮火，昼夜升温，应根据制曲工艺要求，开关窗户，随时调整曲室温度和曲间品温。红心曲起潮火较快，赶火较紧，潮火末期和大火期的热曲顶点温度为 45～47℃，晾曲降温限度为 34～36℃。大火结束时，有 80%～90% 曲块出现红心。所以红心曲的温度升降叫作中温小晾。

出房的清香型大曲，按清茬曲、后火曲、红心曲三种分别存放，垛起，曲间距 1cm 左右。贮曲期半年。使用时按 4∶3∶3 的比例混合粉碎。

第三节　小曲的制作

小曲是制造小曲白酒的发酵剂，传统小曲一般是用米粉或米糠、麸皮等为原料，添加或不添加中草药，接种曲或接种纯根霉和酵母培养而成，也称酒药、白药、酒饼等。

小曲外形比大曲小很多，制曲培养温度在 25～30℃，制曲周期为 7～15 天。

一、小曲的类别

由于产地、原料、用途等的不同，小曲的种类和名称很多。

（1）按制曲主要原料分类　可分为粮曲（全部为米粉）、糠曲（全部米糠或多量米糠与少量米粉）、麸皮曲（以麸皮为原料）。

（2）按是否添加中草药分类　可分为药小曲与无药白曲。

（3）按地域分类　可分为四川邛崃米曲、汕头糠曲、桂林酒曲丸、厦门白曲等。

（4）按用途分类　可分为甜酒曲与白酒曲。

（5）按形状分类　可分为酒曲丸、酒曲饼及散曲等。

二、小曲的制作特点

小曲中的微生物主要为根霉、拟内孢霉、乳酸菌和酵母菌等，其微生物种类虽不及大曲多，但仍属"多微"糖化和"多微"发酵的曲种。

小曲制作的传统方法是以累代培养的曲母为种做成米曲，并多包含数种中草药，中草药的主要作用是形成菌种区系和构成小曲酒特有风味。小曲酿造的白酒具有酒味醇净、香气幽雅、风格独特等特点。

由于有些中药有害以及野生中草药资源有限，加之以麸皮为原料的纯种根霉曲的发展，小曲的制作逐渐向无药小曲和纯种麸曲转变。下面以目前使用较大的纯种根霉曲作一介绍。

三、 纯种根霉曲的制造

纯种根霉曲是目前使用量较大的小曲，在南方很普遍。它是采用纯种培养技术，将根霉和酵母在麸皮上分别培养后再混合配制而成。我国利用根霉酿酒的历史源远流长。但长期以来，对根霉的利用始终停留在混合菌种培养生产的各种小曲上。制造小曲多以上等大米为原料，配以数十种中药材，生产周期长，曲箱温度不易管理，酿酒淀粉利用率较低。中华人民共和国成立后，中科院微生物所等单位，收集了全国各地有名的小曲百余种，对其主要糖化菌——根霉进行了系统的分离鉴定，获得了许多优良的根霉菌株，并在全国推广应用。

以麸皮为原料生产纯种根霉曲，不仅节约了大量的上等大米和中药材，而且可大幅度提高原料出酒率，这是小曲生产技术的进步。

1. 制曲原料

生产纯种根霉曲普遍采用麸皮为原料。要求麸皮新鲜、干燥、洁净、无污染、无虫蛀、无霉变或潮湿酸败。以麸皮为原料制曲，其优点如下。

① 麸皮具有合适的密度和松散性。

② 麸皮内含有根霉、酵母菌生长繁殖过程中所需的淀粉（一般含 42%～44%）、蛋白质和各种微量无机盐。如 C、N 含量适宜，完全能满足霉菌所需的 C：N＝5：1 和酵母菌所需的 C：N＝10：1 的要求。

③ 麸皮中所含的蛋白质是菌种生理代谢的最佳蛋白质，也是产生淀粉酶必不可少的物质。

2. 根霉的扩大培养

（1）试管培养　生产上把试管种称为一级种子，一级种子的培养尤为重要。在根霉曲的生产中，由于频繁移接，易造成试管菌种的污染，严重影响出酒率。因此，试管一级种子的培养必须保证质量。目前根霉曲生产中常用的菌种如下。

① 根霉　3.866（中科院微生物所），Q303（贵州省轻工研究所），C-24、LZ-24（泸州酿酒科研所）。

② 酵母　2.109、2.541、K 氏酵母及南洋混合酵母。对菌种可根据季节和各

地实际情况来选用。

（2）三角瓶扩大培养 工艺流程如下。

试管菌种

麸皮、水→润料→装瓶→灭菌→冷却→接种→保温培养→扣瓶→出瓶→烘干

① 润料、装瓶、接种 称取麸皮倒入容器内，加水 70%～80%，充分拌匀。用大口径漏斗将湿料分装入经洗净烘干的 500mL 三角瓶内，每瓶装料 40～50g，塞好棉塞，用牛皮纸包扎瓶口，在 0.1MPa 压力下灭菌 30min。取出三角瓶，趁热轻轻摇动，将瓶内结块的麸皮摇散（冷后不易摇散），并将瓶壁部分附着的冷凝水回入培养基内。待冷却到 30～35℃，在无菌条件下（无菌箱、无菌室或净化工作台）接入培养成熟的根霉试管菌种，摇匀，使菌体分散，利于培养。

② 保温培养、烘干 三角瓶接种完毕，置于恒温箱内保温（28～30℃），培养 2～3 天，待菌丝布满培养基，麸皮连接成饼状时，进行扣瓶。扣瓶时将瓶轻轻振动放倒，使麸饼脱离瓶底，悬于瓶的中间，以增加与空气的接触面积，促进根霉在培养基内生长繁殖。扣瓶后继续培养 1 天，即可出瓶烘干。三角瓶种子的烘干一般在培养箱内进行，烘干温度为 35～40℃，使之迅速除去水分，菌体停止生长，以利保存。烘干后在无菌条件下研磨成粉状，装入无菌干燥的纸袋中，置于干燥器内保存。

3. 浅盘曲种的培养

工艺流程如下。

三角瓶种子

麸皮、水→润料→ 灭菌 → 冷却→ 接种→装盘→培养→烘干→浅盘种曲

（1）润料、灭菌 称取麸皮，加水 70%～80%，充分拌匀，打散团块，用纱布包裹或装入竹笋中，在高压锅内 0.1MPa 压力下灭菌 30min。

（2）接种、培养 麸皮灭菌后，置于无菌室内冷至 30℃左右，接入三角瓶根霉种子 0.3%，充分拌匀，即行装盘，装盘要厚薄均匀。放入保温箱（室）内，叠成柱形，保温 28～30℃培养 8h 左右，孢子萌发。约 12h，品温开始上升，至 18h 左右品温升至 35～37℃，将曲盒摆成"X"形或"品"字形，使品温稍有下降。培养 24h 左右，根霉菌丝已将麸皮连接成块状，即行扣盘。再继续培养至品温接近 30℃左右便可出曲烘干。

（3）烘干 烘干最好分两个阶段进行，前期烘干时因曲中含水量较多，微生物对热抵抗力较差，温度不宜过高，一般控制在 35～40℃之间。随着水分的逐渐蒸发减少，根霉对热抵抗力逐渐增加，故后期烘干温度可提高到 40～45℃。

4. 根霉曲的生产

纯种根霉曲的生产有曲盘制曲和通风制曲两种。曲盘制曲用于小规模生产，操

作基本上与"浅盘曲种"相同，故不再重复。下面着重介绍通风制曲。通风制曲具有节省厂房面积、节省劳力、设备利用率高等特点。

工艺流程如下。

浅盘曲种

↓

麸皮、水→拌料→蒸料→扬冷→接种→入池→通风培养→烘干→配合→根霉曲

↑

麸皮固体酵母

（1）拌料　将拌料场地打扫干净，倒出生产需要量的麸皮，加水拌和，加水量为60%～70%，先人工初步拌和，再用扬麸机打散拌匀。润料加水量视气候、季节、原料粗细及生产方式、设备条件等灵活掌握。拌料时，还可适量加入稻壳，以利疏松。

（2）蒸料　蒸料是使麸皮中的淀粉糊化并杀死料内杂菌。生料与熟料要分开，工具也要杀菌后才用。采用常压蒸料，用一般的甑子即可。将拌匀的麸皮轻松地装入甑内，圆汽后蒸 1.3～2.0h。

（3）接种、培养　麸皮蒸好后，用扬麸机或人工扬冷，待品温冬季下降至35～37℃、夏季接近室温时，即可进行接种。接种量一般为 0.3%～0.5%（冬多夏少）。接种方法：先将浅盘种曲搓碎混入部分曲料，拌和均匀，再撒于整个曲料上，充分拌和；或用扬麸机再拌和一次（注意温度），迅速装入通风培养池内，厚度一般为 25～30cm。先进行静置培养，使孢子尽快发芽，品温控制在 30～31℃。装池后 4～6h，菌体开始生长，品温逐渐上升，待品温升至 36℃左右，自动间断通风，使曲料降温。培养约 15h，根霉开始旺盛生长。由于根霉的呼吸作用，品温上升较快，可连续进行通风培养，使品温维持在 35～37℃。一般入池后 24h，曲料内即布满菌丝，连接成块的麸皮养分逐渐被消耗，水分不断减少，菌丝已缓慢生长，即可进行干燥。

（4）烘干　操作和要求与浅盘曲种相同。

5. 麸皮固体酵母

麸皮固体酵母供配制根霉曲使用。工艺流程如下。

酵母试管→三角瓶种子

↓

麸皮、水→拌料→ 蒸料 → 冷却 → 接种→装盘→培养→烘干

（1）三角瓶液体酵母培养　取麦芽汁或 5% 的葡萄糖豆芽汁培养基，装入500mL 三角瓶中，塞上棉塞，包扎好瓶口，高压灭菌 25min，冷却后在无菌条件下接入试管酵母菌种 1～2 环，28～30℃保温培养 24～36h，在培养液内气泡大量上升、繁殖旺盛时，即可作为生产固体酵母种子使用。

（2）固体酵母的生产　原料处理与根霉曲生产基本相同，但润料时加水量稍有

增加。因充足的水分更适于酵母生长繁殖，同时酵母培养时翻动次数较多，水分损失较大，故一般应比培养根霉时增加水分 5%～10%。若麸皮较细，可加适量稻壳，以增加疏松程度。麸皮经灭菌、降温后，接入 2%～5% 的三角瓶酵母种子液，拌匀（也可同时接入 0.2% 的根霉曲种）。装入曲盘或簸箕中，置曲室内保温 28～30℃ 培养。至 8～10h 品温开始上升，翻拌 1 次，并变换曲盘或簸箕的位置，隔 4～5h 再翻 2 次，至 15h 酵母细胞繁殖旺盛。因品温变化大，应随时注意翻拌，以控制温度变化。24～36h 即可培养成熟，随即进行烘干。烘干操作同根霉曲一样。在固体酵母培养过程中，翻拌操作极为重要。因酵母在繁殖过程中需大量空气，并排出 CO_2。翻拌操作既能排除培养基内的 CO_2，补充氧气，又能使繁殖生长后的酵母细胞不断分布到还没有繁殖酵母的培养基中，增加麸皮酵母中的细胞数，提高曲的质量。

6. 根霉曲与酵母曲的配比

将培养成熟并烘干后的根霉曲和麸皮酵母曲按一定比例配合，便成为市售的根霉曲。根霉曲中加入酵母的数量视固体酵母的质量而定，若固体酵母中酵母细胞数为 4 亿个/g 左右，则配入的固体酵母可为 6%。现在有的根霉曲生产厂为了减少工序、降低成本，不再自己生产麸皮固体酵母，而在根霉曲中加入活性干酵母，其效果是一样的。还有的厂为了提高出酒率，在根霉、酵母曲中添加部分糖化酶。但添加量应适当，否则会影响传统小曲酒的风味。

❖ 第四节　麸曲的制作

麸曲是固态发酵法酿造麸曲白酒的糖化剂。麸曲是以麸皮为主要原料，以糠谷、酒糟及豆饼为配料，经调水、蒸煮、冷却后，接入曲盘固体培养的糖化种曲，采用机械式通风制曲池固体深层培养制成。

目前，麸曲在固态发酵法酿造食醋中，也常常通过采用醋渣或酱油渣代替酒糟制曲而得到普遍使用。

一、麸曲的制作特点

麸曲具有原料简单、成本低、固体深层通风、培养时间短、成品曲糖化力高、出酒率高、酿酒原料适应性广等优点，但同时有保藏期短、产品的风味略差等缺点。

制作麸曲时，应注意 5 个重要环节（即《烟台酿酒操作法》之规定）：严格配料、控制蒸煮、掌握温度（室温、品温）、保潮放潮（调剂通风）、防止杂菌。除此之外，对曲霉特性应有所了解，并注意整个工艺过程中淀粉酶的消长情况。

因麸曲不宜贮存，故麸曲的制作应有计划，出曲后应尽快使用，否则易造成淀粉酶活性下降和杂菌滋生。据测定，黄曲贮存3天，糖化力下降20％；黑曲贮存3天，糖化力下降30％。出曲水分越大，酶活力下降越大，杂菌感染越多，在贮存过程中酸度不断增加，并有烧曲的危险。

二、制作麸曲的微生物

制作麸曲的微生物菌株需具有较高的糖化力和一定的液化力，同时还应具有生成香味物质的能力。我国用于酿造白酒的麸曲菌种有几十种，主要有曲霉、根霉等。

生产上使用的曲霉菌有黑曲霉、白曲霉和米曲霉等，前两种曲霉的糖化力强，持续性好且耐酸；米曲霉中蛋白质分解酶较多，产香好，液化快，但不耐酸，糖化持续性差。

生产上常用的曲霉菌有AS3.4309和河内白曲霉等。根霉适宜多菌混合培养环境，具有边繁殖边糖化的作用，且根霉能糖化生淀粉，在生料培养基上生长旺盛。

三、制曲工艺流程和工艺要点

1. 工艺流程

麸曲制备的基本工艺流程如下：

原菌试管→斜面试管菌种→三角瓶菌种→帘子菌种→机械通风制曲

2. 制曲工艺要点

麸曲制备工艺中，重点阶段为机械通风制曲过程，需要特别注意。

① 配料　曲料中加稻壳量为麸皮量的10％～15％，还可加入少量酒糟，控制堆积料水分含量为50％左右。

② 蒸料　常压蒸料时，要求边投料边进汽，加热要均匀，圆汽后再蒸料40min。

③ 接种　接种时料温不要超过40℃，接种量为原料量的0.25％～0.35％。

④ 培养管理　曲料接种后堆积50cm高度，使料温维持在33～34℃；入池后5～6h内，应保持室温32～33℃，品温接近34℃时开始通风，降到30℃时停风，控制前期品温在34℃左右；进入后期，此时应提高室温，利用室内循环风将品温控制在37～39℃，排除曲料中的水分，将水分含量控制在25％以下。

四、酒母制备工艺

麸曲由于只具备糖化能力，不具有发酵能力，因此在用麸曲生产白酒时还需要制备酒母。纯种的酵母菌经过逐级扩大培养制成的酵母培养液，被称为酒母。为了简化工艺流程，现在不少厂家直接使用活性干酵母来代替纯种酵母。

1. 白酒生产中的常用酵母菌种

白酒生产要求酵母有较强的产酒精能力、较高的耐酒精能力和耐酸能力，而且能给成品酒带来好的风味，现在生产中常用的酵母菌有 K 氏酵母、南阳 5 号、南阳混合酵母、拉斯 12 号酵母等。

2. 酒母制备的工艺流程

酒母制备的基本工艺流程如下所示。

原菌种→斜面试管培养→三角瓶扩大培养→卡氏罐培养→大缸培养

3. 酒母制备的工艺要点

（1）实验室酵母扩大培养阶段

① 斜面试管培养　在斜面试管培养基上划线接种原菌种，置保温箱中 25～30℃培养 24h，以活化原菌种；将斜面菌种接入灭菌冷却后的米曲汁试管培养基，摇匀后置保温箱中 25～30℃培养 24h。

② 三角瓶扩大培养　在三角瓶中装入米曲汁，灭菌后接入液体试管培养液，于 30℃培养 12～15h；在三角瓶中装入糖化液，灭菌后接入第 1 代三角瓶种子，30℃培养 12～15h。

③ 卡氏罐培养　在卡式罐中加入糖化醪的滤液作为培养基，接入三角瓶种子，25～28℃培养 12～14h。

（2）生产现场酒母培养阶段　根据生产量在种子罐内加入温水，加热至 50～60℃，再加入用温水调好的玉米粉，边加边搅拌，加热至沸，糊化 40min。而后开冷却水冷却，降温至 60℃，加入原料量 10%～25%的麸曲，保温糖化 4～5h。而后再加热煮沸 20min，冷却至 25～28℃，接入卡式罐种子，接种量为 5%，保温培养 8～10h。

复习思考题

1. 怎样理解酿酒中的有益微生物和有害微生物？
2. 酒曲如何分类？
3. 举例说明浓香型大曲的生产工艺。
4. 如何鉴别酱香型大曲的质量？
5. 高温曲、中温曲、低温曲的特点比较。

第四章

白酒生产工艺

❖ 第一节 浓香型

一、概述

1. 原料及要求

生产浓香型大曲酒的主要原料有高粱、大米、糯米、小麦、玉米等。高粱的品种主要有红高粱、黄高粱、白高粱等，产地不同其成分也有差别。

（1）原料的作用

① 为酿酒发酵提供淀粉底物，提供能量来源，调节糟醅密度，调节糟醅保水性，调节糟醅比热，调节糟醅容氧比，提供基酒的呈香呈味成分等。

② 为发酵微生物提供营养，包括氮源、碳源、磷源、钾源、生长素以及其他一些微量元素。

（2）原料质量要求　原料要求新鲜、籽粒大、颗粒均匀，杂质含量少，无霉变、无虫蛀。

（3）原料的处理　有规模的酒厂原料处理主要是风选和筛选去除谷皮、灰分及固体颗粒。原料粉碎度要求过 20 目筛 30％ 以下，并根据季节不同作出相应调整。由于冬季气温低，微生物相对不活跃，而且环境中微生物数量少，一般是冬季要求粉碎度细一些，这样有利于淀粉和曲药中的酶和菌系可以充分接触，从而有利于糟醅的发酵；相反，夏季气温高，空气和环境中微生物活跃，可以粉碎粗一些，这样可以减缓发酵速度。

2. 浓香型白酒生产工艺概要

（1）浓香型白酒流派　酿酒界传统上将浓香型分为川派和江淮派。

① 川派　以泸州老窖、五粮液、全兴大曲、剑南春、沱牌曲酒为主要代表。

② 江淮派　以洋河大曲、双沟大曲、古井贡酒为主要代表。

（2）浓香型白酒分类

① 按所用糖化发酵剂分为大曲浓香、麸曲浓香。

② 按照工艺分为原窖法、跑窖法，其中原窖法以泸州老窖、全兴大曲为代表，跑窖法以五粮液、剑南春为代表。

③ 按照原料分为单粮、多粮，单粮主要代表有泸州老窖、全兴大曲等，多粮有五粮液、剑南春等。

（3）浓香型白酒生产的特点　泥窖发酵，续糟配料混蒸混烧，双边发酵，黄泥封窖。

二、浓香型大曲

浓香型白酒生产所用的大曲实际上是一种粗酶制剂。这种粗酶制剂是我国古代劳动人民智慧的结晶，在多年的生产中他们学会了利用自然及环境中的微生物，经过有目的地进行培养和很多代人的改进，形成了今天大曲的生产方法。

浓香型大曲生产的基本原理是通过自然的方法富集环境、器具设备和空气中的微生物，并按有益菌所需要的物理和化学条件，在以小麦粉为主要原料的培养基上对其进行驯化和定向培养的过程。我们把曲在酒中的作用分为物系、菌系、酶系。其中物系里除主要的淀粉、纤维素、无机盐、灰分外，还会产生一些在白酒酿造过程中不会或只能少量产生的，而在制曲时由于较高温度条件下才能产生的物质，如阿魏酸、美拉德反应糖氨产物等，这些物质有些会随酒糟在甑内蒸馏时与酒精等成分一起进入酒中，成为构成白酒香味成分的微量成分，并赋予白酒特定的味和香。

1. 曲药三系——酶系、菌系、物系

泸州老窖等通过多年的制曲实践，认为大曲生产发酵的实质是通过富集环境中的微生物，使大曲中的各种微生物区系达到平衡，分泌不同的酶系来产生浓香型大曲酒生产所必需的各种物质。

（1）大曲中的菌系　由于大曲是开放的自然发酵产品，微生物来源范围包括曲种、环境、工具等，其内部微生物种类十分复杂，大体可分为霉菌、细菌、酵母菌三大类。

① 霉菌类　霉菌主要来源为粮食作物原料，在曲块内发现的主要有曲霉和根霉。

A. 曲霉　曲霉包括米曲霉、黑曲霉、红曲霉等，是曲药中最多的霉菌。有人从泸州老窖曲药中分离支9株曲霉，其菌落形态、颜色、菌丝、繁殖方式、糖化酶活性、产酸量等各有特点。

B. 根霉　根霉包括黑根霉、米根霉等。根霉是曲药中产生糖化酶的主要微生物之一。从泸州酒曲中分离的7株根霉其微生物特性不尽相同。另外还检出毛霉、犁头霉、青霉等，其中以曲霉为主。霉菌的菌落较大，在生产中霉菌的菌丝深入大曲曲体，使内部水分有效地达到均一，在制曲过程中作用突出。

② 酵母菌类　大曲中酵母含量较多，主要分为酒精酵母、产酯酵母和假丝酵母等，是乙醇发酵和产酯生香的重要微生物。

③ 细菌类　大曲中最初的微生物来源与空气中落入的大量孢子有密切关系。一般而言，制曲温度越高，细菌所占的比例也越大，主要有醋酸菌、乳酸菌、芽孢

杆菌、微球菌等。酒中的众多的香味成分来源于细菌的代谢。

（2）大曲中的酶系　大曲中的酶根据催化功能可分为淀粉酶、蛋白酶、氧化还原酶、纤维素酶等。

① 淀粉酶类　淀粉酶也称淀粉水解酶，是能分解淀粉糖苷键的一类酶的总称，大曲中的淀粉酶多为复合酶，主要功能是将原料中的大分子淀粉分解成糊精、麦芽糖，最终生成葡萄糖。大曲中的主要淀粉酶为 α-淀粉酶、β-淀粉酶、葡萄糖淀粉酶（糖化酶）、异淀粉酶。

② 蛋白酶类　大曲中的蛋白酶类是酸性、中性蛋白酶，其主要水解产物为氨基酸、多肽，为微生物的生长繁殖提供营养物质，这些物质在发酵后期形成的高级醇、醛、酮则是白酒风味的重要成分。此外，氨基酸与葡萄糖的美拉德反应，是大曲酒特殊香味重要的前体物质。

③ 酵母菌胞内酶　酵母菌细胞内的酶有二三十种，直接参与白酒发酵的有十几种，主要有三类：酒化酶、杂醇油生成酶、酯化酶等。

④ 其他酶类

A. 脂肪酶　脂肪酶是分解脂肪的酶，酿造过程的脂肪是由生物产生的天然油脂，即甘油三脂肪酸酯。能产脂肪酶的微生物有黑曲霉、白地霉、毛霉、荧光假单胞菌、无根根霉、圆柱形假丝酵母、耶尔球拟酵母、德氏根霉等。脂肪酶分解甘油三脂肪酸酯所得部分甘油酯、脂肪酸及甘油等，除供给微生物体所需的能量外，也是合成磷脂等具有重要生理功能的类脂的前体物质。

B. 果胶酶　果胶酶是分解果胶质的多种酶的总称，可分为两大类，一类能催化果胶解聚，也称为解聚酶，包括果胶裂解酶、聚半乳糖醛酸酶等；另一类能催化果胶分子中的酯水解，包括果胶酯酶。霉菌能产生多种解聚酶；少数酵母菌也能产生果胶酶；假单胞菌能产生聚半乳糖醛酸酶。

C. 纤维素酶类　酿酒原辅料中含有大量的纤维素，纤维素酶能破坏细胞壁及细胞间质，使淀粉得到充分利用，并将纤维素分解成可发酵糖，提高出酒率及原料利用率。

值得指出的是，与白酒酿制过程相关的酶系庞杂，目前相关文献对胞外酶的研究相对深入；而胞内酶是由微生物合成后并不分泌到胞外，在胞内作用的酶，它种类繁多，在细胞内的固定区域活动，或与原生质的特定成分结合，这些酶类在浓香型白酒生产中所起的作用尚待进一步研究。

（3）大曲中的物系　大曲主要原料是小麦，其主要成分是淀粉、纤维素、蛋白质以及一些无机盐。在大曲的制作过程中由于微生物及酶的作用淀粉含量会有一定量的减少。谷皮中单宁可以生成香草酸、香草醛、丁香酸、阿魏酸等酒体中的呈香呈味成分，而这些成分在糟醅以外过程中几乎不会产生，因其产生时所需温度较高。纤维素、半纤维素在纤维素酶的作用下一部分也会成为可发酵性糖。

2. 大曲在浓香型白酒生产中的作用

在浓香型白酒生产过程中，传统认为大曲是糖化发酵剂，通过多年实践中逐步认识到它也能促进酯化、提供生香前体物质和风味物质。故大曲质量的优劣，直接影响着酒质的好坏及产量的高低。

在传统浓香型白酒酿造生产中，糖化和发酵同时进行，曲中微生物及酶类全部转入发酵糟醅中，随着环境的物系改变，原有的以及操作中新引入的微生物继续繁殖或死亡，酶系也随发酵糟醅成分、外界条件变化发生系列生化反应，从而推动整个浓香型白酒发酵系统中微生物区系的演替。泸州老窖沈才洪等对浓香型白酒发酵糟醅中微生物区系进行了研究，推断如下：

① 在发酵初期，窖池内存在较多氧气，加之酒醅中有机酸和酒精含量都相对较低，好氧细菌、酵母菌、霉菌等微生物都得到了迅速增殖。其中，主要由曲药所带入的霉菌利用淀粉酶完成了淀粉质的糖化。

经过 1～4 天重要糖化期后，霉菌与酵母进行边繁殖边代谢，结果造就了大曲发酵的重要特点——双边发酵，即糖化与酒化同时进行。随着发酵进程的向前推移，窖内氧气迅速大量消耗，好氧细菌、霉菌逐渐消亡。发酵 2～20 天为酒精主发酵期，酵母菌则在发酵 2～5 天边生长边发酵，而后，随着酒醅中酒精含量的逐渐提高，大量对环境耐受力差的酵母菌发生自溶消亡。

② 发酵糟醅中的好氧细菌及乳酸菌等亦主要来源于曲药。在发酵中后期，窖池酒醅处于厌氧环境，乳酸菌的代谢活动开始活跃，产生了大量的乳酸，促使窖内酒醅的酸度迅速升高。在此阶段，酒醅内酸与乙醇的含量都很高，酸醇酯化反应加速，生成了大量酯类物质。

3. 浓香型大曲的生产

浓香型曲酒生产所用曲主要有大曲、麸曲，而传统浓香型白酒以大曲为主。大曲又称砖曲，分为平板曲和包包曲，其制曲工艺大同小异，都是空气、原料和环境中的微生物定向扩大培养而成的粗酶制剂。所谓平板曲就是整块曲厚度差不多一致，而包包曲则是中间部分厚度略高于四周。从制曲温度上来说，包包曲顶温略高于平板曲，所以平板曲在酶系和菌系上同包包曲应有所不同。下面以四川某名酒厂为例择要说明。

（1）制曲工艺流程　见图 4-1。

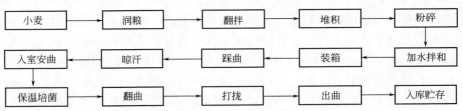

图 4-1　浓香型大曲制曲工艺流程

　　过去浓香型大曲均是夏季踩制，称为伏曲。后来产生了春季曲，称为桃花曲。现在由于科技进步，对曲中主要菌系和酶系有了较多了解，制曲也一改传统，可以常年制曲，称四季曲。当然由于四季气温、湿度不同，不同季节制作的曲是有一定区别的。夏季气温高，空气湿度大，空气及环境中的微生物数量和种类都比冬季多，也就是说，夏季制曲时所接种的微生物数量比较多，而且温度和湿度都利于微生物生长繁殖。入室后，不用覆盖很厚的谷草也可以保证足够的温度，因而更有利于微生物特别是好氧微生物的接种、生长繁殖。但由于伏曲生产受到季节限制，可生产时间较少，不利于资金周转和设备的利用。春季曲糖化力较好，总酸低，但酯化酶含量较少。冬季气温低，环境、空气中的微生物数量相对少，所以生产工艺操作中对温度和湿度控制和管理要求较高。但只要科学掌握制曲，控制好制曲条件，四季曲质量也能得到很好的保证。

　　（2）原料处理　浓香型大曲的生产绝大部分使用生小麦作为原料，也有些厂家加入少量高粱、大麦或豌豆等原料，还有些厂家在制曲时会加入少量成品曲作为菌种。下面是部分酒厂制曲原料及配料表（表4-1）。

表 4-1　部分酒厂制曲原料及配料表　　　　　　单位：％

厂家	小麦	大麦	豌豆	高粱	成品曲粉
五粮液酒厂	100				
剑南春酒厂	100				
古井酒厂	70	20	10		
洋河酒厂	50	40	10		
泸州酒厂	90～97			3～10	
全兴酒厂	95			4	1

　　① 首先选用籽粒饱满、均匀、无霉变的小麦作为原料，筛去其中的皮壳和固体杂质，在原料中加入占原料重量7％左右的水分，这部分水应该从总用水量中减出。根据季节不同使用不同温度的水进行润料，一般要求是夏季用常温水，其余季节用热水，冬季最好用80℃热水发粮，使麦粒表面湿润，并根据季节和润料情况堆积1～4h，使麦皮较韧而淀粉部分易碎为度，一般认为麦粒表面柔润收汗、内心较硬，牙咬有干脆声响但不粘牙为宜。切不可堆积过久，否则小麦吸水后会因有氧呼吸而消耗淀粉，同时也可能造成杂菌的感染。

　　小麦粉碎度对制曲的影响较大。如果粉碎度太细，细粉多，黏性大，曲坯中水分蒸发太慢，热量散失太缓引起升酸过大，在排潮时容易因曲坯吐水不好，因而导致"窝水曲"，长黑毛，反火等；粉碎太粗，则会因提浆不好，表面容易干裂开口，失水过快，导致曲坯穿衣不好、皮张厚、曲坯中心不泡气、顶温低等现象，从而降低曲药质量。因此一般用对辊粉碎机对已润好的小麦进行粉碎，要求粉碎好的原料呈"皮烂心不烂，外形呈梅花瓣"。总的要求是粉碎时通过20目筛的麦粉粒重量在

30%以下。

② 拌和　微生物的繁殖代谢活动离不开水。恰当的水分是制曲的关键。同时所加的水分又是影响入房曲坯温度的重要因素。所以要求用水一定要清洁，而且要根据气温、空气湿度等确定准确的用水量和用水温度。冬季入房温度一般要求25℃左右，夏季入房温度要注意不能太高，也要尽量在25℃左右。要控制好用水量，水分过多，踩曲不易成形、曲坯易下坐，如果因此晾汗过久又会导致杂菌感染。水分过高细菌繁殖快，入房后曲坯升温易过猛，造成升酸过大，长黑毛；后期排潮不好，形成"窝水曲""反火曲"。反之如果水分过小，原料黏性不好，踩制不易成形，踩曲时提浆不好，那么在踩曲时易缺边掉角，曲坯易开裂，入房后曲坯"穿衣"困难，皮张厚、不泡气、曲坯顶温不够等。入房曲温不可过低，如果过低，则容易出现升温困难，穿衣不好、排潮不好。如果温度过高也会出现升温过猛、产酸过多、糖化力低下等现象。

拌料前应先做好器具、场地、曲箱等的卫生，防止环境及器具带来的杂菌感染。传统的拌料是用铁锅，现在一般用拌料机进行拌料。先安好铁锅或拌料机，如果是拌料机应接通电源，在锅中或拌料机中投入润好的原料，加入水分。加水总量为原料的36%～38%，北方由于空气湿度小一些，可以略增加1%～2%的用水量，另外如果要求制曲温度高的可以略多加1%～2%的水分。在拌料加水时应减去前面润料所用的水分，然后开始拌和。加水的原则是冬季用热水、夏季用自然温度水，平季可用温水。拌和好的原料应均匀一致、无灰包、无疙瘩，并且手感好、柔润，用手捏能成团但不粘手，放开手后基本能抖散。

③ 装箱踩曲　根据制曲方式分为踩平板曲和包包曲。

平板曲曲箱一般是木制长方形框，通常规格为33cm×20cm×6cm。一般可以装曲料3.5～4kg，现在也有用33cm×20cm×7cm的木制曲箱的。用双手将拌好后的曲料装入曲箱，装料稍高于曲箱，装好后即可以踩曲。先用脚掌从曲箱中心踩一遍，再用脚跟沿四周踩一遍，尤其是四个角一定要踩紧，否则易使曲块掉角。要求踩紧踩光。然后将曲箱翻过来也按上述要求踩两遍，踩好后，用脚掌沾上旁边木盆准备好的洁净水，将曲坯表面溜光提浆踩曲要求是，四周踩紧，不能缺边掉角，并且一定要提浆好，否则入房后曲坯表面易失水过快，使曲块表面"穿衣"不好。所谓"穿衣"，是指在曲坯表面上生长的一层白色网状菌丝，实际上是在培菌过程中曲块表面产生的犁头霉、念珠霉等。目前对念珠霉所产酶系及其在白酒中的作用尚没有太多研究，但在制曲时，其作用是明了的，就是"穿衣"可以有效地防止曲坯中水分的过早蒸发，以免曲坯表面开裂，使得培菌过程中由于水分散失过早，曲坯升温困难，难以达到要求的品温，从而使需要的微生物生长受阻而影响曲药质量。

包包曲的踩制和平板曲基本一样，只是在翻过来踩第二遍时，在曲箱中心部分再加上一定量的曲料，高度一般为踩好后比四周高3～5cm。其他要求同平板曲一样。

④ 晾曲收汗　曲坯布踩好后，将曲箱棱放轻轻敲击地面，使曲坯能较轻松从曲箱中倒出。曲坯倒出曲箱后放在一旁清洁平整的地面上进行晾曲"收汗"。所谓"收汗"就是让曲坯表面水分稍干一点，使曲块入房后棱放时不至于下坐变形、开裂。一般"晾汗"时间为 1 h 左右，视曲坯水分和季节不同有所不同。切勿晾放太久，如果晾放太久，曲块表面易失水，在培菌期易出现曲坯"皮张"厚、"穿衣"不好、顶温不够、曲心不泡气等现象。

⑤ 入室安曲　入室前先在曲室地面上撒上一层新鲜糠壳。传统曲房一般是砖木结构，现在也有用砖混结构曲房的。砖木结构的曲房，一般是夹层墙黄泥地面，但现在很少用黄泥地面的了，现在基本上都是水泥地面，顶部为穹顶，做成穹顶的目的是为了不让培菌过程中产生的水蒸气直接滴在曲块上，四周地面略低一点，可以让空气中冷凝的水分从四周流走而不至于浸到曲坯。安曲一般有两种方式："人字形"安曲和"斗形"安曲。"人字形"安曲是指先安好两排曲，安曲时曲坯间有一定夹角，每一排曲按同样的方向排列，两排曲间有一定角度，每间隔一排排列方向相同。"斗形"安曲法是指四块曲作为一斗，斗与斗间呈垂直排列。另外安曲时每块曲间间隔为一指半，即 2～3cm，安好一排后即行盖上草帘，草帘一般是 10cm 左右厚度，并根据要求和季节不同在草帘上洒上少量的水。洒水的量应根据曲块水分、气温、空气湿度以及制曲温度要求而定，一般在 5～7kg/m² 。夏季用自来水，其他三季用热水，尤其是冬季应用温度在 60～80℃ 的热水，以提高室内温度。安完一间曲房后，在四周空隙处塞上稻草。安好一间曲房后应及时关好门窗。此法称为"四边安曲法"，即边安、边盖、边洒、边关。关好门窗前测定室内的温度、湿度、入室曲块数量，以及入房曲药的水分，并做好记录。

⑥ 曲房管理　曲房管理包括保温、保湿、翻曲、打拢、开窗排潮等。曲药质量的好坏，很大程度上取决于入房后的培菌管理。如果管理不当，极易发生病变，以后则难以再弥补挽救，尤其是入房后的前几天。因此应适时注意曲室内的温度、湿度，要根据曲坯温度水分、穿衣情况等调节好曲室温度、洒水、开窗等。总之，让有益菌成为主导菌群，以保证曲药质量。

一般曲坯入房时温度在 25℃ 左右，入房后每天升温 2～3℃，一般 5 天左右外温至 38～40℃ 时即应该进行第一次翻曲，如果不及时翻曲，容易造成升温过高，有益菌群不能很好繁殖，也易造成由于温度过高而使曲坯过早失水，顶温难以达到理想温度，曲块"皮张"厚，中心不泡气，所产曲药质量不佳。翻曲的要求是中心翻四周，四周翻中间，底翻面，面翻底。当温度继续上升时，应注意收拢堆积，因为此时曲块由于温度上升，水分逐渐减少，要保持好室内的空气湿度，在打拢时可以适量在草帘上洒一些水，以利于曲坯进一步升温。当曲坯堆到七层以上后，顶温应升到最高点，此时应注意关闭好门窗以维持一段时间，此为生香期，时间一般在 12～15 天。生香期后，可以继续堆高一些，以维持较高的温度，并适当开开门窗，此时应注意保持室内空气不能太潮，进入后火烘曲期，后火时要注意温度不能下降太快，否则曲块中水分不能及时和完全排出，形成"窝水曲"。同时在开门窗时要注意不能让风直接对着曲块，以免形成风口的"受风曲"。后火烘曲时，可以堆码10～12层。最后在曲坯快干燥时进行收拢，即"打拢"，将曲块收拢成堆不留空隔，以排除最后水分，使曲块能达到入库水分要求。

制曲的要点是"前火不可过大，后火不可过小"以及"前期注意保湿，中、后期注意保温"。

⑦ 出曲及入库管理　　经一个月左右培养，曲药水分在14%以下时即为成曲，此时可以出曲房进入库房。按照成品曲的质量可以将曲按不同等级进行分类存放。曲药的分级一般是按其"穿衣"情况、"皮张"厚度、断面颜色及中心"泡气"程度，然后接合理化指标进行分等。下面是某酒厂曲药分级的感官标准和理化指标（表4-2和表4-3）。

表4-2　某酒厂曲药分级的感官标准

等级	"穿衣"情况	"皮张"厚度	断面感官
1级	穿衣好，有明显白色菌丝，表面整齐，无缺边掉角，无开裂或裂纹	≤0.3cm	断面"金线"明显而整齐，"皮张"厚度均匀，中心白中略带酱色且有明显红黄点，用手挤压中心部分有明显弹性，且能用手捻开。闻有明显曲香味
2级	穿衣较好，有白色菌丝，基本无缺边掉角的现象，有少量裂纹	≤0.5cm	断面"金线"较明显，"皮张"厚度基本均匀，中心部分有少量红黄点，用手能捻开，有一定弹性。闻有曲香味
3级	表面粗糙，呈小麦本身颜色，有少量缺边掉角的现象，有裂口	≤0.8cm	断面"金线"放射而散，不规则，"皮张"较厚，中心灰白且硬度高，顶手，不易用手捻开

表4-3　理化标准

等级	水分/%	糖化力/U	酸度/(mL/10g)
1级	≤14	600～900	1左右
2级	≤14	400～600	1左右
3级	≤14	≤400 或≥900	≤0.5 或≥1.2

注：酸度是指10g干曲所消耗的0.1mol/L的NaOH的体积（毫升，mL）。糖化力是指在pH4.6、温度35℃，时间1h，1g绝干曲转化可溶性淀粉所能产生的葡萄糖的质量（毫克，mg）为一个单位，符号为U。

从曲坯入房到成曲入库一般为30天，然后在库房中贮存3～6个月即可投入使用。新曲一般来说，糖化力、液化力都较高，细菌活力较强，通过贮存可以使细菌活力钝化，如果直接使用发酵会导致升温过猛，会产生多量的乙酸、乳酸等，从而影响酒质，所以成曲一般要求贮藏3～6个月才能投入生产。

⑧ 曲药常见病害及产生原因

A.窝水曲　　窝水曲是指出房时曲坯中心含水量过高（高于14%，有些甚至达到 16％以上），入库后细菌继续繁殖，曲中心部分不干燥，曲坯中心黑色，酸度高、酶活差而产酒、生酯能力都很差的曲。造成窝水曲的主要原因如下：粉碎过细（通过 20 目筛＞30％，有些甚至达到 50％），所踩制的曲表面过于紧密，在培菌排潮期水分不能很好蒸发；加入润料水分过多（＞40％甚至更高），制曲时水分不能及时蒸发，或因水分过大而导致曲坯变形成团，曲坯间间隔变小使水分不易挥发；打拢后层数太少或间隔太大，使后火太小，导致水分不能排出；曲坯入房后间隔太大，通风翻曲过于频繁而导致曲房升温不够，从而引起排潮不好；制曲木箱（或木盒）规格太大，厚度太大等。

B. 反火曲　所谓反火曲是指曲坯入库后，由于成曲出库时水分高于 14％或库房防水不好使曲坯吸水重新升温。此种曲由于反火温度不会太高，反火后重新生长的微生物主要是霉菌、枯草芽孢杆菌等。其糖化力、产酸能力高，但综合质量不好。

C. 生心曲　形成的主要原因是原料粉碎度太粗，原料加水量不足，曲坯间隔太大等，曲坯入房后早期失水而导致曲坯发酵不好、顶温不够，曲心干硬不泡气而明显带生麦。这种曲感官和理化指标都差。

D. 后火曲　曲坯入房前期间隔太大，收堆不及时等导致前期升温不好，而后期打拢时品温继续上升导致细菌繁殖过多。这种曲感官呈深褐色，糖化力、发酵力差，曲坯酸度高。

E. 大火曲　这种情况主要是因为入房水分太大、入房前期堆码太密从而导致前期升温过猛，霉菌等生长不好，细菌繁殖过于旺盛。其表观现象是曲坯表面深褐色，糖化力、液化力等性能差。

F. 受风曲　主要是开门窗时风口直接对着曲坯，使曲坯表面迅速失水，导致曲坯穿衣不好、皮张厚、曲中心不泡气、中心顶温低。所以应注意在门窗处加挡风板，或注意门窗的设计，避免曲坯直接对着风口。

G. 不"穿衣"　"穿衣"好坏是判断曲药感官质量的重要指标。"穿衣"好，则曲坯不会开裂，曲中心培菌效果好，"皮张"也不会厚。曲坯入房后 3 天左右仍不见"穿衣"，则可能是制曲过程中曲房温度过低，表面水分挥发太快、收汗时间太长等所致。如果在早期出现这种情况，应及时关好门窗，并在曲坯表面加盖草帘，在草帘上喷洒温水到曲坯表面稍觉湿润即可，切不可喷洒过多，否则易滋生黑曲霉、长水毛等而影响曲药质量。

此外还有温度过低导致的青霉菌感染等。

对于上面所述及的问题，有些只能在生产时预防，在培菌过程中加强管理。入库后基本没有办法处理。所以应在曲药的前期粉碎、加水、入房后培菌期加强管理。

包包曲的生产和平板曲生产流程基本一致，其不同之处在于由于培菌温度高一些，所以踩曲时中心部分应多加一些原料，使曲坯中心厚度比曲模高 3cm 左右。

另外润粮水分应该比平板曲高 1%～2%，这样有利于培菌中顶温较高。

三、 窖池、窖泥技术

由于川派浓香在全国浓香型白酒中占有十分重要的地位。其产量和规模都是其他省无法比拟的，尤其是窖池及窖泥培养具有独到之处，在此重点阐述，供借鉴参考。

1. 窖池

窖池一般有两种规格：如果人工起窖，可用 3m×2m×2m（长、宽、高）的窖池；如果使用行车起窖，窖池可适当放大，长宽之比根据地形可按（1.5～2）：1，深度可按 2m 左右为适。

（1）建窖　建窖车间地平应高于车间外 50～60cm，这样能防止汛期车间外部水进入到车间内。根据生产场地情况，将要建窖的部分全部下挖 2.8m 左右，在下部密排 Φ10～15cm 的卵石，夯实，中间灌满黄泥浆，然后上面加上"二合土"（黄泥拌和生石灰）夯紧后再在上面密排小卵石，夯紧后再灌以黄泥浆，然后用优质黄泥密铺夯紧，厚度不低于 20cm。然后根据窖池的规格要求用黄泥筑窖埂（窖墙），窖埂一般是梯形，下部宽 120cm，上部宽 60cm，用夹板固定。要求一板一板筑上来，并且要筑紧。每一板高度 30～40cm，板与板之间夹以长竹片以加强窖埂的强度。筑到要求的高度后，上面盖上青石板或水泥板。石板宽度是 70cm，如果没有行车，窖池横向要通过斗车，则横向上宽为 120～150cm，下宽为 150～180cm，筑到要求后也要盖上青石板或水泥板，石板宽度比窖埂两边各宽 5cm。将楠竹先做成宽约 3.5cm，长约 25cm 的竹片，按 15cm×15cm 成"丁字形"打入窖壁，打入深度 15～20cm，也可用麻丝按丁字形缠绕在竹片上。这样建成的窖池，特别是对于地质结构较疏松的地区效果甚好。有的也可采用砖混结构建窖；另外对于地下是黄黏土的地区，可直接采取挖下去建筑窖池。

（2）搭窖　将培养好的窖泥用手用力摔上窖壁，效果佳。然后用抹子抹平，即可使用。新搭建的窖池应及时使用，做到当天搭窖泥，当然入糟封窖发酵，以免窖泥感染杂菌和失水。一般搭窖泥厚度为 8～12cm，窖泥太薄生香效果会因此受到影响；如果太厚，窖泥附着不牢，容易从窖墙上掉下来。

2. 窖泥的培养

20 世纪 50～60 年代，国内两次对泸型酒作了查定，确立了泸型酒的工艺操作：研究认为浓香型白酒的呈香呈味成分是突出以己酸乙酯为主体的复合香气，因此国内很多单位开始对老窖的主要成分及其形成机理以及老窖泥中主要微生物进行了广泛而深入的研究，明确了浓香型白酒四大酸及其酯类的产生途径。

（1）己酸及其乙酯的生成　在发酵过程中，酒精和乙酸结合生成丁酸，丁酸再与酒精结合生成己酸：

$$CH_3CH_2OH + CH_3COOH \longrightarrow CH_3CH_2CH_2COOH + H_2O$$

$$CH_3CH_2CH_2COOH + CH_3CH_2OH \longrightarrow CH_3(CH_2)_4COOH + H_2O$$

　　当然这是一个十分复杂的过程，上式只是己酸合成的化学反应式。发酵分为从大分子物质分解成小分子物质的分解发酵，以及从小分子变成大分子的合成发酵，己酸及其乙酯的生成即为合成发酵。

　　人工培养窖泥经过多家酒厂及科研单位 40 多年的研究，已经是非常成熟的技术了。其主要原理是通过人工方式以发酵产物或副产物为主要材料，加以其他有益微生物所需要的生长元素，并按主要有益微生物（主要指以己酸菌及其伴生或共生、共栖菌为主的复合菌株）生长繁殖的物理条件进行定向培养。

　　（2）窖泥培养的材料

　　① 黄泥　黄泥是窖泥微生物及营养物质的主要载体，应选择黏度强，含铁、钙等金属离子少，含沙等杂质少，微酸性的土质。

　　② 窖皮泥　窖皮泥又叫封窖泥，是在入窖糟醅全部进入窖池后用以密封窖池的黄黏泥，起着保护糟醅水分和防止空气及空气中杂菌进入窖池的作用。因封窖长期使用，其颜色逐渐由黄变（褐）黑，而且有窖泥的气味，其中含有已经适应窖内发酵的微生物和因原料带入的营养物质、腐植质等；腐植质可用泥炭等添加一定量酒糟打浆代替。

　　③ 酒糟　酒糟中含有酒精，可以给己酸菌提供碳源，其中的纤维素可以为窖内微生物的生长繁殖提供场所。另外酒糟中还含有多种原料带入的微量元素、无机盐、酵母自溶产生的生长素及腐植质等，还有已经驯化了的窖内微生物。

　　④ 老窖泥培养液、黄水　有人分析过老窖泥培养液、黄水中的成分，其成分非常复杂，主要有己酸菌、淀粉、糊精、蛋白质、其他多糖以及一些矿物质和醇、醛、酸、酯等，能为微生物生长提供合理的营养条件。

　　⑤ 底锅水　底锅水中也含有丰富的糊精等多糖、生香前体物质以及有机碳源、钾源、磷源、蛋白质等。

　　⑥ 尾水　主要含有有机酸、酒精以及一些酯类、醇类等。

　　⑦ 酒　窖泥中的己酸菌以乙醇作为碳源，离开乙醇，己酸菌的繁殖会受到影响，另外酯类的合成也离不开乙醇。

　　⑧ 腐植质　腐植质是指植物残体及其分解产生的一些高分子有机化合物的混合物，其测定是以碳含量代表。它是老窖泥中重要的成分。根据研究，在持续使用的情况下，窖龄越长，腐植质含量越高。腐植质可以用藕塘泥或泥炭。

　　⑨ 磷酸盐　有效磷是土壤中微生物代谢的重要元素。尤其是细菌的生长主要靠细胞增殖，而细胞的增殖产生新细胞必须有核蛋白，磷是核蛋白的重要物质。磷也是酶类反应的重要成分，磷对微生物酶的生成有重要作用。同样，磷对于己酸菌的繁殖有着重要的作用，又是参与乙醇乙酸酯化的重要物质。

⑩ 乙酸钠　乙酸是己酸合成的重要底物。有人在缺少乙酸的培养基中培养己酸菌，发现己酸生成量很少；

⑪ 生长素　酵母浸膏主要是酵母自溶后的产物，含有核苷酸以及维生素 B_1、维生素 B_2、叶酸等维生素，能促进己酸菌的繁殖。所以在己酸菌培养时加入酵母膏有助于己酸菌的繁殖。

⑫ 大曲粉　大曲中含有经驯化后的酵母、霉菌、细菌以及淀粉、蛋白质等，在培养时加入大曲可以提供有益菌种，另外曲粉中的有机质也会逐渐腐熟成为腐植质，并为细菌繁殖提供营养。

⑬ 其他　另外钾盐、速效蛋白质、硫酸镁等也是微生物繁殖所不能或缺的重要成分。

(3) 窖泥培养配方举例　窖泥是浓香型白酒产生香味成分的微生物培养基。一般黄泥自然老熟需要很长时间，通行的说法是"50 年产特曲，10 年产头曲"。通过大量的研究，现在可以模拟自然老窖成熟的条件，用人工的方式缩短窖泥成熟的周期，不同的厂采用不同的方法来培养窖泥。下面是几个厂家不同的培养配方。

① 黄泥 4500kg，窖皮泥 500kg，黄水 71kg，粮糟 62.5kg，丢糟 62.5kg，曲粉 50kg，尾酒 50kg，老窖泥富集培养液 125kg，适量有效磷、钾、有机氮源，将以上材料混均匀后密封 31～35℃培养 60 天左右。

② 黄泥 2875kg，腐植质 75～150kg，曲粉 45kg，熟黄水 850～900kg，老窖泥培养液 75kg，尾酒 22kg。混合均匀，密封堆积发酵 15 天，在使用前加部分生黄水和酒尾踩揉，然后搭窖。

③ 黄泥 3000kg，藕塘泥 1500kg，优质酒糟 400，曲药 100kg，硫酸镁 5kg，尾酒 250kg，适量有效磷、钾、有机氮源。用黄水或清水将上述物料调成粥状，用打泥机打匀，自然发酵 5 天。

④ 黄泥 4500kg，窖皮泥 500kg，黄水 120kg，丢糟 275kg，酒尾 50kg，老窖泥富集培养液及己酸菌、甲烷菌液 125kg，适量有效磷、钾、有机氮源。混匀、踩柔，堆积密封发酵，保温 30℃左右，厌气发酵 60 天。

⑤ 黄泥、窖皮泥、老窖泥等共 4000kg，曲粉 60kg，丢糟 50kg，适量有效磷、钾、有机氮源、酒尾、黄水等，老窖泥培养液 250kg。将以上材料混匀并踩柔，密封培养 30 天。

⑥ 黄泥 4000kg，泥炭 1000kg，优质酒糟 250kg，曲粉 150kg，适量有效磷、钾、有机氮源，硫酸镁 2.5kg，硫酸铵 5kg，豆饼粉 50kg，老窖泥培养液 5%，黄水 500kg。将黄水等拌和均匀，保温 32～35℃，发酵 60 天左右。

将以上材料用打泥机打匀后，有的直接搭窖使用，有的用黄泥或塑料布密封发酵一段时间后使用，有些厂在培养窖泥时会加入老窖泥培养菌种液或纯己酸菌扩大培养液。

　　⑦ 藕塘泥 1800kg，窖皮泥 1800kg、优质黄泥 400kg，曲粉 50kg，优质母糟 13kg，白糖 13kg，豆饼粉 6kg。适量有效磷、钾、有机氮源。以上材料密封发酵 30 天左右。

　　⑧ 优质黄泥 1000kg，曲粉 15kg，豆饼粉 5kg，窖皮泥 300kg，温水混匀，在 30～35℃保温培养 30 天左右。

　　(4) 人工窖泥培养常见问题　人工培养窖泥的配方还有很多种，不管哪种配方都必须科学，应符合浓香型白酒中以己酸菌为代表的有益微生物的生长繁殖需要。有些地方人工窖泥在配方及培养方式上不按科学方法进行，而是听别人说或是自己想当然，所培养的窖泥中添加腐烂水果、猪下水等，导致培养的窖泥不理想甚至早退化，所产的酒有异香、异味等。究其原因主要有以下几种情况。

　　① 用于接种的微生物来源不正或不足　人工培养窖泥的目的在于用人工的方法模拟老窖中微生物生长的物理和化学条件，让有益微生物在培养时大量繁殖，尽快缩短窖泥成熟的时间。有些生产厂家对窖泥微生物缺乏科学的认识和态度，认为窖泥越臭产酒越香，于是在培养窖泥时加入一些生活污泥、阴沟泥等，这些材料有些取自工厂排放废水的臭水沟，有的是居民生活废水废料，有的甚至取自于厕所、厨房排放的废水废物经腐烂后的产物。这类材料中固有的微生物很多和酿酒无关，甚至有些还含有对人健康有害的致病菌或毒素。添加这样的材料培养的窖泥所产的酒往往酒质低劣，有苦味、泥味、辣味或其他邪杂味。

　　② 窖泥菌种单一　由于老窖泥中的微生物主要是以己酸菌为主的复合菌群，有些厂家便以为只要增加己酸菌的数量即可，于是在培养窖泥时，从一些科研单位购进单一的纯种己酸菌，并按己酸菌繁殖所需培养条件进行扩大培养。然后将培养后的纯种己酸菌种子淋窖，或加入在粮糟中，或在窖内主发酵结束时进行灌窖。这种方法只能短期内单一地提高己酸及其己酸乙酯的含量，而其他呈香呈味成分则不容易同步增加，同时会抑制窖泥中己酸菌生产繁殖，造成酒体单一、单薄，使酒口感单一而燥辣、暴辣、味短、不全面。而且此法的最大缺陷在于打破了窖内微生态环境的微生物平衡，不利于酒质的全面提高。

　　③ 窖泥配方不科学　有些厂家在设计窖泥配方时不是科学地按照以己酸菌为主的复合微生物菌所需要营养条件进行设计，而是盲目使用大量烂水果、猪下水，甚至还有用粪便的。这些方法既不科学，又不符合食品卫生标准要求，生产的窖泥会有腐败臭味，而这些腐败味又会随蒸馏进入酒中，给酒带来异杂味，还可能给酒带来泥味、臭味及腐败味等，甚至可能带入致病菌。

　　有资料介绍：某厂在培养窖泥时，加入 8% 的烂苹果或梨，还加入了一些猪肠衣下水进行培养。其生产的"窖泥"奇臭难闻，并未有老窖泥所特有的复合窖香。其所产的酒经分析，己酸乙酯含量仅有区区 47.9mg/100mL，不具有己酸乙酯主体香，而乳酸及其乙酯、乙酸及其乙酯却含量超高，乳酸乙酯、乙酸乙酯分别为 209.8mg/100mL 及 176.1mg/100mL，酒中的酯类及其他骨架成分完全失调，根本不具有浓香型白酒的风格。还有些厂虽未添加如上所述的腐败材料，却加入一些生淀粉材料，如大米、糯米等，而缺少一些己酸菌生长繁殖所需的必要成分，以及未用黄水调节好酸度等，没有按老窖泥中厌氧微生物的营养特性而盲目地添加材料，不仅浪费粮食，而且于事无补。还有些厂家加入中药材、植物花草等，还有的天真地加入一些酒中成分，以为可以促进窖泥成熟，企图想通过这种方式使泥带有某种特殊香味，以促进酒质的改善，实际上是适得其反。

窖泥培养的实质是通过培养有益菌群，并使其成为窖泥中的优势菌群，从而产生合理的香味成分，并能保持这些菌类长期、合理、有效地生长，而不是企图通过窖泥给酒带来香和味觉物质。酒中的呈香呈味成分靠的是有益菌群中的生物酶的作用，而培养窖泥的本质是提供并培养有益菌群，不是提供香源。有些不合理材料经加入后在微生物作用下反而会产生不正常的成分，使酒中的成分失调，添加香味成分也只能是暂时的，不能长效产生酒中的香味成分。随着这些外加香源的消耗，窖泥使用时间的延长，窖泥及酒质量也越来越差。

特别要注意的是，有些速效材料虽然有效，但不是越多越好，因为微生物的繁殖都有其合理的营养条件，并不是多多益善。速效氮源，虽然能快速提供氮源，但如果过量使用，则会造成窖泥的板结，使窖泥在窖中因缺水引起营养缺乏，而使窖泥老化的乳酸钙、乳酸铁等富集，从而导致窖泥的快速老化。还有一些厂家在培养窖泥时加入鸡蛋、骨粉等动物性蛋白，但由于动物性蛋白中含有较多的蛋氨酸，在细菌等的作用下可能会产生多量的含硫化合物，给酒带来恶臭味而影响基酒的质量。

（5）某酒厂人工培养窖泥介绍

① 材料 按每立方米窖泥计算：磷酸二氢钾 3kg、乙酸钠 2kg、硫酸镁 0.8kg、酵母膏 1kg、豆饼粉 40kg、老窖泥 100kg、藕塘泥 0.15m³、窖皮泥 0.3m³、黄泥 0.45m³、优质母糟 150kg（未蒸馏取酒、打成浆）、尾酒 20kg、优质黄水 200kg、老窖泥培养液 50kg、底锅水 200kg、食用酒精 10kg、曲粉 50kg、白糖 3kg。另需少量糠壳作为保温材料。

② 设备 陶坛、农用锄、撮箕、温度计、不锈钢桶、大口锅、打泥机、塑料布、酒泵、铁铲等。

③ 老窖泥坛子培养液培养流程 每个坛子装入老窖泥 25kg、酒糟 25kg、酵母膏 0.5kg、磷酸二氢钾 1.5kg、乙酸钠 1kg、硫酸镁 0.4kg、酒精 10kg、黄水 25～35kg，并搅拌均匀，pH5.5～6.5。然后调整到适当温度密封，温度升至 35℃左右，培养 15～30 天。符合要求后即可使用。

将以上材料混合打匀后入培养池密封保温培养一段时间，待其成熟后即可用于搭窖。

（6）窖泥研究的新进展 窖泥是浓香型白酒生产最关键的物质基础。离开了优质窖泥就不可能生产出优质浓香型白酒。长期以来，对窖泥质量的评价主要是一些宏观理化指标的分析，但经验上，人们总是用鼻子去感觉窖泥的质量，并以此作为重要的判别依据，如窖泥的臭，是正常的臭，还是异常的臭等。感官的评价能否上升到微量成分的检测或风味的评价，一直以来人们都在探索。

据范文来报道，江南大学应用 HS-SPME（顶空-固相微萃取）结合 GC-MS（气相色谱-质谱联用）技术对浓香型白酒生产用窖泥的微量成分进行了分析。共检测到 184 种微量挥发性成分，其中醇类 18 种，酸类 11 种，羰基化合物 13 种，酯类 78 种，酚类化合物 7 种，芳香族化合物 26 种，内酯类化合物 5 种，硫化物 6 种，呋喃类化合物 7 种，吡嗪类化合物 3 种，吲哚类化合物 2 种，其他化合物 8 种。大部分成分是第一次检测到。如在此基础上，通过大量数据的分析，极有可能在窖泥的臭味、窖泥质量的评价等方面形成一个比较可行的方法与标准，使之推动窖泥生产技术不断完善。

四、 浓香型大曲酒生产工艺

1、 原窖法工艺

原窖法工艺流程图见图 4-2。

（1）立糟 搭好窖泥后应尽快入窖以防窖泥干裂，将配料及蒸熟、摊晾下曲的粮糟进入窖池，按不同季节进行踩窖，然后进入面糟，拍光后用封窖泥封窖（也可以用聚乙烯塑料布封窖），封窖的目的是为了进行厌氧发酵，避免空气进入。

（2）入窖发酵及窖池管理 粮糟入窖后，根据季节和气温不同可适当进行踩窖。冬天气温低，环境、空气、场地、器具、曲药带入糟醅中的微生物数量和活力都较差，此时可以适当踩窖，以利于糟醅的正常发酵；平季或夏季，则可以适当多踩窖。踩窖要求是：冬季踩"花脚"，即间隔 30cm 左右在窖边踩一遍，窖中心少踩；平季可间隔 20cm 左右踩一遍，中心部分间隔可再大一点；夏季则窖四周基本要求密踩，中心部分也要踩一遍。

粮糟入完后，钩平，待入面糟后，将面糟四周踩紧，中间根据季节不同适当踩。待糟醅全部入窖并踩完后，即用已经踩揉好的封窖泥进行封窖。封窖泥的厚度一般要求 15～20cm 左右。封好窖后用抹子抹平收光。待封窖泥"收汗"后，再用聚乙烯（PE）塑料布盖好，并在适当的位置插入木杆，拔出，放入温度计，再用泥封好，并作好标记。温度计可以先系好绳子。

入窖第二天检查"吹口"和温度。

在冬季此时温度应该基本不变，也不会有明显的"吹"，第三天时应有"吹"，用鼻闻有少量 CO_2 产生，也可以用打火机放在吹口处，此时打火机火焰微有颤动或感觉有风吹的样子。四天以后应该出现明显"吹口"，用鼻闻有强烈的 CO_2 刺

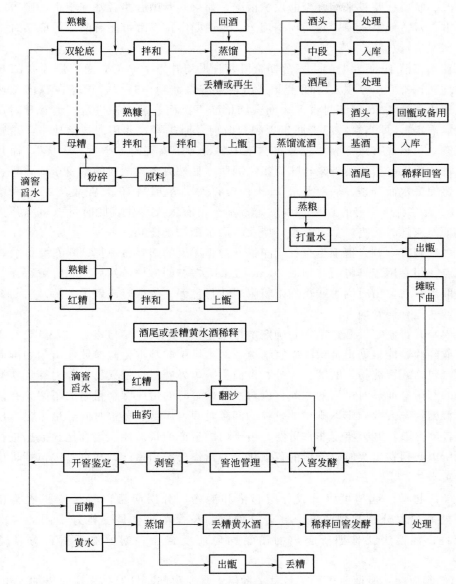

图 4-2 原窖法工艺流程图

激，将打火机放在吹口处，火焰会马上熄灭。第三天糟醅温度逐步上升 0.5～1℃，四天以后每天会上升 1～2℃ 直到主发酵结束。主发酵期一般是在 15～20 天基本结束（夏季较快），此时窖内温度达到最高，正常可以达到 33～35℃，称为顶温，而升温幅度一般为 10～16℃。主发酵结束时，窖帽会有一个下跌的幅度，称之为"跌头"，正常发酵"跌头"在 30～50cm。如果"跌头"太小，说明发酵可能不太正常；"跌头"太大，则有可能本排配糟时用糠量太大。入窖后糟醅发酵情况可结合升温、吹口、跌头来综合判断发酵情况，如果三者中有两者基本正常，则窖内发酵基本正常，如果三项中有两项不理想，则说明本排发酵可能有问题，应结合本排入窖情况进行总结。

在入窖前 15 天左右的主发酵期阶段，日平均升温 1～2℃，总升温幅度在 10～16℃均属正常。由于主发酵期主要是酒精发酵，淀粉消耗大，糟醅在窖内迅速下沉，形成"跌头"，因而封窖泥表面会随糟醅下沉而开裂，在进行窖池管理时，应注意"清窖"，即当封窖泥表面出现裂口时应及时拍紧，并用泥抹子抹平，否则会进入空气，形成有氧呼吸，也会将空气中的霉菌带入窖内，产生"倒烧"，而且由于有霉菌进入，会给酒带来霉味而影响酒质。另外封窖泥上面的塑料布要盖好，以免封窖泥失水而开裂。一般要求 15 天内应每天"清窖"，15 天后可以 2～3 天清一次，30 天左右后，窖的跌头基本跌定，不会再有太大变化，此时可以多隔几天清一次，但应随时检查，如有开裂，应及时洒水用抹子抹光。

（3）剥窖　首先把卫生打扫干净揭开封窖泥上的塑料布，把塑料布叠好放在指定地点，用专用工具将封窖划成 20cm×20cm 左右的方块，然后用手将封窖泥一块一块取出，在取出时用手或小扫帚将附着在封窖泥上的糠壳或糟子去掉。将封窖泥用筐或斗运到泥堂内。

（4）开窖鉴定　开窖鉴定是确定本排工艺重要手段。参与鉴定的人员要有丰富的从业经验，能根据出窖糟的感官情况，对本排糟的基本化验参数作出较为准确的判断，包括残留淀粉、酸度、水分、含酒量等，另外对母糟气色、骨力等也要有较准确的判断。通过对母糟的判断，应对上排入窖时的情况有个粗略的了解，并能通过出窖糟情况大致确定本排糟的投粮、润粮时间、用糠、蒸粮时间、量水量、用曲量等各项参数。开窖鉴定非常重要，由于白酒生产的特殊性，结合化验数据进行配料，所以必须在出窖时对母糟的各项化验参数作出准确估计，开窖鉴定包括母糟鉴定和黄水的鉴定。

（5）起糟　起糟可以分成分层起糟和混糟。分层起糟，就是按照糟醅在窖内所处的位置分别起到晾堂上并分开堆放，在投料时也是安排好不同的层次进行投料；混糟法就是把所起出的糟醅均匀地混合在一起，然后再行分堆进行投料。

①起面糟　所谓面糟，顾名思义将位于窖池顶部，且上排入窖时未加入粮食，只加入部分曲药和糠壳的这部分糟，起到竹片时，用铁铲收拢，把这部分糟单独进行蒸馏，蒸馏完后即成为丢糟，所得酒称为丢糟酒。如果底锅中加入黄水即为丢糟黄水酒。丢糟黄水酒应单独处理或存放，处理方式有稀释回窖或回底锅再次蒸馏，丢糟酒的成分、气色和口感较杂，不宜用作基酒。我们测定几组丢糟酒中主要成分见表 4-4。

从表 4-4 中可以看出：丢糟酒中醛含量较高，各酯类比关系也不合理，因而口感杂，正丙醇平均高达 70mg/100mL，也是造成口感杂的重要原因。

表 4-4　丢糟中主要成分　　　　　　　　　单位：mg/100mL

成分	1#	2#	3#	4#	5#	平均
己酸乙酯	196	204	178	258	172	201
乳酸乙酯	322	123	61	176	167	170
乙酸乙酯	123	207	200	211	145	177
丁酸乙酯	65	53	24	90	42	55
乙醛	61	22	20	27	35	33
乙缩醛	13	35	55	28	47	36
正丙醇	43	83	28	169	26	70
仲丁醇	37	27	16	37	19	27
异丁醇	17	8	8	5	9	9.4
正丁醇	34	50	16	—	42	45.5
异戊醇	32	31	27	29	32	30.2
正己醇	6	9	6	19	11	10.2

②起红糟　红糟是作为本排火面糟入窖，下排火蒸馏后作为丢糟扔掉。起完面糟后应对红糟作感官鉴定，以判断上排火发酵及入窖参数是否正确。根据经验，每三甑粮糟会增长一甑红糟，根据窖内及本排所需入窖的情况，起够本排所需面糟后，将其堆放在晾堂一角，作为本排入窖的面糟，面糟酒一般也不能入库作为基酒，可以将其中较净的部分通过底锅串蒸粮糟，另一部分稀释养窖，也可以用于翻沙。

③起母糟　待作为面糟的红糟起够后，根据季节不同开始起母糟。母糟是用于配粮的部分，将母糟起到晾堂中央，见水后即停止起糟。在窖池的一端将双轮底起出来，打一黄水坑，把起出的双轮底糟放在另一端未起的双轮底上，将未起完的母糟起到这一端双轮底上，进行滴黄水，要求见水即舀。待母糟黄水滴净后，将母糟全部起出，堆放在晾堂已有的母糟上，并勾平踩好、拍紧，在上面均匀洒上糠壳，最后用塑料布盖好。

起到见黄水时要停止起糟，打上黄水坑，进行滴窖。滴窖时间一般要求 16h 以上，滴窖时产生的黄水应及时勤舀。滴窖完成后，再起余下需要的母糟。

④起双轮底　待滴窖 16～20h，可以起双轮底。要求滴水勤舀，出窖糟水分应在 62% 左右。

⑤配糟润粮　根据出窖糟酸度、水分、气温等情况安排合适的粮糟比。一般粮糟比在 1:(4～5) 之间。旺季应多投粮，粮糟比为 1:(4～4.5)，淡平季为 1:(4.5～5)。现在很多工厂采用上径 1.85m、下径 1.75m、甑算到甑口高为 0.75m 左右，即容积为 1.65m³ 的蒸馏甑，一般用糟量约为甑容的 2/3，即 1.1m³ 左右，加上配粮、糠壳、下曲后体积变为约 1.7m³（糠壳松密度约为 0.13t/m³，用糠量

为投粮重量的 20%～25%，其体积为 0.46m³；投粮体积约为 0.25m³，混入母糟后会收缩到 0.16m³ 左右，也即拌粮拌糠后容积约为 1.7m³)。

挖出三甑所需要的母糟，将所需粮食倒入母糟中，摊开铺平，先挖一遍，注意不能挖透，再挖一遍翻拌均匀。注意消灭灰包疙瘩，也即拌粮不见白。润粮 1h 以上，要求润透心，用手碾压其中的较大粮粒，应能成粉状。其余配糟润粮也应保持 1h 以上。上甑前 15min 左右开始拌糠，先挖出一甑的粮糟，倒上糠壳，翻拌两次，拌和均匀，要求拌糠不见黄。要求按甑配糠。并应根据季节和糟醅不同适当调整糠的用量。基本原则如下：如果出窖酸度大，应适当增加一点用糠量，反之可减少用糠量；出窖糟残留淀粉高可增加用糠量，反之应减少用糠量；投粮大的应适当增加用糠量，反之减少用糠量；旺季气温低，可适当增加用糠量，淡季气温高应减少用糠量。

（6）蒸馏

① 蒸粮糟 将粮糟堆至甑边，注意不能和甑接触，以免因甑传热导致糟中酒的挥发。在底锅中加入清洁水，安好甑子，在甑箅上先薄撒上一熟糠，以免粮糟粘在甑箅上（所用之糠应从本甑用糠量中减出），打开甑即可开始上甑。用撮箕将拌和好的粮轻轻撒入甑内，一般三撮箕就应将甑箅覆盖完全。根据蒸汽上升情况渐次铺撒，要求边探气边上甑，探气时手伸入甑面糟下一指深有热气时才能端下一撮箕，但要注意安全，以免被烫伤，直至上满甑。上满甑后，扎好甑边，刮平甑面糟，要求边高中低，甑中心约比甑边低 4cm 左右。待蒸汽将要出甑面时盖好云盘，加好水封（或安好围圈），接好过汽筒，安好接酒管和接酒桶，并调整好蒸汽气压。上甑时间要求不得低于 45min，从盖盘到流酒为 3～5min。调整蒸汽气压 0.03MPa 以下，待头酒蒸馏出来时，用碗或瓢掐去前 0.5～1kg。然后根据酒质和酒的数量进行摘酒。要求流酒速度 2.5～3kg/min，流酒温度 25～30℃。如果流酒温度太低，不利于酒中低沸点杂质如醛类物质的挥发；如果太高，酒中的有益成分又会损失，也会影响酒的收得率。待出现绒花时单独用接酒桶分开。然后进行吊尾。吊尾要求满铺吊尾，吊尾时要调整蒸汽大小。吊尾后开始大汽蒸粮，蒸粮汽压要求 0.08MPa 以上。从上甑到出甑时间一般是 100min 左右。上甑要求是：轻撒匀铺，探气上甑。

四川省接酒一般是看花摘酒。酒精度不同，表面张力也不同，以一定的速度冲入酒面时会产生不同的气泡，我们称之为酒花。根据气泡大小不同，可以判断酒度。酒精度高时，其醇溶性物质和低沸点物质较多，反之酒精度低时，其水溶性物质和高沸点物质较多。接酒时当花子明显发生变化时应及时断酒。一般大清花酒度在 70%vol 左右，小清花在 65%vol 左右，绒花酒度在 60%vol 以下。

绒花和头子一般回底锅重蒸或回窖养窖。尾水进入下一甑重蒸，也可以用于养窖。

吊尾结束后，开大汽蒸粮，待粮食基本蒸熟时（流酒蒸粮时间约为 55min 左右）揭开甑盖，根据季节、投粮、出窖糟水分情况等打入一定量的量水。打量水要求打透打匀，不能打"窝子水"，也不能打透底，起甑时不能开流。量水温度一般要求 85℃以上，现在普遍都是打沸点量水。打完量水后，视粮食糊化情况出甑。如果糊化稍差，可以在甑内闷 2～3min，或出甑后在晾糟机前堆积 5～8min，以充分吸水。

蒸馏的作用主要有三：提取高浓度酒糟将酒及酒中的呈香呈味成分蒸馏出来；将粮食蒸熟，达到淀粉糊化的目的；通过蒸馏降低糟中的有机酸含量，达到降酸目的。

② 蒸面糟 出窖时，取最上部分或被作为面糟的部分糟醅，只拌入粮糟用糠量一半左右的糠壳。要求也是上甑前 15～20min 开始拌和。拌和好后即可上甑，操作要求和上粮定糟一样。上甑时间 35min 左右。要求铺撒均匀、探气上甑、掐去酒头，用于养窖或回底锅。根据酒花的大小分别接酒，大清花酒入单独的面糟容器，绒花酒用于回甑或养窖。接完酒后开大蒸汽冲酸吊尾，要求满铺吊尾，根据季节和糟醅酸度不同，面糟从上甑到出甑不应低于 65min，如果酸度过高可适当延长冲酸时间。冲酸完后即可出甑。

③ 蒸丢糟 上排火的面糟在蒸酒后方才能叫丢糟，但习惯上把上排面糟叫丢糟。蒸丢糟上甑要求 35min 左右。蒸丢糟时可在底锅中回入黄水，所得之酒称为丢糟黄水酒，一般不会直接入库，可用于养窖或回蒸。接完酒后，即行吊尾，满铺即可出甑。

④ 蒸双轮底 双轮底经两轮或两轮以上发酵，其中含有丰富的香味成分，窖香十分浓郁。但由于双轮底糟经两轮乃至于多轮发酵，其在窖时间长达数月，每一轮次都会经历发酵过程中下沉黄水的浸泡，吸收一部分有机酸，故其酸度很高。由于长期在高酸度的黄水中浸泡的原因，其骨力很低，其中含有的淀粉也很少，水分高。所以如果单独进行蒸馏，在拌料时应该多加一点糠壳。上甑时汽压要比上粮糟要大一些，不然会因为上甑糟水分太大而塌汽，形成"夹花吊尾"，影响蒸馏效率和香味成分的馏出。过去双轮底糟经蒸馏后一般作为丢糟扔掉，但这样丢掉十分可惜，因为双轮底含有大量的呈香呈味成分，在一次蒸馏时不可能把里面的香味成分全部蒸出，所以现在一般都对双轮底糟进行再利用。

一是将蒸馏过的双轮底糟进行再生。方法是将双轮底晾到高于粮糟的温度，每甑加上 20～30kg 曲药，加上一部分酒尾或丢糟酒，放入窖底经再一次发酵，下次蒸馏时可以得到含酯量高的再生双轮底酒。这个酒比较干净，而且可以充分利用其中的香味成分。

二是根据季节和糟醅的不同，可以在配粮糟时加入在配糟中，达到利用底糟中的香味成分的目的，而且可以调节母糟酸度，对调整母糟酸度及基础等入窖条件有积极的作用。需要注意的是，双轮底糟一定要拌和均匀，不能因此导致入窖糟酸度的不一致，同时应注意双轮底的用量，不能过多导致入窖糟酸度过大而影响入窖糟的发酵。

三是可以在配糟时均匀拌和入适量的双轮底，用以调节母糟酸度、风格、水分等。只是这种双轮底的使用对双轮底糟中香味物质的萃取效果要差一些，其好处在可以使双轮底糟和母糟拌和更容易均匀。

四是可以用双轮底糟配成粮糟。正常发酵的双轮底，其骨力正常，水分含量大于一般红糟，酸度也要高一些，所以必须注意的是用双轮底糟配粮时，投粮必大，用糟必少，用糠量也应该相对正常糟大一些，这样可以降低入窖糟的酸度，增加糟醅活力，另外可适当增大用曲量。如果用双轮底配糟，在入窖时最好入于窖池粮糟中上层，以保证这部分粮糟的顺利发酵。

（7）摊晾下曲　粮糟吊完尾后，出甑时或出甑量时打量水。如果是甑内打量水，打完量水后，视淀粉糊化情况即行出甑。如果是甑外打量水，则应将粮糟出在晾糟机或"人字棚"边，边出甑边打量水。打量水要求均匀，量水温度要求用沸清洁水。由于在甑内打量水可能会打不太均匀，出甑后将糟堆放在晾糟前可以先用钉耙适当翻匀，以使糟醅水分均匀。

打量水的量要根据季节和出窖糟含水量不同而定。根据经验每打投粮量的100%的水会获得约6%（水分）的增加值，也可根据粮糟含水量及粮糟比关系计算。

设原辅料（包括粮食、曲药、糠壳）中含水量为 13%，用糠量 25%，用曲量 20%，出窖糟水分 60%。

如果粮糟比为 1:4.5，水分为：$[(1+0.25+0.2)\times13\%+4.5\times60\%+1]\div6.95=55.95\%$，增加 5.95%。

如果粮糟比为 1:5，水分为：$[(1+0.25+0.2)\times13\%+5\times60\%+1]\div7.45=56.22\%$，增加 6.22%。

可以看出计算结果和经验值是吻合的。

所以出窖水分大的可以少打一点量水，出窖水分小的应该多打一点量水，以保证合理的入窖水分。夏季转排时，由于气温高，可以多打一点量水，以降低入窖酸度，同时减少容氧量，从而减缓发酵速度，达到控制升温和升酸的目的。

打完量水后，根据糟中淀粉吸水情况、糊化情况出甑。如果糊化效果差，可以在甑内或出甑后"闷"一段时间，待糊化正常后即可摊晾。但一定要控制好"闷"的时间，否则可能造成糊化过度，或时间过长会导致杂菌感染而影响发酵或酒的质量。

一般摊晾用"人字棚"或晾糟机。如果是"人字棚"（俗称"鸭儿棚"），应尽快用铁铲将糟均匀撒到棚上，打开风扇，待温度下降到要求温度时将称量好的曲粉均匀撒在糟上，然后用铁铲或耙子将糟从棚上铲下收堆，装入斗车，运送到窖内入窖。如果是晾糟机，打完量水出甑后，用钉耙挖一遍，即可用铁铲将糟甩撒到晾糟机上进行摊晾。同时打开撒曲料斗和风机。糟醅进入贮料斗后应及时用耙挖散，并用温度计测量温度，作好记录。粮糟摊晾一般要求甩撒厚度为 2～5cm，根据气温和季节不同调节晾糟厚度，夏季气温高，甩撒厚度可薄一些，同时打开两组风扇；冬季气温低，可甩撒厚一些，同时关或半关一组风扇。应尽量减少糟醅摊晾时间以减少杂菌感染的机会，晾完一甑应及时入窖。晾糟温度过去要求是"热平地温，冷13"，现在一般是"热平地温，冷17"，即糟醅经过摊晾后入窖时其品温淡季时和生产车间地表温度基本一致，平季一般气温在 20℃左右，地温在 17℃左右。冬季是酿酒的最佳季节，但由于窖面温度和气温都较低，此时入窖温度一定要注意保持在 17℃左右。夏季是没有办法晾低，平季则可能刚好，冬季则容易晾得过低。如果晾糟温度过低，则可能造成糟醅升温困难，发酵不好；过高则容易造成升温过快，升酸过高，而影响产酒。

面糟蒸馏并吊完尾后即可出甑，及时进行摊晾。摊晾时，面糟下曲量为粮糟用曲的一半左右，并根据面糟情况可以适当调整。应对入窖糟进行感官和理化分析，尤其是即时的感官鉴定，以便为下甑糟的调整提供依据。

下曲的量应提前称量好。根据投粮的多少、气温、季节、酸度、水分、用糠量等其他入窖因素确定下曲量。

在温度一定的条件下，原则上投粮（入窖淀粉）越大，用曲量应按相应比例增加，即"曲随粮走"，其原因是投粮量的改变，其投入淀粉所需的糖化力也应相应改变。所以，曲药用量与投粮（入窖淀粉）呈正相关关系。

曲药中各种酶的主要作用温度在 40～60℃之间，在发酵过程中越接近这个温度范围，在其他条件不变的情况下，各种酶越能发挥其酶活力。所以，入窖品温越高，则用曲量越小。如单粮浓香白酒生产，夏季气温高，用曲量在 18%～20%；冬季气温低，用曲量应调整为 20%～22%。多粮浓香白酒生产比单粮浓香白酒生产用曲量分别增加 2%～3%。所以，曲药用量与气温（品温）呈负相关关系。

曲药中酶干燥情况下处于休眠状态，其酶活力是需要吸收水分恢复的，水分越高，曲药中酶活力越好，故在其他条件相同情况下，入窖水分越大，可向下调整用曲量；如入窖水分越低则应相应上调用曲量，即：用曲量与入窖水分呈负相关关系。

酶类都有其最适酸度（或 pH），多数酶的最适 pH 在 4.0～6.5 之间，即微酸环境，酸度越高，酶的活力越受到抑制，则应相应增加用曲量，以弥补损失的酶活力；反之，酸度越低，酶活力越强，为防止升温过猛，则应下调用曲量。此时，用曲量与酸度的关系是负相关关系，在夏季则应减少用曲量以防止糟醅升温过快。

夏季由于气温高，入窖温度高，从环境、用具、曲药等带入母糟中的微生物数量多、活力强，为防止升温过快，应下调用曲量，以便安全度夏。

糠壳用量会改变母糟含氧量及界面，含氧量及界面越多，则好氧性微生物或兼性厌氧微生物繁殖代谢越旺盛。所以，糠壳用量增加，应减少用曲量，反之，用糠量减少，则应增加用曲量，但夏季由于气温高和品温高，用曲量应减少。在正常情况下，用曲量与用糠量呈负相关关系。

　　如果母糟骨力好、活力强，为防止升温过猛，应少用曲。反之，如果母糟骨力差，则应略增加用曲量。如果母糟用量大，应增加用曲量；反之，应少用曲药，夏季例外，为防止夏季糟醅升温过猛，应在加大用糟量的同时减少用曲量。在正常季节，曲药用量与母糟骨力呈负相关关系；用曲量与母糟用量呈正相关关系。

　　如果曲药质量好，糖化力高，则应少用曲，以防止糟醅升温过快；反之，如果曲药质量差，应相应增加用曲量，以保证母糟正常发酵。

　　大曲用量一般为 20%～25%，事实上，大曲的这一使用量是依据传承的经验保留下来的。在现代固态酿酒科技发展及制曲作为独立工艺乃至专业化生产、质量不断提高的今天，大曲用量可以依据具体的酿酒生产季节、工艺来确定。

　　① 一般而言，大曲用量应遵循以下原则。

　　A. 根据入窖温度高低确定用曲量的原则　入窖温度高少用曲，否则造成窖内升温过猛，不利发酵。入窖温度低则多用点曲，否则会出现升温过缓，升温幅度不大，也不利于产量。

　　B. 投粮多少及残留淀粉高低不同的用曲原则　投粮多，多用曲；反之少用曲。残留淀粉高，多用曲，反之少用曲。

　　C. 酸度大小不同的用曲原则　入窖酸度大，多用曲；入窖酸度小，少用曲。

　　D. 曲药粗细不同的用曲原则　曲药粗，宜多用曲；曲药细则少用曲。因为细曲升温快，吹口猛，主发酵期短，无持久力，降温快；反之，粗曲可使缓慢升温，有利于酵母菌的生长、繁殖，有利于发酵，但粗曲分布不易做到均匀，有些粮粉接触不到曲药。两者比较，一般认为曲药粗些，产酒质量好。

　　E. 根据用糠量不同的用曲原则　用糠量大，曲药用量应减小；用糠量小，曲药用量可适当加大。

　　F. 根据入窖水分大小不同的用曲原则　入窖水分大，用曲量少；反之水分小，用曲量应偏高一点。

　　② 生产实际中对大曲使用的注意措施

　　A. 撒曲均匀，计量准确，前后用曲量要均匀，不能前少后多，或前多后少，不能一甑摊晾完了，而应下的曲还没用完。

　　B. 曲药入窖后要求拌和均匀，注意水分均匀和翻动。

　　C. 曲药先粉碎先用，最好不要粉碎后又长期贮存不用。

大曲及糟醅微生物变化见表 4-5。

表 4-5　大曲及糟醅微生物变化

微生物种类	大曲(贮存 3 个月)		糟醅	
	曲皮	曲心	入窖	发酵第 3 天
酵母数($\times 10^6$ 个/g)	0.267	0.127	0.845	14.23
霉菌数($\times 10^6$ 个/g)	2.40	2.68	0.174	0.025
细菌数($\times 10^6$ 个/g)	7.31	1.16	0.320	0.092

曲药提供浓香型白酒重要的糖化发酵动力，同时也是发酵产生呈香呈味物质的重要来源。在曲药的使用过程中，应根据入窖淀粉、入窖温度、入窖水分、入窖酸度及母糟情况等其他入窖条件的变化以及曲药自身质量，合理使用曲药，保证窖内发酵的正常进行。

自入窖至发酵期结束时开窖为一个发酵周期，开窖时进入下一循环，即下排火。

(8) 入窖发酵和清窖管理　糟醅摊晾好后应及时入窖。并根据气温、糟醅骨力、含水量、糊化程度进行适当踩窖。冬季气温低，一般要求踩窖松一点，称为踩大花脚，就是踩窖时两脚距离较远；平季要求踩花脚，一般是间隔 20～30cm 下脚；夏季气温高，要求踩密脚。糟醅骨力好的踩紧一些，差的踩松一些或不踩。含水量大的少踩，含水量小的适当多踩。糊化正常的可以多踩，糊化过度的要少踩。踩窖的目的是保证窖内空气含量适当，以使糟醅能正常发酵。入完粮糟后，应将粮糟尽量刮平，然后入面糟。面糟要求四周要踩紧，以免塌窖。面糟入完后封上封窖泥。封窖泥应提前拌和均匀，拌和时一般用底锅水、老窖泥培养液或少量热水晾冷后进行拌和，要求拌透无疙瘩，并应柔熟有黏性。封窖泥应注意不能有太多糠壳，如果使用时间过长后含糠壳过多，应及时添加新鲜黄泥，以保证封窖泥的密封性。封完窖后，用抹子抹平收光，并在适当的位置插入温度计。当封窖泥表面收汗后及时盖上塑料布，防止水分挥发过度导致表面干裂而进入空气。

在入窖后 15 天左右内应每天测量糟醅升温情况，并作好记录。每天观察跌窖情况，并用抹子将窖泥裂口抹光，如果封窖泥表面过干，可以在上面喷洒热水，用抹子抹好，防止因裂口而进入空气。15 天后待窖帽跌定后，可以两到三天清一次，一个月后一般 1 周清一次，但应注意观察，如有裂口应及时清窖。

(9) 出窖母糟发酵情况及黄水的鉴定　前面说到开窖时应对母糟及黄水作出感官鉴定。出窖糟的分析是确定本排入窖参数的重要依据。由于白酒生产的特殊性，化验分析一般不能全面、及时反应本排出窖糟的情况。其特殊性主要表现在以下几个方面：

① 白酒发酵是几乎开放的，会受到环境、气温、窖泥、在窖内的位置（如窖中心和窖四周）、层次（如窖的上、中、下）、操作人员不同、季节因素（除温度外还有微生物数量、种类、活性等的不同）、发酵周期不同甚至窖在生产车间不同位置等因素会使化验数据不具有全面代表性。

② 对出窖糟的化验由于时间原因会滞后于现场生产。

③ 有些鉴定指标无法进行数字量化，如颜色、骨力、活力、颗头、黏性等。

实际上，如果经过长期训练和培养，结合化验数据，基本可以通过感官对出窖糟醅的一些理化指标和物理性状作出较准确的判断。开窖鉴定有一些化验无法替代的作用。首先，感官鉴定比化验分析迅速；其次，对于像骨力、颜色等反应发酵情况的性状可以作出判断。当然，感官更多的是要借助于经验，会有一些出入，这需要开窖鉴定人员长期积累并经常根据化验结果修正自己的判断结果，以便能准确鉴定出窖糟及黄水。

A. 糟醅的鉴定 从封窖泥被运走，看到上排面糟即本排蒸馏后成为丢糟开始，根据丢糟感官性状可以判断出其发酵情况、酒含量的多少。待上排面糟起完后，最上部分则基本作为本排面糟，面糟量的多少可以根据需要来定。这部分糟醅实际上是上排入窖粮糟的最上部分，和中下层粮糟情况应该基本相同。此时可对这部分糟进行感官鉴定。感官鉴定方法如下：

先眼观其色，看糟醅颜色是否属于正常的"猪肝色"，观察水分、残余淀粉情况。

后鼻闻其香，闻有没有正常糟醅的气味、含酒情况、香味情况、有无异杂味和霉味等。

再口尝其味，以感觉糟醅是否有正常的涩酸味，正常的糟醅应是涩酸适度，以涩为主，以及有无其他异杂味。

最后抓一把糟，用手捏一捏，以观察其骨力，感觉糟醅是否顶手，所谓顶手是指糟醅在用力捏紧时感觉其有一定的硬度；然后看有无水分从指缝中流出，正常糟醅出窖水分在 61% 左右时，指缝会有浆水流出，但不会顺手流下。水分若过大，则水分会顺着手指流下；若水分过小，则指缝中没有或只有少许水分。

B. 黄水的感官鉴定 黄水是糟醅入窖后，在发酵过程中由于淀粉的降解消耗，糟醅中水分逐渐下降到窖底而产生的黏稠液体，其中含有丰富的成分。有人分析过黄水的成分达到 400 多种，其中有酒精、乙酸、乳酸、己酸、丁酸、酯类、醛类、酮类、酚类等，还有糊精、蛋白质、含氮化合物、含氧化合物、杂环化合物等，还有一些有机盐、生长素。

正常黄水眼观颜色应该是"老偷油婆"色（"偷油婆"即蟑螂）或是老菜籽油色；鼻闻有酒味和窖香，并无其他异杂气味；口尝应是酸涩适当，并以涩为主；用手感觉有滑感和油感，用手抓起，手指自然下垂，黄水顺指尖流下时有菜油的黏稠感，称为"挂排"或起泫丝。

根据以上感官判断可以基本得出出窖糟的酸度、水分、骨力等，并结合这些判断进行用糟量、用糠量、量水、用曲量、蒸馏、糊化等工艺参数作出初步安排。

（10）常见异常发酵及处理措施

① 出窖糟醅黑硬 当糟醅出现黑硬时，一般还伴随糟醅干、缺水，出窖淀粉高等情况，其原因是上排入窖糟用糠量大，而量水用量及糊化度不够。用糠量大则保水性较差，水分很快下沉，此时糟醅中含有氧气以及从空气中带入窖内的霉菌，在有氧条件下利用淀粉进行繁殖，使糟醅变黑，而产酒量少，且所产之酒有明显异杂味和霉味，这种糟产生的黄水黑清，带有酱油色。解决办法是本排减少用糠量，并注意蒸粮糊化。

② 糟醅色黄、残余淀粉高、黄水酽白 这种情况主要出现在冬季，造成这种

情况的原因是上排入窖温度过低、糊化不好，其手感涩而不滑；黄水酽白，手感涩、鼻闻缺少酒味和窖香味，口尝味淡而微有甜感。解决办法：由于本排出窖淀粉高，而且母糟残余淀粉通过在窖长时间吸水，甑内容易糊化，所以一方面应减少本排投粮，其次要注意糊化度，不能在甑内蒸煮太长，防止过度糊化而出现发酵过猛，同时适当增加用糠量。

③ 糟醅腻、滴窖困难　此种情况的产生主要是由于上排用糟量及用水量过大，而用糠量过少，糟醅活力差，由于糟醅在重力作用下将下层糟压得过紧，窖内容氧明显不足，造成糟醅发酵困难，黄水停留于中层糟中。解决办法如下：出窖时加强滴窖，本排适当增加用糠量并视酸度情况适当增加用曲量。

④ 糟醅呈酱色　如果入窖温度过高、用曲过大、用糠量过大，则由于发酵过快，糟醅升温过猛，可能会出现出窖糟颜色深而带酱色，且糟醅不保水，出窖糟瘦弱、干燥。黄水黑清，口尝酸度大，不挂排。本排应注意适当增加投粮，以补充淀粉，减少用粮量的用曲量。这种情况出现在夏季的概率较高。

⑤ 糟醅色深、有倒烧味、硬而干，润粮出现润不透心　这种情况的产生主要是上排时水用量不足，而且用糠量偏大，或踩窖不紧，造成窖内酵母繁殖和发酵不好而糟醅中霉菌繁殖过旺所致。黄水深褐色，口尝酸味特别大，且同时伴有苦味和其他邪杂味（如霉味）等。解决办法是本排减少用粮量，注意适当增加量水用量，视季节适当踩窖以减少窖内空气含量。

⑥ 糟醅发软、缺少骨力　此现象的出现主要是上排用糠量过少，用水量偏大，以致窖内中下层糟在窖内处于黄水的浸泡中，出窖时糟醅骨力差，出窖糟见风变黑，尤其在夏季这种现象出现的概率比较高。由于夏季气温高，入窖糟醅温度不易降温到适宜的入窖温度，当糟醅入窖后，酵母繁殖时间不足且代谢不足，但温度适宜细菌繁殖，如果水分再大，则更有利于细菌的繁殖和代谢，造成糟醅内残余淀粉被产酸细菌利用而变酸，且夏季度夏时间长，糟醅长期在高酸度的黄水中浸泡而变得很软，缺少骨力。黄水黑而清、酸度高，有些甚至呈黑色。产酒少而质量差。解决办法如下：增加投粮和用糠量，适当减少用曲量（因转排时一般气温尚比较高），减少润粮时间和蒸粮时间，只要达到润粮和蒸粮糊化透彻即可。

⑦ 糟醅中有明显的粮食颗粒、出窖淀粉高　造成这种现象的主要原因是出窖润粮不好，上排蒸粮不熟，或投粮过大。润粮不透，则蒸粮糊化困难，蒸粮不熟则淀粉糖化困难，而酵母不能直接利用淀粉，在正常季节则会出现出窖淀粉高，而产酒少，若是在夏季，则出现霉菌繁殖而发烧，使糟醅带霉味而产酒少且差。黄水酽白、酸度低，有时会有甜味，手感涩而不滑。

⑧ 糟醅有馊味　这种现象是不注意入窖糟卫生，而带入过多的杂菌；或量水温度不够（未达到85℃以上）导致乳酸菌繁殖过旺。有人研究，酒中的馊味是由于丁二酮含量过高，而丁二酮的生成是由于乳酸菌与酵母、多黏芽孢杆菌共同作用的产物。黄水也会带有馊味。所产酒质较差。所以，操作时一定要注意现场卫生，

勤打扫场地、工用器具，晾糟机撒下的糟一定要回甑生蒸；注意量水温度必须达到85℃以上，最好用沸点量水。

⑨ 出窖糟颜色浅黄、淀粉高　这种情况还伴随有出窖酸度低、滴不出黄水、残余淀粉高，主要原因是入窖温度过低。某厂一月份曾经出现过入窖温度分别为9℃、11℃、12℃、13℃入窖的情况，出窖时，正常窖池的粮糟产酒在35kg，而以上温度入窖的窖池其粮糟产酒则只有10~15kg。所以在冬季要注意入窖温度不能太低，最好不要低于15℃。

所以出窖鉴定非常重要，感官鉴定是根据不同季节和不同糟醅利用感官快速准确判断出窖糟情况，以便调整本排入窖条件从而指导生产，在白酒生产中有着十分重要的作用，也是白酒生产中糟醅化验所不能取代的有效方法。但因各厂在地理位置、生产条件、原料使用、以及生产工艺的不同，感官鉴定也要根据各厂的实际情况，不断观察，并根据化验结果不断总结，积累经验，才能准确进行判断。

2. 跑窖法工艺

（1）跑窖法工艺流程　在四川宜宾、绵竹等一带地区主要生产工艺就是跑窖法工艺。所谓跑窖法，基本做法就是本窖出窖糟经出窖、配料、上甑蒸馏、摊晾下曲后进入下一个相邻的窖池。基本原理见图4-3。

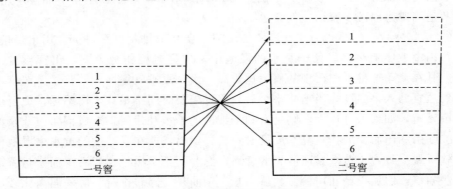

图4-3　跑窖法基本原理

跑窖法工艺剥窖和起丢糟、封窖过程跟原窖法一样。所不同之处在于出窖时到入窖时的工艺及操作。

① 出窖　起完面糟后，开始按图4-3所列糟层起窖，边起窖边拌粮边润粮，当第一甑润粮时间达到2h后拌糠，15min后开始上甑，在拌第一甑糠的同时开始拌第二甑粮糟，余下糟醅依此类推。第一甑出甑从入甑到出甑时间约为2h，加上拌糠时间刚好135min，此时开始上第二甑，以此类推。

② 待起完作母糟的红糟后，余下的底糟翻沙后作为双轮底糟。

③ 第一甑粮糟蒸完后，按所需量水量打量水，视其糊化情况进行摊晾下曲，下完曲并翻拌均匀。这一甑糟将入到窖的下部即双轮底糟上。然后依次装入其余粮

糟，如图 4-3 所示：最上面母糟配粮后入到第二个窖的第六层，依此类推，最下面的将入到窖的最上面，下次即作为面糟。

所以跑窖法的糟醅是不断"流动"的，而原窖法的糟醅一直在同一口窖中，故名"跑窖法"。

（2）原窖法和跑窖法的工艺比较

① 原料　过去原窖法主要是以高粱为原料的单粮生产，单粮白酒的口感纯甜、柔和、净爽，多粮原料主要有高粱、大米、糯米、小麦、玉米。制曲原料主要是小麦，也有加入大麦、豌豆等材料的。多粮白酒口感丰满、味长。随着消费者口感要求的变化，多粮越来越受到消费者的喜爱，很多白酒生产厂家开始改成多粮原料。所以现在不管单粮或多粮，都有原窖和跑窖生产方式。对于不同原料及配比对酒质的影响，目前尚有待进一步研究，一般说法是"高粱酿酒香、大米酿酒净、糯米酿酒绵、玉米酿酒甜、小麦酿酒冲"。

② 操作工艺　跑窖法正如前面所述，即本窖出窖糟经配料、润粮、下甑、摊晾下曲后进入下一口窖池，按照上入下、中入中、下入上的方式进入下一口窖池；原窖法是哪个窖的出窖糟经配料润粮、上甑蒸馏、摊晾下曲后进入本窖发酵，即哪个窖的出窖窖糟回哪里个窖，按"六分法"，一般是"底回底、面回面"，即基本上是哪层糟回同一窖池的同一层。现在原窖法也有用混糟配料方式的。

③ 物料的循环　原窖法物料是在同一窖池中循环，跑窖法至少应在两口以上窖之间循环。

④ 影响和变化　二者以上的不同，带来如下影响和变化。

A. 工艺差异带来的影响，原窖法因为要本窖回到本窖，其出窖糟必须全部起出堆放在晾堂上，所以对晾堂面积需求较跑窖法大很多，不利于晾堂环境卫生的打扫，操作方便性稍差；跑窖法一次性出窖糟少，所以对晾堂面积要求小，便于打扫场地卫生；原窖法全部糟醅都在晾堂上，可以根据酸度等因素调节不同糟层用量及糟层的使用；跑窖法则不易调节糟层的使用，对全窖酸度调节不如原窖法。

B. 原窖法只开一口窖即可完成本窖物料循环，因而空窖数及空窖时间短，可以减少窖泥暴露在空气中的时间，从而减少杂菌尤其是好氧菌的机会，也减少了窖泥水分挥发时间，有利于窖泥水分的保存和保证窖内厌氧条件。跑窖法则必须空一口窖池达一天以上，对于厌氧条件和窖泥水分的保持均匀不如原窖法。

C. 对于翻沙双轮底糟的选择，由于原窖法整口窖的糟都在晾堂上，可以直观选择可以用于翻沙的母糟作为下排双轮底糟；而跑窖法则无法做到直观选糟作为下排双轮底糟。

D. 对于滴窖减酸的影响，原窖法母糟从出窖到入窖时间较长，红糟有充分的滴窖时间（要求滴窖时间一般在 16h 以上），因而母糟水分及黄水中的有机酸滴出较为有利。尤其在夏季转排后，母糟含水量大，滴窖时间充分，可以将母糟中水分降到适当的含量。而跑窖法当天出窖当天入窖，滴窖时间短，黄水不易充分滴出，对母糟降酸效果略差。

E. 原窖法使用分层或混糟方式配糟，除滴窖外，水分便于现场调节，另外可以根据出窖糟含水量调节润粮时间，使糟醅润粮充分；跑窖法出窖后可调整时间短，配糟难度较大，且如果出窖水分不足则可能因没有时间充分润粮而使润粮不透彻，给蒸粮带来难度，使粮食糊化效果差。

3. 老五甑工艺

江淮鲁豫皖普遍采用老五甑工艺。所谓老五甑实际上入窖只有四甑，即大楂、二楂、小楂和回糟，出窖后因为配料的原因会增加到五甑：大楂、二楂、小楂、回糟和丢糟。其中二楂和大楂分别加入原料的 35％，小楂加入原料的 30％ 即变成入窖的四甑，下次出窖时成为大楂、二楂、小楂和回糟，本次回糟入窖后变成下次的丢糟。二楂、大楂实际上是中层和下层粮糟，小楂是上层粮糟，回糟为面糟，有时也会因为气温和季节的原因回糟会进入窖的下部。

（1）老五甑生产工艺特点

① 续糟配料　和其他浓香型白酒一样，老五甑也采用续糟配料，这样可以有利于粮谷中香味物质和酒同时馏出，也可以通过蒸馏加热使粮食中的某些物质由于热变作用而产生粮香并带入酒中。

② 利用出窖糟中的水分和有机酸润粮　出窖糟中含有因上排发酵而产生的有机酸，含有约 62％ 左右的水分，在糟醅中加入原料可以让淀粉吸收水分和有机酸，同时降低上甑糟的水分，有利于酒精浓缩馏出，并因酒精浓度的提高而有利于醇溶性香味物质的萃取，润粮透彻和糟中的有机酸又有利于蒸煮时淀粉的糊化。

③ 出窖糟中加入新原料　糟醅中加入原料使蒸馏和粮食糊化同时进行，一方面有利于淀粉糊化，另一方面可以节约能源。

④ 原料多轮次的发酵　可以充分利用原料中淀粉而提高出酒率，而且有利于香味前体物质的积累，也有利于微量香味成分的生成和积聚。

⑤ 泥窖发酵　窖泥中栖息着大量微生物，这些微生物经多轮次糟醅发酵后，逐步驯化。白酒中的呈香呈味物质都是这些微生物作用的结果。泥窖发酵也是我国浓香型白酒独有的发酵容器。

⑥ 使用中低温曲　传统老五甑工艺普遍采用顶温在 60℃ 左右的曲药。这个温度阶段的曲药比较有利于霉菌的繁殖和代谢，酵母也能很好地繁殖，使用该曲有利于酒醅发酵做到前缓中挺后缓落，有利于提高酒的质量。

⑦ 发酵同期短　发酵周期一般为 60 天左右。发酵周期短，因生酸而水消耗的淀粉也少，产生的酸也少，糟醅骨力好，入窖酸度低，因此出酒率高。

（2）工艺流程

① 老五甑工艺流程图　见图 4-4。

② 老五甑各排工艺流程图　见图 4-5。

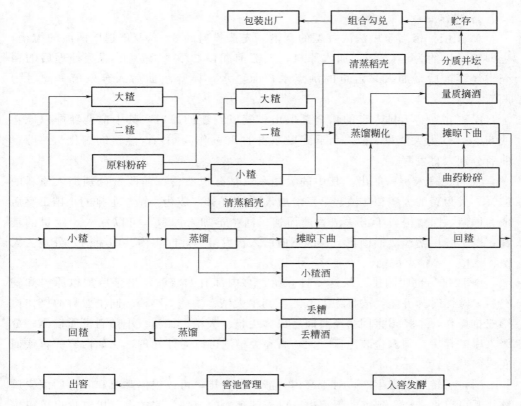

图 4-4 老五甑工艺流程图

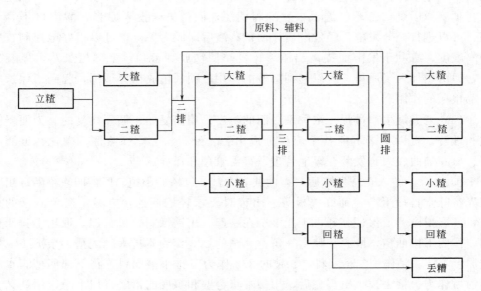

图 4-5 老五甑各排工艺流程图

③ 操作要点

A. 立糟　相当于川法浓香型的立糟。先按投料的 3～3.5 倍选取两甑的配糟，也即粮糟比约为 1∶3.5，加入原料，上甑前配以 20%～25% 的清蒸处理后的稻壳，经蒸馏后，加入一定量的沸点水，即量水，摊晾下曲后入窖发酵。此时为两甑。

B. 二排　将上排入窖的糟全部取出，配以三甑的原料，其中前两甑配以原料的 80%，作为大糟和二糟，余下配以原料的 30% 作为小糟，经蒸馏糊化、摊晾下曲后分别入窖发酵。

C. 将二排入窖糟取出，其中的大糟和二糟分成三份，前两份分别加入原料的 35%，成为新的大糟和二糟，第三份加入原料的 30% 成为小糟。上排的小糟出窖后成为回糟，回糟相当于川法浓香的面糟。回糟不加入原料，可以加入一定量的辅料。以上各层糟经蒸馏糊化、摊晾下曲后入窖发酵。此时窖内共四甑糟，分别为大糟、二糟、小糟、回糟。

D. 四排　也叫圆排。从这一排开始，窖内都有四甑糟，出窖后配以原料和辅料后，蒸馏时为五甑，故称为老五甑。其中大糟、二糟、小糟、回糟配料的操作按第三排操作，本排出窖回糟经蒸馏后成为丢糟。大糟、二糟、小糟酒量质摘酒，分级入库贮存后，勾调包装出厂，回糟酒和丢糟酒可以另外处理，比如回窖养窖或回底锅回蒸等。

圆排后转入正常生产，对于窖内各渣次的安排，可以根据季节和其他的因素调整。既可以将小糟入到窖的下部也可以入到窖池的上部，回糟也可以置顶也可以置底。一般冬季时，将回糟放入窖底，小糟放入窖顶；夏季将小糟放入窖底，回糟放入窖顶。原因是，冬季气温低，发酵周期短，回糟虽未投入原料，酸度也不容易高，可以进行充分发酵，经发酵后，回糟蒸馏后即成为丢糟，可以很好地控制窖内糟醅酸度，有利于发酵而提高出酒率；夏季回糟放到窖顶，下部糟虽然可能会生酸，但由于加入了原料，可以起到降酸的作用，而回糟放在窖顶部，起到了保护中下部粮糟的作用。

（3）老五甑生产过程　浓香型白酒的生产是周而复始、循环往复的。为便于阐述和理解，可以把老五甑整个流程分成出窖、配料、上甑、蒸馏、糊化、出甑泼浆、摊晾加曲、入窖发酵、窖池管理、窖泥管理和保养。

① 出窖　转入正常发酵后，窖内共有大糟、二糟、小糟、回糟四甑糟醅。出窖前先将晾堂打扫干净，铺好挡板等。出窖时要求轻挖低挖，应尽量避免酒精的损失，各层糟应尽量保证分开，不能混杂在一起。用铁锨剥开封窖泥，取出上排小糟糟，作为下排回糟，堆放在晾堂一角；大糟的 2/3 作为本排大糟配糟，余下 1/3 大糟加上 1/3 二糟作为二糟配料，二糟的 2/3 作为下排小糟配料。将下部回糟滴水后蒸馏后作为丢糟丢掉。出窖完后，用扫帚将窖壁和窖底的糟醅打扫干净，用铁叉在窖壁上插出孔眼，以便于养窖，然后用 15%～20% 的尾酒或二段酒 15kg 左右喷洒

窖壁,并适当在窖壁上撒上曲粉,可以起到很好的养窖作用,从而有效防止窖泥板结的老化。

② 配料　将上工序各糟按大楂、二楂分别进行配料,各配入原料的40%,小楂配入原料的20%。分别进行润料,要求配料准确,均匀翻拌,消除白粉和灰包。配完料并料粮后分别按楂收堆拍紧,在堆上薄撒一些稻壳,约2h后,加入稻壳,再翻拌均匀。

③ 上甑　装甑前先冲洗干净底锅,放入清洁水,使水位高过蒸汽盘管,安好蒸馏甑,在甑底先撒上层稻壳,打开蒸汽阀,安好接酒桶,开始上甑。上甑时要求轻、松、匀、薄、准、平,见湿再撒糟,注意不能跑边漏汽,也不能踏汽,使甑内蒸汽均匀上升,做到甑满汽平。并压好甑边。上甑压力一般要求0.05MPa以下,缓火上甑。

④ 蒸馏　装甑完毕后,压好边,待蒸汽刚好快穿出糟面时即应盖上甑盖。刚流出的酒头会出现白色,这是由于冷凝器中上甑尾水中所带入的高沸点酯类和水溶性物质所致,掐去这部分不要,然后再掐去酒头部分0.5~1.0kg,再按量质摘酒的方式接酒,根据产酒情况的要求断酒。断酒吊尾后待小花接完即开大汽追尾、冲酸。馏酒时蒸汽压力一般在0.02MPa左右,馏酒速度为2.5~3kg/min,馏酒温度一般要求25~30℃,太高香味成分会损失,蒸馏效率也会受到影响;太低,一些给酒带来杂味的低沸点物质残留多,会使酒显杂。入库基酒酒度要求64%vol以上。

⑤ 糊化　实际上蒸馏和糊化是同时开始的,只不过馏酒时,由于糟醅温度相对不高,糊化作用相对弱一些罢了。吊完酒层后,应开大蒸汽进行蒸煮糊化和冲酸。要求糊化透彻,做到内无生心、外不粘连。

⑥ 出甑泼浆　待糊化时间到后,揭开甑盖出甑,将糟堆于晾楂机旁,均匀洒上合适的沸水。过去要求浆水温度一般为80℃左右,而现在一般都是沸水。如果浆水温度低,一是不利于淀粉酶吸收糊化,造成吃水不透或不匀;二则可能会感染杂菌,不利于酒质提高。泼入浆水并待糟吃透进行堆积后即进行摊晾。

⑦ 摊晾加曲　打开风机,将楂用铲或木锨甩撒到晾楂床上。摊晾时要求均匀,待晾到合适的温度时将称量好的曲粉均匀撒到楂上并翻拌均匀,消除灰包疙瘩,收堆,即行入窖。

⑧ 入窖发酵　按楂层分别入窖,每入一甑马上刮平,根据季节要求踩窖。入窖完后,用已经踩柔的封窖泥将窖密封,用抹子抹光,待收汗后盖上塑料布,插上温度计。封窖泥厚度要求不得低于15cm,以免漏气。

⑨ 窖池管理　入窖第二天后,窖内糟开始进入发酵,并逐步下沉,所以封窖泥会开裂。应安排清窖管理人员及时清窖,防止开口进入空气而影响发酵。主发酵期作好升温、跌头、吹口等记录并做好环境卫生。

⑩ 窖泥管理和保养　窖泥是关系浓香型白酒质量的基础。好的窖泥，是产酒品质好、口感佳重要因素之一。窖泥中栖息的微生物需要特定的物理条件和营养条件。所以应对窖泥进行经常保养。主要方法和过程如下。

A. 小培养　也就是窖底培养。好的窖底泥应是色泽正常、松软绵柔。保养时应作如下处理：先用铁叉按 5cm×5cm 左右密度插孔，深约 5cm 左右，然后用养窖液灌注 2～3 次，再用窖泥持平，最后撒上一层曲粉，然后待糟入窖。

B. 中培养　如果窖泥较硬，色泽不成熟，就需进行中培养，方法如小培养，但孔眼密度可大一些、深一些，用曲量也应大一些。

C. 大培养　如果窖泥新或过硬，就应该进行大培养，基本方法同前差不多，只是密度和深度更大，或用其他工具将窖泥剥下，添加一部分培养材料踩柔后重新搭窖。

(4) 工艺参数和操作要点

① 原辅料及粉碎要求　原辅料感官及理化要求见表 4-6。原辅料粉碎度要求见表 4-7。

表 4-6　原辅料感官及理化要求

品名	感官要求	理化要求		
		水分/%	淀粉/%	杂质
高粱	色泽正常,无霉烂变质,粉碎呈梅花瓣	≤14	≥58	无
辅料	颜色正常,呈金黄色,干燥无霉变,清蒸无杂味			

表 4-7　原辅料粉碎度要求

品名	粉碎度要求
高粱	未通过 20 目筛的颗粒占 70% 左右
砖曲	通过 20 目筛的颗粒占 20% 左右

② 原辅料配比　每窖总量配比见表 4-8。各甑次投料比见表 4-9。

表 4-8　每窖总量配比

品名	要求
酒醅	1∶(4.5～5.0)
辅料	1∶(0.2～0.25)
大曲粉	1∶(0.2～0.25)

说明：大糁、二糁、小糁共用粮糟比为 1∶(4.5～5.0)，其中 80% 投入大糁和二糁。

表 4-9 各甑次投料比

品名	大糙/%	二糙/%	小糙/%	回糙/%
高粱粉	35	35	30	
曲粉	6~8	6~8	5~6	3~4
辅料	5~6	5~6	4~5	4~5

说明：其中大糙、二糙、小糙的投料比为投粮量占原料量的百分比，回糙因未投粮，故其投料比是余下的部分辅料占全部投粮的百分比。大糙、二糙粮糟比稍大，小糙粮糟比小一些。

③ 蒸馏的要求　馏酒温度为 25~30℃，基酒酒度 64%vol 以上；蒸煮糊化时间为馏酒吊尾结束后计时，大糙 70~85min，二糙 65~75min，小糙 60~75min。大糙和二糙粮比大，吸水润粮要求充分，小糙糟比大一些，润粮效果好一些，因此糊化时间可稍短。总的要求是糊化充分，柔熟不腻，内无生心，外不粘连，糟醅泡气大颗。

④ 糟醅出窖理化要求　糟醅出窖和入窖理化要求分别见表 4-10 和表 4-11。

表 4-10 出窖理化要求

项目	水分/%	酸度/(mL/10g)	残余淀粉/%	还原糖/%
粮糟	62 左右	3.0~4.0 以下	11~13	0.5 以下
回糟	58 左右		7~9	

表 4-11 入窖理化要求

项目	水分/%	酸度/(mL/10g)	还原糖/%	入窖淀粉/%	入窖温度
粮糟	53~56	≤1.5~2	≤0.6	18~23	旺季 15~18℃，平淡季平或低于地温
回糟					25℃左右

说明：冬季气温低，入窖温度可低一些，以便于酵母产酒。夏季气温应平地温。面糟（回糟）处于窖面上，升温困难，温度可适当高点。

4. 浓香型白酒川派与江淮派的特点比较

浓香型白酒，从主体成分来看，其含量和比例大体相似，都是突出以己酸乙酯为主的复合香气。生产上都是以泥窖为基础，曲药为发酵动力，续糟发酵为前提，混蒸混烧，双边发酵。但由于地理、气候、环境、窖容等的差异，川派浓香与江淮浓香又存在较大的差异。主要表现在以下几个方面。

（1）制曲温度不同　川派浓香无论过去还是现在，制曲温度都较高，过去一般顶温在 55℃，称为中温曲。随着人们对曲药作用及产物的进一步认识，现在制曲温度甚至达到 58~62℃，我们称为中偏高温曲，也可以叫次高温曲，其制曲顶温几乎接近酱香型酒所用的高温曲。而后者使用中温曲，有的偏中低温，因此之故，江淮浓香味净而甜。

（2）生产原料不同　原料中的各物质不可避免地会参与窖内发酵过程。由于成分差异，产物也肯定不同，因此酒中的香味物质含量也不同，必然带来酒香和味的不同。川派传统多以本地糯高粱为主要原料，或采用多种原料；江淮酒主要采用东北及华北地区的粳高粱为主要原料。

（3）制曲原料及配比不同　江淮制曲原料较多，一般以大麦、小麦、豌豆为原料，而川酒主要以小麦为制曲原料。大麦中含粗蛋白质约为 10%，小麦蛋白质含量约为 12%，而麦胶蛋白含量较高。由于氮含量不同，在制曲时生产的营养也不尽相同，其中含氮化合物差异较大，因此酒的风味也不同。

（4）窖容不同　川酒一般窖池容积可以达到 10m³ 以上，有些甚至可以达到数十个立方，所容纳的糟醅多，一般为窖内 8～10 甑，有的甚至更多；而老五甑窖内一般只有四甑，出窖时变成五甑。因此升温和保温及挺温都较好，投入淀粉可以略低一些，用糟量相对来说大一些，故生香效果好。江淮酒生产窖容小，升温、保温效果略差于川酒，因而香味成分相对来说单薄一些，故味净而不厚，爽而不长。

（5）发酵周期不同　川酒发酵周期一般在 2 个月以上，有些可以达到 3 个月，而且现在的双轮底时间有些更长达半年乃至一年以上，更有甚者达两三年的，因此成分复杂，川酒浓厚而味长，丰满厚实；江淮酒生产周期一般在 45 天左右，因而复杂的成分少，酒味净而单，缺少厚实感，即所谓爽净有余而绵长不足。

（6）微生物四个环境区系不同　四川地处北纬 30° 左右，且水源丰富，境内河流密布，降雨充沛，温差不大（40℃ 以内），年平均气温 15～17℃，空气平均湿度达到 50% 以上，因而空气、环境、土壤中微生物种类和数量均大大多于北方地区。经过长年众多酒厂无意培育，整个大环境中适合酿酒的微生物多；四川很多酒厂生产历史长，有些长达数百年连续不断地生产，在生产厂区周围已经驯化出大量酿酒微生物；生产窖场地和窖使用年限长，窖泥成熟度相当高，其中富含微生物，产生的香味物质日积月累，十分丰富。这些外在环境条件是北方酒厂所不能具备的，也是无法复制的。

（7）工艺不同

① 入窖条件不同　入窖温度江淮酒厂一直坚持低温入窖。一般入窖温度在 16℃ 以下，多数在 13～15℃，发酵顶温也就不会太高，虽然入窖淀粉高一些，顶温许多也只能达到 30℃ 左右，不太利于己酸菌为主的微生物繁殖、代谢，产物少，因而酒体甜净而单薄；而川酒入窖温度一般在 18℃ 左右，最高顶温可以达到 35℃，而中挺时间也较长，恰好符合己酸菌繁殖和代谢条件，因而，窖香突出，酒味丰满厚实。

② 入窖酸度不同　川酒入窖酸度较大，一般入窖酸度在 1.7～2.2mL/10g 之间，大多入窖酸度为 1.7～1.9mL/10g，有些酒厂入窖酸度和入窖淀粉浓度高及发

酵周期长，入窖酸度高是其质量控制的主要特点之一。一些酒厂出窖酸度达到
4.0mL/10g以上，常说"无酸不成酯"，所产酒己酸乙酯含量一般可以达到
280mg/100mL以上，因而酒体浓而厚实，其他香味成分含量也高。入窖淀粉高，
可以有利于升温和中挺。己酸菌的最佳繁殖和代谢温度为32～35℃，高淀粉入窖，
一方面能量来源充沛，另一方面糟醅密度大，保水性好，比热较大，故中挺好、时
间长，产酯能力强。有人曾经做过实验，入窖淀粉22%左右的糟醅生酯能力比
19%左右的己酸乙酯含量高30mg/100mL。

　　③ 生产工艺和操作方法　江淮酒厂采用混蒸混烧老五甑法生产浓香型大曲酒，
川法很多采用分层法：分层蒸馏、分段摘酒、分级入库贮存，有点类似于川法的六
分法。川法一般用原窖或跑窖法，其中代表有原窖六分法、原窖分层堆糟法、跑窖
分层蒸馏法，最多的方式是原窖法，其特点是分层起窖、分层堆糟、分层投粮、分
段摘酒、分层回窖、分质并坛入库。窖内底部一般为底糟，即双轮底或多轮底，中
间部分为用于下排配粮的母糟，上层为面糟。作为面糟时一般不投粮，相当于老五
甑的回糟。有些厂采用两次面糟法，即第一次入窖面糟可以少投粮，一次面糟周期
1个月左右即出窖进行蒸馏，然后再入窖成为二次面糟则不再投粮。双轮底时间长
达半年以上。此法称为养糟挤回，发酵时间长并不断轮回，称为万年糟。上面所述
工艺措施，产生了川酒窖香浓郁、绵柔而味长的特点。此外川酒还有滴窖减水、加
回减糠等措施，还有现在川酒贮酒容器也用大陶坛（即"吨坛"）。

五、入窖条件诸要素分析

　　影响浓香型白酒固态发酵的因素有入窖温度、入窖淀粉、入窖水分、曲药用
量、入窖酸度、糠壳用量、糟醅使用七要素。这些因素都是相互关联、不可分割
的。一个条件或因素的改变，必然引起其他因素的改变。因此对于这些因素的调整
应该综合起来考虑。虽然窖池对于发酵的影响非常大，但窖池作为一个在生产过程
中相对固定的因素，无法同其他因素一样随每排火作相应调整。

1. 入窖温度

　　入窖温度是七要素之首，所有其他因素都应该以温度为前提。微生物的繁殖和
代谢条件包括温度、碳源、酸度、水分、氧气、压力、渗透压、微量元素、生长
素、能量等。其中在浓香白酒生产中起着主导作用的条件是温度。不同的微生物对
温度的适应性不同，而且生物酶作用也有相应的最佳温度，温度过高或过低皆不利
于有些香味物质的生成。

　　（1）温度对窖内微生物的影响　每一种微生物都有其最适的繁殖和生长温度，
只有在其最适温度条件下，微生物才能正常繁殖和生长，代谢产生出所需要的
物质。

　　（2）窖内温度的变化　一般入窖后24h糟醅开始升温，到主发酵15天左右升

至顶温,升温幅度为 15℃左右。顶温维持 5～7 天称为顶温期,以后随着糖的消耗,能量来源减少,温度逐渐下降到 23～27℃。

(3) 不同季节入窖温度　入窖温度过去是"热平地温冷 13",现在一般要求"热平地温或略低于地温　冷 17"。17℃左右入窖,一般升温至 32～35℃,这个温度范围既有利于酵母繁殖代谢产生乙醇,又有利于己酸菌的繁殖代谢。正常季节要求低温入窖。低温入窖有如下好处:

① 有利于出酒率的提高　一般来说,浓香型白酒发酵所依赖的主要微生物有自然界环境微生物、曲药微生物、窖泥己酸菌为主的复合菌群。酿酒酵母最佳繁殖代谢温度一般为 25～30℃,到温度达到 32℃时酵母逐渐自溶死亡,但窖内固态发酵是一个较特殊的发酵过程,糟醅入窖后,先是微生物和酶类吸水复苏的过程,然后酶类开始发挥作用,而酵母在入窖前期糟醅含氧量较高时先进行自我繁殖,壮大种群。据观察,入窖后 72～96h 即出现明显"吹口",有大量 CO_2 产出,能闻到较强烈的 CO_2 刺激味,此时温度一般在 20～22℃。当发酵进入到 8 天左右,温度达到 25～28℃时,"吹口"强烈,说明此时是发酵最旺盛的时候。如果入窖温度过高,则酵母繁殖时间短,由于氧气消耗而停止繁殖,那么所产生的乙醇含量就少,其余淀粉有可能被产酸细菌所利用而产生较多的有机酸,消耗掉淀粉,导致出酒率降低。低温入窖,则酵母繁殖时间长,酵母数量多,生长健壮,利用淀粉产生的乙醇也多。由于淀粉被酵母利用,残余淀粉所产生的有机酸也少,有利于提高出酒率。

② 有利于醇甜物质的产生　窖内微生物的繁殖和代谢与温度密切相关。在发酵过程中,随着酵母对糖的发酵,产生甘油等多元醇,多元醇中的—OH 基 有甜味。但多元醇产生的量与微生物菌种、数量、原料、酸度、发酵速度、乙醇含量、温度等有关,也取决于糟醅及窖内含磷量的多少。有人认为在乙醇生成的过程中会伴随含磷化合物的生成,而磷酸盐会加速糖的发酵。国外有学者认为:葡萄糖与磷酸在己糖激酶作用下生成 6-磷酸葡萄糖,然后在磷酸己糖异构酶的作用下变成 6-磷酸果糖,在磷酸果糖激酶的作用下变为 1,6-二磷酸果糖,再经 1,6-二磷酸果糖醛缩酶作用下分解成磷酸二羟基丙酮和 3-磷酸甘油醛,再经进一步分解即成为甘油。可以说乙醇产量越多则产生多元醇也越多,多元醇的生成量和乙醇的生成量是成正相关关系的。根据测定,浓香型白酒糟醅中含有 1%～2% 的磷,这是原料中带入的。当入窖温度偏低时,发酵也相应缓慢,氧气消耗也缓慢,此时磷氧比逐渐变大,糟醅正常发酵,生成的乙醇量也越多,则有利于甘油等多元醇的产生。反之,如果入窖温度高,酵母繁殖和代谢差,产生的乙醇量少,那么,因乙醇生成而伴生的多元醇就少,尤其是在酵母发酵末期,也即窖内顶温期时间长则产生的多元醇就多。

③ 有利于窖泥养护和控制生酸　入窖温度低,有利于酵母的繁殖和代谢,而产酸细菌则生长相对滞后,有利于乙醇发酵,而窖内的淀粉含量是有限的,当淀粉生成乙醇后,一方面由于温度低而使细菌数量相对少,且可以生成酸的淀粉量减

少，不利于产酸，因而升酸幅度小（表 4-12）。

表 4-12　入窖后升酸幅度变化

时间/天	入窖	封窖	1	3	5	8	15	20	30	40
酸度/(mL/10g)	1.9	2.0	2.0	2.2	2.2	2.2	2.4	2.6	2.9	3.2

根据对多组发酵窖池的比较，一般 45 天左右发酵，在入窖温度低于 20℃ 以下、糟醅酸度在 3.2mL/10g 以下时，当主发酵结束时，一般生酸幅度在 0.5mL/10g 以下。这样就能很好地控制产酸，糟醅活力就好，给下排用糟和发酵的正常提供了条件。根据己酸乙酯的生成机理来看，己酸乙酯的生成是十分缓慢的。如果发酵速度过快，酸度也快速升高，此时就会出现酒少而酸多，不利于己酸乙酯的生成。而生成己酸的主要菌种——己酸菌是以乙醇为碳源的，如果缺少碳源，己酸菌的繁殖就会受到影响，从而不利于窖池的养护。相反，如果发酵正常，糟醅中含酒量多，己酸菌的繁殖就会比较旺盛，窖泥也会越来越好。

④ 有利于控制高级醇的生成　无论什么酒，在生成乙醇的同时都会伴随不同高级醇的生成。高级醇主要是由蛋白质水解成氨基酸后再脱氨、脱羧而生成的。糟醅中的蛋白质来源主要有两个：一是原料中带入的蛋白质，二是酵母自溶后的产物。发酵温度和速度对高级醇的产生有直接影响，如果发酵温度高、速度快，酵母自溶多，其产生的高级醇就多，在其早衰期，这种情况更猛烈。前升温过猛，在无氧条件下，蛋白质被微生物分解，可由甲硫氨酸、胱氨酸、半胱氨酸产生如甲硫醇、乙硫醇、丙烯醛等刺激性物质，使酒带冲辣味。根据前人的研究：优质浓香型白酒的酯醇比为 6∶1 左右，如果高级醇过多，会使酒味带苦、涩、冲、杂等，尤其是异丁醇、异戊醇等，带给人的感觉是苦和不爽。

⑤ 有利于加速新窖老熟和提高酒质　几十年来，人工窖泥技术日趋成熟，其成香效果除了取决于窖泥中的己酸菌数量外，还取决于窖内环境和营养是否合理和充足。而窖泥中的营养除培养时加入外，主要由窖内发酵，使原料中的相关营养成分游离出来，发酵正常的糟醅对窖泥的养护十分重要，这就是常说的"以糟养窖"的基本原理。窖内的己酸菌等微生物，在固态发酵的情况下，活动非常缓慢，这正好同低温缓慢发酵相适应。如果发酵速度过猛，则升酸快而多，而己酸菌耐酸能力较差，酸高时生长繁殖受到抑制，生成的己酸就会越来越少，窖泥质量就越来越差。实践证明，低温缓慢发酵能有利于窖泥的养护。

（4）温度同其他入窖条件的关系　入窖各条件间相互影响、相互关联，一个条件的变化必然引起其他条件的变化，因此，当其他条件发生变化时，温度最好应作相应变化，才能满足糟醅正常发酵。

① 温度与入窖淀粉的关系　入窖淀粉高，则能量来源足，根据理论计算，每消耗一个淀粉（即 100g 糟醅中含 1g 淀粉），糟醅升温 2℃。实际生产中，得出的经验数据是每消耗一个淀粉，糟醅升温 1.5℃ 左右。冬季气温低，粮糟比高 [1∶

(4～4.5)]，投入淀粉为 10～12 个，根据经验可以升温 15～18℃，如果按照顶温 34℃算，则入窖温度为 16～19℃；平季气温 20～25℃，地温略低于气温，粮糟比为 1：(4.5～5)，淀粉投入为 9～10 个，可以计算出升温幅度为 13.5～15℃，所以平季应该尽量做到低温入窖；夏季则应尽量做到低于地温入窖。但冬季应注意入窖温度不能太低，否则会导致酵母繁殖过缓而增殖数量不足，影响正常发酵，导致残余淀粉高、出酒率低等。温度与入窖淀粉的关系是负相关关系。

② 温度与入窖水分的关系　入窖水分高，则细菌繁殖好，如果入窖温度也相应高，那么细菌繁殖和代谢必然更旺盛，发酵后糟醅酸度大，淀粉利用率低，出酒率低，且出糟柔腻、骨力差，给下排火发酵带来不利影响。冬季因入窖淀粉高，相对水分低，可以适当提高入窖温度；平季和淡季，入窖水分相对大一些，应尽量做到低温入窖。

③ 温度与曲药用量的关系　淡季、平季气温高，则环境、器具、空气、入窖后微生物及酶活力强；反之冬季由于气温低，相应的微生物及酶活力低，微生物数量少。所以，冬季温度低时，可适当增加用曲量；夏季气温高，应适当减少用曲量。

④ 温度与入窖酸度的关系　微生物及其产生的酶类都有其最佳生长和作用的酸度，酸度越高，则微生物及酶活力越差，因此，如果入窖糟醅酸度高，应相应增加用曲量，以弥补酶损失；当酸度低时则应减少用曲量，以防止糟醅发酵过快而导致升温猛。

⑤ 温度与糠壳用量的关系　用糠量越大，糟醅活力强，容氧量多，有利于好氧微生物的繁殖和代谢。如果用糠量大，可适当降低入窖温度；反之，如果糟醅腻、发软，可适当提高入窖温度。入窖温度与用糠量呈负相关。

⑥ 温度与糟醅用量的关系　糟醅的主要成分也是糠壳，一般情况下，用醅量大，则会减少用糠量，淀粉投入比也会偏小，那么可能使入窖糟醅酸度偏大或活力偏低，这种情况应适当提高入窖温度。反之，则应适当降低入窖温度。

2. 入窖淀粉

(1) 淀粉的作用　淀粉是酒精发酵的基本物质，淀粉通过蒸煮糊化，摊晾加曲，在窖内缓慢糖化并最终变成酒、水、CO_2，以及其他一些有机成分如酸、酯、醛、高级醇、多酚等。同时淀粉是窖内能量的主要来源，淀粉通过酵母等微生物作用产生的能量对于窖内能量平衡和温度的保证十分重要，因为窖内微生物的生长代谢对温度都是有要求的。同时淀粉对糟醅的保水性影响非常大，从而影响糟醅密度、比热。入窖淀粉高的糟醅由于其保水性好，因而糟醅密度、比热会增加，在相同能量的情况下，会使糟醅的升温和降温变慢；反之，则由于密度和比热低而使升温和降温变快。原料投入不仅可以带入淀粉，而且可以给酒带来粮香，不同的粮食香味也不同，我们可以很容易分辨不同大米蒸饭后不同的香味，比如用香米煮的饭在未揭锅盖前我们就能闻到和一般大米煮的饭不同的"饭香"。

（2）淀粉在窖内的消耗变化 淀粉是由多个葡萄糖单元通过 1,4-糖苷键或 1,6-糖苷键连接构成的，在润粮时吸收水分和有机酸，并通过蒸煮糊化，一部分变成糊精，入窖后在曲药中淀粉酶和酸的作用下进一步降解为短链糊精、双糖、单糖，而在酵母中酒化酶的作用下代谢为乙醇、CO_2 和有机酸等。葡萄糖转化为酒精的反应式如下：

$$C_6H_{12}O_6 \longrightarrow 2C_2H_5OH + 2CO_2 + 2ATP$$

酵母对淀粉的代谢产物不仅仅是乙醇和二氧化碳，还有乙酸、乳酸、杂醇油等，非常复杂。表 4-13 是某厂入窖糟不同时间测定的淀粉含量。

表 4-13 某厂入窖糟不同时间测定的淀粉含量 单位：%

2 天	4 天	6 天	8 天	10 天	12 天	14 天	30 天	45 天	60 天	75 天
22.43	22.04	16.75	14.21	13.18	13.15	13.01	12.56	11.14	10.56	10.22

一般入窖后 3～4 天还原糖会到一个峰值，然后很快下降，到主发酵期结束后基本达到一个平衡。酒精的产生主要在前 15 天左右，因此，可以把发酵分为主发酵期和后发酵期。

在主发酵期主要是淀粉糖化和糖被酵母作用生成酒精，后发酵期包含生酸和产酯以及其他呈香呈味物质的生成和积累。

（3）淀粉的投入对酸度、水分、入窖淀粉的影响 根据不同季节，原粮的投入是不一样的。一般是按照粮食同母糟之比来确定投粮的。如：冬季粮糟比一般为 1：(4～4.5)，平季一般是 1：(4.5～5)，淡季 1：(5～5.5)。当然在同一个季节还要根据出窖淀粉、出窖水分、出窖酸度等综合安排投粮。

粮食中淀粉含量为 58%～70%。多粮平均约 65%。如果按照 1：4 的粮糟比，则通过投粮可以降酸约为 20%，降水约 17.6%，增加淀粉含量为 12%～13%；如果按 1：4.5 的粮糟比，则通过投粮降酸降水约为 14.8%，增加淀粉含量约为 11.5%。如果是 1：5 的投粮，则降酸和降水约为 14.4%，淀粉增加约 10.5%。所以投粮应根据出窖糟淀粉含量确定，至于水分和酸度可以根据糟醅出窖情况和不同糟层进行调整。对于水分变化较为准确的算法是：

$$S_出 - [(1 \times 0.13 + Z_比 \times S_出)/H] = S_增$$

式中　0.13——原粮含水量；

$S_出$——出窖糟含水量；

1——原粮投入量，一般以 1 作为基准；

$Z_比$——母糟用量与原粮比；

H——原粮和母糟用量之和；

$S_增$——拌粮后糟醅含水增加量。

如出窖糟水分为 0.62，粮糟比为 1：4.5，那么拌粮后水分变化为：0.62 —

$[(1×0.13+4.5×0.62)/5.5]=0.089$，其变化率为 $0.089/0.62×100\%=14.4\%$。因为在配糟时，糟醅用量是估计的，不能较为准确计算，所以用经验可以较快计算出配粮后糟醅的含水率。

（4）入窖淀粉与其他入窖条件之间的关系

① 与入窖温度的关系　入窖温度是白酒发酵最关键的因素，它主导着其他因素的变化。窖内发酵温度变化为应符合"前缓、中挺、后缓落"的规律。糟醅入窖时，曲药、环境、场地、器具等所带入的微生物大多是休眠状态，入窖后吸收糟醅中的水分开始进行呼吸，然后逐步开始进行繁殖，扩大自身数量，酶也需吸水恢复酶活，糟醅中大部分物质变化不大，这点从入窖后糟醅升温及"吹口"情况可以看到。一般入窖后 24h 内冬季及平季几乎没有升温现象，"吹口"也没有表现。48～72h 后，应该有明显"吹口"，升温开始，但此时升温一般是 24h 0.5℃左右。72～96h，窖内还原糖出现一个峰值，说明在这个时候，糖化酶开始发挥作用，霉菌已经开始生长，酵母开始繁殖但还未到一个相对足够的数量，使窖内糖分出现积累。96h 后酵母繁殖开始旺盛，数量增加很快，还原糖很快下降，出现明显"吹口"，温度也开始明显上升，一般此时温度变化为 1.5～2℃。5～8 天时可能会出现温度上升速度变慢而后又继续正常升温的现象，应该跟入窖淀粉的"二段来源"有关。

什么是入窖淀粉的"二段来源"？入窖淀粉中包含上排出窖淀粉和本排新投入的淀粉，虽然都被叫做"淀粉"，但这两类淀粉是不同的，出窖糟中残余淀粉虽然也是淀粉，但它和新加入的淀粉经历了不同的过程，糟中残余淀粉经过上排火在窖内的糖化，大部分已经转化成糊精、多糖等，而且因为在窖内吸收水分和有机酸，在进入甑内蒸煮时很容易糊化，入窖后在新加入的曲药作用下首先进入发酵，从而表现出糟醅入窖后 5～8 天升温呈阶梯状上升的现象，当然还是有新加入淀粉中小颗粒在入窖后同上排残余淀粉一起糊化、糖化、发酵，而后新加入的淀粉中的较大颗粒开始进入糖化和发酵。到 12～15 天，窖内温度继续上升到顶温，这个阶段称为前酵或主酵期。之后窖内温度会保持一段时间，为 5～7 天，称为中挺期，然后窖内糟温度开始缓慢下降直到发酵结束，称为后缓落期。那么窖内在不同温度期内微生物的演替和物料变化有哪些呢？

酵母菌的生长繁殖条件如下：有氧气，pH3.0～7.5（最适 pH 为 4.5～5.0），最适温度为 20～30℃，以及一些营养源。在"前缓"期窖内正好处于有氧条件下，温度也恰好在 20～30℃间，此时应该是酵母的生长繁殖和代谢期，也就是产酒期。当发酵进入 15 天左右时，进入"中挺"期，窖内温度上升到 33～35℃，窖内氧气也随着酵母的繁殖而减少，恰好给窖内创造了厌氧条件，温度更适合细菌的繁殖和代谢，水分也由于窖内的降解，A_w 值上升，这个阶段应该是细菌尤其是己酸菌及其复合菌群的繁殖期。而后随着窖内营养消耗、酸度上升、可发酵物质降低、能量减少，温度逐渐下降，当温度下降到 30℃左右时，以己酸菌为主的复合菌群以及酯化酶将糟醅中的有机酸和乙醇合成相应的酯类，这个时期为生香期，也即"后缓落"期。如果此时温度过低，己酸菌群及酯化酶活力会降低，不利于酯类合成，影响酒的质量。不同季节入窖淀粉含量见表4-14。

表 4-14　不同季节入窖淀粉含量　　　　单位：%

旺季	平季	淡季
20～22	18～20	16～18

冬季气温低，称为旺季，环境温度低、散热快，而且通过曲药、环境、器具进入糟醅中的微生物数量少、活力相对低，入窖淀粉应相对多一些。平季气温比冬季高，一般在 20～25℃，入窖糟醅温度比冬季稍高一些，散热损失也小一些，此时入窖淀粉可以少一点。淡季称为夏季，气温高，环境、器具中带入糟醅中的微生物数量多、活力高、热散失损失小，此时应注意入窖淀粉不能太多，以免糟醅升温过快、过高，使窖内酵母很快失活，细菌繁殖良好，产生大量有机酸，浪费粮食，降低糟醅活力，给下排糟的调整带来困难。所以入窖淀粉与气温的关系是负相关关系，气温越高，投入淀粉少一些，反之，气温低，投入淀粉应多一些。

入窖淀粉高，则糟醅保温效果好，"中挺"时间相对较长。淀粉糖化发酵是窖内升温的能量来源。据计算，每消耗 1 个淀粉，可以使糟醅升温 2℃，实际生产中每消耗 1 个淀粉可以使糟醅升温 1.5℃左右。冬季糟醅与环境温差大，每消耗 1 个淀粉升温略小于 1.5～2℃，夏季糟醅温度与环境温差小，每消耗 1 个淀粉升温略高于 1.5～2℃。那么，根据季节不同，可适当增加入窖淀粉含量，提高发酵升温幅度，有利于产酸、产酯。入窖淀粉与升温幅度的关系见表4-15。

表 4-15　入窖淀粉与升温幅度的关系

窖号	入窖淀粉/%	入窖温度/℃	发酵顶温/℃	升温幅度/℃	出酒率/%	基酒酸度/(g/L)
36	17.26	17	28	11	38.75	0.57
38	18.45	17.5	30.5	13	40.07	0.61
40	19.17	17.5	31.5	14	41.87	0.64
42	20.02	18	33.5	15.5	43.53	0.7
44	20.73	18	34	16	44.27	0.78

从表 4-15 可以看出入窖淀粉较高升温幅度也大，基酒中总酸含量也增加。同时出酒率在合理的入窖温度和淀粉条件下也是上升的。有资料报道，相同季节，在其他入窖条件基本相同的情况下，18%的入窖淀粉比 15%的入窖淀粉生成的己酸乙酯可增加 10～30mg/100mL，酒体更丰满。

淀粉具有升温、保水、保温的作用，合理的入窖淀粉对发酵、生酸、产酯、产酒都有好处。

② 入窖淀粉与酸度的关系　有机酸可以促进淀粉糊化，但过高的酸度也会抑制酶活，抑制微生物的繁殖和代谢。对于窖内微生物中主要的微生物而言，大多数

最适酸度都在 pH5～7 之间。一般来说，霉菌最适酸度在 pH 5～6，细菌最适酸度在 pH6.5～7.5，酵母菌最适酸度在 pH 4.5～5 。随着发酵的进行，窖内酸度逐渐增加。

合理的淀粉投入一方面是提供产酒基质，另一方面也可以很好调节糟醅酸度，使入窖糟醅酸度符合酵母、己酸菌群繁殖和代谢的需要。如果出窖酸度过大，可以多投入原料，增加淀粉，以降低酸度，因为出窖酸度大的糟醅一般都是水分高、残余淀粉少，使入窖糟醅酸度达到合理的要求。窖内生酸期主要在糟醅主发酵期结束后，窖内糟醅处于较高的温度 30～35℃（即后缓落期，入窖后 15～30 天后），此时酵母基本死亡，糟醅中糖分被产酸细菌利用产生有机酸。如果在主发酵期刚结束不久就出窖，则糟醅升酸幅度小，经蒸馏后进入基酒中的有机酸就少。下面是对某厂一车间入窖的 30 口窖池在不同入窖酸度、不同发酵时间所测得的糟醅酸度平均值（表 4-16）。

表 4-16   30 口窖池在不同入窖酸度、不同发酵时间所测得的糟醅酸度平均值

单位：mL/10g

入窖酸度/(mL/10g)	30 天	45 天	60 天	75 天
1.6	2.4	2.7	3.5	4.1
1.7	2.3	2.8	3.6	4.2
1.8	2.3	2.7	3.4	4.0
1.9	2.2	2.7	3.5	3.9

从表 4-16 可以看出：发酵 30 天后，糟醅升酸幅度平均为 0.55mL/10g；发酵 45 天后，平均升酸幅度为 1.0mL/10g；发酵 60 天后，平均升酸幅度为 1.75mL/10g；发酵 75 天后，平均升酸幅度为 2.3mL/10g，说明窖内生酸期主要是在入窖后的 30～75 天，也即发酵的中后期。

如果出窖糟酸度高，说明上排火糟醅含水量大一些，而残余淀粉低，淀粉应该投入大一些，以达到降酸、增加淀粉和降低上甑糟醅水分的目的。相反，如果出窖糟酸度过低，则可能糟醅在上排火发酵不好，残余淀粉含量高，母糟相对含水量小，应适当减少投入淀粉量，否则，由于母糟含水量小，可能会导致润粮不好，给糊化和下排发酵带来困难。

③ 入窖淀粉和水分的关系　淀粉的吸水率要远高于糟醅中其他物质。淀粉的糊化必须在充分吸收水分的情况下才能进行。拌料后糟醅的含水量应该在 51% 左右，这样有利于糟醅中酒精和其他呈香呈味物质的萃取，如果上甑水分高于 51%，则蒸馏效率和香味成分的馏出会受到影响，淀粉还可能因吸水过度而糊化过度；如果水分太低，虽然蒸馏效率高了，但淀粉因吸水润粮不好，可能会导致生心等糊化差的现象，不利于下排发酵。出窖水分的多少和滴窖有关，也和发酵有关，发酵好的，出窖淀粉正常，一般保水也好；发酵不正常的糟醅，要么水分过大，要么残余

淀粉过高，有些甚至滴不出水，残余淀粉也高。所以原料投入也要根据出窖糟水分大小调节，水分大的可以多投入原料，水分少的应少投料。当然，如果出窖淀粉过高，而水大则不能用这些方法。

④ 入窖淀粉和曲药的关系　一般来说，曲药要根据入窖淀粉调节，而不是入窖淀粉根据曲药用量调节。但如果原料已经投入，经蒸馏出甑后，发现淀粉过高或过低，此时应根据曲药和糟醅情况对曲药的用量进行调节，淀粉多的在其他条件相当的情况下应多下曲药，淀粉含量少的糟醅应少投曲药。旺季淀粉投入大，用曲量也应相应增加；平季和淡季投入淀粉少，应减少曲药用量。

⑤ 入窖淀粉和糠用量的关系　淀粉是窖内能量来源，也左右着糟醅比热、吸水率含氧量、界面等。入窖淀粉高的用糠量应相应大一些，入窖淀粉少的应适当减少用糠量。入窖淀粉高则吸水时也大，淀粉经糊化后容易粘连，导致糟醅结团，使糟醅含氧量和界面不足。适当加大用糠量，同时按比例增加用水量，可以增强糟醅骨力和容氧量，解决糟醅入窖后酵母的增殖问题，使糟醅能正常发酵。如果入窖淀粉低，则糟醅吸水率小、比热小，在相同能量的情况下，糟醅升温会更猛一些，此时应减少用糠量，有利于糟醅保水性的提高，增加糟醅比热，从而保证正常发酵。

⑥ 入窖淀粉和糟醅的关系　不同季节，气温不同，也就使入窖糟醅温度也不同。根据季节不同，淀粉投入也不同。一般酒厂是用粮糟比来表现粮糟关系的。冬季气温低，入窖糟温度能较好地控制在 $17\sim18$℃，而冬季窖外温度低，和窖内温度差较大，热能散失也大，要使糟醅能正常升到要求的顶温，所需的能量也要多一些，所以淀粉投入也应相应大一些，这个时候的粮糟比应该大；平季气温一般会略高于入窖要求温度，此时应适当减少淀粉投入，而略增加用糟量，以达到缓慢升温的目的；淡季气温高，糟醅升温快，而散热慢，此时应减少淀粉的投入而增加用糟量，一方面降低能量来源，另一方面可以提高入窖糟的酸度而达到缓慢升温和以酸控酸的目的。表 4-17 是不同季节粮糟比。

表 4-17　不同季节粮糟比

旺季	平季	淡季
1：(4~4.5)	1：(4.5~5)	1：(5~5.5)

⑦ 入窖淀粉和发酵周期的关系　前面谈到糟醅在窖内不同时间，其淀粉消耗和产酸情况。在 45 天左右，糟醅中淀粉含量为 $11\%\sim12\%$，根据上排投粮和发酵情况不同有些不同，而糟醅酸度增加值约为 1mL/10g 左右，说明因生酸而消耗的淀粉也约为 1 个，所以发酵周期短的，可以适当少一些淀粉。发酵周期在 75 天左右时升酸 $2\sim2.5$mL/10g，因生酸而消耗的淀粉也为 $2\sim2.5$ 个，糟醅中残余淀粉只有不到 10%，此时应相应增加淀粉的投入。

⑧ 入窖淀粉和窖池新老的关系　新窖中微生物数量少，尤其是细菌含量少，其产酸能力相对低一些，所以新窖可以适当少投入淀粉，可以少降一些酸，防止入

窖酸度过低；老窖中微生物数量多，因细菌产酸而多消耗淀粉，可以多投入一些淀粉，一是可以通过增加淀粉投入来降低入窖酸度，二可以改善母糟保水情况，增强糟醅保水能力。

各类厌氧细菌在不同窖泥中的数量分布见表 4-18，不同窖龄窖泥中细菌分布见表 4-19，四川某酒厂不同窖龄的窖底泥和窖壁泥厌氧芽孢细菌的变化见表 4-20。

表 4-18　各类厌氧细菌在不同窖泥中的数量分布　　单位：个/g

厌氧菌		己酸菌	丁酸菌	乳酸菌	甲烷菌	硫酸盐还原菌	硝酸盐还原菌
新黄泥		1.74×10	9.75×10^5	2.57×10^4	0.61×10	4.00×10	1.11×10
中龄窖	H17	7.3×10^5	1.07×10^4	4.70×10^5	2.17×10	1.07×10^3	5.80×10^3
	G218	3.2×10^5	2.80×10^5	1.90×10^6	2.10×10^3	8.30×10^5	3.20×10^3
	C13	6.8×10^6	5.12×10^4	6.26×10^6	8.60×10^2	2.10×10^3	7.60×10^4
	G221	7.6×10^5	3.10×10^4	9.91×10^5	2.20×10^2	2.60×10^3	2.30×10^3
新窖	G379	4.0×10^3	1.66×10^4	1.32×10^5	0.1×10	2.80×10^3	5.31×10^2
	G21	3.93×10^2	2.18×10^4	6.00×10^5	0.16×10	7.00×10	3.20×10^2
	G350	5.84×10^3	1.41×10^4	2.9×10^6	2.03×10	2.03×10	1.20×10^2
老窖	C1	8.10×10^7	6.70×10^4	3.60×10^6	3.31×10^4	1.82×10^5	2.80×10^5
	C2	3.80×10^7	5.20×10^5	7.70×10^6	2.60×10^3	6.20×10^2	9.31×10^5

表 4-19　不同窖龄窖泥中细菌分布　　单位：个/g

细菌分布	老窖	中龄窖	新窖
细菌总数	1.04×10^6	3.93×10^5	3.37×10^5
好氧细菌数	1.72×10^5	1.1×10^5	1.21×10^5
厌氧细菌数	8.63×10^5	2.83×10^5	2.16×10^5
芽孢菌总数	4.61×10^5	2.16×10^5	2.05×10^5
好氧芽孢菌数	0.99×10^5	0.52×10^5	0.65×10^5
厌氧芽孢菌数	3.62×10^5	1.64×10^5	1.4×10^5

表 4-20　四川某酒厂不同窖龄的窖底泥和窖壁泥厌氧芽孢细菌的变化

单位：个/g

厌氧芽孢细菌分布	400 年窖龄	100 年窖龄	40 年窖龄
窖壁	2.83×10^4	0.89×10^4	0.21×10^4
窖底	5.97×10^5	2.51×10^4	0.30×10^4

⑨ 入窖淀粉和地域的关系　北方空气干燥，空气相对湿度小，空气中微生物

数量相对较少，因此可以多投入一些淀粉，一方面可以增加糟醅吸收和保水的能力，二来可以增加糟醅保温、生酸能力，以提高糟醅产香的能力；南方空气湿度大，常年温差小一些，空气中微生物的种类和含量远高于北方，因此南方酒厂糟醅保温保水能力和升温能力都比较高，为了防止升温、生酸过猛，可以适当减少一些淀粉投入。

3. 入窖水分

在浓香型白酒生产过程中，水始终贯穿于白酒生产的全过程。在浓香型白酒窖内发酵系统中，水既是窖内微生物生存代谢的重要条件，同时也是整个系统中传质、传热的重要载体；在蒸馏过程中，水参与发酵产物的蒸馏、提取过程并最终成为基酒组成成分。

对浓香型白酒生产而言，入窖七因素中直接影响白酒产量、质量的入窖水分，通常是指母糟水分含量以及对母糟水分含量有着直接影响的量水。

（1）浓香型白酒发酵系统中的水分含量指标及其变化

① 水分含量与水活度对微生物生理代谢的影响　传统浓香型白酒生产采用固态发酵，因此，就窖内发酵而言，浓香型白酒发酵体系中所含的水分应包括两部分，即基质（糟醅）含水量与气相中含有的水分，前者以单位重量糟醅所含的水量表示；后者以气相中水蒸气分压与同温度下水的饱和蒸气压之比表示，即相对湿度。现代微生物固态发酵研究表明，微生物生长代谢与基质的含水量有着密切的关系，并存在一个峰值，而该基质的最佳含水量又与气相相对湿度的大小有关。换而言之，在固态发酵体系中，微生物在该基质上的生长代谢，取决于该基质的水活性因子 A_W 值，即水活度（也叫水分活度）。

在微生物学研究中，水活度定义为在同一温度下，基质的平衡蒸汽压（P_s）与纯水的平衡蒸汽压（P_W）之比，即 $A_W = P_s/P_W$。水活度表示了紧靠微生物周围的非结合水的量，它与基质含水量有关。不同的微生物，要求的 A_W 值亦不同。细菌要求 A_W 值为 $0.90 \sim 0.99$，大部分酵母菌要求 A_W 值为 $0.80 \sim 0.90$，少数酵母菌要求 A_W 值为 $0.60 \sim 0.70$，如果 A_W 值发生微小的波动，则会对微生物的生长和代谢产生较大的干扰，因此从对维持微生物的生理活性来分析，A_W 值要比基质含水量更为重要，它表示了基质中水的一些潜在的现象，即渗透压和表面张力。

由上述定义可以看出，基质水活度高低取决于该物质的化学组成、含水率和物理状态（如温度、压力）等因素。因此，在浓香型白酒发酵过程中，一方面是由于糟醅中水分的流动与蒸发，另一方是由于温度的升高，糟醅的 A_W 值是不断变化的。当生产配料不当时，中、上层糟醅（主要指黄水线以上的糟醅）的 A_W 值呈现出线性减小的过程，从而对窖内微生物种群的演替产生较大的影响。

由于水活度测量的困难，目前国内对糟醅水活度尚无相关报道，对浓香型白酒入窖水分一般仍采用单位糟醅含水量表示。江南大学刘焕龙等研究了几种湿酒糟（未加入浓缩可溶物）的物理特性和化学成分，对水活度进行估算，$A_w = 1.00$ 时的湿基水分质量分数为 $58.20\% \sim 65.87\%$。

② 浓香型白酒发酵过程中糟醅水分含量的变化　水分含量测定方法如下。

材料及分析方法：电热烘干箱，干燥皿，130℃烘干法。

实验方法：采用传统生产工艺，双轮底发酵。发酵糟醅按上层（黄水线以上）和下层（齐黄水线）分 5 点取样，混匀后作为 1 个样品进行分析。入窖水分 56%，入窖淀粉浓度 20%，入窖发酵，每隔一定时间测定糟醅含水量，发酵时间 4～6 月，发酵周期 60 天。滴窖出窖糟醅含水量见图 4-6。

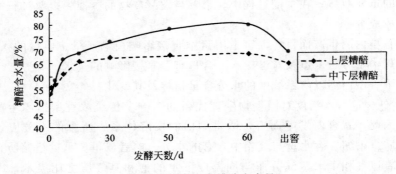

图 4-6　滴窖出窖糟醅含水量

从图 4-6 中可以看出，在整个发酵过程中，虽然微生物生长代谢要消耗一部分水分，但由于微生物大量繁殖所带来的原料的大量消耗，以及微生物代谢生成的挥发性物质由于实验方法的原因计入含水量，因而实验数据表现为窖内糟醅水分含量的持续增加。

从发酵过程而言，上层糟醅在发酵初期（0～7 天）水分含量增长变化明显小于中下层糟醅，这是因为上层糟醅的发酵先于中下层糟醅进旺盛期，同时多余水分及代谢产物不断下沉；发酵 2 周后，上层糟醅与下层糟醅水分含量基本保持一样，达到 67% 左右，并一直维持缓慢的增长至基本饱和状态。

而下层糟醅的水分含量在第一周内有显著增长，随着发酵的进行，由于代谢产物的大量产生及发酵基质的消耗，上层糟醅多余水分及代谢产物的沉积并聚集成为黄水，下层糟醅的水分含量持续增长至过饱和状态，形成黄水与糟醅混合发酵的形式，糟醅水分含量可高达 80% 左右。

发酵结束后，由于进行滴窖操作，糟醅水分含量均有下降，需要指出的是，即使经过滴窖操作，下层糟醅的水分含量依然在 69% 左右，处于过饱和状态。

③ 出窖糟醅水分含量与润粮及蒸馏的关系　浓香型白酒发酵结束，糟醅出窖经配料后上甑蒸馏，糟醅含水量对润粮及蒸馏工艺均有较大的影响。相关试验数据见表 4-21。

表 4-21 糟醅水分含量与润粮及蒸馏的关系

出窖糟醅水分/%	润粮后糟醅水分/%	蒸馏效率/%
68	54	63.90
62	51	66.84
60	50	67.52
58	48	69.73

注:1.投粮均以22%计。

2.流酒以盖盘至断花计。

3.为统一糟醅计,水分含量通过黄水添加至母糟中进行试验。

4.试验采用自制小型甑桶,传统手工上甑蒸馏。

润粮后含水量为48%的糟醅,虽然提取率较高,但出甑后,粮食有生心,糊化不好。

一般而言,糟醅水分应在50%~51%,超过该范围,会影响蒸馏效率,对酒质亦有影响。这是因为酒中呈香呈味成分如酯类(除乳酸乙酯外)大多是醇溶性酯。水分高,则甑内酒精分压小,酒精浓度低,所萃取出的酯类减少,而乳酸乙酯具有亲水性,更容易同水一起馏出,提高了乳酸乙酯馏出量,从而影响酒质;水分过少又会使糟醅润粮不透,不利于蒸煮糊化,造成粮食生心,影响糟醅发酵,降低淀粉利用率。

(2)浓香型白酒入窖水分的工艺控制

① 入窖水分含量对产量、质量的影响 在浓香型白酒生产中,历来有水是酒之血之说。适当的水分才能使发酵正常进行,有利于酒的产量和质量。

A.入窖水分对入窖糟醅的影响 由于水的比热、密度较大,加之其特有的渗透性、流动性及溶解性,因此,水分含量的高低对入窖糟醅有较大的影响(表4-22)。

表 4-22 入窖水分对入窖糟醅的影响

水分含量	糟醅性质变化					
	比热	容重	黏度	导热性	溶氧比	酸度
增加	增加	增加	增加	增加	减少	减少
减少	减少	减少	减少	减少	增加	增加

需要指出的是,加大水分虽然可以降低当排糟醅酸度,但如果水分过大,会导致出窖糟水分增大,酸度高,降低蒸馏效率,在配料时势必会加大用糠量,从而导致下轮发酵不正常,影响下排酒产量和质量,若连续几排母糟伤水,使配料比例严重失调,使糟醅出现"上干下淹"的情况。

B.入窖水分高低对糟醅、黄水、酒质感官质量的影响 见表4-23。

表 4-23　入窖水分与糟醅、黄水、酒质感官质量

入窖水分	出窖糟醅	黄水	酒质
水分含量过高	糟醅瘦，出窖后见风转黑，骨力差、流水	清、无悬丝、无涩味或涩味淡	味淡，浓香差
水分含量过低	糟醅发暗、干硬、散，酒气大，有倒烧味	少、清、发黑，有糊味	味燥辣，后味苦或后味欠净

②　入窖水分标准　控制入窖水分的基本准则如下。

A. 根据原料不同而不同　如以粳高粱等直链淀粉为主的原料，入窖水分为53%~55%，支链淀粉含量较高的原料，如小麦、糯米、糯高粱等，入窖水分可略高。因直链淀粉颗粒较小，含300~600个葡萄糖单元，且以1,4-糖苷键连接，易糊化。支链淀粉颗粒较大（600个葡萄糖单元以上）且主要以1,6-糖苷键连接，呈网状结构，吸水率高，糊化、糖化较难。

B. 根据生产季节不同而不同　一般来说，旺季少点，淡季、平季多点。

C. 根据窖龄窖泥成熟度不同而不同　新窖吸水率较高，入窖水分可略高1%~2%，略高于成熟窖池。

D. 根据糟层不同而不同　叫"打梯梯水"，即下层最少，上层最多，中层适中，每层大约相差1%左右。

E. 根据地域不同而不同　北方地区干燥，水分易挥发，宜略大1%~2%；南方气候湿润，空气湿度较大，微生物种类和数量丰富，水分可略低。

F. 根据窖池大小不同而不同　大窖淀粉总量较大，比表面积小，能量不易散失，应略增加水分以增大比热，可延缓升温速度；反之小窖热量易散失，升温较难，可适当减少水分。

根据川内各名白酒厂长期经验，入窖水分控制在53%~58%之间。夏季一般在57%~58%，冬季一般在53%左右。

③　浓香型白酒生产中打量水的工艺控制　据相关报道，糟醅经拌和蒸馏后，糟醅水分含量于蒸馏前糟醅水分含量相差不大，只是糟醅中的微生物代谢产物被水分代替。在生产实际中，入窖水分通过打量水的工艺操作进行补给。

A. 量水用水要求

a. 卫生要求　必须符合国家饮用水标准。清洁、无色，无杂质，无悬浮物，硬度低。

b. 温度要求　传统要求85℃以上的量水，现在各厂家基本要求用沸点量水。量水温度高有利于淀粉吸水糊化，有利于防止杂菌感染。如果水温过低，一方面会带入杂菌，引起发酵异常，产生过量双乙酰，给酒带来馊味和酸味；另一方面，蒸馏结束后，糟醅温度能达100~102℃，遇冷水时，淀粉颗粒表面收缩，阻碍淀粉颗粒内部吸水糊化，形成表面水，不利于淀粉糊糖化和窖内正常发酵。

c. 打量水时尽量要均匀透彻，边打边翻，边翻边打，有利于淀粉吸水均匀糊化，防止打"窝子水"，也要防止打穿打漏。打完量水后应收拢堆积5～10min。

B.量水用量的计算　如何计算合理的量水用量呢？如果按出甑后糟醅含水量60%计（粮和糠壳），打入多少量水才能达到不同季节、糟层等要求的水分呢？

根据经验可以简单算出：每打入原料100%的水分，可以获得约6%的水分增加值。

或者按实际粮糟比计算。

（3）入窖水分与其他入窖条件

① 入窖水分和入窖淀粉　淀粉投入越多，应按投粮相应增加量水，以保证合适的入窖水分。反之则应减少量水，量水应遵循量水跟粮走的原则。实际上水分和淀粉在糟醅中类似反比例关系。比如经化验入窖水分56%时淀粉为20%，折合成54%水分时淀粉为20.9%。

不同水分条件下淀粉、水转换关系如下：设 D_1 为水分 S_1 时的淀粉含量，D_2 为水分 S_2 时的淀粉含量：$D_2 = D_1 \times (1 - S_2)/(1 - S_1) \times 100\%$

例1：化验糟水分56%时淀粉为20%，折合成54%的水分时的淀粉为

$$D_2 = 20\% \times (1 - 54\%)/(1 - 56\%) \times 100\% = 20.91\%$$

例2：化验糟淀粉22%，水分为54%，折合成56%的水分时的淀粉为

$$D_2 = 22\% \times (1 - 56\%)/(1 - 54\%) \times 100\% = 21.04\%$$

即每增加2%的水分，淀粉总降约1%。实际生产中，应是多投粮多打水，少投粮少打水，即"糠随粮走，水随粮糠走"。

② 入窖水分和温度　原则上是温高水大，温低水小。

A.水能增加糟醅比热　夏季气温高，多打量水有助于延缓糟醅升温速度，而且夏季水分挥发量大，多打量水可以补充糟醅摊晾时挥发掉的水分；冬季气温及糟醅温度低，少打一点量水有利于糟醅升温，以保证升温速度的幅度，理论上升温幅度可以达到15～16℃，产酒比较理想。如果品温能上升到33～34℃，则母糟产酯能力较强。

B.水分增加减少可以调节糟醅容氧比　夏季气温高，微生物活性也较强，环境中微生物数量也多，特别是霉菌、醋酸杆菌属好氧性微生物，且霉菌所需最佳水分活度值 A_W 偏低，多打量水可以减少糟醅中的氧气含量，可以有效地抑制好氧性微生物的繁殖和代谢，以减少酒中邪杂味的产生，减少糟醅中乙酸以及乙酸乙酯含量；冬季微生物活力差，且环境中数量少，适当少打量水，可以提高糟醅容氧比，如酵母在容氧比为1～7mg/L时，其繁殖和代谢都较正常，那么产酒量就会较理想，同时醋酸菌属也能很好地繁殖和代谢，生成适量的乙酸乙酯，以增加基酒的放香。

C.水及水蒸气能改变窖内界面条件　所有的微生物都生长、作用于界面，如果界面值越大，微生物繁殖代谢就越旺盛。水和固态物质间形成固液界面，水和水蒸气及其他气体形成气液界面，水蒸气及其他气体和固态物质间形成固气界面。夏季气温

高，微生物数量多，增加水分，减少了固气界面，减少了界面值就可以减缓糟醅发酵速度，达到缓慢发酵的效果。反之，冬季气温低，微生物数量少，活力差，增加固液界面和气液界面，能有利于微生物的繁殖和代谢，使糟醅能正常发酵。

D. 水能防止窖泥老化板结　夏季气温高，乳酸菌活跃，窖内乳酸钙、乳酸铁结晶的可能性增大，多打量水可以有效溶解乳酸钙、乳酸铁等，有利于防止窖泥老化板结。

③ 入窖水分和入窖酸度　酸大水大，酸小水小。除了原辅料外，水也能稀释和降低酸度，根据出窖酸度高低，适当调整量水量。出窖酸度大，宜多打一点量水；出窖酸度低，宜略少打量水。不宜单纯依靠量水来降酸，一方面，淀粉吸水有限，过多会产生表面水，导致杂菌，尤其是产酸细菌感染和繁殖，从而使糟醅在窖内发酵产生过量的酸，使下排出窖糟酸度高，形成恶性循环。用量水调节酸度只是其他降酸方式的辅助手段。

④ 水分和曲药　夏季气温高，投料量少，酶活力高，出窖水分大，量水用量大，应减少用曲量，即所谓水大曲小；冬季气温低，配料略大，入窖水分略低，酶活力低，应略增大用曲量，也就是水小曲大。

⑤ 水分和糠　用水量旺季应遵循"糠跟粮走，水跟糠走"的原则，夏季则相反。如上所述，加大量水量，可增大糟醅比热，稀释酸度，以延缓发酵速度。

⑥ 水分和糟　出窖糟含有较高的水分，应根据粮糟比确定量水用量，若配糟量大，则应相应减少量水量，以避免水分过大，糊化过度，引起发酵过快，升温过猛；若配糟量小，则应相应加大量水用量，使粮食吸水充分，以利于糊化，达到合理的糊化度和入窖水分。

总之，水分对发酵是十分重要的，应根据季节、气温、粮食品种、糟醅出窖水分、出窖酸度、窖池大小、窖池成熟度等来合理安排入窖水分，使窖内糟醅能正常发酵，获得理想的产量和质量。

4. 曲药和其他因素的关系

(1) 曲药的作用　曲药成分十分复杂，其作用前面已经讨论过，这里就不再重复。下面谈谈大曲中糖化力、液化力与蛋白水解力对浓香型白酒生产的影响。

通常人们认为将大曲视为是糖化发酵剂，随着对浓香型白酒发酵研究的深入及实践，发现优质大曲应有适宜的糖化力、液化力和蛋白水解力。庄名扬对此进行了一些研究。结果见表4-24～表4-26。

(2) 大曲与浓香型白酒入窖条件间的相互关系

① 曲药与投入淀粉的关系　在温度一定的前提下，原则上投粮（入窖淀粉）越大，用曲量应按相应比例增加，即"曲随粮走"。其原因是投粮量的改变，其投入淀粉所需的糖化力也应相应改变。所以，曲药用量与投粮（入窖淀粉）呈正相关。

表 4-24　不同糖化力大曲的生产结果

糖化力/U	920	712	383
酸度/(mL/10g)	1.9	1.4	0.9
出酒率/%	41.0	39.4	38.88
乳酸乙酯/(g/L)	5.98	2.31	1.53
己酸乙酯/(g/L)	1.61	2.65	2.02

表 4-25　不同液化力大曲的生产结果

液化力/U	1.54	0.88	0.38
糖化力/U	701	754	738
出酒率/%	39.1	36.5	35.6

表 4-26　不同蛋白水解力与酒质的关系

糖化力/U	901	754	383
液化力/U	1.54	0.88	0.587
蛋白水解力/(g/100g·h)	—	2.50	0.68
酸度/(mL/10g)	1.90	1.4	1.10
丙醇/(g/L)	0.111	0.257	0.155
仲丁醇/(g/L)	0.044	0.264	0.088
异丁醇/(g/L)	0.101	0.122	0.131
丁醇/(g/L)	0.022	0.536	0.124
异戊醇/(g/L)	0.389	0.404	0.278
己酸乙酯/(g/L)	0.666	2.751	2.278
丁酸乙酯/(g/L)	0.034	0.398	0.178
乳酸乙酯/(g/L)	4.278	2.313	1.670

② 曲药与入窖温度的关系　曲药中各种酶的主要作用温度在 40～60℃ 之间，在发酵过程中越接近这个温度范围，在其他条件不变的情况下，各种酶越能发挥其酶活力。所以，入窖品温越高，则用曲量越小，如夏季气温高，用曲量为 18%～20%；冬季气温低，入窖品温较夏季低，用曲量应调整为 20%～24%。所以，曲药用量与气温（品温）呈负相关。

③ 曲药与入窖水分的关系　曲药中酶干燥情况下处于休眠状态，其酶活力是需要吸收水分恢复的，水分越高，曲药中酶活力越好。故在其他条件相同情况下，入窖水分越大，可向下调整用曲量，如入窖水分越低则应相应上调用曲量，即用曲量与入窖水分呈负相关。

④ 曲药与酸度的关系

A. 曲药用量与酸度的关系　酶类都有其最适酸度（pH），多数酶的最适 pH 在

4.0～6.5之间，即微酸环境，酸度越高，酶的活力越受到抑制，则应相应增加用曲量，以弥补损失的酶活力。反之，酸度越低，酶活力越强，为防止升温过猛，则应下调用曲量，此时，用曲量与酸度的关系是负相关关系，在夏季则应减少用曲量以防止糟醅升温过快。

B. 转排用曲量与酸度的关系　夏季由于气温高，入窖温度高，从环境及用具、曲药等物品中带入母糟中的微生物数量多、活力强，为防止升温过快，应下调用曲量，以便安全度夏。

⑤ 曲药用量与糠壳关系　糠壳用量会改变母糟含氧量及界面，含氧量及界面越多，则好氧性微生物或兼性厌氧微生物繁殖代谢越旺盛，所以，糠壳用量增加，应减少用曲量；反之，用糠量减少，则应增加用曲量，但夏季由于气温高和品温高，用曲量应减少。在正常情况下，用曲量与用糠量呈负相关。

⑥ 曲药用量与母糟的关系　如果母糟骨力好，活力强，为防止升温过猛，应少用曲。反之，如果母糟骨力差，则应略增加用曲量。如果母糟用量大，应增加用曲量，反之，应少用曲药。夏季例外，为防止夏季糟醅升温过猛，应在加大用糟量的同时减少用曲量，在正常季节，曲药用量与母糟骨力呈负相关；用曲量与母糟用量呈正相关。

⑦ 用曲量与曲药质量关系　如果曲药质量好，糖化力高，则应少用曲，以防止糟醅升温过快；反之，如果曲药质量差，应相应增加用曲量，以保证母糟正常发酵。

讨论：曲药是浓香型白酒重要的糖化发酵动力，同时也是发酵生香及呈香呈味物质的重要来源。制曲过程，一定要重视关键工序点，保持正常的水分、升温、穿衣、排潮等。在曲药的使用过程中，应根据入窖淀粉、入窖温度、入窖水分、入窖酸度及母糟情况等其他入窖条件的变化以及曲药自身质量合理使用曲药，保证窖内发酵的正常进行。

5. 入窖酸度

窖内有机酸的来源很多，主要由细菌代谢产生，当然酵母在发酵产生酒精的同时也会产生如乙酸等有机酸，一些霉菌也会有产酸的能力。有机酸既是微生物的产物又反过来制约微生物的繁殖和代谢。不同的微生物有不同的适应范围和最适范围。

合理的入窖酸度是保证糟醅正常发酵的主要因素之一。一般现在入窖酸度在1.7mL/10g左右，酸度过高，糟醅发酵升温差，影响出酒率，还会给酒带来酸味等。如果入窖酸度过低，那么糟醅中酸醇酯化的前体物质少，生成的酯类少而影响产品质量，而且酸度过低，则糟醅中其他呈香呈味物质也少，也是影响酒质的原因之一。因为加入的原辅料是中性的，通过计算原辅料加入量可以算出降酸幅度。经验方法是根据粮糟比和出窖酸度大概可以算出上甑前糟醅酸度，如：粮糟比为1：

4.5，出窖酸度为 $4mL/10g$，那么配粮后酸度为 $4×4.5/(1+4.5)=3.27mL/10g$，加入辅料和蒸馏后酸度约为 $1.9mL/10g$。

6. 糠壳用量

（1）糠壳的作用 糠壳由于主要成分是纤维素和半纤维素，成分和化学性质稳定，不易参与窖内的生物化学反应。其多孔而质地稳定、坚硬，所以在生产中有十分重要的作用。

① 使糟醅疏松泡气，在上甑时能甩撒均匀，蒸馏时才不会"塌气"而造成"夹花"。

② 打量水时，由于糟醅疏松均匀，水分才能均匀下降，经翻拌后使糟醅中水分均匀。

③ 使糟醅在摊晾时能甩撒均匀，从而使曲药拌和均匀，糟醅"吃曲"才均匀。

④ 给入窖糟提供空气，使窖内糟达到合理的容氧量，给酵母的繁殖提供氧气。因为酵母的繁殖是需要氧气的。

⑤ 由于糠壳坚硬而多孔的结构，能为微生物提供较多的界面。

⑥ 配糟时起到一定的降酸作用。

⑦ 有利于发酵后糟醅水分下降，利于滴窖舀水降酸。

⑧ 调整糟醅密度和比热，使糟醅在发酵过程中升温幅度和速度恰当，使发酵过程符合"前缓、中挺、后缓落"的要求。当然，糠壳中还含有微量元素等有益成分，给微生物的生长提供其他条件。

（2）糠壳的使用 糠壳的作用主要是提供氧气和界面，但也有副作用（如糠味和其他异杂味），所以应注意使用量。一般在不同季节使用量见表 4-27（按投粮百分比）。

表 4-27 糠壳的使用量

旺季	平季	淡季
23%～25%	22%～23%	20%～22%

糠壳的一般使用原则是"壳随粮走"，即粮大糠大、粮小糠小。冬季气温低，投粮大，空气、环境及接种入糟醅中的微生物数量相对较少，糠壳用量可以稍大一些，这样可以适当增加糟醅中氧气含量和界面，使发酵能正常进行。平季气温一般在 $25℃$ 左右，此时用糠量应适当减一点，因气温升高的同时，空气湿度也有所上升，空气、环境中微生物数量及活性有所恢复，如果糠壳用量过大，糟醅含氧量和界面过大会使糟醅升温过猛，造成产酒少且味杂、味苦等。夏季气温高、湿度大，环境中微生物数量多、活力强，应减少用糠量，以防止糟醅升温过猛，产生大量酸，降低出酒率，造成淀粉损失，而且会给酒带来异杂味，同时使糟醅骨力差，给转排后的生产带来难度。

　　（3）糠壳用量与其他入窖因素的关系

　　① 用糠量与温度的关系　　温度是决定糟醅发酵的主要因素，其他因素都是围绕温度而进行调整。冬季是白酒生产的旺季，主要原因在于糟醅在发酵过程中易保证品温的"前缓、中挺、后缓落"。

　　② 糠壳与淀粉的关系　　糠壳用量与淀粉的关系包含两个方面：出窖淀粉含量和投入淀粉量。入窖淀粉的量是由出窖淀粉和投入淀粉构成，前面也谈到出窖淀粉和新投入淀粉的不同。根据季节不同，投入淀粉也不同。当出窖淀粉高时，此时糟醅酸度可能相对低一些，而糟醅可能会显得腻一些，本排投入原料应略减少一点，糠壳用量则应稳定。如果用糠量过大，则由于残余淀粉在蒸煮时易糊化，入窖后易造成升温猛；用糠量太少，则会出现糟醅发腻而影响发酵。如果出窖淀粉低，那么糟醅可能会出现含水量大（发酵周期短，水分来不及下降而使糟醅水分过大）或小（发酵周期长，淀粉消耗过多，糟醅不保水，水分下降到窖底使中上层糟含水量不足），出窖糟含水量大，淀粉消耗多，应适当多投入淀粉，但应注意润粮时间不能太长，否则可能 会使糟醅润粮过度，在蒸粮时容易使淀粉糊化过度。当出窖糟淀粉低而水分少时，也应适当增加淀粉投入，但必须注意原料的预润料处理，否则易出现润粮不透而蒸粮不熟造成粮食生心，给发酵带来困难。

　　③ 糠壳与水分的关系　　当出窖糟水分过大时，糟醅容易显腻，用糠量可适当大点，以避免上甑塌气、摊晾时甩撒不匀和入窖时糟醅结团影响发酵；当出窖糟水分过低时则可相应增加用糠量，避免糟醅过于干燥和泡气，带入过多的空气，使糟醅发酵过快而升温过猛。

　　④ 糠壳与曲药的关系　　糠壳用量大时，应注意用曲量不能过大，否则因接种量大，糖化和发酵易过快；反之用糠量小时可适当放大用曲量，使发酵能正常进行。

　　⑤ 糠壳与酸度的关系　　糠壳有降酸的作用，当酸度过大时，可适当增加一点用糠量，以降低入窖糟的酸度。但因糠壳降酸的作用有限，用糠壳降酸只是当酸度过高时的一种补充方法，不能完全靠用增加糠壳用量来降酸，否则会因用糠量过大而导致升温过猛；当出窖糟酸度过低时，糟醅本身的骨力也较好，因此可以少用糠壳。

　　⑥ 糠壳与糟醅的关系　　糟醅自身也含有大量糠壳，因此用糠量大时应适当减少用糠量；反之，用糠量小时则可增加适量糠壳。比如，冬季是生产的旺季，粮糟比大，也即淀粉投入大，而用糟量相对少一些，此时可多用一些糠壳，可以达到28%；夏季粮糟比小一些，用糠量为20%～23%。

　　但如果出窖糟不正常时，则应根据具体情况而定，比如：出窖各水分大而且糟醅显腻，则应适当增加用糠量；当出窖糟水分小而硬时，则应少用糠壳。

　　7. 糟醅

　　糟醅是浓香型白酒生香的基础，浓香型白酒发酵采用"续糟法"，就是为了能利用母糟中的水、有机酸、香味成分、生香前体物质等。

（1）糟醅的成分

① 淀粉、糊精　上排发酵未能完全利用的淀粉，可转化成糊精，经再次利用，可提高淀粉利用率，提高酒的产量。

② 有机酸　发酵后母糟中淀粉经微生物作用产生各种有机酸，如乙酸、乳酸、己酸、丁酸等，而这些有机酸是生成相应酯类的前体物质。

③ 矿物质　农作物从土壤中吸收氮、磷、钾等矿物质，经发酵后游离出来，为下排发酵微生物提供相应的营养元素。

④ 蛋白质、氨基酸　酵母营养细胞除水分外，含有大量蛋白质。糟醅发酵前期，酵母大量繁殖，主发酵结束后酵母衰亡自溶产生蛋白质、氨基酸。同时，原料中也含有 5%～15% 的蛋白质，这些蛋白质可以作为窖内其他微生物的氮源。

⑤ 生长素　酵母自溶后会产生生长素，可以为己酸菌等微生物繁殖提供条件。

⑥ 单宁　谷物原料皮中含有单宁，经发酵后产生丁香酸、阿魏酸等风味物质。

⑦ 纤维素、半纤维素　母糟中纤维素能给微生物繁殖代谢提供界面条件，提高部分糟醅骨力，使入窖糟醅中含氧量符合要求，部分半纤维素还可以转化成可发酵性糖。

（2）母糟的作用

① 母糟中含有大量有机酸，可以为相应的酯类提供前体物质。合理利用母糟，可以给入窖粮糟提供合适的酸度，有机酸有利于淀粉吸水糊化，可以抑制糟醅中有害杂菌的繁殖和代谢，大部分霉菌及细菌耐酸能力都不高。

② 出窖糟中含有 62%～65% 的水分，提供润粮水分，便于淀粉蒸煮糊化。

③ 母糟含有多种呈香呈味成分及其前体物质，能赋予白酒风味。同时给下排生香提供物质基础。

④ 母糟中含有多种微生物繁殖代谢所需要的各种营养成分，为窖内微生物繁殖代谢提供生长繁殖条件。

⑤ 母糟中含有的水分和纤维素能为微生物提供生长界面。

⑥ 调节配糟淀粉含量，使入窖淀粉达到合理要求。

⑦ 改善窖内糟醅容氧比，使之适合酵母繁殖代谢，保证发酵正常进行。

（3）母糟的使用　根据出窖糟层、水分、酸度、气温、窖池大小等不同，粮糟比应有所不同。

① 糟层不同　糟醅在窖内糟层不同，其水分、酸度、骨力均不同。上层糟水分较低、酸度低、骨力好，下层糟水分、酸度较高，骨力较差。因此，根据季节不同，合理使用上、中、下层糟配料，保证合理的水分和酸度。夏季转排时，根据"以酸制酸"的方式可适当多用下层糟醅。

② 季节不同　旺季气温低，空气、环境中、器具上的微生物数量少，活力低，宜采用低配糟，高配粮，以降低入窖酸度，增强糟醅活力，粮糟比为 1∶（4～

4.5）。平、淡季粮糟比为 1：（4.5～5）。

淡季气温、地温高，入窖糟醅温度也高，环境、空气中微生物数量多、活力强，容易造成发酵过快，升温猛，不利于酵母繁殖代谢，而有利于产酸细菌繁殖代谢，影响酒的产量。出窖糟醅酸度大、淀粉损失大。同时会给酒带来酸味、苦味、涩味等异杂味。所以夏季应适当增加配糟量，以提高糟醅入窖酸度，同时减少用糠量，加强踩窖，减少窖内空气含量，减少含氧量，以延缓发酵速度，即夏季尤其是转排采用"以酸制酸"的方式达到控制窖内生酸幅度的目的。

③ 水分含量不同　拌料上甑时，糟醅水分应控制在 50％以下，那么根据出窖糟醅水分不同，用糟量应有所不同。出窖糟水分小，可适当增加配糟量，保证合理的水分，以便于润粮顺利。若出窖水分大，可以适当减少配糟量。拌料后水分最好不要超过 51％，否则会影响酒的蒸馏效率，不利于酒精浓缩，妨碍醇溶性酯类及其他呈香呈味成分的萃取和馏出。而且水溶性酯类如乳酸乙酯可能馏出量增加，给酒带来生闷味，造成酯类馏出比失调，不利于"增己降乳"。水分过大还容易造成润粮过度，在蒸粮过程中不易控制合理的糊化度。

④ 入窖酸度不同　入窖酸度和发酵是密切相关的。因各类微生物都有其最适宜的 pH 值，如酵母 pH3.5～6.0、细菌 pH5.5～6.5、霉菌 pH6～7。酸度过高会抑制发酵，影响出酒率；酸度过低可能导致升温过快，既影响出酒率，也影响产品的口感。合理配糟是调整合理入窖酸度的主要措施之一。出窖酸度低，可以适当增加配糟量或适当配以双轮底，使入窖酸度达到合适的入窖酸度：冬季 1.7～1.8mL/10g，平季 1.8～1.9mL/10g，淡季 2.0～2.2mL/10g。如果出窖酸度高，应略减少配糟量。

⑤ 窖池大小不同　窖池大，保温性较好，比表面积小，可适当增大配糟量，有利于提高酒的产量和质量；窖池小，糟醅同窖泥接触面积较大，保温性稍差，宜减少配糟量以利发酵的正常进行。

⑥ 发酵周期不同　发酵周期长，那么消耗的淀粉越多，糟醅酸度也大，应略减少配糟量。发酵周期短，消耗的淀粉少，酸度也低，宜加大配糟量。

⑦ 窖泥新老不同　老窖泥微生物种类多、数量大，尤其是产酸细菌，可略减少配糟量，相应增大淀粉投入，以提高窖池利用率。新窖泥生香能力低，微生物数量少，可增大配糟量，提高入糟的酸度，以达到生香物质的聚集和加速新窖成熟。

（4）母糟同其他入窖条件的关系

① 温度　气温越高，环境中的微生物数量越多，尤其是霉菌、醋酸杆菌、乳酸菌等，所以，夏季宜适当增大配糟量，以增加糟醅入窖酸度，有效抑制杂菌繁殖，即"以酸制酸"；反之，冬季气温低，环境、器具、空气中的微生物数量少，相对不活跃，可适当减少配糟量，降低糟醅入窖酸度，增强糟醅活力，以利于糟醅正常发酵。气温越高配糟量越大，这样在其他条件不变的情况下可以提高入窖糟

酸度。

② 酸度　出窖酸度大，则需加大用糠量而减少用糟量，以达到降酸、提高母糟活力的目的。反之，出窖酸度小，则应加大配糟量，以提高母糟酸度，为窖内生香提供前体物质和提供酒中其他呈香呈味成分。

③ 淀粉　出窖淀粉高应减少用糟量，加大用糠量，使糟醅达到合理的入窖淀粉；反之，应加大用糟量，而减少用糠量。投粮一定的条件下，用糟量越大，则淀粉含量越低；用糟量越小，则淀粉含量越高。

④ 水分　从母糟自身含水来说，糟醅和水分呈正相关。从使用糟醅来说，出窖糟水分越大，用糟量越应减少。所以量水应根据出窖糟水分和配糟比来决定，以达到合适的入窖水分。

⑤ 曲药　母糟中有机酸对曲药中的酶活力及曲药中微生物都有影响。虽然酶类和大部分有益微生物作用和代谢都在微酸条件下进行，但一般来说，酸度越高，酶活力越低，反之，酸度低一些，则糟醅活力强一些。入窖酸度高的糟醅，用糟量小，则用曲量应相应增加；反之，则应略减少。当然夏季当例外，夏季用糟量大而且酸度高，为防止糟醅升温过猛，反而应少用曲。

⑥ 糠壳　母糟中同样糠壳，配糟量大时，应减少用糠量；反之，如果配糟量小，则应增加用糠量，即配糟量与糠壳量呈负相关。

综上所述，母糟的合理使用是维系窖内正常发酵的基础。应根据母糟自身情况，结合气温等条件合理搭配使用，以达到提高产量和质量的目的。

六、 提高浓香型白酒质量的措施

1. 回酒发酵

浓香型白酒风格体现的是以己酸乙酯为主的复合香气。己酸乙酯的含量高低和窖内己酸含量直接相关。据研究只有当己酸含量达到一定时己酸乙酯的合成量才多，而己酸含量又跟窖内己酸合成需要的底物浓度和己酸菌数量、活性成正相关关系，己酸菌的繁殖和代谢所需要的碳源主要是乙醇，所以可以用回酒的方式提高窖内糟醅中的酒精含量达到己酸合成最适的浓度，一方面为己酸菌的繁殖提供营养，另一方面为己酯乙酯合成提供乙醇，以利于己酸乙酯的合成。回酒的方法是用丢糟黄水酒或面糟二段酒，用尾水或开水晾冷后稀释到酒度 20 度以下，根据双轮底糟的数量均匀地泼酒到糟醅中，使糟中含酒量基本达到 5％左右。需要注意的事项如下。

① 回酒量不能太多，酒精浓度过高会抑制窖内微生物的生长代谢，而且生化反应都是动态反应，产物过多会导致逆向反应。

② 回酒浓度不能太高，窖内微生物都有一定的酒精耐受力，当酒度过高时，因微生物细胞内蛋白质和酶凝固而失活，失去繁殖的代谢能力和酯合成能力，而阻

碍糟醅中香味物质的生成。

2. 回沙发酵

沙即是糟醅。发酵成熟的糟醅不仅含有乙醇和其他呈香呈味物质，还因窖内微生物的演替和流动而含有一些活性微生物及其酶类。回沙发酵也就是在本轮糟中加入未经蒸馏的糟醅，一方面提供一些微生物种源，另一方面提供产生呈香呈味成分和酶类，能加速下排糟醅的产香能力。方法是：在摊晾好的糟醅中均匀撒入一定量的未蒸馏的经选择的母糟并拌和均匀，进入窖内发酵。要注意的是回沙量不能太多，所用回沙一定要经选择骨力好、气色正常的糟醅。

3. 双轮底的使用

双轮底的特点是：一是双轮乃至多轮次的发酵，其在窖内的周期长，通过每次轮次糟醅发酵产生的呈香呈味成分不断随黄水富集到下部糟中，里面含有的香味物质浓度很高，成分也非常复杂。二是双轮底糟既为底糟，则必然和窖底泥有充分的接触，因窖泥微生物的作用，使底糟中含有丰富的呈香呈味成分。三是由于长期处于窖底，多次浸入黄水，使双轮底糟酸度和含水量都比较高，且糟醅比普通糟醅缺少骨力。

（1）双轮底单独进行蒸馏　先将要蒸馏的双轮底糟滴尽黄水，在上甑前加入熟糠。由于水分较大，糠壳用量比普通面糟用糠量要适当大一些，拌和均匀后，在底锅中加入清洁水和回酒，回酒量根据双轮底糟的香味和气色而定，质量好的双轮底可以多回一些酒，一般可以回 150～300kg 粮糟二段酒或好的面糟酒，最好不要回丢糟酒。然后严格按质分段摘酒，并分级入库贮存。

（2）双轮底配料　由于双轮底糟酸度高、水分含量大，一般来说不能全部使用双轮底进行配料。一是将要配料的双轮底糟放在出窖红糟上。配入原料，按粮糟方式进行拌和蒸馏。普通粮糟含酒量在正常季节比双轮底糟含酒量高一些，这样可以利用配糟中较高的含酒量提高双轮底糟中香味成分的萃取率，又可以用双轮底糟调整母糟风格，但要注意量的使用。在短发酵期的糟醅中可以适当多配一些双轮底糟，周期长的糟醅中少用或不用，其量为不影响入窖糟的酸度和骨力。二是盖面串蒸，又叫薄层串蒸。其原理是利用甑内浓缩的酒精提高双轮底糟中香味成分提取效率，这种方式提香效果比混糟效果好，但操作上不如混糟方便，糟醅均匀度也不如混糟。以这种方式配糟后的粮糟出甑后应在晾糟前后多进行翻糙。

（3）双轮底夹沙　双轮底糟因为长期同窖底泥接触，其中含有同窖底泥菌群相似的微生物，因此可以作为粮糟发酵的菌种源，方法是在每一甑粮糟入窖勾平后，上面薄撒一层未蒸馏的双轮底，依次到粮糟入窖完毕。这种方法可以提高母糟生酯能力，但如果控制不好则可能是会影响粮糟发酵而导致出酒率降低。

（4）双轮底再生　双轮底中不仅含有大量酒中骨架成分，还含有丰富的微量成分和生香前体物质。利用窖底微生物丰富的底糟中前体物质，可以起到快速生香的作用。方法是选择骨力好的双轮底糟，多回些酒，并尽量多蒸馏些时间，以降低双轮底糟的酸度。然后进行摊晾下曲，摊晾时温度可以稍高于粮糟，一般控制在30～35℃，下曲量为粮糟的一半左右，入窖底部后勾平，迅速将稀释后的酒均匀洒入。下排火单独取出进行回酒蒸馏，所得酒即为再生双轮底酒，己酸乙酯含量可以达到5～6g/L。蒸完后，作为丢糟。

4. 夹泥发酵

窖泥不仅是微生物栖息的场所，也是酒中香味物质的重要来源。夹泥方式主要有两种：一是在翻沙糟中加入成块的老窖泥，使翻沙糟同窖泥充分接触，可以提高翻沙糟的生香能力。二是翻沙糟入窖后在上面均匀铺上成熟窖泥，然后入粮糟，但这种方式操作麻烦，且由于黄水下沉使这部分窖泥浸散，下排起窖时窖泥不便清理，容易导致下层粮糟产生泥味。

5. 生香液的使用

（1）生香液的生产　生香液一般生产方法：将一定量的黄水、酒尾、底糟、曲药、老窖泥、二段酒放入坛中33～35℃密封保温一段时间（一般是一排火时间）。

（2）生香液可以用于回窖翻沙　在翻沙时一甑双轮底糟加入30kg左右生香液抖匀，适当回酒入窖，回酒可以用二段酒或尾酒稀释到20%vol以下，下排火取出蒸馏可以提高基酒主体香。

（3）直接进入底锅串蒸　可以提高基酒醇厚度和绵柔感。

（4）用于培养窖泥　用于培养人工窖泥的生香液一般发酵时间7～10天即可使用，用量为窖泥的5%～10%。

6. 延长发酵期

发酵周期越长，因生酸或其他原因，淀粉消耗较多，同时酸度也较大，增加淀粉投入可以起到降低酸度的目的，使入窖淀粉达到要求的浓度。但增加淀粉后应注意润粮水分的调节。如果发酵周期较短，由于发酵消耗淀粉相对少一些，酸度也不高，这种情况下可以少投入淀粉，一方面使入窖淀粉达到合理的入窖要求，另一方面不会造成入窖酸度过低而影响酒质，也可以避免因酸度过低引起的升温过快。

7. 浓香型调味酒的生产

（1）窖香调味酒　酒中窖香主要来自窖底及周边成熟窖泥，尤其是窖底泥。窖底泥中微生物特别是厌氧细菌含量多，其产生的香味成分多而复杂。到目前为止除有限的几个酒中骨架成分外，大部分尚未定性定量，其中来源自糟醅发酵过程及原料中的累积和甑内提取。而窖香本身同己酸乙酯等成分虽有关系但又不同于己酸乙酯及其复合香气。制备窖香酒的方式是选择气色正、有骨力、含酒量高、发酵正常的母糟和窖泥成熟的窖池，将糟醅翻沙后均匀地铺在窖底部，糟厚度 20cm 以下长时间发酵，一般时间为 1～2 年以上，待其略呈黑色，将这部分糟起出滴尽黄水，拌上糠壳，上甑时轻撒入甑，上甑时气压稍大，避免塌气，选择优质双轮底黄水按每甑 75～100kg，口感干净的基酒 300kg 左右入底锅串蒸，串蒸气压小于粮糟气压。量质摘取其中窖香突出的部分单独存放即为窖香调味酒。其余部分视其特点也要进行单独存放。

（2）高酯调味酒　一般来说发酵周期 1 年左右可以得到高酯酒。方法是选取优质母糟，翻沙回到窖底。1 年左右取出进行蒸馏，取其前段即为高酯调味酒。时间过长糟醅含酯量反而会下降。

（3）酱味调味酒　选取优质糟醅拌料蒸馏、摊晾后堆积 24h 左右入窖发酵，下排取出蒸馏，所得酒即具有浓郁酱香味，其总酸也较高，用于调味能增加酒的绵柔的醇厚感，使香和味更协调。

以上介绍了提高优质酒比率及调味酒的基本方法，不同酒厂还有一些。不过需要指出的是，各地酒厂应该辨证施治，有选择性地采用。

七、 酒中常见异杂味与生产的关系

1. 苦味

当酒中出现苦味时，产生的主要原因如下：用曲量过大，使糟醅升温过猛，窖内酵母降解产生的蛋白质和原料蛋白质脱氨脱羧产生多量的高级醇，尤其是异丁醇，使酒带苦味；用糠量过大，糟醅升温猛；用曲时过大，俗话说"曲大酒苦"，用曲量过大也是导致糟醅升温过猛的原因；另外夏季气温高，投粮过大也是升温过猛的原因之一；窖池管理不善使封窖泥开口而感染杂菌特别是青霉菌，通过蒸馏带入酒中；起窖粗放，使封窖泥中夹入大量的糟和糠壳导致封窖不好、漏气而感染霉菌；环境卫生没做好，带入杂菌；现场糟醅没用完，堆积时间过久而感染杂菌等。

2. 酸味

酒中酸味过大主要原因如下：糟醅酸度过大，通过蒸馏进入酒中；糟醅含水量过大，水溶性有机酸进入酒中。

3. 馊味

酒中馊味的主要来源如下：量水温度过低而感染过多的好氧乳酸菌；环境卫生

没做好；糟醅在润粮后堆积时间过长而感染好氧乳酸菌；晾糟时间过久；糟醅入窖后未能及时封窖而感染杂菌等。

4. 涩味

如果接酒时不注意量质摘酒，酒中接入了过多的后段酒，使酒中乳酸乙酯过量，则会出现涩味。

5. 倒烧味

入窖时，如果粮糟水分过低如低于52％时可能会出现霉菌繁殖而产生升温现象，酒中有明显发烧的味道；或出窖糟在现场堆放过久，特别是夏季，就会出现因糟醅感染霉菌而引起发热，出现酒色发黄、倒烧味。

6. 霉味

霉味也是因为感染霉菌引起的，原因如下：入窖糟水分过低；用糠量过大，现场卫生没做好，或入窖糟中混有霉变糟等。

7. 黄水味

如果在粮糟蒸馏时，底锅中回入黄水，特别是黄水质量差时更明显。所以一般要求黄水不能回到粮糟底锅，而是回到丢糟底锅中，所得酒称为"丢糟黄水酒"。"丢糟黄水酒"一般不能进入基酒中，而是稀释后回窖养窖，或回底锅中重蒸。

8. 底锅水味

生产中要求每甑必须更换底锅水，但生产中有时因为工人操作不注意或因懒惰而没有及时更换底锅水，就会给酒中带来底锅水味，尤其是中小厂，蒸馏过程中用燃料直接加热底锅，而底锅中因蒸馏过程带入糟醅中的有机成分进入底中，如果不及时更换则会煳锅从而而带来煳味，或因在底锅中回入黄水而没有及时更换清水所致。所以生产中一定要严格要求每甑更换底锅水。

9. 辛辣味

如果用曲量过大，升温过猛，糟醅及原料中酪氨酸会生成酪醇等，或因枯草芽孢杆菌等杂菌感染而产生丙烯醛，使酒中出现辛辣味。

还有其他异杂味，如橡胶味、油哈味、机油味等。这些异杂味的产生可能因容器、管道或原辅料不清洁所致。应注意生产原辅料的卫生、酒容器及管道的清洁。另外容器应注意盖好，以免掉入其他异杂物而带来异味。

❖ 第二节　清香型

清香型主要有大曲清香（以汾酒为代表）、小曲清香（以四川和云南小曲酒为代表）、麸曲清香型（以北京二锅头为代表）。

一、大曲清香

清香型大曲以汾酒为代表，采用传统的"清蒸二次清，地缸、固态、分离发酵法"，所用高粱和辅料都经过清蒸处理，将经蒸煮后的高粱拌曲放入陶瓷缸，缸埋土中，发酵28天，取出蒸馏。蒸馏后的醅不再配入新抖，只加曲进行第二次发酵，仍发酵28天，糟不打回而直接丢糟。两次蒸馏得酒，经勾兑成汾酒。由此可见，原料和酒醅都是单独蒸，酒醅不再加入新料，其操作在名酒生产上是独具一格。汾酒的主体香是乙酸乙酯，而己酸乙酯、丁酸乙酯没有或痕量。因为它采用了清糙法，设备用陶瓷缸，封口用石板，场地、晾堂用砖或水泥地，刷洗很干净，这就保证了汾酒具清香、醇净的显明特点。其工艺过程见图4-7。

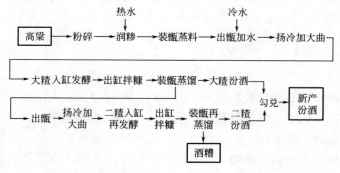

图4-7　清香型汾酒工艺流程

1. 原料

传统汾酒用高粱是晋中平原出产的"一把抓"品种，其主要化学成分如下：水分11.2%～12.84%，淀粉62.57%～65.74%，蛋白质10.3%～12.5%，脂肪3.60%～4.38%，粗纤维1.8%～2.88%，灰分1.70%～2.30%。

水的质量密切地影响到酒的质量，应选用优质的水。

所用大曲有清茬、红心和后火三种低温大曲，按比例混合使用。一般为清茬：红心：后火＝30%：30%：40%。所用大曲除注意曲质生化指标如糖化力、液化力、蛋白质分解力和发酵力等外，比较注重大曲的外观质量，如清茬曲要求断面茬口为青白色或灰黄色，无其他颜色掺杂在内，气味清香。后火曲断面呈灰黄色，有单耳、双耳，红心呈五花茬口，具有曲香或炒豌豆香。红心曲断面中间呈一道红、点心的高粱糁红色，无异圈、杂色，具有曲香味。

所使用的高粱和大曲必须经过粉碎后才投入生产，粉碎度要求随生产工艺而变化。原料粉碎越细，越有利于蒸煮糊化，也有利于和微生物、酶的接触，但由于大曲酿造一般发酵周期比较长，醅中所含淀粉浓度较高，若粉碎过细会造成升温快，醅子发黏，容易污染杂菌等缺点，故高粱要求粉碎成 4～8 瓣/粒，细粉不得超过20%。对所使用大曲粉碎度，第一次发酵用大曲，要求粉碎成大者如豌豆，小者如绿豆，能通过 1.2mm 筛孔的细粉不超过 55%；第二次发酵用大曲，要求大者如绿豆，小者如小米粒，能通过 1.2mm 筛孔的细粉为 70%～75%。粉碎细度和天气有关，夏季应粗一些，防止发酵时升温太快；冬季气温低，可以细一些。

2. 润糁

粉碎后的高粱原料称红糁，在蒸料前要进行用热水润糁，称高温润糁。

润糁的目的，是使高粱吸收一定量的水分以利于糊化。而原料吸收水分的速度和能力，是与原料的粉碎度和水温有关。根据有关资料介绍，红糁浸泡半小时，水温 40℃，吸水率 78%；水温 70℃，吸水率 100%；水温 90℃，吸水率 170%，采用高温润糁吸水量大，易于糊化。高温润糁时，水分不仅附着于原料淀粉颗粒的表面，而且易渗入到淀粉颗粒内部。曾进行过高温润糁、蒸糁分次加水和在蒸糁后一次加冷水的对比试验，当采用同样的粮水比，其测定结果如下：前者入缸时，发酵材料不淋浆，使前者发酵升温较缓慢，而后者淋浆，采用高温润糁所产成品酒比较绵、甜。另外高粱中含有少量果胶，高温润糁会促进果胶酶分解果胶形成甲醇，在蒸糁时即可排除，降低成品酒中甲醇含量，这些说明高温润糁是提高产品质量的一项措施。

高温润糁是将粉碎后的高粱，加入为原料重量 55%～62% 热水。夏季水温为75～80℃，冬季为 80～90℃。拌匀后，进行堆积润料 18～20h，这时料堆品温上升，冬季能达 42～45℃，夏季 47～52℃，料堆上应加盖覆盖物，中间翻动 2～3次。如糁皮干燥，应补加水 2%～3%（对原料比）。在这过程中侵入原料中的野生菌（好氧性微生物）能进行繁殖和发酵，会使某些芳香和风味成分在堆积过程中积累，对增进酒质的回甜起一定效果。润糁后质量要求：润透，不淋浆，无干糁，无异味，无疙瘩，手搓成面。

3. 蒸料

蒸料使用活甑桶。红糁的蒸料糊化是采用清蒸，认为这样可使酒味更加纯正清香。在装入红糁前先将底锅水煮沸，然后将 500kg 润料后的红糁均匀撒入，待蒸汽上匀后，再用 60℃ 的热水 15kg（所加热水量为原料的 26％～30％）泼在表面上以促进糊化（称加闷头量）。在蒸煮初期，品温为 98～99℃，加盖芦席，加大蒸汽，温度逐渐上升到出甑时品温可达 105℃，整个蒸料时间从装完甑算起需蒸足 80min。红糁上部覆盖辅料，一道清蒸。经过清蒸的辅料应当天用完。

红糁蒸煮后质量要求达到"熟而不黏，内无生心，有高粱糁香味，无异杂味"为标准。

4. 加水和扬晾（晾糙）

糊化后的红糁趁热由甑中取出堆成长方形，泼入为原料重量 28％～30％ 的冷水（8～20℃ 的井水），立即翻拌使高粱充分吸水，然后进行通风晾糙。冬季要求降温至 20～30℃，夏秋季气温较高，则要求品温降至室温。

5. 加大曲（下曲）

红糁扬晾后就可加入磨粉后的大曲粉，加曲量为投料高粱重的 9％～11％，加曲的温度主要取决于入缸温度，因在加曲后应立即拌匀下缸发酵。

加曲温度根据经验采用：春季 20～22℃，夏季 20～25℃，秋季 23～25℃，冬季 25～30℃。

6. 大糙（头糙）入缸

汾酒所用发酵设备和一般白酒生产不同，不是用窖而是用陶瓷缸。采用陶瓷缸装酒醅发酵是我国的古老传统。缸埋在地下，口与地面平。缸的容量有 255kg 或 127kg 两种规格。每酿造 1100kg 原料需 8 只或 16 只陶瓷缸。缸间距离为 10～24cm。陶瓷缸在使用前，必须用清水洗净，再用花椒水洗刷一次。

水分和温度是控制微生物生命活动的最重要因素，是保证正常发酵的核心，是提高酒的质量的关键，故入缸温度和水分应准确。

大糙入缸的温度一般为 10～16℃，夏季越低越好，应做到比自然气温低 1～2℃。大糙入缸水分控制在 52％～53％。控制入缸水分是发酵好的首要条件，入缸水分过低，糖化发酵不完全；相反，水分过高了，发酵不正常，酒味寡淡不醇厚。

入缸后，缸顶用石板盖子盖严，使用清蒸后的小米壳封缸口，盖上稻壳保温。

7. 发酵

要形成清香型酒所具有的独特风格，就要做到中温缓慢发酵。通过多年来对发酵温度变化规律的摸索，实践证明：只要掌握发酵温度前期缓升、中期能保持住一定高温，后期缓落的所谓"前缓、中挺、后缓落"的发酵规律，就能实现优质生产、高产、低消耗。原传统发酵周期为 21 天，为增加酒质芳香醇和，现已延长 28 天。

整个发酵过程，大致分为三个阶段。

（1）前期发酵 低温入缸是保证发酵"前缓、中挺、后缓落"的重要一环。入缸温度高，前期发酵升温迅猛；入缸温度过低，前期发酵会过长。发酵前缓期为6～7天，在这阶段应控制发酵温度，使品温缓慢上升到20～30℃，这时微生物生长繁殖，霉菌糖化较迅速，淀粉含量急剧下降，还原糖含量迅速增加，酒精分开始形成。酸度也增加较快。

（2）中期发酵 一般指入缸后第7～8天。至第17～18天是中期发酵，为主发酵阶段，共10天左右，微生物生长繁殖以及发酵作用均极旺盛，淀粉含量急剧下降，酒精含量显著增加，酒精含量最高可达12%vol左右。由于酵母菌旺盛发酵抑制了产酸菌的活动，所以酸度增加缓慢。这时期温度一定要挺足，即保持一定的高温阶段。若发酵品温过早过快下降则会使发酵不完全，出酒率低而酒质较次。

（3）后期发酵 这是指出缸前发酵的最后阶段，11～12天，称后发酵期。此时糖化发酵作用均很微弱，霉菌逐渐减少，酵母逐渐死亡，酒精发酵几乎停止，酸度增加较快，温度停止上升。这阶段一般认为主要是生成酒的香味物质过程（酯化过程）。

如这阶段品温下降过快，酵母发酵过早停止，将会不利于酯化反应。如品温不下降，则酒精分挥发损失过多，且有害杂菌继续繁殖生酸，便会造成产生各种有害物质，故后发酵期应做到控制温度缓落。

要达到正常发酵，除按要求做到入缸水分和温度准确外，还必须做好发酵容器的保温工作。冬季在缸盖上加盖保温材料（稻皮），夏季时发酵前期保温材料少用些，尽量延长前发酵期。中、后发酵期要适当调整保温材料用量。另外在习惯上，夏季还可以在缸周围土地上扎眼灌凉水，促使缸中酒醅降温。

在28天的发酵过程中，须隔天检查一次发酵情况，一般在入缸后1～12天内检查，以后则不进行。在发酵室中能闻到一种类似苹果的芳香味，这是发酵良好的象征。醅子在缸中会随着发酵作用的进行逐渐下沉，下沉愈多，则产酒愈多，一般在正常情况下酒醅可以沉下全缸深度的四分之一。

8. 出缸、蒸馏

把发酵28天的成熟酒醅从缸中挖出，加入为原料重量22%～25%的辅料——糠（其中稻壳∶小米壳＝3∶1），翻拌均匀装甑蒸馏。辅料用量要准确。

根据生产实践总结出"轻、松、薄、匀、缓"的装甑操作法，以保证酒醅材料在甑桶内疏松，上汽均匀。要遵循"蒸汽二小一大""材料二干一湿"，缓汽蒸酒，大汽追尾的原则，即装甑打底时材料要干，蒸汽要小，在打底基础上，材料可湿些（即少用辅料），蒸汽应大些，装到最上层材料也要干，蒸汽宜小，盖上甑后缓汽蒸酒，最后大汽追尾，直至蒸尽酒精。蒸馏操作时，控制流酒速度为3～4kg/min，流酒温度一般控制在25～30℃，认为采用这流酒温度既少损失酒又少跑香，并能最大限度地排除有害杂质，可提高酒的质量和产量。

一般每甑约截酒头 1kg，酒度在 75%vol 以上。此酒头可进行回缸发酵。截除酒头的数量应视成品酒质量而确定。截头过多，会使成品酒中芳香物质去掉太多，使酒平淡；截头过少，又使醛类物质过多地混入酒中，使酒味暴辣。

随"酒头"后流出的叫"大楂酒"，这种酒含酯量很高。蒸馏液的酒精度随着酒醅中酒精的减少而不断降低，当流酒的酒度下降至 30%vol 以下时，以后流出的酒称尾酒。尾酒必须摘取分开存放，待下次蒸馏时，回入甑桶的底锅进行重新蒸馏。尾酒中含有大量香味物质，如乳酸乙酯。有机酸是白酒中呈味物质，在酒尾中含量亦高于前面的馏分。因此在蒸馏时，如摘尾过早，将使大量香味物质存在于酒尾中及残存于酒糟中，从而损失了大量的香味物质。但摘尾长，酒度会低。在蒸尾酒时可以加大蒸汽量"追尽"酒醅的尾酒。在流酒结束后，抬起排盖，敞口排酸 10min。

9. 入缸再发酵

为了充分利用原料中的淀粉，提高淀粉利用率，大楂酒醅蒸完酒后的醅子，还需继续发酵利用一次，这叫做二楂。二楂的整个酿酒操作原则上和大楂相同，简述如下。

首先将蒸完酒的醅子视干湿情况泼加 25～30kg（35℃）温水，即所谓"蒙头浆"。然后出甑，迅速扬冷到 30～38℃时，加入大渣投料量 10% 的大曲，翻拌均匀，待品温降到规定温度，即可入缸发酵。二楂入缸温度，春、秋、冬三季为 22～28℃，夏季为 18～23℃，二楂入缸水分控制在 59%～61%。

由于二楂含淀粉量比大楂低，糠含量大（蒸酒时拌入），所以比较疏松，入缸时会带入大量空气，对发酵不利，因此二楂入缸发酵必须适当地将醅子压紧，喷洒少量酒尾，使其回缸发酵，二楂发酵期现在亦为 28 天。

二楂酒醅出缸后，加少量的小米壳，即可按大楂酒醅一样操作进行蒸馏，蒸出来的酒叫二楂酒，二楂酒糟则作饲料用。

10. 贮存勾调

汾酒在入库后，标记班组，由质量检验部门逐组品尝，按照大楂酒、二楂酒、合格酒和优质酒分别存放在耐酸搪瓷罐中，一般规定存放三年，在出厂时按大楂酒、二楂酒比例，混合优质酒和合格酒，勾兑小样，送质量部门核准后，再勾兑大样，品评和理化分析检测后出厂。汾酒产品的化学成分见表 4-28。

表 4-28　汾酒产品的化学成分　　　　　单位：g/100mL（未注明者）

类别	酒精度	总酸	总醛	总酯	高级醇	甲醇	糠醛	铅	固形物
汾酒	65%vol	≤0.1	≤0.03	≥0.3	≤0.2	≤0.04	≤0.0008	≤0.3mg/L	≤0.04

注：历史资料，供参考。

二、小曲清香

"川法小曲酒"历史悠久，在西南、中南各省深受喜爱，据不完全统计，年产量约120万吨，四川占50%左右。它主要以本地产的高粱、玉米、小麦、荞麦、大麦、青稞、稗子、稻谷、大米、薯类（鲜或干）等为生产原料。川法小曲酒生产具有投资少、见效快、灵活性高等特点；具有就地生产、就地销售，丢糟被当地农户用作饲料，无废弃糟污染的优势。当前各种保健酒盛行，以小曲白酒作基酒生产保健酒是传统的，也是公认最好的（这是其他香型白酒不具备的优势）。用小曲白酒生产其他露酒，或别的香型酒，也是最好的基酒（据专家估计年产量约70万吨，一半以上是作为其他酒的基酒）。

川法小曲酒的生产，有规模型的企业（如重庆江津集团、湖北劲牌公司均年产万吨以上），但更多的则是生产作坊。近几十年来，先后总结出许多生产经验成果，生产技术也得到较快的发展。《四川糯高粱小曲酒操作法》就是其中的典型代表，它对小曲酒生产技术的发展产生了重大影响，对推动小曲酒的发展起到了积极的作用，其成功经验目前仍广泛应用。现将传统"四川糯高粱小曲酒操作法"详细介绍如下，供参考。

"糯高粱小曲酒操作法"包括制曲、蒸粮、培菌、发酵、蒸馏等部分。培菌工序指出甑摊晾、撒曲收箱和培菌管理，要注意防止酸箱，摊晾厚薄、撒曲、温度要均匀，掌握箱的老嫩，掌握好升温幅度，箱上常见病害的防治，以及感官鉴定培菌糟的好坏等；发酵工序要按季节固定配糟，做好配糟用量、配糟温度、装桶条件的控制与管理，防止杂菌侵入，保证清洁卫生；蒸馏工序指放黄水、装甑、蒸酒、配糟管理，注意工艺操作参数的控制。

1. 蒸粮工序

（1）泡粮

① 目的　在泡粮时，高粱吸收水分，淀粉粒间的空隙被水充满，淀粉粒逐渐膨胀，使蒸煮过程中易蒸透心，糊化良好。高粱原料中，含有较多的单宁，在泡粮过程中，单宁大部分可溶于水中被除去，有利于糖化和发酵。同时高粱中的灰砂杂物经泡粮后可除去，使原料更加干净。

② 要求　吸水透心、均匀。

③ 要点　泡水要足，泡粮搅拌后保温在73～74℃之间。泡粮时间，糯高粱6～10h，粳高粱5～7h。干发8～10h。

④ 操作方法　每天蒸完酒后，洗净底锅。烧开水，泡次日粮。每100kg原料约需泡水165kg。泡粮时将开水迅速舀入泡粮桶内，然后将原料倒入，即先水后粮。这样可使泡粮桶内上下水温一致，使粮食受热、吸水均匀。泡水温度90℃以上。原料倒入泡粮桶后，用木锨或铁铲沿桶边至桶心将高粱翻拌一次，刮平粮面。

泡粮水位应淹过粮面约 25cm，此时检查水温应在 75℃ 以上，随即加盖保温，待 2～3h 后揭盖检查一次，不使粮粒露出水面。经 6～10h 后放出泡水。吊至蒸粮入甑。泡后粮食每 100kg 增重至 168～170kg。

⑤ 注意事项　泡粮要用开水，并必须保温，促进粮食吸水，同时，温度高可杀灭原料中的杂菌并使酶作用钝化。

泡粮用水量每天要基本固定，使泡粮搅拌后达到 73～74℃，不能过高或过低。如过高或过低可调节水温和水量。如水温超过 74℃，则粮粒中的部分淀粉破裂糊化，容易生泫结块。

泡粮时要翻动一次，使粮食和水混合均匀，粮食吃水均匀一致，避免产生灰包，但不宜翻动过多，更不宜中途翻动，以免造成淀粉损失。

泡粮时间要基本固定，不能过长或过短。若泡粮时间过长，温度下降，杂菌感染翻泡，损失淀粉和糖分；时间不够，粮粒吸水不透，不易糊化彻底。

泡粮要注意保温。

(2) 蒸粮

① 目的　粮食蒸熟，粮粒裂口，利于糖化发酵。

② 要求　熟粮柔熟、泫轻、收汗、水分适当，全甑均匀。出甑时化验水分含量，糯高粱含水量为 59%～61%，粳高粱为 60%～61%。粮粒裂口率为 89% 以上。

③ 要点　准确掌握初蒸、闷水、复蒸时间，使熟粮淀粉裂口率高，软硬合适，水分适当，全甑均匀。

④ 操作方法　上班时钩火（或冲蒸汽），加好底锅水，水面离甑桥 15～16cm，安好甑桥、甑箅，填好边缘缝隙，撒稻壳一层（2～3kg），用水泼湿扫平，待底锅水烧开后，即可撮粮入甑。在泡好的高粱中拌入适量的稻壳，使疏松上汽均匀，在 40～50min 内装完，再经 2～3min 蒸汽便可穿出粮面。

初蒸：装完甑 5～10min 即可圆汽，加盖初蒸。糯高粱蒸 10～15min，粳高粱蒸 16～18min。糯高粱初蒸时间与出酒率见表 4-29，糯高粱破裂率与出酒率见表 4-30。

表 4-29　糯高粱初蒸时间与出酒率

酢数	闷水前共蒸时间/min	出酒率/%
10	61.8	49.94
11	68.8	48.93
11	54.4	50.23
13	40.8	50.71

表 4-30　糯高粱破裂率与出酒率

酢数	破裂率/%	出酒率/%
5	82～85	51.28
11	86～88	50.97

醅数	破裂率/%	出酒率/%
19	88～90	52.25
11	92～92	52.28

闷水：初蒸毕，迅速从闷水筒加入闷水（水温40～45℃），使闷水在甑内由下至上加入，在4～6min内加完，水量要淹过粮面6～7cm。此时，甑内下层水温60～65℃，粮面层水温94～95℃。经仔细检查，甑内粮粒不顶手、软硬适当时放去闷水。从闷水淹过粮面至开始放闷水为闷水时间，一般糯高粱为10min，粳高粱为16～20min。糯高粱闷水时间与熟粮水分见表4-31。

表 4-31　糯高粱闷水时间与熟粮水分

闷水时间/min	2	4	6	8	10
熟粮水分/%	53.00	54.05	55.10	56.15	57.20

复蒸：迅速放去闷水，加大火力蒸粮，圆汽后继续大火复蒸，糯高粱蒸约60min，粳高粱蒸80～90min。检查粮食，应不顶手、已完全柔熟、阳水少、表面轻泛，即可出甑。出甑后检查粮食：收汗、裂口率为89%以上。在熟粮出甑前约10min揭盖，将工具、撮箕等敞蒸10min，利用蒸汽杀菌。蒸好的熟粮每100kg约增重至230kg，化验水分约为58%。

⑤ 注意事项　蒸粮时应防止塌甑和溢甑。塌甑是指穿汽不均匀或部分不穿汽，这是由于装甑时火力太小，粮食倒得不均匀或甑箅未清洗干净引起的；溢甑是指底锅水沸腾后冲到甑箅上面，这是由于底锅水加得太多或底锅水不清洁所致。此种现象发生时，甑底粮食因吸水过多而结成团块，致使蒸汽上升困难，影响上部粮食糊化。

粮粒入甑和放闷水后的圆汽时间火力要大，穿汽要快（要求不超过30min和15min），使上下甑受热时间差别小，吸水均匀，其他时间可用中等火力。

闷水要从闷水筒中自下而上加入，利用温度之差造成挤压力，促使粮粒裂口。为使熟粮淀粉裂口率高，闷水时要求粮粒多数在70～80℃温水内浸泡。实际上是上层温度高于下层，为了缩小温差，闷水时不开火门，加闷水要快。闷水温度一般为40～45℃之间，不宜过高。

底锅水以闷水刚接触甑箅时水温在70～75℃为宜，可固定闷水温度后增减底锅水调节。但底锅水离甑箅最多不能少于17～20cm，以防溢甑。当底锅水量调节恰当后，每天应掌握准确，以免影响水温变化。

熟粮水分对培菌发酵有很大影响，不能过多或过少。操作条件固定（如泡粮水温、泡粮时间、初蒸时间、闷水温度等），闷水时间长短可以决定水分多少。据经验，大约延长闷水时间2min，可增加熟粮水分1%。实际操作要同时用感官掌握（手捏软硬度），最后用化验数据或称重结果来校正感官的判断。糯高粱闷水温度与熟粮水分、破裂率见表4-32。

表 4-32　糯高粱闷水温度与熟粮水分、破裂率

闷水温度/℃	60	65	70	75	80	85	90
熟粮水分/%	53.90	53.30	53.40	53.70	53.90	54.10	55.00
破裂率/%	82.20	84.00	86.30	86.20	84.20	83.00	83.50

如果发现上下甑的粮粒水分不匀或粮粒上软下稀时，可用放闷水的快慢来调节。如果闷水后发现偏软、偏硬，可适当缩短或延长复蒸时间。糯高粱蒸煮时间、熟粮水分与淀粉破裂率见表4-33。

表 4-33　糯高粱蒸煮时间、熟粮水分与淀粉破裂率

初蒸时间/min	4	8	11	14	17	21	25
熟粮水分/%	52.80	53.00	54.70	55.00	55.30	54.40	54.90
淀粉破裂率/%	88.50	87.30	89.10	88.20	86.60	87.60	87.40

熟粮水分多少，应视季节和配糟酸度不同稍加调节。冬天发酵温度较低时，熟粮水分为60%～61%，热天发酵温度高时应为59%～60%，以减缓发酵速度，少生酸。当配糟酸度正常时，熟粮水分为60%～61%合适，如酸度偏大，可减少至59%～60%，严重时可以再降1%，以减少发酵中的生酸量。

熟粮中稻壳用量的多少对培菌有影响，一般用量为原料的2%（包括甑底、甑面、出甑、摊晾所用的全部稻壳）。有时用曲药性能不同，箱温上升缓急不合要求，培菌不好时，可适当增减稻壳用量来调节。箱内使用的稻壳和蒸馏时酒糟中拌入的稻壳，必须使用熟糠。最后注意每天上班时间应该固定。

2. 培菌工序

（1）出甑摊晾及撒曲收箱

① 要点　短时摊晾品温均匀，掌握温度，撒曲均匀，摊晾工具须清洁，箱要疏松、面要平。

② 操作方法

出甑：出甑前，将晾堂打扫干净，铺好摊席（或打扫清洁通风箱），在摊席上撒少许熟糠。将熟粮撮出，均匀地倒在摊席上，厚6～7cm。

摊晾撒曲：出甑完，即按后出先翻的顺序翻第一次粮，用木锨依次将熟粮翻面、刮平，相隔35～40min（室温25～28℃），冷天待品温降至44～45℃，热天降至37～38℃，按先倒先翻的次序翻第二次粮。翻毕，检查品温已适宜时，即可撒曲，要求弯腰低撒，均匀撒于粮面，减少曲粉飞扬损失，拌匀收拢成堆。撒曲也可分两次撒，第一次翻粮后撒头次，第二次翻粮后撒二次。若用通风箱培菌，可直接

在箱内通风摊晾。其操作方法如下：将熟粮撮出，均匀地倒入箱里，扒平、通风降温，冷天待品温降至 38～39℃，热天降至 36～37℃ 时，关闭风扇，撒第一次曲，撒入量为总用曲量的 1/2，拌匀；冬天待冷至 34～35℃，热天 30～32℃（或平室温）撒第二次曲，撒入量为剩下的 1/2，拌匀、扒平，此时箱温为冷天 28～29℃，热天 25～26℃。不同室温条件下收箱品温的控制见表 4-34。

表 4-34　不同室温条件下收箱品温的控制

室温/℃	0～5	6～10	11～15	16～20	21～25	26～28	28 以上
撒曲温度/℃	36～38	34～36	32～34	30.5～32	28.5～30	28	接近室温
进箱温度/℃	30～31	29～30	29	28	27～27.5	接近室温	接近室温
保持最低品温/℃	29～30	28～29	28	27～27.5	26.5～27	接近室温	接近室温
箱厚/cm	16.5～20	16.5～18	16.5～18	15	13～14	10～12	10

收箱：收箱前先扫净底席（在底席下平铺 2～3cm 厚的稻壳），安上洁净的箱板，箱席上撒一层稻壳和曲粉少许，用木锨将熟粮轻轻地铲入箱内，温度较高的先收在箱边、箱角，温度较低的收在中部，收完用木锨将粮面修整匀平。粮面再撒少许稻壳和曲粉。从开始出甑到收箱完毕的摊晾时间最长可达 2.5h。

（2）培菌管理

① 要求　霉菌、酵母生长正常，杂菌少；出箱感官是绒籽、有曲香，无馊、闷、酒气。尝之，味稍甜，微酸。全箱均匀。每天出箱时间基本一致，老嫩符合发酵装桶要求。

② 要点　曲质好，数量合适，并严格控制培菌温度、时间和出箱老嫩，使有益菌生长适当。注意工具清洁，减少杂菌繁殖。培菌控制指标见表 4-35。

表 4-35　培菌控制指标

季节	用曲量/%	箱厚/cm	出箱温度/℃	培菌期/h		出箱还原糖含量/%	
				糯高粱	粳高粱	糯高粱	粳高粱
冬季	0.3～0.4	16～18	33～35	25～26	25.5～26.5	2.5～3	3～4
热季	0.2～0.3	10～13	33～35	21～22	22～23	1.5～2	2～3

③ 操作方法　收箱后，仔细检查箱内温度，热季接近室温，冬季一般为 30～31℃。如品温太低应立即加盖席和草垫；若品温较高，可适当少盖或缓盖，使在 5～7h 内箱内品温降至 26～28℃，保持品温不再下降（即箱内最低温度）。经 12h 和 20h 左右分别检查品温一次，适当加减草垫，使冷天经 25～26h，热天经 21～22h 出箱时老嫩合适，品温达 34～35℃。采用通风箱培菌，收箱后均匀盖上一层配糟，其厚度视季节气温而定。经 12h 和 18～20h，分别检查品温一次，注意温度变化，控制出箱时间和温度。若冷天要注意保温（用盖配糟厚薄调节），热天注意降温，控制温度切忌骤冷骤热或过高过低。

（3）注意事项

① 防止酸箱 由于杂菌感染繁殖常引起箱温上升快，培菌糟不甜、不绒籽、气味不正常。防止的办法如下。

A. 曲药质量要好、稳定。劣质曲药中，杂菌多，易引起箱温上升快，出箱不绒籽和严重酸箱等事故。因此，每新用一批曲药，必须先经过严格检查、试验。

B. 做好环境卫生和清洁卫生工作。摊晾收箱使用的端撮、木锨等洗净蒸过。潮湿的晾堂要翻整，摊席、箱席、箱板、囤撮要经常清洗，保持干燥清洁。黄水坑要加盖，排水沟要畅通，并定期用石灰水或漂白粉液杀菌，以避免杂菌蔓延传播。

C. 采取灭菌和降温措施。杂菌大部分来源于所用工具和场地，尤以摊席、箱席为主。除前述清洁工作外，出甑摊晾要严格控制摊晾面积并低倒匀铺，以杀灭摊席上的杂菌。摊晾时，翻动次数不宜过多，尽量减少摊晾时间。

D. 严格控制湿度和箱温。湿度、温度都是控制微生物生长的重要条件。控制湿度的方法为：正确掌握熟粮水分，注意冲干阳水；适时撒曲，使熟粮水汽在撒曲前适当挥发；箱底稻壳要勤换，以保持干燥。控制温度的方法是：严格掌握撒曲温度、进箱温度，使箱内的最低温度适当；调整收箱厚度和箱底稻壳、箱面加盖的厚度；热季采用收薄箱、糟子盖箱等措施，适时加盖。

② 注意均匀 箱内不匀，对生产有一定影响。因此，摊晾厚薄、撒曲、温度要匀，否则局部温度过高或未接上菌种，会产生泫坨。

箱底垫的稻壳薄了，会有冷底；收箱温度高，敞晾久了才加盖，箱面会起硬壳；箱底垫的稻壳过厚，下层培菌糟较老；收箱温度底盖厚了，上层培菌糟较老。出箱时应细心检查，进行调整。冬季箱边散热快，应用稻壳或配糟保温，以防冷边。

③ 认真掌握箱的老嫩 箱的老嫩对发酵快慢影响很大，应认真加以掌握。感官鉴定方法主要是口尝有无甜味和手捏糊水多少，分为转甜箱、小泡子箱、点子箱等。一般比较合适的老嫩程度常在转甜箱至小泡子箱之间。这时化验还原糖为2.5%～3.5%，总糖为6%～8%，酸度为0.1～0.14mL/10g，酵母细胞数在（1.2～1.5）×10^7 个/g 之间。箱老不仅霉菌多，消耗淀粉，而且总糖多，发酵升温快；箱嫩糖量不足，发酵缓慢，都会使糟子中残余淀粉增大，生酸也多，出酒率低。为了准确掌握箱的老嫩，出箱鉴定，应考虑到熟粮水分高低的干扰，同时结合培菌期、出箱温度，并用化验和镜检结果验证。

④ 掌握升温幅度 在培菌过程中，升温快慢与培菌糟的质量有密切的关系。培菌阶段主要是保证糖化菌和酵母的繁殖与生长。据生产经验，在熟粮入箱12h内，应保持一定限度的最低温度，以后每隔2h约上升1℃，至出箱时温度升至34～35℃，这样一般培菌糟的质量较好。

⑤ 箱上常见病害的防治 培养箱上常见的病害很多，主要是由于箱的温度过高或过低、冷热不均、杂菌侵入及水分含量等原因造成。

A. 箱底培菌糟微生物繁殖不良，这是由于箱底稻壳潮湿或稻壳层太薄，因而散热快、温度不够所致。挽救办法是：在培菌糟出箱后，将箱底席洗净晒干，将箱底稻壳扒成行，使湿气蒸发，或更换新鲜干燥的稻壳和增加厚度，并将此不好的培菌糟加少许曲粉，拌和均匀后装入发酵桶（池）中部。

B. 硬壳、锅巴、冷角、冷边、冷子及底面板所引起。培养箱的底、面、边、角等部位培菌糟的微生物繁殖生长及糖化不良，主要原因是收箱温度过高，培菌糟在箱内敞晾时间长，箱面水分蒸发多；箱板漏风，盖草帘不严；箱底稻壳潮湿或太少，草帘潮湿或太薄；粮食未蒸好，不透心、不均匀；或加盖时间不恰当等。为了避免上述病害，须及时加盖箱席、草帘及调整箱底的稻壳厚度；在箱四周的外部或内部，用热配糟保温，或用热配糟撒于箱面上等；并将这些较差的培菌糟装在发酵桶中心。

C. 泫坨坨 箱内有小团产生，使微生物生长不良，以致小团内仍有熟粮气味和带泫现象，是由于翻粮时，泫坨坨未打散或撒曲不匀所致。

D. 烧箱不下糊 箱内温度上升过高，在出箱时既无糖化现象，又无糊水，还有怪味。主要是收箱温度过高，盖草帘过厚过早，使细菌繁殖速度加快，霉菌及酵母菌的繁殖减缓，致使有酸臭味；情况严重时，有益微生物生长不好，使粮食发硬，液化和糖化不能正常进行，因而不下糊。挽救办法是通风降温，装桶时再加部分曲粉，并加入适量的淡酒尾，以抑制杂菌，利于发酵。

E. 快箱 培菌温度上升很快，是由于室温高收箱温度亦较高，收得厚又垫得厚或加盖草帘太早等，使微生物繁殖速度快，培菌时间短，箱内有闷气。挽救办法是：使箱内迅速散热，缓和升温速度，对培菌糟的摊晾时间可稍延长，使闷气逸散。

F. 酸箱 前已述及，不再重复。

G. 接箱 冬季收箱温度过低，或加盖草席过迟，因而培菌糟升温过慢，不能按时出箱。可揭开草帘，在箱面加盖一层热糟子，再盖上草帘，以提高箱内温度，促使霉菌和酵母生长。此种现象和补救办法俗称接箱。

⑥ 感官鉴定培菌糟的好坏 据经验，出箱培菌糟的质量，从老嫩程度来判别好坏，以出小花偏嫩箱，即培菌糟刚搭味转甜者为佳。感官检查，为清香扑鼻，略带甜味而均匀一致，无酸、臭、酒味，用手捏仅在指缝间有浆液成小泡沫状。理化指标为，糖分 3.5%～5%，水分 58%～59%，酸度 0.17mL/10g 左右，pH 值 6.7 左右，酵母数（1.0～1.2）×10^6 个/g。

3. 发酵工序

（1）要求 箱、桶（池）配合恰当，发酵快慢正常，使多产酒、少产酸和减少其他损失。

（2）要点 根据季节准确使用配糟数量，温度合适，不长杂菌。按室温、配糟温度估计可能达到的团烧温度，根据团烧温度、配糟酸度和熟粮水分确定箱口老嫩和培菌糟、配糟温差。配糟量及配糟温度见表4-36，装桶条件查对表见表4-37。加大摊晾面积，缩短摊晾时间。踩紧桶，灵活上水。再根据前几酢的吹口情况，调整装桶条件。

表 4-36 配糟量及配糟温度

| 季节 | 100kg原料醅糟量 | | 出箱前醅糟温度 |
	容积/m³	质量/kg	
冬季	0.6～0.7	350～400	室温10℃以下，保持24～25℃
一般	0.6～0.7	350～400	室温23℃以下，保持23℃
热季	0.66～0.73	380～420	室温23℃以上，近室温

表 4-37 装桶条件查对表（醅糟比例：冬季1:3.5；夏季1:3.8）

| 装桶的适宜条件 | | | | | 操作时掌握的指标 | | |
团烧温度/℃	熟粮收箱水分/%	培菌糟还原糖/%	混合糟酸度/(mL/10g)	最适范围	醅糟酸度/(mL/10g)	100kg原料出甑质量/kg	出箱老嫩程度
27	56.9	2.6	0.81		1.26	214.1	
26	57.3	2.8	0.79		1.22	216.2	
25.5	57.5	2.9	0.78		1.20	217.3	
25	57.7	3.0	0.77	─	1.18	218.3	大转甜
24.5	57.9	3.1	0.77	↓	1.16	219.5	
24	58.1	3.2	0.76		1.14	220.5	↓
23.5	58.3	3.3	0.75		1.12	221.7	小泡
23	58.5	3.4	0.74	↑	1.10	222.8	
22.5	58.7	3.5	0.73		1.08	223.9	↓
22	58.9	3.6	0.71	─	1.06	225.1	
21	59.3	3.8	0.69		1.02	227.4	点子

注：团烧温度在进桶后3～4h检查；原料水分以含12%计。

（3）操作方法

① 留用配糟要按季节固定　第一甑装满全部留下，第二甑留一定深度。计算刚好够次日配糟和底面糟数量。囤撮数量根据季节、室温调节，以装桶时温度刚冷至要求为度。出甑时均匀倒在囤撮上。在装桶前，清扫净发酵桶（池）和晾堂，撒稻壳少许，摊开囤撮中的配糟，用木锨刮平。摊晾面积要适当宽些，约50m²。

② 出箱摊晾　揭开箱上的草帘、竹席，检查培菌糟。将箱板撤去，用木锨把培菌糟平铺在配糟上，要厚薄均匀，犁成行，摊晾一定时间，收堆装桶。

③ 装桶　先将预留的配糟150～200kg装入桶底作底糟（厚约10cm），撒少许稻壳，随即装入混合糟，边装边踩紧，盖上面糟。装完，适当上热水或不上水。泥封发酵。

④ 发酵管理　泥封后24h检查吹口，以后每隔24h清桶一次，同时检查吹口。正常情况是：头吹有力；二吹要旺，气味醇香；三吹趋于微弱，气味刺鼻；四吹以后逐渐断吹。从吹口强弱、大小、气味，可判断发酵情况。

（4）注意事项

① 配糟质量　配糟酸度、水分和疏松程度可以影响混合糟酸度、发酵升温、发酵快慢和酒精浓度，淀粉含量对出酒率也有影响。要实现正常生产，配糟质量应力求稳定。因此，操作时不能单纯考虑当排发酵要求，还要着重考虑对下排配糟质量的影响。正常的配糟质量为酸度 1.10～1.18mL/10g，水分 67%，稻壳含量 12%，淀粉含量 5%～5.1%。熟粮水分重、装桶温度和箱口老嫩配合不好、出箱和发酵温度过高时，发酵生酸常多；出箱老、发酵温度低，配糟水分常增大；当箱桶配合不当，发酵不正常，以及稻壳用量过少时，配糟会显腻。配糟淀粉在正常发酵情况时，应该是含量低的出酒多。但在实际操作中，有时出酒不多，而配糟淀粉显著减少，这表示熟粮水分重或出箱过老，淀粉无形损失增大的结果。生产中应根据配糟质量变化情况，注意加以调整。若当排配糟质量很差、酸度大、水分重、显腻等，淀粉含量虽高亦不能多留，否则会引起连续低产。

② 配糟用量　使用配糟是为了调节温度、酸度、含酒量，利用残余淀粉和提高蒸馏效率，从而提高淀粉出酒率。因此，配糟的使用比例十分重要，它直接决定发酵糟的混合酸度、酒精浓度和发酵升温。用量过少，酒精浓度过高，发酵温度高，阻止了发酵正常进行；用量过多，酸度大，发酵缓慢，工作量大，能耗多。据经验，混合糟中每产酒 1% 时的升温系数为 1.2～1.4。为了减轻劳动强度，节约能源，配糟用量应适当。

③ 配糟温度　配糟温度高低对装桶温度、发酵速度有直接影响。要求做到装桶时刚好合适，不能高，高了不易晾凉，温度不匀；更不能低，低了达不到进桶温度要求，出酒率低。必须在头天结合天气、收箱温度，注意掌握好囤撮数量，使每日装桶时温度均匀合适。如果气候突然变化，上班时检查囤撮内糟子偏热，可踩动撮边，使糟子开口散热；倒糟子时端起撒开，用锨扬、电扇吹或扩大摊晾面积等。配糟过凉可减少用量，缩短摊晾的时间，或换一部分热糟子。

④ 关于装桶条件的配合

A. 控制好底糟和面糟。发酵桶中加底糟和面糟有下列作用：一，保证正常的糖化和发酵作用。发酵桶的底部接近地面，散热快；桶面与空气的接触面积大，散热也较快，使接近底面的发酵糟的温度容易下降，影响正常的糖化发酵；二，防止酒精成分损失。在发酵过程中，由 CO_2 带出和由于温度高而自然挥发跑出的酒精，可被面糟吸收，从而减少酒精损失；三，减少淀粉损失，使残留在配糟中的淀粉继续被利用，减少淀粉损失，提高出酒率。

B. 关于底面糟的数量和温度问题。在正常情况下，底面糟的使用量，约等于新投料经发酵蒸馏后糟子的重量，即相当于每日的丢糟量。这种可使发酵桶的总用料数经常保持不变。根据总的用量，随季节和气温的变化，确定底面糟用量，一般底糟约占总量的 2/3，面糟占 1/3。底面糟的温度，冬高夏低，与混合糟保持一致。为了保证正常发酵，底面糟温度可比混合糟高 2～3℃。

C. 发酵总速度。发酵温度上升大约与发酵产酒的速度一致，速度过快或过慢都会影响产酒。发酵速度在冷热季可调整发酵时间，如 6 天或 5 天，但一般不随意变动。因此，必须控制好发酵速度。影响发酵速度的因素有团烧温度、出箱老嫩、混合糟酸度、熟粮水分等。正常的发酵速度为，5 天发酵头吹升温 10%，二吹升温 45%。头吹太快，出酒差些。

D. 糖化发酵速度的配合问题。发酵总速度应当控制适当，糖化和发酵速度亦要平衡，否则发酵不正常，都会少产酒。除熟粮水分重、还原糖多、糖化速度快外，团烧温度高，可促进糖化，抑制发酵；酸度适宜可促进发酵。在实际操作中，主要是通过上述因素的互相约束来使糖化、发酵速度达到基本平衡的。再通过培菌糟、配糟温差尽量达到完全平衡。糖化发酵速度是否平衡，可从吹口气味检查。

老工人经验，吹口气味一般为 3 种：培菌糟热，带甜气；配糟热，带糟子酸气；杂菌多，酵母衰老，带刺鼻气（可能是醛类）。正常的发酵，头吹凉悠悠的带甜香气，糟子气、刺鼻气兼而有之，都不明显。二吹猛，带甜香气、酸气，不刺鼻，不带糟子气。若糖化发酵速度配合不好，如有时培菌糟热，糖化快，发酵跟不上，过量的糖使头吹带甜。有时配糟热，发酵快，头吹带酸味；有时箱嫩，配糟凉，酵母增殖多，糖量不足，酵母早衰；或感染杂菌，头吹刺鼻等。糖化快或发酵快都会导致生酸大，出酒率低。

装桶条件查对表是四川糯高粱小曲酒生产经验的总结。从本质上认识了发酵中团烧温度、还原糖、熟粮水分、酸度等因素的内在联系。考虑了发酵总速度和糖化、发酵速度的平衡问题，把促进或抑制发酵的矛盾统一了起来，指出了生产不正常时扭转生产的途径，提供了不同季节达到高产的有效办法，在理论和实践上都有重要的意义。根据装桶查对表，在实际掌握中，为了提高出酒率，进桶团烧温度要尽可能控制在 23~25℃ 之间。室温高时要接近室温，室温低时要提高配糟温度。根据酸度高低掌握熟粮水分，配糟酸度在 1.10~1.18mL/10g 之间较合适。酸高熟粮水分轻，更高可减少配糟或多用稻壳，使本排少受损失，下排正常。酸不足，加底锅水。根据熟粮水分掌握出箱老嫩，水分多时，出箱还原糖可以少些；水分少时，出箱还原糖要求多些。正常的箱是小泡子，还原糖 3%~3.4%。任何情况不能出老箱。此外，根据吹口气味，决定配糟温度、培菌糟与配糟温差及摊晾时间。要求团烧温度合适，吹口气味正常。

⑤ 严防杂菌侵入和搞好清洁卫生　注意缩短培菌糟摊晾时间，培菌糟摊晾最易感染杂菌，不摊晾进桶温度又太高。要缩短摊晾时间，可把箱温控制得低些，还要加大摊晾面积，并用风扇吹冷。装桶前将发酵桶四周用清水洗净，可减少杂菌感染机会，热季尤为重要。配糟在囤撮内摊得过薄，或倒在晾堂摊晾时间过长，杂菌感染繁殖，温度升高，糟子发反烧，头吹猛，吹气刺鼻，出酒率低。

⑥ 总结操作经验和作好原始记录　各工序的操作虽然要求尽量稳定不变，但在实际工作中总会出现一些特殊情况使操作有波动。特别是箱桶的配合，由于影响

发酵的因素众多，除了按一定的方案配合外，还要根据前排桶内温度上升、吹口气味等情况进行调整，才能把发酵速度、糖化发酵速度平衡掌握好。这些复杂情况，不能单凭记忆，必须作好原始记录。记录要求真实，不能估计，要抓关键：如蒸粮操作定型后，只记初蒸时间、闷水温度等；桶内发酵升温、吹口情况，每天细致记录。作好原始记录，及时总结经验，调整操作条件。总结操作，主要是看出酒率高低。酒尾多少对出酒率有影响，最好每天酒尾少存些（如另作他用，则当别论），数量一致。如有多有少，应折算后在产酒中加减，这样计算出酒率较准确。每天检查酒尾多少，还可衡量蒸馏操作的好坏。

川法小曲酒系采用续糟法酿造，配糟质量（淀粉、酸度、水分）对下排出酒率有影响。因此，看出酒率高低，除本排外，还要将上排和下排结合起来比较。如有时配糟淀粉含量较多，箱老或发酵温度高能多出点酒，但下排照样要低产。因此，必须总结经验，及时采取有效措施，才能做到连续高产、稳产。

⑦ 发酵桶常见病害的挽救 在发酵过程中，由于对温度高低掌握不适当和杂菌的侵染以及设备上的影响等原因，往往使发酵桶产生以下病害。

A. 冷反烧 在装桶时，配糟摊晾过久，极易感染杂菌，以致从吹口逸出的 CO_2 气体有怪味，吹气大，现热尾。此时可由桶面灌入热水或热酒尾，以提高桶内温度和增加发酵糟含酒量，抑制杂菌繁殖，使吹口气味逐渐恢复正常。

B. 升温猛 由于装桶温度过高，适宜于杂菌的繁殖，以致吹口的吹气大，现热尾，有怪味，同时桶内升温快而猛。此时，可由桶面灌入冷酒尾，以增加发酵糟的含酒量，从而抑制杂菌生长繁殖；或放掉桶内黄水，或提前开桶蒸馏，避免酒变酸的损失。根据升温过猛的现象，可在下一排采取以下措施：选择当日较低的室温进桶；适当减少投粮，并增加配糟用量；降低配糟温度等。

C. 升温不够 由于装桶时混合糟的温度过低，或由于冬季桶窖四周散热较快，因而桶内糖化发酵作用缓慢，从吹口中吹出的 CO_2 少，桶内温度升得太慢或升温不够。此时，可于一、二、三吹时从桶四周加入热水或底锅水，以提高桶内温度。遇到升温不够，下一酢可采取减少配糟用量；装夹糟桶（即在桶内四周装一层热配糟保温）；桶四周用稻草包裹，桶面加盖稻草或稻壳保温。

D. 不升温 在装桶时，温度的掌握虽然适宜，但由于利用封存已久的配糟装桶，或前排曾受病害的糟子装桶，造成箱温不升或升温太慢。此种病害补救办法是：对封存久和受病害的糟子须用闷水蒸糟法处理后才用；最好是在停产前将配糟晒干保存，开工时经蒸煮后作配糟用。此外，配糟温度比正常高 1~2℃。

4. 蒸馏工序

（1）要求 截头去尾，酒度 63%vol 以上；不跑汽、不夹花吊尾，损失少。

（2）要点 黄水早放；底锅水要净；装甑要均匀疏松，不要装得过满；火力大且稳，流酒温度控制在 30℃，酒尾要吊净。

（3）操作方法

① 放黄水　在放泡粮水后，即可放出发酵桶内的黄水，第二天开桶蒸馏。

② 装甑　在装甑前，先洗净底锅，安好甑桥、甑箅，在甑箅上撒一层熟糠。同时，揭去发酵桶上的封泥，刮去面糟（放在囤撮内，留到最后与底糟一并蒸馏，蒸后作丢糟处理），挖出发酵糟2～3撮，端放甑边，底锅水烧开后即可上甑。先上2～3撮发酵糟，边挖边上甑，要疏松均匀地旋散入甑，探汽上甑，始终保持疏松均匀和上汽平稳。装满甑时，用木刀刮平（四周略高于中间），垫好围边。上甑毕，盖好云盘，安好过汽筒，准备接酒。

③ 蒸酒　盖好云盘后，检查云盘、围边、过汽筒等接口处，不能漏汽跑酒；掌握好冷凝水温度和火力均匀；截头去尾，控制好酒度，吊净酒尾。

④ 配糟管理　蒸馏毕，糟子出甑，摆放在囤撮上，作下酢配糟用。囤撮个数和摆放形式，视室温变化而定。

（4）注意事项

① 发酵糟过湿（特别是下层），应酌加熟糠。

② 注意底锅水应清洁，否则会给酒带来异味，影响酒质。

③ 必须探汽装甑，不能见汽装甑，否则会影响出酒率。

糯高粱小曲酒的操作，近几十年经过若干次总结，总的经验是"稳、准、匀、透、适"，即操作要稳，配料要稳；糖化发酵条件控制要准；泡、闷、蒸粮要上下吸水均匀，摊晾，收箱温度要均匀；泡粮、蒸粮要透心；温度、水分、时间、酸度要合适等。在操作中，只有真正做到"稳、准、匀、透、适"，才能使淀粉利用率保持较高的水平。

5. 川法小曲酒技术的改进与创新

2009年四川省食品工业协会组织了"川法小曲酒"的调研及新标准的指定，通过广泛的调研，现将主要问题总结如下。

（1）川法小曲酒异杂味的来源及去除方法

① 霉味　原辅料霉变后产生霉味，在蒸酒时带入酒中，所以必须使用优质原辅料；发酵管理不善致使感染杂菌，使面糟发霉，在蒸酒时带入酒中，所以要加强发酵期间窖池的管理；使用发霉的盖糟、配糟，会使霉菌大量繁殖，影响糖化和发酵，使酒带有严重的霉味，因此必须使用新鲜、发酵良好的酒糟做盖糟和配糟；必须做好现场清洁卫生工作，同时对使用的工具必须随时洗涤干净，并定期消毒。

② 糠味　辅料用量太大产生糠味，小曲生产辅料一般使用稻壳。由于稻壳含有大量的多缩戊糖及果胶质，在生产过程中生成糠醛和甲醇，在生产中要尽可能少用辅料，不允许擅自增加辅料用量；清蒸不透也易产生糠味，清蒸辅料时穿汽后清蒸时间必须达到30min，才能尽可能减少辅料中的多缩戊糖及果胶质，并排除异杂

味；辅料变质后，清蒸不能排除辅料中的异味，在蒸酒时带入酒中，所以不得使用变质辅料。

③ 油味 使用脂肪含量太高的原料，操作不当易发生分解酸败产生脂肪酸。酒尾中含有大量的高级脂肪酸乙酯会使酒带有油味，所以应掐头去尾。

④ 酸味 如果卫生管理不善，感染杂菌，代谢产酸，使酒过酸，因此应搞好车间卫生管理工作；发酵期过长，后期易感染杂菌生酸，所以要适当控制发酵期；滴窖减酸，从而使酒醅酸度降低；入池水分、淀粉含量、入池品温过高均会造成发酵不正常，容易感染杂菌产酸，所以要控制水分、淀粉含量以及入池品温。

⑤ 苦味 用曲量太大，容易导致前期升温过猛，产生烧曲现象，同时用曲量太大，酒醅中蛋白质过剩，在高温发酵作用下必然会分解出大量酪氨酸。酪氨酸经酵母脱氨而产生酪醇，使酒出现苦味；生产粗放容易感染杂菌，产生苦味物质，所以必须搞好生产现场管理。

⑥ 辣味 酒中辣味主要由于杂醇油、硫醇、丙烯醛、糠醛、乙醛等物质造成。生产工艺中有下列现象均可引起酒带辣味：用稻壳量过大；感染乳酸菌；蒸馏时接酒温度低，头酒杂质没能排除尽，接酒温度应保持30℃左右；贮存期过短，新酒有低沸点的醛类、硫化氢等挥发性物质。

⑦ 涩味 原因在于感染杂菌，应搞好生产工艺及现场管理；使用含单宁较高的原辅料要采取相应的工艺处理；另外，蒸酒时采用大汽蒸馏以致酒汽走短路，把糟子中的杂味蒸出，必须采用缓火蒸酒。

（2）曲药改进及蒸馏工艺的创新 川法小曲酒主体香味以乙酸乙酯为主。从微生物菌群来看，川法小曲酒工艺是纯种根霉和酵母菌种，在生产过程中，开放式的生产车间做箱培菌24h，最高温度可达35℃；发酵时环境中的多种微生物，其发酵温度高达35℃左右，配醅的母糟中也聚积了大量香味成分的前体物质。但是由于发酵期短，川法小曲酒中的主体香味成分含量低，微量成分比起大曲、麸曲清香型酒要少。

① 曲药的改进创新

A.使用现状 川法小曲酒生产是采用纯种根霉和酵母进行糖化发酵。菌种糖化力的高低、发酵力的强弱，不仅影响出酒率的高低，还对酒中微量成分的生成有极其重要的作用。根霉菌把淀粉变为糖，又能生成多种有机酸和乳酸等，所酿出的白酒酒味清香纯甜，酵母菌除能使糖变为酒精起发酵作用外，还能生成许多副产物。

但对小曲酒来说，活性干酵母和糖化酶（生物催化剂）应用面不及麸曲和大曲酒普及，其应用效果也远不及大曲酒明显。

究其原因大概有三个：一是小曲酒本身的出酒率较高，一般比大曲酒高10个百分点以上，使得出酒率提高的幅度有限；二是许多小曲酒厂采用减曲加糖化酶的简单方法，虽然原料出酒率提高了，但酒质有所下降；三是活性干酵母和糖化酶在小曲酒中应用的研究不够深入，多年来没有发展，而在大曲酒的应用中，已发展了许多配套措施和方法，不仅提高了出酒率，而且保证和提高了白酒的质量。在传统的先培菌糖化后发酵的小曲酒生产中，小曲的用量一般为1%左右。如果采用减曲加糖化酶和活性干酵母工艺，则由于形成小曲风味物质所必需的微生物及其酶系不足，使白酒质量下降。而且，由于小曲生产原料不粉碎，而作为酶制剂的糖化酶只能作用于原料表面，如果减曲量较大，培菌时没有足够的根霉、毛霉等微生物作用于原料，则会影响培菌糖化的效果，使原料出酒率反而下降。

B. 技术突破　活性根霉曲是以根霉为菌种，经纯种扩大培养后，再经低温干燥（35～40℃）制成的。其产品中的根霉菌丝体和孢子绝大多数是活的，在适宜条件下可重新萌发、生长及产酶。同时，根霉曲产品除具有较高的糖化酶活性外，亦含有一定量的液化酶、酸性蛋白酶和酸性羧肽酶等多种酶系。在减少传统小曲用量的情况下，若用活性根霉曲代替纯糖化酶作糖化剂来弥补减曲后糖化力的不足，则不仅会使培菌糖化的效果得以改善，同时由于其多酶系的特性，可形成较多的风味物质，保证白酒的质量不因减少传统小曲的用量而下降。

众所周知，生香酵母对白酒中酯类香味物质的形成起着主要的作用。如在使用活性根霉曲和酒精活性干酵母的同时，添加适量的生香活性干酵母，则可在提高出酒率的同时提高小曲酒的质量。

活性根霉曲和生香活性干酵母在传统的先培菌糖化后发酵小曲酒生产中的应用，与传统小曲及酒精 ADY 一起协同发酵，将会有力地提高优质产品率，大幅度增加酒中酯类物质的含量。应用在川法小曲酒生产工艺中，可将酒中乙酸乙酯含量提高到 300mg/100mL 以上，这是提高川法小曲酒中乙酸乙酯含量的重要措施。

② 生产工艺的创新

A. 采用双水泡粮工艺　川法小曲酒生产第一道工序是泡粮工序，目的是使粮粒吸收足够的水分后进行蒸煮，由于原料在晾晒及运输过程中均有不同程度的污染，致使酒有异味。可以在泡粮过程中，先用热水将原料高粱浸泡一段时间后，充分搅拌放去泡粮水，使其去掉粮粒表皮的污染物，再进行正式泡粮。

B. 培菌　在培菌过程中，要做到"定时定温"。培菌糖化实质上是根霉与酵母在固体粮醅扩大培养并合成酶系的过程，这阶段主要是创造良好的条件，使根霉与酵母迅速生长繁殖并合成酶系的过程，这一过程只是产生部分糖，而不要求彻底完成糖化任务。因而在生产中要坚持低温培箱，严格控制出箱温度（工艺标准要求出箱温度不超过 38℃）。开箱温度为 36.5～38℃。酒中乙酸乙酯与乳酸乙酯比例为（1：0.81）～（1：0.83）。

C. 入窖发酵　固态小曲白酒生产，甜糟与配糟混合入池发酵，必须使入池发酵温度正常。入窖发酵这一生产工艺主要从下面四点寻求突破：箱上甜糟老嫩，含糖量高低；熟粮与配糟水分是否合适；投粮与配糟比例是否恰当 [冬季（1：3.5）～（1：4），夏季（1：4）～（1：5）]；入池团烧温度是否合适。

D. 改进蒸馏工艺　生香靠发酵，提香靠蒸馏。发酵糟入甑后，用中火蒸馏，蒸出酒醅中的酒精和各种香味物质，如酯、酸、醛类等，排出酒中的各类杂质。传统川法小曲酒蒸馏一般是满碗摘酒，不分等级。由于馏分中各段酒微量成分含量不同，可将不同馏分的酒分离出来。川法小曲酒蒸馏也应像其他酒种一样，分段摘酒、分级贮存。

③ 生产设备的创新　传统工艺的川法小曲酒生产均采用三合土地面作晾堂，所有原辅材料都要在晾堂内摊晾冷却。川法小曲酒是开放式生产，由于摊晾的地面和装母糟的设备不清洁，极易造成污染，使杂菌大量繁殖。这就是传统川法小曲酒泥味、臭味、异杂味来源的主要原因。因此，可以对生产设备进行改进与创新，来消除对小曲酒工艺影响的不利因素。

A. 将三合土地面摊晾冷却改为通风晾床摊晾冷却。通风晾床装母糟，整个操作过程均在通风晾床中进行，以减少污染。

B. 发酵池的改进。分别用瓷砖、陶砖、泥窖、青石做发酵窖池进行研究，质量最差的是泥窖，质量最好的是青石，陶砖次于瓷砖。所以，窖池四周和底部均改用青石、改黄泥封窖为塑料膜封窖，可避免泥与糟醅的接触；原来传统工艺的老车间，可根据车间不同的地形对生产设备进行重新组合，将通风晾床、地箱、发酵池、地甑等有机地结合，以扩大产量，降低费用，减轻劳动强度，提高质量。新建车间按标准建设，采用行车运输，可以减轻工人 50% 的劳动强度。不仅大量降低了成本，而且提高了产品质量。

④ 改进酒的贮存　小曲白酒为清香型，其基酒最好用陶缸或不锈钢罐来贮存。传统川法小曲酒一般不重视贮存，但实践证明，普通酒贮存半年以上，中档以上酒贮存一年以上，高档酒贮存两年以上，酒质可得到明显提高。

另外，小曲白酒的贮存应该规范系统化，每坛酒都应带上卡片，卡片上记录生产日期、产酒班组、粮食品种、质量等级、酒度、重量、检验人员等。

⑤ 完善勾兑工艺　勾兑是平衡、稳定、提高产品质量的主要手段和措施。在调制小曲酒时，通常需要用到调味酒。

使用的特殊工艺调味酒主要有以下几种：在发酵过程中要产生大量的黄水，将黄水集中起来通过特殊方法再发酵，经蒸馏摘取适合的馏分，加工为增加糟香味最好的调味酒；将酒头和断花至满碗这一段的酒尾分别集中贮存，贮存期 2 年以上后，可作调味酒使用，特别是可用于新型白酒理想的调味酒；以大米为原料，采取米酒工艺、黄酒工艺、小曲酒相结合的方法生产调味酒，能增加川法小曲酒的特殊风味；采用多种粮食合理配比，还可以在糖化发酵剂中添加中草药，按川法小曲酒工艺生产调味酒，该酒有特殊的复合香气；采用川法小曲酒工艺培菌糖化后，加中高温大曲进行高温发酵生产调味酒。该酒高酸、高酯，成分非常复杂，是很好的调味酒。

勾兑时可使用酒用活性炭对小曲酒进行净化，催陈效果明显，可缩短小曲酒陈酿时间。勾兑小曲酒时可以加中草药汁等来调节改善小曲酒酒体、后味等，使其诸味协调，余味悠长。小曲酒的勾兑要注意各种等级酒之间的比例、老酒和新酒之间的比例、不同季节产酒之间的比例和不同原料产酒之间的比例等。

（3）川法小曲酒突破的途径　　如何把川法小曲酒引导成为时尚、健康、丰富精神物质生活的消费品，如何让川法小曲酒在构建和谐社会、和谐家庭中发挥作用，是关系到川法小曲酒能否持续健康发展的大课题。

三、川滇小曲酒的比较

云南是生产小曲清香型白酒的典型省份。据该省统计年产量在 30 万吨左右，约占全国小曲酒总产量的 1/3。由于本地企业主要集中在中低档市场，云南白酒企业很少走出家门，走向全国，因此小曲酒在全国其他地区的影响力不大。近年来产品质量也逐步提高，《云南小曲清香型白酒》DB53/T 92—2008 经过修订成 DBS 53/007—2015，进一步规范了该省小曲酒质量，一些有实力的酒厂如茅粮、玉林泉、鹤庆乾、澜沧江等都在积极向中高档市场突围，向省外市场试探。其小曲酒的生产有其自己特点（如发酵时间较长、传统小曲小罐工艺等），和"川法小曲酒"有一定区别，现将这两种小曲酒主要工艺比较如下，供同行借鉴参考。

四川和云南小曲酒生产，都是采用整粒原料，以蒸粮、培菌、发酵、蒸馏四个工序酿制而成。

1. 蒸粮工序

此工序包括泡粮、初蒸、闷水、复蒸四个工艺过程。泡粮是使粮粒充分吸收水分，以利糊化。泡粮水温要适当，水温过高，部分淀粉粒开始受热糊化；水温过低，不能阻止粮食中自身淀粉酶的活力，减少淀粉粒的机械强度，削弱粮粒遇冷收缩时淀粉粒间相互挤压的力量。特别是如果水温低，淀粉酶的活力加强，粮粒中的糖含量增多，增加蒸煮中可发酵物质的损失。以至培菌时控制杂菌困难。泡粮要透心、均匀、吸水适量。粮粒吸水过量，受热容易破皮，会扩大甑底、甑面粮粒因受热时间不同产生的差距。透心、均匀，可使淀粉粒受热时膨胀一致，受挤压时破裂一致。泡后干发一段时间，使淀粉粒中的水分分布均匀。

川、滇高粱小曲酒生产蒸粮工序比较见表 4-38。

表 4-38　川、滇高粱小曲酒生产蒸粮工序比较

项目	四川小曲酒	云南小曲酒
原料	糯高粱或粳高粱	白高粱（糯）
泡粮	先水后粮，水要烧开，倒粮后搅匀，泡水淹过粮面 25cm，保持水温 73～74℃，糯高粱泡 6～10h，粳高粱泡 5～7h，干发 10h。吸水透心，吸水均匀	先用清水洗，冷水浸泡 1h，放水，用 70～90℃煮高粱水浸泡 20～24h，次日再用清水冲净，浸后无白心

项目	四川小曲酒	云南小曲酒
初蒸	装完甑后 5～10min 圆汽,加盖初蒸,糯高粱蒸 10～15min;粳高粱蒸 16～18min	加盖初蒸 30～40min
闷水	初蒸毕,从闷水筒掺入 40～45℃热水,闷水在甑内由下至上掺入 4～6min 内掺完,水淹过粮面 6～7cm,甑内下层水温 60～65℃,面层水温 94～95℃,粮粒不顶手,软硬合适放水闷水。闷水时间糯高粱 10min,粳高粱 16～20min	将热水放入煮粮甑内,煮粮 25～40min,及时洒水,闷粮 20～30min。闷粮后,盖上甑盖,开汽冲蒸 40min,关汽,冷吊至次日复蒸
复蒸	放去闷粮水,加大火力蒸粮,圆汽后蒸 60min(糯)和 80～90min(粳),粮粒不顶手,阳水少,表面轻泫,即可出甑,粮粒裂口率 89％以上,出甑前敞蒸 10min,工具、撮箕灭菌	将头天冷吊的高粱重蒸 20～40min,冒汽后打开甑盖敞蒸,粮粒以小翻花八至九成为佳

2. 培菌工序

固态法小曲酒生产的另一个特点是箱内培菌糖化。此工序是使根霉、酵母在粮粒上发育生长,以提供淀粉变糖、由糖变酒必要的酶。如何做到既少耗淀粉,又要使根霉、酵母长好,是本工序的关键。除培菌条件控制好外,曲药质量要充分重视,曲药中要求根霉有强的糖化力,酵母有强的酒化力。培菌条件,包括箱中物料的水分、温度、酸度、空气、养料等都要控制适当。要正确判断箱的老嫩,适时出箱,箱老表示霉菌生长偏多,培菌糟较甜、糊水多、绒籽也多,这样消耗淀粉多,发酵生酸大;箱口过嫩,霉菌生长不足,糖化力不够,虽淀粉消耗较少,但发酵残余淀粉高,生酸也大,产酒也不好。最好是做适当的嫩箱,并调节发酵条件,以充分发挥酶的作用。

川、滇高粱小曲酒生产培菌工序比较见表 4-39。

表 4-39　川、滇高粱小曲酒生产培菌工序比较

项目	四川小曲酒	云南小曲酒
摊粮撒曲	将熟粮撮出,低倒在晾床或摊席上,厚约 6～7cm;出甑完,按后出先翻的顺序翻第一次粮,待品温冷天降至 44～45℃,热天降至 37～38℃,按先倒先翻的次序翻第二次粮,翻毕检查品温是否适宜。撒第一次曲是在翻次粮后,撒第二次是在 2 次翻粮后。用曲量:冬季 0.3％～0.4％,夏季 0.2％～0.3％。从出甑到收箱毕最长 2.5h	复蒸后粮食放在晾床上,开风扇吹凉,先倒后翻,待品温降至 35～40℃第一次下曲,拌匀后下第二次曲,依次进行四次下曲,保证吃曲均匀。昆明曲和贵州曲混合使用,用曲量冬季 0.6％,夏季 0.5％。摊晾、下曲操作 90min 内完成
培菌管理	培菌用地箱或通风箱。撒曲毕,随即进箱培菌,进箱品温 27～31℃(随气温而变),保温 27～30℃,箱厚 10～20cm(随气温而变)。培菌期间,注意保温和控温;12h 和 20h 分别检查箱温 1 次,适当加减草垫,冷天 25～26h,热天 21～22h,适时出箱,品温达 34～35℃。通风箱可用配糟厚薄调控箱温	培菌用地上木箱(距地面 50cm 左右)。拌好曲后入箱,用稻垫保温。入箱温度冬季 26～28℃,夏季 25～27℃,培菌 24h,培菌温度不超过 38～40℃。糖化糟有甜香气,无酸臭,口尝微酸甜,无馊味和酒味

3. 发酵工序

配糟发酵是固态法小曲酒生产的一个重要特点。通过适当配料,以控制酒精浓度、发酵温度,并使 CO_2 易排出。配糟用量要视季节而变,控制混合糟的水分、酸度、发酵升温。箱桶配合要适当。利用熟粮水分、出箱原糖、温度、酸度来控制发酵速度,使淀粉变糖,糖变酒的速度接近平衡。尽量缩短出箱培菌糟摊晾时间,减少杂菌感染。

控制要点:根据季节准确使用配糟数量,温度合适,不长杂菌。按室温、配糟温度估计可能达到的团烧温度;根据团烧温度、配糟酸度和熟粮水分确定箱口老嫩和培菌糟、配糟温差。装桶毕,踩紧桶。

川、滇高粱小曲酒生产发酵工序比较见表 4-40。

表 4-40 川、滇高粱小曲酒生产发酵工序比较

项目	四川小曲酒	云南小曲酒
发酵容器及 密封方式	木桶泥底或水泥池泥底,容积根据投粮量和配糟比而定,泥封发酵	陶罐,每个装料 35kg,用塑料薄膜包裹稻草编成的塞子塞紧罐口
配糟用量	冬季 1:3.5,夏季 1:3.8	冬季 1:0.99~1.1,夏季 1:0.8
装桶(池、罐)	装桶(池)先将预留的配糟 150~200kg 倒入桶底作底糟(厚约 10cm),撒少许稻壳,随即装混合糟(培菌糟与配糟混合),边装边踩,盖上面糟,密封发酵	将冷却至 26~28℃ 的酒饭(糖化糟)与配糟按比例混合,不用稻壳,装入陶罐内,塞紧
发酵管理	封后 24h 检查吹口。正常情况是头吹有力;二吹要旺,气味醇香;三吹趋于微弱,气味扑鼻;四吹以后逐渐断吹。从吹口强弱、大小、气味,判断发酵情况。发酵温度最高不超过 38℃	陶罐装好后放入发酵车间,按 2~3 层堆码整齐。整个发酵过程品温不超过 35~38℃(昼夜温差大,故发酵温度较稳定)
发酵期	5~7 天	30~35 天

4. 蒸馏工序

云南酒厂使用倒锥形木制甑,上小下大。每甑装料 250kg,因在陶罐内发酵,罐内无黄水,料醅疏散,上甑时,直接从罐内倒入甑,要求探汽上甑,装甑过程需要 40~50minn。接酒温度 20~28℃,酒度 55%vol 以上。出酒率 65%~67%(50%vol) 计。

四川小曲酒传统蒸馏工序是头天放出水,第二天开桶蒸馏,逐层取出发酵糟,边出桶(池)边上甑,均匀旋散入甑,探汽上甑。甑桶大小为 1.8~2.0 m^3(视投粮而变)。甑桶材质有木、石、水泥等,近年也有用不锈钢甑。出酒率 55%~58%(57%vol) 计。

5. 微量成分及风味特点

四川小曲酒与云南小曲酒因原料、工艺、操作工序有许多共同点,形成风味和微量成分有众多的相似，但因气候、地域、工艺、具体控制点的差异，造成各自的风味特点（表4-41）。川、滇高粱小曲酒微量成分比较见表4-42。

表 4-41　川、滇高粱小曲酒风味特点

项目	四川小曲酒	云南小曲酒
外观	无色透明，无悬浮物、无沉淀	无色透明，无悬浮物、无沉淀
香气	具小曲酒特有的清香和糟香	醇香清雅、纯正、自然
口味	醇和、浓厚、回甜	醇和、谐调、爽净、回味怡畅
风格	具本类产品典型风格	具本类产品典型风格

表 4-42　川、滇高粱小曲酒微量成分比较　　单位：g/L

成分名称	乙醛	异丁醇	乙酸	2-苯乙醇	乙酸乙酯	戊酸乙酯	乙酸异戊酯	己酸乙酯
四川	0.28~0.34	0.40~0.55	0.34~0.42	0.17~0.28	0.55~0.78	0.19~0.28	—	0~0.007
云南	0.2~0.35	0.18~0.34	0.6~1.2	0.04~0.05	1.2~2.0	0.004~0.016	0.023~0.026	0.005~0.010

成分名称	糠醛	异戊醇	丁酸	丁二酸二乙酯	乳酸乙酯	乙酸/乳酸乙酯	乙酸乙酯/己酸乙酯	乙酸乙酯/乙酸
四川	0.015~0.056	1.0~1.37	0.10~0.15	0.0012~0.002	0.15~0.25	1.4~3	80~100	1.3~2.3
云南	0.007~0.026	0.55~0.90	0.10~0.18	0.014~0.022	0.14~0.30	2~8	120~400	1~3.3

云南小曲酒中乙酸乙酯含量高于四川小曲酒，故酯香更加突出（因发酵期长）；而四川小曲酒中2-苯乙醇大大高于云南小曲酒，故"糟香"舒适；四川小曲酒生产中使用稻壳作疏松剂，故糠醛含量高于云南小曲酒；云南小曲酒因发酵期长，故乙酸含量高于四川小曲酒，但乙酸乙酯/乙酸比值基本一致。固态法小曲酒是中国蒸馏白酒的重要组成部分，是中华民族传统特产食品，应加以发展。

随着 GB/T 26761—2011《小曲固态法白酒》的颁布及实施，对小曲酒的发展带来前所未有的发展机遇。

❁ 第三节　酱香型

酱香型又称为茅香型，以茅台酒、郎酒为代表，以其香气幽雅细腻、酒体醇厚丰满著称，深受消费者喜爱。酱香型酒分大曲酱香、麸曲酱香，大曲酱香历史悠久，源远流长；麸曲酱香是 20 世纪 50 年代后发展起来的，也出现不少优质产品。酱香型酒的生产工艺复杂，周期长，与其他香型酒生产工艺区别较大。根据 1959～1960 年茅台试点研究，总结出其操作特点，以高温制曲、高温堆积、高温发酵、高温馏酒和生产周期长、贮存期长，称为"四高两长"操作法，产品具有独特优雅的酱香风味，独树一帜。

以贵州茅台、四川郎酒为代表的大曲酱香，酒液微黄透明，以酱香突出、幽雅细腻、酒体醇厚、回味悠长、空杯留香持久而著称，有低而不淡、香而不艳之口感。其独特的风格来自精湛的酿酒工艺，科学而巧妙地利用了当地特有的气候、优良的水质、适宜的土壤环境。其主要技术特点是，高温制曲、两次投料、高温堆积、条石筑窖、多轮次高温发酵、高温馏酒，再按酱香、醇甜、窖底香 3 种典型体和不同轮次酒分别长期贮存、精心勾兑而成。

一、酱香型大曲酒工艺流程

以茅台酒为例，见图 4-8。

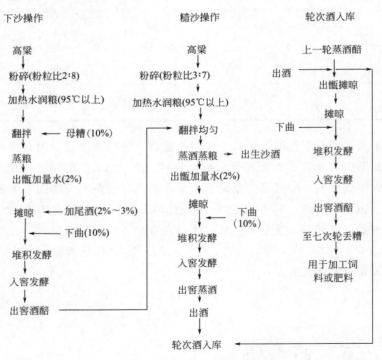

图 4-8 茅台酒工艺流程

二、主要技术要点

1. 原料粉碎

大曲酱香型白酒生产工艺比较独特，原料高粱称为"沙"，下沙和糙沙的投料量各占50%。用曲量大，而且要经过反复发酵蒸煮。

原料粉碎是相当关键的，粉碎要求整粒与碎粒之比为：下沙8∶2，糙沙7∶3。粉碎的目的就在于使原料更有效地吸水膨胀，同时有利于糊化及糖化发酵作用，利于后期轮次中的发酵和蒸馏，还有利于排出原料带来的杂味，并利于原料的灭菌作用。

2. 润粮

高粱粉碎后，先用95℃以上热水进行第一次润粮，润粮添加完毕立即进行翻拌，要求做到翻拌完毕粮堆不跑水，不冒水，润粮到位，无干粒；间隔4~5h后，进行第二次润粮操作，每日润粮后的粮堆须堆积16h以上，到第二日进行蒸煮。

润粮后粮堆要求无流水现象，粮堆呈圆锥状，粮堆温度≥42℃。

3. 蒸粮

润粮16h后，粮堆温度升至48℃左右，此时可进行蒸粮。步骤之一是先添加占原料量7%的母糟（糙沙轮次则加入高粱量比1∶1的熟沙），随后在甑箅上撒上一层稻壳，上甑按"见汽压醅"和"轻、松、薄、准、匀、平"进行操作。

上甑汽压为≤0.12MPa，一般上甑时间为40min。粮醅上满后（与甑口平），将甑盖盖好，安装好过汽管，在甑盖与过汽管、过汽管与冷却器之间的连接部位加上一定量的水密封，检查汽压显示值符合蒸馏要求，蒸粮汽压为0.08~0.15MPa，蒸馏过程中要控制好蒸粮汽压，上完甑圆汽后蒸料90~110min，约70%左右的原料蒸熟，即可出甑。

出甑后再泼上原料量4%的85℃以上的量水，使熟沙保持一定的水分，促进粮醅的糖化发酵。出甑的生沙水分约为44%~45%，淀粉含量为38%~43%。

4. 摊晾及拌曲

出甑后，把粮醅摊晾到晾堂上，自然冷却，当粮醅降温至品温为24~30℃时，将粮醅收成条堆，均匀洒上2%左右的尾酒翻拌均匀，再撒曲粉进行翻拌，加曲粉量控制在原料量的10%左右。

撒曲时应尽量降低撒曲高度，以免曲粉飞扬。拌曲要求：均匀，无大团。随后立即收堆，堆积于晾堂上。堆积方式为圆锥形状，高度约为1.5m。

5. 堆积发酵

晾堂堆积发酵的作用是使大曲微生物进行呼吸繁殖，并且网罗空气中的酿酒微生物，弥补大曲在高温制曲过程中高温对微生物种类和数量的影响，进行"二次制曲"发酵过程。使它们在堆积过程中迅速生长繁殖，逐步进行糖化发酵，为下窖继续发酵作好准备。

堆积品温为 28～30℃，收堆要求为圆锥形，而且每甑要求均匀上堆。堆积时间为 4～5 天。具体是用温度计测量堆顶面、中侧面和底侧面表层下 3～8cm 的粮醅温度，当堆子顶温达到 50～52℃时即可入窖发酵。

6. 入窖发酵

检查堆子顶温达 52℃左右时，即可用行车抓取糟醅投入窖池内。边投边撒尾酒（酒精度数约为 17％vol），用量为 120kg。酒尾酒的作用是可抑制部分有害微生物的繁殖能力，能使酒化酶、淀粉酶的活性增加，有利于糖的发酵。

7. 开窖取醅及蒸馏酒

下沙轮次取出的粮醅称为熟沙。糙沙轮次取出的粮醅则称为酒醅，即可进行蒸馏取酒了。

一般糙沙完成后的第一个馏酒轮次称之为一次酒，又叫糙沙酒，此酒甜味好，但味冲，生涩味和酸味重（糙沙酒要单独贮存，以作勾兑用，酒尾则泼回粮醅，叫作"回沙"）。然后经过摊晾、加尾酒和曲粉（该次操作起不再加新原料），拌匀堆积，又放入窖里发酵，时间 30 天，取出蒸馏，即制得第二次原酒入库贮存，此酒叫"回沙酒"，比糙沙酒香、醇和，略有涩味；以后的几个轮次均同"回沙"操作，分别接取三、四、五次原酒（统称为"大回酒"，其特点是香浓、味醇厚、酒体较丰满、邪杂味少），以及六次原酒（也叫"小回酒"，其特点是醇和、煳香好、味长），还有七次原酒入库贮存（称为"追糟酒"，其特点是醇和、有煳香，但微苦，糟味较大）。所不同的是晾堂加曲量逐步减少，馏取酒精浓度也逐步降低（由一次酒的 57.5％vol 降低到七次酒的 53.5％vol）。经八轮次发酵，七次摘酒后，其酒糟即可丢掉作饲料，或再综合利用。

三、工艺与质量关系探讨

酱香大曲酒具有"酱香突出、幽雅细腻、酒体醇厚、空杯留香持久"的风格质量特点，是目前深受消费者青睐的产品，其特殊的风格来自于其独特的酿造工艺和酿造方法。以茅台为例，赤水河流域的酱香大曲酒生产，受环境的影响，季节性强，端午踩曲、重阳投料。每年农历 5 月端午小麦成熟开始制曲，到 9 月高粱成熟开始下沙投料，制好的曲要放半年后再酿酒，发酵 30 天后进行糙沙，投第 2 次料。

由于茅台得天独厚的气候地理条件，形成了制曲温度高、晾堂堆积发酵温度高、窖池发酵温度高、馏酒温度高、生产周期长、贮存时间长、用曲量大、8 轮次发酵、7 轮次取酒等白酒工业中独特的酿酒工艺。正是这种独特的酿造工艺特点，使其香味成分无论在种类或者在含量上均遥居其他香型酒之上，自身不同轮次基酒也独具一格。在生产上每一个关键环节都决定着茅台地区酱香型大曲酒的风格及产量、质量。

1. 高温制曲

高温制曲是提高酱香大曲酒风格质量的基础。"曲为酒之骨、曲定酒型、好曲产好酒"。酿造好酒须有好的曲药，曲药对酒的风格和提高酒质起着决定性的作用。高温制曲则是大曲酱香型酒特殊的工艺之一。其特点：一是制曲温度高，品温最高可达 65～68℃；二是成品曲糖化力低，用曲量大，与酿酒原料之比为 1∶1；三是成品曲的香气是酱香型酒香味的主要来源之一。酱香型酒用的高温曲以小麦为原料，其本身含有大量的酶和蛋白质，制曲过程淀粉转化为糖。蛋白质分解成氨基酸，高温条件下氨基酸和还原糖发生美拉德反应生成酱香物质，主要成分为醛、酮类和吡嗪类化合物，还有氨基酸脱氨、脱羧反应形成许多的高级醇，是白酒香味的前体物质。在制曲生产上影响曲药质量的因素主要有制曲水分、制曲温度以及培菌管理等。

（1）制曲温度高　温度高是制曲的关键。制曲过程，在曲坯水分和温度合适的条件下，氨基酸与还原糖作用产生美拉德反应，使曲坯颜色加深，生成酱香物质。在制曲过程必须加强培菌管理，保证制曲所需达到的理想温度，促进各种生化反应，同时以满足所需耐高温微生物种群的生长，产生各种酶和酱香物质。

高温曲生产发酵过程必须合理"堆"曲，加盖稻草保温。曲坯在发酵室的堆放应横 3 块、竖 3 块，相间排列，曲坯间距一般冬季为 1.5～2cm，夏季为 2～3cm，用稻草隔开。曲坯层与层间铺上稻草，厚约 7cm。上下 2 层曲坯的横竖排列应错开，以便空气流通。曲堆高一般 4～5 层，再排第 2 行，曲坯堆好后，用稻草覆盖曲坯上面及四周，保温保湿培养。当曲坯温度达到 65℃左右时，即可进行第 1 次翻曲，7 天后翻第 2 次曲。翻曲要上下、内外层对调。

酱香型酒曲特别强调曲香。曲坯入房后 2～3 天，品温上升到 55～58℃，曲坯变软，颜色变深，同时散发出甜酒酿样的醇香和酸味，此时为升温生酸期。生酸可防止某些酸败菌的生长，使曲不馊不臭；升温有利于高温细菌的繁殖，并在繁殖过程中产生热量，使整个制曲过程持续高温曲坯入房后 3～4 天，即可闻到浓厚的酱香味。到第 7 天翻曲时，曲色变深，酱味变浓，少数曲块黄白交界的接触部位开始有轻微的曲香，这是酱香味的形成阶段。此时，细菌占优势，霉菌受抑制，酵母菌逐渐被淘汰。曲块进房 14 天，也就是第 2 次翻曲时，除部分高温曲块外，大部分曲块均可闻到曲香，但香味不够浓厚，此时仍是细菌占绝对优势。在整个高温阶段，嗜热芽孢杆菌对制曲原料中蛋白质的分解能力和水解淀粉的能力都很强，为曲的酱香形成起着极其重要的作用。2次翻曲后，曲坯逐渐进入干燥期，曲坯在干燥过程中，继续形成曲的酱香。另外，65℃左右的高温曲培养，实质上是对芽孢杆菌等细菌的一种纯化操作，这些有益微生物及其代谢产物进入酿酒工序后，在高温操作过程中强化了酒醅自身形成酱香的原动力，促进了酱香物质的进一步生成。

成品大曲经过半年时间存放后，便可投入酿酒生产，此时的曲香味更纯正，陈香醇厚。

（2）水大 水大是生产酱香大曲的前提。酱香大曲生产的水大是相比浓香型大曲而言，其通常拌曲时加水量为37%～40%。高温、水大很适合耐高温细菌的生长繁殖，特别是耐高温的嗜热芽孢杆菌。

曲坯水分含量高低是高温制曲很重要的因素，水分过大，压块时，曲坯易被压得太实，挂衣快而厚，毛霉生长旺盛，升温快而猛，温度不易散失，水分不易挥发，影响入房发酵培菌。如果室温、潮气放调不好，或遇阴雨天，极易造成曲坯的酸败。房内温度过高也影响微生物的繁殖，影响大曲质量。

水分过小，曲料吸水慢，曲坯易散，不挺身。由于不能提供微生物生长繁殖所必需的水分，影响霉菌、酵母菌及细菌的生长和繁殖，使曲坯发酵不透，曲质不好；另外，曲坯稍干，边角料在翻曲和运输时，极易损失，造成浪费。

2. 用曲量大

酱香大曲酒生产的用曲量是各种香型酒用曲量之首。用曲量大是保证产酒酱香正常及提高酒质的前提。用曲量是分轮次不断加入的，随着曲量的增加，酒醅中的香气成分也随之增加，同时产酯产香的微生物也增加，给形成酱香创造了有利的条件。用曲量在酱香型酒的生产中起着举足轻重的作用。用曲量小，其带入酒中的香味成分必然少；用曲量大，则酒中香味成分就多，酒质就好，更加丰满，风格更加典型。季克良、郭坤亮采用全二维气相色谱与飞行时间质谱联用证实了茅台酒有873种可挥发和半挥发成分，是世界上微量成分最多的蒸馏白酒。

大用曲量给酱香酒生产带入大量的有益微生物和酱香前体物质，赋予酱香酒"幽雅细腻、舒适陈香、酒体醇厚、空杯留香长"的独特风味。高温大曲虽然糖化力、发酵力均低，但是蛋白酶活力高，它可分解制曲小麦原料中的蛋白质，产生大量的氨基酸。任鹿海、孙前聚等使用不同比例的高温曲酿酒试验研究中已充分证实（表4-43）。

表4-43 高温曲及使用不同比例的高温曲所酿酒中氨基酸含量

氨基酸	高温曲（平均值）/(mg/kg)	不同加曲比例酒中氨基酸含量/(mg/L)			
		30%	20%	10%	对照
天冬氨酸	22.567	67.760	22.420	16.684	7.667
苏氨酸	14.631	34.408	10.320	6.424	3.680

氨基酸	高温曲(平均值)/(mg/kg)	不同加曲比例酒中氨基酸含量/(mg/L)			
		30%	20%	10%	对照
丝氨酸	18.636	37.880	25.272	20.992	11.352
谷氨酸	31.574	98.288	65.552	30.848	20.344
脯氨酸	57.610	22.680	20.888	—	
甘氨酸	11.248	43.240	23.760	21.208	11.976
丙氨酸	46.098	49.584	22.656	10.584	8.848
缬氨酸	28.627	22.480	10.264	—	
蛋氨酸	3.699	—	7.336	—	
异亮氨酸	21.280	10.768	9.600	5.400	
亮氨酸	29.637	15.920	17.160	10.128	6.616
酪氨酸	14.487	7.336	—	—	
苯丙氨酸	12.889	11.885	5.013	—	
赖氨酸	4.300	70.104	18.000	12.000	6.920
组氨酸	2.255	13.622	2.648	2.360	
精氨酸	4.818	20.944	—	—	
合计	324.356	526.899	260.889	136.628	77.403

氨基酸不光是酒中的呈味成分，氨基酸还能通过不同途径，与酒中的醛、酮化合物在贮存过程中产生美拉德反应，生成种类多、含量大的复杂香味物质进入酒中，影响着酒质。

另外，大的用曲量也赋予了酱香酒大量的高级醇。酒中的高级醇主要是由酵母菌利用糖与氨基酸的代谢形成的。原料中的蛋白质含量高，且曲中的蛋白酶活力高，则生成的高级醇就多。以茅台酒为例，高级醇含量为198.8mg/100mL，比其他香型酒均高。从味觉上来看，高级醇是白酒的骨架成分之一，它具有柔和的刺激感和微甜以及浓厚的感觉，除此之外，还有自然香气，起助香的作用。

3. 晾堂高温堆积发酵

晾堂高温堆积发酵是指将粮醅或蒸馏后的酒醅在晾堂摊晾、拌曲后堆成的圆堆，进行堆积发酵至顶温48～52℃时，即可入窖。堆积工序是大曲酒生产工艺中的独特方式，晾堂堆积发酵可网罗空气中的酿酒微生物，是进行微生物富集繁殖的过程，是糟醅充分利用环境中微生物进行二次制曲的过程，同时酒醅进一步进行糖化发酵，为下窖继续发酵作好准备，此工序是形成酱香必不可少的工艺环节。

（1）高温堆积发酵的水分控制 高温堆积发酵阶段由于酵母菌为兼性厌氧微生物，堆积过程的生长繁殖是一个耗氧的过程，堆子要尽量疏松，以增加氧气。因此，酒醅的水分控制就是重要的环节，水分过高，堆子的透气性差，好氧性微生物的生长受抑制，厌氧菌增多，易出现酸败现象。水分过低，也不利于微生物的代谢活动，淀粉的利用率低，产量、质量受影响，且形成浪费。在生产中要求前期的下沙入窖水分控制在38％左右，糙沙控制在40％左右。

（2）收堆操作　当生沙料品温凉到32℃左右时，酒入尾酒（约占原料的2％）。均匀撒入10％左右的大曲粉。经过3次翻拌后收堆，此时品温为28～30℃，堆子为圆形，收堆要均匀，冬季堆子高，夏季堆子矮。堆积时间为4～5天，待品温上升到48～52℃时，即可入窖发酵。

根据经验，入窖发酵堆子偏老为好，堆积发酵过程主要是富集酵母菌。堆积发酵过程中，酵母菌与温度的变化有极其密切的关系，在堆积发酵前期，酵母菌不断繁殖增长，使温度逐渐升高；随着温度的进一步升高，加快了酶促反应，使酵母菌进入到对数生长期；当温度升高至一定程度，蛋白质变性，酶促反应受抑制，酵母菌数量在后期就会下降。随着温度的逐步升高至顶温，大量的香味及其前体物质都是在此阶段生成。综合分析得出，随着时间的增加，酵母数量总趋势是上升的，在堆积46h时，酵母数量达到最大值。

4. 高温入窖、以酒养窖、以酒养糟、高温发酵

高温发酵为产生酱香物质提供良好的条件，不仅是生成酱香物质的必要条件，同时也是生成酒精的必要条件。入窖发酵是糖转化成酒精然后生香的过程。因此，入窖发酵操作应要求十分严谨。首先，严格控制入窖温度，当堆子品温达到顶温时，迅速入窖，这样有利于嗜热微生物的生长繁殖代谢，保证发酵的正常进行，使产香物质生成更多。其次是下窖时，在窖底、窖壁、酒醅内和做窖底、窖面时浇酒尾酒，可以调节糟醅的水分，更主要的是尾酒在窖内经再次发酵增香，抑制部分有害微生物的繁殖，供给己酸菌、甲烷菌、产酯酵母菌等微生物的碳源及香味物质的前体物质。窖内高温发酵是酱香酒生产中很重要的一个环节，它为酒精的生成和酱香物质的最后形成提供了一个有利的环境，高温有利于各种化学、生物化学反应（如美拉德反应）的进行，在发酵的窖内相当于糟醅又进行一次堆积发酵，由于窖内中下糟醅温度上窜致使上层糟醅温度偏高，这样有利于嗜热芽孢杆菌的生长代谢，从而促进了酱香物质的大量生成。

5. 高温缓慢馏酒

高温馏酒有利于酱香酒主体香高沸点物质的馏出和低沸点杂质的蒸发，蒸馏是分离成熟糟醅中酒精并浓缩到一定酒精浓度和其他挥发性成分的重要手段，也就是白酒行业中所说的"提香靠蒸馏"的工序。蒸馏过程的装甑也至关紧要，装不好甑而蒸不出酒或者蒸不出好酒就会前功尽弃，造成丰产不丰收，直接影响酒质和产量。

在生产工艺操作中，为了减少酒分和香味物质的挥发损失，必须做到随起随蒸，分层蒸馏。上甑操作必须细致，白酒蒸馏属于固态填料式间歇蒸馏法，上甑时做到疏松均匀，不压汽，不跑汽，甑内酒醅要中间低，甑边略高，一般四周比中间略高 2～4cm。这样可以避免酒精从甑边上升，造成蒸馏时蒸汽钻边，因为酒精在蒸馏过程中，酒精蒸汽有纵向扩散和边界效应的作用，酒醅与甑桶连接部分的黏着力小于酒醅颗粒之间的黏着力。缓慢高温馏酒，严格控制进汽压力 0.05～0.08MPa，馏酒温度 35～40℃，馏酒速度 1.5～2.0kg/min，每甑酒头取 1～1.5kg 等是关键的操作工序。量质摘酒过程中要随时注意到酒液的温度、浓度及口感，特别是口感。

6. 贮存时间长

贮存时间长是保证酱香型酒风格质量的重要措施。贮存是保证酱香酒产品质量至关重要的生产工序之一，通俗地讲，贮存就是使酒老熟，去掉新酒的新酒味和暴辣感，使酒香幽雅圆熟，口感醇和柔顺。因为刚蒸出的酒具有辛辣刺激感，并含有某些硫化物等不愉快的气味，经过一段贮存期后，低沸点的杂质如醛类、硫化物等挥发，除去了新酒的不愉快的气味，保留的主要是不易挥发的高沸点物质，从而增加了白酒的芳香，使酱香更加突出。随着白酒的贮存老熟，酒精分子的活度降低，增加了水分子和酒精的缔合，使酒更绵软。只有 55%vol 左右的酒入库，且贮存时间长，贮存过程酯化、缩合反应缓慢，才能使酱香更突出，风格更典型。联酮化合物是酱香酒长期贮存的结果，时间越长，生成量就越多，产生的联酮化合物不同程度带有黄色，因而时间越长，颜色也越深，细腻感和酱香味及陈香味均更好。贮存过程中，主要有如下作用：①醇-水之间的氢键缔合；②低沸点的不良成分挥发；③醇与醛或酸之间的氧化还原反应；④醇与酸的酯化反应；⑤醇与醛发生缩合反应。酱香酒一般贮存 3 年以上，典型的茅台酒要贮存 4 年以上。

7. 结束语

茅台地区的酱香酒罕见的独特工艺来源于得天独厚的地理环境，是原生态的活化石生产工艺。茅台地区的酱香型酒风格质量和它的高温酿酒工艺密切相关，生产过程必须严格遵照高温制曲、晾堂高温堆积发酵、窖池高温发酵、高温缓慢馏酒、长时间贮存、用曲量大等酿酒工艺操作，认真做好生产上的高温接酒操作工作，从根本上保证原酒的质量。

四、勾调和调味酒的运用

彭茵等基于仁怀大曲酱香型白酒基酒分型、分等的多样性，提出将一级以下的白酒做大宗酒，用优级酒来定型，用特级酒和调味酒进行定格，巧妙掌握和运用酱香型白酒以酒勾酒的科学性。

按主体香味成分和风格对白酒进行划类定型，有浓香型、清香型、酱香型等白酒香型之分。香型是一种标准，而勾兑则赋予酒体多样性、典型性、独特性和稳定性。

1. 酱香型白酒勾兑和调味的重要性

以贵州茅台酒为代表的酱香型白酒因酱香突出、酒香不艳、酒体幽雅、细腻醇厚、协调丰满、回味悠长、空杯留香持久且饮后不上头等特性而深受大众广泛喜爱。基于多种微生物菌群采用开放式结合封闭式的发酵模式，即使同一窖坑，相同原料、大曲、生产工艺，不同的糟醅层，不同轮次基酒品质差异也甚大。酱香型白酒如不经勾兑，每坛分装出厂的酒质量各异。因此，通过勾兑统一酒质是酱香型白酒生产中一道不可或缺的工序。

生香靠发酵，提香在蒸馏，成型在勾兑，风格靠调味。勾兑是把具有不同香气、口味、风格的酒，按不同比例进行调配，使之符合一定标准，保持成品酒特定风格的专业技术。勾兑所要解决的问题是通过组合所用的各类型基酒得到全新面貌的酒。调味是把选出的酒用来调整基础酒的香醇、压烤、压涩、充甜、改辣等，是针对基础酒中出现的各种不足来改善。采用调味酒就是为了解决和弥补基础酒中出现的各种缺陷。相同质量等级的酒，其味道有所不同，有的入口较好，有的后味较短，有的甜味不足，有的略带杂味等，通过勾调可弥补缺陷，取长补短，使酒质更加完美，这对于生产名优白酒更加重要。

2. 酱香型白酒的勾调

所谓酱香型白酒的勾调，即根据酱香型白酒独特的酿造工艺，将经过一定时间贮存的各轮次的酱香、窖底香、醇甜等类型单体酒，按其特点、数量比例关系、成品酒的质量要求，以适当比例调配，使各微量成分间相互补充、抵消、转换、平衡、协调，再经过调味过程使之形成酱香型白酒的特有风格。勾调是一个复杂而微妙的过程，除应处理好酱香、焦香、烤香、糟香、陈香、窖香等香气之间的"相乘"或"相杀"作用之外，还必须处理好酒体中决定着产品的风格的醇、醛、酸、酯、酮等微量成分之间的量比关系。

勾兑基础酒时要对各轮次基酒有充分的认识，特别是对经过一定时间贮存后的轮次酒的变化情况要作深入细致的了解，体会酒质变化规律，以及酒中微量成分的性质和作用。一轮次酒带有较为突出的类似清香的生粮香，放香好，勾调时添加适量的一轮次酒能够提高酒体的放香、喷香。但过量则会影响酒的酱香风格，使酒体变得粗糙，不协调；二轮次酒也可提高酒体放香，但过量会使酒体带涩味；三、四、五轮次酒俗称"大回酒"，产量最大，其酱香突出、纯正，酒体醇厚、丰满，所用数量可适当放大；六轮次酒俗称"小回酒"，由于带有较好的焦香，勾兑时能突出酒体的酱香风格，是勾兑中不可缺少的酒；七轮次酒带有烤香，但同时有枯糟味，涩苦味较重，勾兑时用量不宜过大。根据勾兑的基础酒，找到某一种或多种特征酒作为调味酒进行调香、调味。

3. 调味酒在勾调过程中的巧妙运用

酱香型白酒采用传统酿造工艺，酿造周期 1 年，具有"四高两长、一大一多"的工艺特点和"端午制曲、重阳下沙"的时令特征。其基酒分型分级多达 160 余种。依据生产方式和感官特征可将调味酒分为酱香、窖底、醇甜、陈香、曲香、药香、焦香、青草香、煳香、木香、烘焙香调味酒等。勾兑和调味可以分五步进行，根据基酒的不同特性，勾兑和调味过程注意事项亦不同，香与香、香与味、味与味之间的碰撞可以从以下几方面进行。

首先，带窖底味的酒水果香典型，花香和蜜香丰富，空杯香有窖底香，窖底香过头就是泥臭味。焦香好的酒相伴苦味大，焦香过头则为芝麻香。焦香来源于母糟和曲子，前者的焦香较后者醇厚。焦香味大会凸显窖底味。如果焦香闻起来是甑子锅中水烧干了的焦香，那么该焦香不易去除且影响酒质。窖面酒醅最容易产花香、蜜香和酱香等风格特征的酱酒。窖底酒有喷香、增甜的作用，能使酒体醇厚、浓郁、回甜。但窖泥味过重会影响酒体协调，显辛辣味，闻香有异香，经长时间贮存，个性凸显，窖味较浓。泥味的酒带水果香，可调节酒体的醇厚感和甜度，但过多泥味的酒空杯会有窖底香，因此在用泥味的酒时应少量多次加入。

其次，闻香有盐菜味口感无盐菜味并带油哈味的酒，贮存一段时间后，闻香的盐菜味会消失，油哈味不会消失，窖底味会显现出来，乙酸乙酯明显。闻香无盐菜味口感有盐菜味和酱油味的酒，贮存一段时间后，盐菜味不会消失，酱油味依旧明显。酱油味不容易消除，且也是酱香酒需要保留的味道。酱香带曲香和花香的酒，贮存一段时间后，花香会明显上升，并带有糠味，糠味物质来源于酿酒用糠壳。酒体根据不同的性质，有的辅料味（糠味）会随着时间的延长而变成醛香，醛香过头会凸显乙酸乙酯的味道，乙酸乙酯香太浓厚的酒体，霉味和涩味会凸显，带霉味的酒贮存一段时间后，霉味可能会消失。有的霉味来源于生产过程中的"腰线"。一、二轮次酒的酸可以掩盖油哈味，油哈味会使酒体变得回甜。油哈味的酒贮存一段时间会变得花香明显、典型。工艺上运用了尾酒，堆积时间长，发酵温度高时会生成油哈味的酒，但是收糟温度高时不影响。

再次，酱香型白酒香味成分主要是低沸点的醇、酯、醛类；高沸点的酸性物质起呈味作用。香调出来是为了增味，味调出来是为了提香。高级醇含量过低，则酒味淡薄、酒体不丰满；酸含量偏低时，酒体也会变得寡淡、味短。

当酸味大于苦味时，不能用焦香、曲香和苦味的酒进行调配，因为带酸的酒很容易散开，而带苦的酒不容易散开，苦味保留时间较长。味比较平淡的酒不能加生沙味的酒，因为会抢走酱味。生沙味是因为高粱不进行破碎或破碎度不够，润粮蒸粮时间不够，糊化不够。焦煳香会使汗味增浓，花香过头则为花香浓郁，且发涩发苦。玫瑰花香带留口的涩味。汗味的酒是花香味的酒的调味品，可以起到老熟的作用。麻味的酒能增加酒的喷香，起到呈香和提香的作用，让酒体丰满，加快老熟。带麻味的酒在勾调中如果运用得不好，会使酒体带汗臭味。带花香的酒和稍带陈味的酒可以改善酒体。呈香蕉味的酒带甜味和蜜香，浓度大时会产生腻感。香蕉味的酒可以淡化其他酒体，稀释后有愉悦感。焦煳香和糟香重的酒会变成盐菜味的酒，苦的酒会增加酒的鲜咸感，使酒体产生盐菜味，可以用酸的或者甜的酒进行修正。带焦煳香的酒体跟油哈味及橡皮味的酒体相融。

4. 探索延伸

酱香型白酒全年酿酒，原料分两次投入。若采用一次投粮且大曲质量不稳定的生产工艺产出的大曲酱香酒，即使不做窖底酒，整体酒也会偏浓香，有窖底味，花香丰富，余酸，翻甜，后味不枯不煳，粮香会贯穿于一轮次到七轮次酒中；如果前面两轮次堆子发酵缓慢，升温慢，出酒率高，酸不明显，焦香味大，酒体带曲香，粮香不突出，偏甜和回甜，后面轮次酒粮香会慢慢凸显，酸偏高；如果酿造过程，陈曲和黄曲用量大，水分适中且采用了翻堆技术生产出的酱酒，酒体焦香增大，闻香更丰富，容易产空杯香带茅香型，老熟后带茅香味的酒，鲜味和煳味更明显。

此外，控制好入窖、出窖与发酵过程各项指标，采用破堆位移降温技术是提高酱香酒出酒率与酒质的有效方法。

堆糟过程若发酵时间过长，抱团大的糟子多，疏散度和通透性差，即使采用了翻堆技术，酒体也会产生盐菜味，盐菜味来源于生产过程中的摊晾和堆积过程。如果盐菜味用得恰到好处可以增加酒体的酱鲜味和催化老熟，去除盐菜味时可以用一、二轮次的酒。闻香刺鼻带硫臭味，口感有盐菜味的酒勾调时不好用。煳味的酒不能用带涩味、焦香和带乙酸乙酯香的酒体进行处理，可以用适当的酸进行稀释和压煳。

5. 总结与讨论

想要达到茅台酒幽雅的复合香，除规范生产环节外，必须从勾兑的技术层面进行提升。分类等级在一级以下的白酒适合做大宗酒，用优级酒来定型，用特级酒和调味酒进行定格，巧妙掌握和运用酱香酒以酒勾酒的科学性。

有关白酒的品评、勾兑和调味方面的文献很多，如吕云怀采用脉冲气动调和技术，解决了小容器勾兑批次多、易波动及效率不高等瓶颈性问题，实现了小勾、品评、大勾、产品检验分析功能一体化。黄晓峰利用神经网络的多目标优化智能算法结合 Matlab 仿真验算设计出了智能勾兑系统，发明了一套在线管道装置和设计了一套白酒勾兑自动控制系统，实现了白酒勾兑过程的自动化和智能化。白酒的勾兑不仅要从感官品评、理化指标作为参考路径出发，还要从计算机等智能化系统上加以改进和提升。

五、酱香型白酒生产技术规范

　　贵州历来重视白酒生产，特别是近 10 来，先后制定了覆盖酱香型白酒的术语、原辅料（高粱、小麦、谷壳、水）、曲（大曲、麸曲）等地方标准，生产技术规范，以及贮存勾兑管理规范等。推动了酱香型白酒的健康发展。下面以最新的《大曲酱香型白酒生产技术规范》为例，结合主要产区实际，进一步加以说明，希望能为全国酱香酒企业生产、加工起到指导帮助作用。

1. 基本要求

　　（1）厂房设计要求　厂房设计和建设应符合 GB 8951、GB 50016、GB 50694 和 GB 14881 的规定。内外环境应满足食品企业生产许可对生产厂房的要求。

　　工器具和设备应符合《白酒生产许可证审查细则》的规定。

　　（2）酿造设备

　　① 发酵窖池　泥底、条石窖。

　　② 晾堂　三合土（即为石灰、泥、煤灰）或混凝土等。

　　（3）安全生产　应配备并规范安装足够的消防设备、设施；应符合 GB 50016 和 GB 50694 的规定。

　　（4）卫生要求　洗手、消毒、更衣等设备设施，原料库、成品库的卫生、防霉、防虫、防鼠等，制曲、酿酒、勾兑调味等各工序卫生要求应符合 GB/T 23544 的规定。废糟符合《酱香型白酒废糟处理管理规范》的规定。

2. 典型体及轮次酒的感官标准

　　（1）典型体　酱香：酱香明显，丰满、醇厚，回味悠长。窖底：窖香浓郁，醇和，后味干净。醇甜：醇和，回甜、干净。

　　（2）轮次酒

　　一至七轮次基酒的感官要求应符合表 4-44 的规定。

表 4-44　一至七轮次基酒的感官要求

项目	酒精度(20℃)	感官特征
一轮次	≥57.0%vol	无色透明,无悬浮物及沉淀物;有粮香,酸香明显,有酱香,酯香突出;酸味显著,有涩味,后味微苦
二轮次	≥54.5%vol	无色透明,无悬浮物及沉淀物;有粮香,有酱香,芳香突出;有酸涩味,后味回甜
三轮次	≥53.5%vol	无色透明,无悬浮物及沉淀物;酱香明显略杂,入口香大,酒体较醇和,有酱味,后味长带涩,尾净

续表

项目	酒精度(20℃)	感官特征
四轮次	≥53.0%vol	无色透明,无悬浮物及沉淀物;酱香显著,香气全面、协调;较醇和,味全面且净,后味绵长、甜香
五轮次	≥53.0%vol	无色(微黄)透明,无悬浮物及沉淀物;酱香显著,略有焦香;酱味明显,后味长带涩,微苦
六轮次	≥52.0%vol	无色(微黄)透明,无悬浮物及沉淀物;有酱香;有酱味,醇和,略有焦煳味,后味长,余味略苦
七轮次	≥52.0%vol	无色(微黄)透明,无悬浮物及沉淀物;有酱香;有酱味,醇和,有焦煳味,后味长,余味略苦,略带糟味
备注		不符合上述轮次感官特征,应另行处理。

3. 工艺参数

根据实际要求制定产酒计划,确定高粱用量、曲药用量、谷壳用量、母糟、尾酒、润粮水量、生熟沙比例。

4. 制酒技术要求

(1) 高粱破碎　高粱经除尘、除杂后,根据破碎要求进行破碎。

(2) 润粮　润粮是破碎后的高粱均匀吸收一定量水分的操作,根据要求控制润粮水温 (通常≥90℃)、润粮水量。

(3) 蒸粮　蒸粮是将润好的高粱上甑蒸煮的操作,根据要求控制蒸粮气压、蒸粮时间、上甑气压、上甑时间、母糟用量。

(4) 摊晾拌曲　摊晾拌曲是将蒸好的粮醅 (酒醅) 均匀铺撒在晾堂中摊晾 (投料期间,铺撒前可洒入适量量水,并翻拌均匀),再将粮醅 (酒醅) 温度降至30℃左右,撒入适量曲粉 (投料期间可加入一定量的尾酒),翻拌均匀,收拢成堆的过程。根据要求控制拌曲品温、曲药用量、尾酒用量、量水用量。

(5) 堆积发酵　堆积发酵是收拢成堆的粮醅 (酒醅) 发酵成熟,温度达到要求时入窖发酵。根据要求控制上堆温度和堆积发酵入窖温度及入窖醅酸度、还原糖、水分、淀粉含量。

(6) 入窖发酵

① 下窖前,先用热水、尾酒对酒窖窖底和窖壁四周进行处理,将堆积发酵好的粮醅 (酒醅) 送入窖内。入窖后的窖内醅呈四周低、中间高似龟背的形状。

② 边入醅边洒尾酒,控制粮醅酸度和水分,撒上谷壳以隔离封窖泥,入窖完后及时封窖。当封窖泥表层干硬后,用重复清蒸谷壳或不含塑化剂的塑料薄膜覆盖在封窖泥表面。

（7）开窖取醅　开窖取醅是粮醅（酒醅）在窖内发酵期（通常≥30天）满后，打开窖池，将粮醅（酒醅）取出的过程。取醅过程中，凡有霉变的粮醅（酒醅）要单独取出处理。

（8）上甑、接酒

① 严格根据"见气压醅""轻、松、薄、准、匀、平"的要求上甑。

② 根据要求确定上甑时间、上甑气压、蒸馏气压、蒸馏时间、接酒浓度、接酒终止温度。

③ 按照不同轮次质量和酒精度要求进行量质摘酒，根据轮次酒质量及浓度要求进行"看花"、尝酒，并辅之酒精计测量。在接酒时要时常品尝酒的质量，当出现邪杂味时，即使酒的浓度高于规定要求，但也要终止接酒。接完酒后，换上尾酒坛接尾酒。

（9）入库、运输

① 酒接好后，将酒抬入小酒库进行计量和酒精度检测，对不符合酒精度要求的酒及时调整。对入库基酒进行分型分级，做好标识。酒不宜装得过满，以免引起爆坛。

② 运输前，检查接酒坛是否封好；运输过程中要注意小心轻放。

（10）贮存、勾兑、调味、检验和包装

① 贮存　以陶坛、不锈钢罐等为贮存容器，优质大曲酱香型白酒宜采用陶坛贮存。贮存过程中，基酒不得与其他物品混贮，与酒接触材料应符合国家食品安全标准的要求。酒库应经常清理查看，保持安全整洁，避免基酒渗漏损失。因工艺或生产需要进行转移的库存基酒，应做好转移记录。

贮存时注意，注明标识（年度、日期、库号、坛号、车间、班组、轮次、数量）。新酒入库满一年以后，将同轮次、同香型、同等级的酒进行盘勾。

② 勾兑　小样勾兑，勾兑过程中，应仔细、认真、全面地记录下香气和口味变化，以便找出轮次酒之间的添加量和变化关系，确定最佳用酒比例。进一步优化小样勾兑用酒比例，投入批量勾兑过程。

③ 调味　根据成品酒的标准要求，针对基础酒的特征，选用数种不同风格的调味酒进行调味。

小样调味，确定调味酒用量，优化小样调味用酒比例进行大样调味，最终确定调味酒用量，正式调味，制成成品酒。

④ 检验和包装　勾兑调味后的酒进行出厂检验，合格后可进行包装生产。包装工艺流程如下。

洗瓶→滴瓶（干燥）→灯检→灌装计量（灯检）→压盖→瓶壁干燥→装箱贴标

5. 生产工艺关键控制点

（1）高粱粉碎关键控制点　下沙破碎度、糙沙破碎度。

（2）润粮关键控制点　润粮水温、润粮水量、高粱量、第二天粮堆温度。

（3）蒸粮关键控制点　蒸粮气压、蒸粮时间、上甑气压、上甑时间、母槽用量。

（4）摊晾拌曲关键控制点　拌曲温度、曲药用量、尾酒用量、量水用量。

（5）堆积发酵关键控制点　上堆温度、堆积发酵温度。

（6）入窖发酵关键控制点　窖底用曲、窖池管理、窖面用曲、窖内发酵时间、入窖尾酒。

（7）蒸馏（上甑接酒）关键控制点　上甑气压、上甑时间、蒸馏（接酒）气压、蒸馏时间、吊尾时间、接酒浓度、接酒终止温度。

（8）辅料处理关键控制点　清蒸谷壳。

❖ 第四节　米香型

米香型白酒是我国白酒中的一朵奇葩，有悠久的历史和丰富的文化内涵，主要分布在我国南方的两广、两湖、云贵川、闽赣、苏皖地区，代表酒是桂林三花酒。米香型白酒的主要特点是：用料单一，完全用大米为原料酿造；使用小曲为糖化发酵剂；采用独特的半固态发酵工艺；以乳酸乙酯、乙酸乙酯和 β-苯乙醇为主体复合香气。

米香型白酒传统生产以陶缸和不锈钢大罐为主要糖化发酵设备，劳动强度大，生产效率低。随着科学技术的发展，米香型白酒在继承传统工艺的同时，也在不断进行技术创新。作为米香型白酒代表桂林三花酒，大力吸取和利用现代科学技术成果，在继承优秀传统工艺基础上，以提高质量，提高劳动生产率，降低消耗为目标，进行了传承和创新，努力实现标准化、规模化和现代化生产，得到了行业专家首肯。

一、米香型白酒传统操作法

据桂林三花酒业研究，米香型白酒解放前为家庭酒坊生产，柴火土灶，设施简陋，产量极低。解放后，通过酿酒作坊合并组建，对生产进行总结归纳和改进，如蒸饭蒸酒用柴火改为锅炉蒸汽，使用陶缸为主要糖化发酵设备，逐渐形成为现在沿用的传统操作法。其工艺流程和操作如下：

```
    加水              下曲              加水
     ↓                ↓                ↓
大米→清洗→蒸饭→摊晾→入缸开窝→糖化→发酵→蒸馏→贮存→勾调→包装
```

1. 蒸饭

采用甑子蒸煮。原料大米用温水浸泡，沥干后，倒入甑内，加盖进行蒸煮，待甑内蒸汽大上，蒸 15～20min，搅松扒平，再盖盖蒸煮。上大汽后蒸约 20min，饭粒变色，则开盖搅松，泼第一次水。继续盖好蒸至饭粒熟后，再泼第二次水，搅松均匀，再蒸至饭粒熟透为止。蒸熟后饭粒饱满，含水量为 62%～63%。甑子多为碳钢制成，规格大小不一，一般为 90～200kg/甑。

2. 摊晾、下曲

蒸熟的饭料，倒入研料机中，将饭团搅散扬凉，再经传送带鼓风摊冷，一般情况在室温 22～28℃时，摊冷至品温 36～37℃，即加入原料量 0.8%～1.0% 的药小曲粉拌匀。

3. 糖化

将加入酒曲拌匀的饭粒装入箩筐，倒入糖化缸。糖化缸为陶缸，规格为 70～150kg/缸，饭的厚度为 10～13cm，中央挖一孔洞，以利有足够的空气进行培菌和糖化。通常待品温下降至 32～34℃时，将缸口的簸箕逐渐盖密，使其进行培菌糖化。糖化进行时，温度逐渐上升，经 20～22h，品温达到 37～39℃为适宜。应根据气温，做好保温和降温工作，使品温最高不得超过 42℃，糖化总时间共 20～24h，糖化达 70%～80% 即可。

4. 发酵

糖化好后（约 24h），将成熟糖化醪液用勺舀入发酵缸。发酵缸是陶缸，规格多为 30～50kg/缸。发酵缸可码堆 4～5 层，适当做好保温和降温工作，发酵时间 6～7 天。成熟酒醅的残糖接近于 0，酒精含量为 11～12%vol，总酸含量不超过 1.5g/100g 为正常。

5. 蒸馏

最早采用锡制材料制成过山龙的土甑间歇蒸馏，手工操作多，劳动强度大，生产周期长，生产效率低，蒸酒质量也不易控制，还会带来铅的超标。现多改为不锈钢材料制作。传统桂林三花酒除了土灶蒸馏外还有采用卧式或立式蒸馏釜设备，现分述如下。

（1）土灶蒸馏锅蒸馏 采用去头截尾间歇蒸馏的工艺。先将待蒸的酒醅倒入蒸馏锅中，每锅装 5 个醅子，将盖盖好，接好气筒和冷却器即可进行蒸馏。酒初流出时，杂质较多的酒头，一般应除 2～2.5kg，然后接入酒坛中，一直接到酒度 58%vol 为好。58%vol 以下即为酒尾，可掺入第二锅蒸馏。蒸酒时火力要均匀，以免发生焦锅或气压过大而出现跑糟现象。冷却器上面水温不得超过 55℃，以免酒温过高酒精挥发损失。酒头颜色如有黄色现象和焦气、杂味等，应接至合格为止。

（2）卧式与立式蒸馏釜的蒸馏　采用间歇蒸馏工艺，先将待蒸馏的酒醅倒入酒醅贮池中，用泵泵入蒸馏釜中，卧式蒸馏釜装酒醅 100 个醅子，立式蒸馏釜装酒醅 70 个醅子。通蒸汽加热进行蒸馏，初蒸时，保持蒸汽压力 3.93×10^5 Pa 左右，出酒时保持 $4.9 \times 10^4 \sim 1.47 \times 10^5$ Pa，蒸酒时火力要均匀，接酒时的酒温在 30℃ 以下。酒初流出时，低沸点的酒头杂质较多。一般应截去 5～10kg 酒头，如酒头带黄色和焦杂味等现象时，应接至清酒为止，此后接取中流酒，即为成品酒，酒尾另接取转入下一釜蒸馏。

6. 贮存

将分段摘取的原酒品评后，按等级放入酒窖进行贮存。规格为 300kg/坛。岩洞比一般仓库更适宜酒的贮存。在桂林象鼻山内有一大一小天然溶洞，冬暖夏凉，年平均气温为 21℃，溶洞与漓江相通，常年保持良好的湿度，是窖藏酒的绝佳宝地。

7. 勾调

全凭勾兑人员的口尝把关，先把酒库数千坛的酒进行品尝，然后凭经验进行组合勾兑，工作量很大，影响勾兑质量的因素很多。

8. 包装

人工包装或半机械化包装，生产效率低。

二、米香型白酒现代生产法

米香型白酒原料单一，传统操作法设备简单，但劳动强度高，劳动生产率较低。多年来通过对传统操作法进行技术改造，设备升级，目的是改善工人操作条件和减轻劳动强度，提高劳动生产率，使米香型白酒逐步实现机械化规模生产，形成现代生产法。

1. 物料输送

在运输方面，采用斗式提升机代替了过去的人工拉米，输送量大，省时省力，不伤物料；用不锈钢管道连接发酵罐、蒸酒锅、清酒罐等设备，代替了原来的醅缸加板车。既减轻了劳动强度，又有效地保证了生产质量。

2. 蒸饭

采用连续自动蒸饭机，将蒸饭、晾饭、加曲合为一道工序。自动蒸饭机的生产能力是传统甑子蒸饭的 5~10 倍。具有机械化连续操作，设备结构紧凑，使用及维修方便，降低劳动强度，保证职工生产安全，缩短生产周期，温度调节方便，添加小曲拌料均匀，操控性强，蒸饭质量稳定的特点。目前已有企业采用加压蒸煮方式。

3. 糖化

20 世纪 70 年代，经过技术人员的研发，在白酒行业率先设计并采用 U 形糖化槽进行固态培菌糖化。容量大，相对占地面积较小，操控性强，劳动强度较低。

4. 发酵

发酵用碳钢或不锈钢发酵罐，增加了温控系统。既解决了发酵醅缸劳动强度大的缺点，又便于控制发酵过程的温度，保证了发酵质量。

5. 蒸馏

采用不锈钢蒸馏釜蒸馏系统，几套蒸馏釜联动，解决生产中的设备匹配，便于对蒸馏进行分段摘酒，极大减轻了劳动强度。提高了劳动生产率，同时避免了酒液中铅含量的超标，保证了产品质量。

6. 贮存

仍沿用陶缸贮存。建立计算机管理系统。新酒需经色谱分析和口尝打分进行分级入库。利用计算机作入库登记，制作直观图进行出入库动态管理。制订保管贮存制度，按规定定期进行检验、检查、品评、并缸、封缸等操作。

7. 勾调

建立计算机勾兑系统。按产品质量模型用计算机进行自动勾兑。经勾兑人员取小样品评后确认配方，然后放大样进行调味、检验、包装。避免了前期勾兑人员的大量计算和品尝工作，有效提高了勾兑的效率和质量。

8. 包装

包装是产品出厂前的最后一道工序。从原来的手工包装到现在已实现机械化或半机械化作业。桂林三花酒的传统包装是锥形玻璃瓶、扇形标，属于异形瓶、标，不易实现机械化生产，特别是贴标，人工贴标需耗费大量人力，且贴标质量不高，易产生皱标、飞标，影响包装质量。经过连续不断的研究和技术改造，桂林三花酒的包装实现了贴标自动化。

三、米香型白酒生产发展趋势

加快转变经济发展模式、推进节能减排、发展低碳经济已成为我国经济发展的重要策略。在酿酒行业发展循环经济，实行清洁生产，具有良好的经济效益和社会效益。

米香型白酒是传统产品，从最初的手工作坊生产逐步发展为比较现代化的生产。在米香型白酒企业开展清洁生产，不但是实现可持续发展战略的需要，而且是控制环境污染的有效手段。米香型白酒企业只有通过不断改善管理和技术进步，挖潜降耗，提高资源和能源利用率，提高生产规模和劳动生产率，减少污染和排放，降低运行成本，才能更好地实现企业的经济效益和社会效益。

随着科学技术的发展，会有越来越多的成熟技术应用于米香型白酒的生产，推动米香型白酒行业的持续健康发展。

1. 相互融合、互为补充

传统法与现代法并不是对立的，可以互为依存。应坚守千年流传下来的工艺，保持高中档酒传统工艺，以陶缸为主要发酵设备。低档酒应规模化、机械化生产，降低成本，提高劳动生产率。

2. 生产设备向大型化发展

随着企业规模的壮大，生产设备不断向大型设备发展，蒸饭机效能可达 $3\sim5t/h$，发酵罐容量 $30\sim100t$，清酒罐容量 $100\sim200t$，包装灌装机速度达 $10000\sim20000$ 瓶/h。以规模创效益，降低劳动成本。

3. 实现生产过程的自动控制

中国白酒的生产逐渐从粗放转向精细，生产过程的工艺控制向自动化转变。糖化、发酵、蒸馏工序的温度等工艺参数的控制都可以实现自动控制，包装质量的在线检验可以用电子仪器进行自动控制，进一步提高了产品质量。

4. 向清洁生产发展

推行清洁生产，更加关注节能环保，特别是在水、汽的回收利用方面。推广新型能源的应用，减少大气污染。提高能源综合利用水平，达到国家白酒企业排污新标准，保护环境，实现经济环境循环可持续发展。

❖ 第五节　凤香型

目前凤香型其代表产品有陕西的西凤酒、太白酒,主要产区在西北一带。现以西凤酒为例加以介绍。

一、传统工艺操作

西凤酒是以大麦、豌豆制曲,优质高粱为原料,配以天赋甘美的柳林井水,采用高温培曲,土暗窖发酵,续糟混蒸混烧而得的新酒,需贮存三年,再经精心勾兑而成。

1. 原料

西凤酒酿酒原料采用高粱。高粱投产前需经过粉碎,要求粉碎度达到通过1mm 标准筛孔的占 55%～69%,未通过的为 8～10 瓣,整粒在 0.5% 以下。

大曲粉碎后通过 1mm 标准筛孔的占 35%～40%。

西凤酒所用辅料为高粱壳或稻壳,但辅料投产之前必须采取筛选清蒸,以排除辅料味。辅料清蒸条件为圆汽后蒸 30min。辅料用量控制在最低水平,即投料量的15% 以下。

2. 酿酒操作

凤香型白酒的工艺流程见图 4-9。

(1) 立窖　在每年一个生产周期中,第 1 次开始投料为排,也就是第 1 排投产。每个投产班组投料 1000kg,拌入清蒸后的高粱壳 150kg,加入 50～60℃ 清水1000～1100kg,拌匀后堆积润料 24h,使水分润透粮粉,用手搓即可成面,无异味。分 3 甑蒸粮,自圆汽起,每甑蒸料 60～90min,质量要达到熟而不粘。出甑后分别加梯度开水泼量,每 1 甑泼开水 170～235kg,第 2 甑泼开水 205～275kg,第 3甑为 230～315kg。经扬凉后,加大曲粉,依次为 68.5kg、65kg、61.5kg。入窖前,窖底再撒大曲粉 4.5kg。加曲要拌匀,加曲品温依次是 15～20℃、20～25℃、24～29℃。然后即可收堆,入窖发酵 14 天。粮醅入窖后,用泥封窖,泥厚约 2cm。经 24h 发酵,窖内放出的 CO_2 可冲出窖皮泥,48h 后,泥皮被鼓起,疏密正常。此时应注意清窖管理。

(2) 破窖(第 2 排生产)　入窖发酵 14 天以后剥去封窖泥,挖出酒醅,在 3个大糙中拌入高粱粉 900kg 和适量高粱壳,分成 3 个糙和 1 个回活,分 4 甑蒸酒。

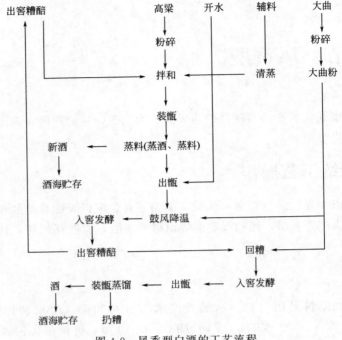

图 4-9　凤香型白酒的工艺流程

蒸酒时要求缓火慢蒸馏,蒸馏时间不少于 30min,馏酒温度不低于 30℃。馏酒时,还采取掐头去尾的措施,以提高酒质。蒸酒后入窖时分为 3 个粮糟,1 个回糟。糟和回之间用竹篾隔开。各甑入窖操作条件如下:

第 1 甑(回糟),少加或不加水,加曲 42.5kg,加曲温度 26～30℃,入窖品温 23～27℃。

第 2 甑(粮糟),加量水 90～180kg,大曲粉 42.5kg,加曲温度 20～24℃,入窖品温 15～20℃。

第 3 甑(粮糟),加量水 108～200kg,大曲粉 45kg,加曲品温 24～29℃,入窖品温 20～25℃。

第 4 甑(粮糟),加量水 126～240kg,大曲粉 40kg,加曲品温 28～32℃,入窖品温 24～29℃。发酵时间 14 天,封窖清窖与立窖相同。

(3)顶窖(第 3 排生产)　将第 2 排发酵好的酒醅出窖后,仍在 3 个糟活中加 900kg 高粱粉和适量高粱壳,挤出 1 个回糟,加上 1 排回糟,共做 5 甑活。其操作过程如下:

第 1 甑蒸上 1 排回糟,经扬凉后加曲粉 20kg,加曲品温为 32～35℃,入窖品温 30～33℃,为下糟醅,顶面用竹篾隔开。

第 2 甑蒸从上排挤出来的 1 甑,不加新粮扬凉,加大曲 34kg,加曲品温为 26～30℃,入窖品温为 23～27℃,与糟活之间用竹篾隔开。

第 3、4、5 甑操作与破窖相同,入窖仍为 3 甑糟活。

(4) 圆窖(第 4 排,即圆排)　从第 4 排起,西凤酒生产即转入正常,每天班组投 1 份原料,丢 1 甑扔糟。

出甑的酒醅中在 3 甑大糙中加入新高粱粉 900kg,做成 3 甑新的大糙,挤出 1 甑糟后,不加新料做回糟。出甑后的回糟,蒸酒后经扬凉,加曲入窖为下排糟醅。糟醅蒸酒后即为扔糟,做饲料用。从此以后,每 14 天为 1 小发酵周期,即 1 排。

(5) 插窖(每年停产前 1 排)　此排操作是在夏季炎热天气到来之前,由于气温高,易使酒醅酸败,使出酒率明显下降,即通常所说的掉排,这时就要准备停产了。

插窖时将正常生产的酒醅按回糟处理,分 6 甑蒸酒后,变为糟醅,其中 5 甑入窖。糟醅共加入 125kg 大曲粉,加量水 150～225kg,入窖品温控制在 28～30℃。加曲粉和水操作要领均同前,要拌匀曲粉和量水,促进发酵正常、均匀。

(6) 挑窖(每年的最后 1 排生产)　挑窖时,将发酵好的糟醅全部起出,入甑蒸酒,蒸酒后的糟醅全部为扔糟,可做饲料用。至此整个大生产周期即告结束。

3. 西凤酒生产的几个特点

(1) 发酵容器　西凤酒是用土窖池发酵,窖池每年更新一次,去掉窖壁、窖底、老窖皮,再换上新土,这样既有生长己酸菌的条件,又能给予严格的控制,使其所产酒中的己酸乙酯等成分受到限制(西凤酒中的己酸乙酯含量一般为 20～50mg/100mL),控制在浓香不露头的程度。

(2) 发酵周期　西凤酒传统发酵期仅为 14～16 天,是 17 个国家名白酒中发酵期最短的。由于其发酵期短,出酒率高,消耗少,成本低,经济效益好,对国家贡献较大。虽然发酵期短,但是酒中微量香味成分并不少,如西凤酒中微量香味成分能检测出的已达 270 余种,不但有酯类化合物,而且有芳香族化合物存在。

(3) 制曲工艺　西凤大曲属中高温曲,热曲最高温度为 60℃左右。西凤大曲的工艺可以概略为:选用清香大曲的制曲原料而不采用清香大曲的培养工艺,采用了高温培曲工艺而不选用浓、酱香大曲的制曲原料。这就使西凤大曲独具一格,具有清醇、浓郁的曲香,集清、浓香型大曲二者兼得的优点。

(4) 贮酒容器　西凤酒的传统容器是用当地荆条编成的大篓,内壁糊以麻纸,涂上猪血等物,然后用蛋清、蜂蜡、熟菜子油等物以一定的比例,配成涂料涂擦,晾干,称为“酒海”。这种贮存容器与其他酒厂的贮酒容器不同。其特点是造价成本低,存量大,酒耗少,利于酒的熟化,防渗漏性能强,适于长期贮存。目前,北方一些酒厂也采用这种贮酒容器。

原来“酒海”的容量各异,小的 50kg,大的 5～8t。随着大容器的推广,“酒海”的容量也在逐步增大,现已有 50t 容量的“酒海”,同时发展了使用水泥池容器,但其内涂料不变,从而保持了西凤酒的固有风格。

　　酒海的内涂料对西凤酒的风格起着重要作用，酒海使酒在贮存过程中会溶解进去酒海涂料当中的一些成分。酒海涂料溶出成分有羟胺乙酸、羟胺丙酸、十五酸乙酯、十六酸乙酯、亚油酸乙酯、油酸乙酯及痕量的萜类化合物等，所有这些物质对西凤酒的风格无疑起到了一定的助香作用，使西凤酒有蜜香味。

4. 西凤酒的勾兑特点

　　据西凤酒厂的李金保等研究，为使西凤酒"具有乙酸乙酯和己酸乙酯为主的复合香气"，口味"醇厚丰满，甘润挺爽，诸味谐调，尾净悠长"的感官质量要求，应先确定其微量成分的含量范围，以及主体香气成分和其他香味物质之间的量比关系，再确定选用单样酒的风格质量和类型，并加以识别。

　　(1) 西凤酒贮存老熟后的单样酒的特性　贮存三年以上各生产阶段单样酒的感官特征和分析结果分别见表 4-45 和表 4-46。

表 4-45　贮存三年以上各生产阶段单样酒的感官特征

项目	感官特征
酒头	放香大，醇香突出，味冲
破窖酒	杂醇油味明显、苦涩、味杂
顶窖酒	主体香不突出，味糙
圆窖酒	西凤酒的风格典型，特点明显，酒体较谐调
插窖酒	总酸含量较高，酒体较净，味较长，西凤酒的风格典型
挑窖酒	总酸含量相对较高，总酯含量最低，绵柔、尾净

表 4-46　贮存三年以上各生产阶段单样酒分析结果

项目	酒头	破窖酒	顶窖酒	圆窖酒	插窖酒	挑窖酒
酒精度/(%vol)	73.4	59.2	69.0	67.5	60.3	57.4
总酸/(g/L)	1.17	1.21	0.98	0.72	0.87	1.22
总酯/(g/L)	4.49	3.47	3.22	3.34	2.81	2.68
乙醛/(mg/100mL)	39.8	13.9	20.8	13.9	18.8	24.5
甲醇/(mg/100mL)	5.9	15.9	10.9	12.4	13.5	16.1
乙酸乙酯/(mg/100mL)	260.9	228.4	165.3	149.7	136.7	126.7
正丙醇/(mg/100mL)	22.8	381.1	33.4	26.3	18.0	47.8
仲丁醇/(mg/100mL)	10.8	86.1	2.9	7.1	8.4	9.2
乙缩醛/(mg/100mL)	26.7	12.1	46.9	18.4	15.6	37.8
异丁醇/(mg/100mL)	87.7	46.2	22.8	23.4	40.7	18.2
正丁醇/(mg/100mL)	17.7	81.6	—	—	13.7	9.6
丁酸乙酯/(mg/100mL)	22.1	26.3	17.7	17.8	9.9	10.7

续表

项目	酒头	破窖酒	顶窖酒	圆窖酒	插窖酒	挑窖酒
异戊醇/(mg/100mL)	79.5	54.2	29.3	53.1	48.6	66.2
乳酸乙酯/(mg/100mL)	115.9	151.2	167.0	125.4	195.0	168.0
正己醇/(mg/100mL)	5.6	17.1	5.4	3.4	3.2	5.7
己酸乙酯/(mg/100mL)	165.3	41.8	64.2	97.1	84	80.4

（2）基础酒的组合、品评和分析　西凤酒以不同季节、不同阶段所产的圆窖酒按照不同比例作为大宗酒，并以少量的顶窖酒和破窖酒为搭酒，共同完成基础酒的组合。破窖酒总酯高，特别是乙酸乙酯含量较高，杂醇油高，但己酸乙酯相对较低，味较燥辣，适当比例的应用可增加酒体的醇厚感。顶窖酒中的乳酸乙酯含量较高，高于乙酸乙酯，所以酒发闷；圆窖酒中的乙酸乙酯＞乳酸乙酯＞己酸乙酯＞丁酸乙酯；再通过色谱分析，了解基础酒中各微量成分的含量，并通过感官品评，确认其存在的不足。

（3）对基础酒调味　西凤酒中的呈香呈味物质及微量成分的含量较少，主要是总酸低、总酯低、高级醇含量较高，加浆降度后会变得香气不足、口味寡淡、不纯净，酒中各组分含量也随之降低，其中主要组分的量比关系发生很大变化，直接影响到酒的内在质量，这就需要通过调味来增加基础酒中主要呈味物质的含量，最终达到酒体的平衡协调。当基础酒感官品评放香不足时，就用老熟的酒头作调味酒。酒头中含有大量的香味物质，主要是低沸点酯类，放香大；多元醇含量也高，可以提高基础酒的前香，并使酒味醇甜。酒的后味短淡时，则选用插窖酒、挑窖酒作调味酒。插窖酒的酸含量较高，酒体净；挑窖酒的总酯最低，酸相对较高，可以弥补基础酒后味的不足，使酒体丰满、谐调，回味悠长，保持了西凤酒的原有风格。高度酒勾兑过程中，西凤酒固有的感官特征表现突出，口味苦涩、冲，这时就要选用贮存期长的酒作为调味酒，突出基础酒的风格，使其香气柔和，口味绵顺；还可适当应用一些己酸乙酯较高的调味酒，增加己酸乙酯含量，使酒体变得绵甜、醇厚。

二、传统工艺的改进

据西凤酒厂介绍，其生产工艺分别于 1956 年、1980 年、1988 年、1997 年进行了四次大的改进。下面是西凤酒的一些工艺改进成果。

1. 制曲工艺改进

（1）新凤型大曲工艺

① 调整原料配比　传统西凤酒大曲以大麦、豌豆为原料，改进后的新凤型大曲中减少了豌豆用量，加入了适量的小麦。据西凤酒厂邓启宝等实验，发现减少豌

豆用量后，新产酒中的乙醛、糠醛、高级醇含量明显降低，从而减轻了新产酒的暴辣味，很好地突出了醇厚感。而且小麦中含有大曲微生物生长繁殖所必需的营养成分，其氨基酸达 20 余种，维生素含量极为丰富。与大麦、豌豆按比例混合使用，不仅营养丰富，而且各种原料的制曲性能得以取长补短，使制曲工艺更加合理，对于提高大曲质量具有重要意义。

②　提高制曲温度　在大曲培养中，控制好上霉温度，并及时晾霉。大火期温度一定要控制在 58～60℃之间，并维持三天以上，以达到高温炼菌、优化菌种的目的。在整个培养过程中，温度控制的总体要求是"前缓、中挺、后缓落"。

③　效果验证　制曲工艺改进项目及改进前后大曲质量对照分别见表 4-47 和表 4-48。

表 4-47　制曲工艺改进项目

项目	改进前	改进后
原料	大麦、豌豆	大麦、小麦、豌豆
大火期温度/℃	56～58	58～60

表 4-48　制曲工艺改进前后大曲质量对照

项目	水分/%	酸度/(mL/10g)	糖化力/U	液化力/U	发酵力/(g/100g)	感官评价
改进前	11.2	0.68	1013.4	0.19	60.5	典型性好、有豆香
改进后	10.32	0.62	866.5	0.20	64.52	典型性好、香浓郁

由表 4-47 和表 4-48 可以看出，制曲工艺改进的结果，使成品槐瓤曲典型性更加突出，断面菌丝更加丰富，发酵力和液化力同步提高，更加适宜于制酒延长发酵期使用。

(2)　西凤调味酒大曲　经过科学论证，反复实验，在北方干旱地区创造了以小麦为主要原料的西凤调味酒大曲生产工艺，极大地丰富了西凤酒大曲，为制酒工艺的改进提供了保证。

①　工艺流程简述

小麦→浸水→堆积→配料→粉碎→加水拌和→踩制成型→入室安曲→保温培菌→翻曲→出房→入库贮存

②　主要参数和操作要求

A. 小麦浸润　8%、60℃左右的热水，堆积 3～6h。

B. 粉碎　磨成心烂皮不烂的梅花瓣（过 20 目筛部分占 40%～60%）。

C. 拌和　用 35%～43%、20%～35%的水拌和均匀。

D. 保温培菌　大火期温度在 60℃以上维持三天。培养过程应注意防止生心、窝水等弊害。翻曲时注意保温，培养期 35 天左右。

③ 成品曲质量　西凤调味酒大曲检验报告见表 4-49。

表 4-49　西凤调味酒大曲检验报告

项目	水分/%	酸度/(mL/10g)	糖化力/U	液化力/U	发酵力/(g/100g)
理化指标	10.61	0.62	744.4	0.20	67.2
感官评价	断面菌丝丰富、色泽灰白、香气浓郁、皮张稍厚				

2. 制酒工艺改进

（1）凤型白酒工艺　传统的西凤酒工艺，发酵期为 14 天。随着市场形势的发展，将西凤酒的发酵期延长至 30 天，并进行了相应的工艺改进。

① 调整大曲、原粮粉碎粒度　曲粉、粮粉颗粒增大后，减少了曲、粮接触界面，保持了大曲效力的持续、舒缓释放，延长了主醇期，保证了整个发酵期的正常、平稳。粮、曲粉碎度改进前后对比见表 4-50。

表 4-50　粮、曲粉碎度改进前后对比

项目	原粮粉碎粒度	大曲粒度(过 20 目筛)	主发酵时间
改进前	6~8 瓣	60% 以上	7~9 天
改进后	4~6 瓣	35%~45%	9~13 天

② 低温入池、适温发酵　发酵期延长至 30 天后，约消耗入池淀粉的 9%，可使酒醅温度升高 18℃左右。控制在 15~18℃入池，发酵顶温为 33~36℃，这是酵母适宜的发酵温度，有利于酒中甘油、环己六醇、琥珀酸等酸、甜物质的生成。

③ 低温馏酒　坚持"轻、松、薄、匀、缓"的装甑五字方针，保持馏酒气压"两小一大"原则的同时，将馏酒温度保持在 27~32℃，保证了西凤酒中各类香味成分的比例协调，保持了西凤酒"诸味协调、回味幽长"的感官特征。

④ 效果验证　制酒发酵期延长前后新产酒质量对照见表 4-51。

表 4-51　制酒发酵期延长前后新产酒质量对照

发酵期	生产年份	酒度/%vol	总酸/(g/L)	总酯/(g/L)	乙酸乙酯/(mg/100mL)	乳酸乙酯/(mg/100mL)	己酸乙酯/(mg/100mL)
14 天	1993	65.6	0.69	2.67	126.3	142.4	42.2
	1994	65.8	0.66	2.73	91.9	146.3	37.8
	1995	64.8	0.63	2.52	99.9	171.0	45.3
30 天	2001	65.5	0.73	2.91	128.8	147.4	80.8
	2002	65.8	0.72	2.82	112.7	186.7	87.6
	2003	66.3	0.74	3.21	135.1	172.2	79.1

由表 4-51 可以看出，发酵期延长后，酒中酸、酯含量显著升高。品评也认为新产酒的醇香味增加，新酒味、暴辣味明显减弱。

（2）西凤调味酒工艺　运用人工老窖技术，通过人工窖泥培养等工艺试验，寻找出了适宜于西凤调味酒生产的工艺路线，所产酒达到了设计要求。

① 人工窖泥培养　用黄胶泥土60%，窖皮泥40%，加入干制活性窖泥功能菌并提供微生物所需的营养基质，充分踩匀，在适宜的温度下进行厌氧发酵，40天后取出建造窖池。

② 工艺特点　采用五甑续糙、混蒸混烧工艺，以西凤调味酒大曲为糖化发酵剂，发酵期60天以上。其主要工艺特点如下："三高一长"，即入池酸度高，入池淀粉浓度高（18%～20%），发酵顶点温度高（37～39℃），发酵周期长（60天以上）；曲、粮粉碎度要求略粗；每天跟踪，定期养窖。

③ 新产调味酒质量　新产调味酒主要指标见表4-52。

表 4-52　新产调味酒主要指标

项目	出酒率/%	优等品率/%	主要微量成分/(mg/100mL)		
			乙酸乙酯	乳酸乙酯	己酸乙酯
2001 年	37.55	89.84	376.00	303.00	189.70
2002 年	35.33	98.97	404.44	375.00	146.10
2003 年	33.41	99.51	454.00	489.00	122.30

从表4-52中可以看出，随着窖龄的增长，己酸乙酯含量明显升高，这对改善西凤酒香味结构、提高酒质起到了重要作用。

3. 改进后的结果

① 调整制曲原粮配比，提高培曲大火温度后，大曲糖化力明显降低，液化力、发酵力明显提高，更适宜于制酒延长发酵期使用。

② 创新西凤调味酒大曲工艺，为突破传统西凤酒生产工艺提供了前提和基础。

③ 延长制酒发酵期，增加了生香产酯时间，使新产酒的总酸、总酯含量提高，醇香、醇厚感增强。

④ 创新西凤调味酒生产工艺，用人工老窖技术成功地生产出己酸乙酯含量较高的优质调味酒，改善了西凤酒的酒质，使其典型性更加突出。

随着工艺改进和技术不断，陕西西凤酒厂和太白酒厂先后陆续开发出凤兼浓、凤浓酱等复合香型产品系列，受到了消费者的广泛好评，丰富了凤香型白酒的品种。

2007年，陕西太白酒业"发酵法凤兼浓复合型白酒生产工艺研究"项目通过省级科技成果鉴定。该研究成果与传统工艺相比较有五点创新：一是采用大麦、豌豆、小麦为制曲原料，提高制曲温度，由中低温曲改变为中高温曲，从而改变了微生物组成及酶活力，并有利于制曲过程中香味成分的生成。二是基础酒发酵期由14天延长至24天，并引入浓香型酒"双轮底"发酵工艺制调味酒，增强了基础酒的醇厚感。三是将原有单一高粱发酵改为高粱、大米、糯米、小麦多种原料混合发酵，增加了基础酒中复杂成分，使香味更加馥郁。四是改变以往发酵窖池的窖泥每年更换一次为长期使用，有利于香味成分生成。五是改变贮存方法，基础酒先以酒海贮存，保留了羟胺乙酸、羟胺丙酸等特征微量成分，后用酒坛贮存增强了基础酒的氧化还原反应，两种方法有机结合，加快了凤兼浓复合型白酒的老熟。感官风格独树一帜，个性鲜明。

❖ 第六节　特香型

周恒刚先生将特型白酒的工艺特点概述为"整粒大米为原料，大曲面麸加酒糟，红赭条石垒酒窖，三型具备犹不靠"（三型指浓、酱、清香型）。特型白酒以四特酒为代表，具有典型风格及独特工艺，该酒荣获全国第五届评酒会国家优质酒称号。

传统四特酒，以整粒大米为原料，不经粉碎和浸泡；大曲为面粉、麸皮和新酒糟配合踩成曲坯，制曲温度为 52～55℃，顶温达 58～60℃，属中高温曲，带酱香味；采用传统续糟混蒸 4 甑操作，发酵池为红赭条石砌窖底，水泥勾缝底垫泥，发酵周期为 1 个月，然后经蒸酒、存放和调度而成，成品酒勾兑时加入适量的糖。

一、四特酒传统工艺

四特酒生产工艺流程见图 4-10。操作特点如下。

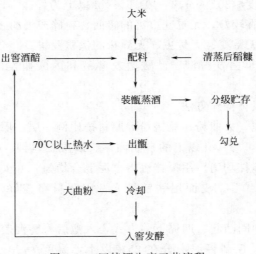

图 4-10　四特酒生产工艺流程

（1）酿酒原料　高粱酿酒香好、味正、风味悠长，中碎米次之。

（2）生产工艺　曾进行了人工老窖、辅料清蒸、截头去尾、回酒发酵、回醅发酵及最后两者合并发酵等的试验，前三者对提高质量均有明显的效果，符合试制的要求，后三者均可提高白酒的香味，以回酒发酵简单易行，不增加劳动强度，容易掌握。

（3）酿酒技术　必须操作细致，要求达到稳、准、细、净，这样可使酒的香味醇厚，带有回甜感，除去异杂味。同时在成品酒中采用勾兑调配，调整风味，以新、老酒和不同香、醇、甜的产品按比例相互调和，取长补短，使产品质量达到一致，才能包装出厂。

二、提高特香型白酒质量的措施

1. 人工培养窖泥

据四特酒厂研究，特香型功能窖泥最佳配方为：黄土 100％，藕塘泥 14％，大曲粉 1.5％，豆饼 2％，磷酸氢二钾 0.05％，乙酸钠 0.8％，硫酸镁 0.01％，酒尾 5％，复合菌液 6％。

（1）原料选择

① 黄泥　采用黄色黏性大的泥土，有利于保持水分、养分和酒精。要求土质细腻、柔软、微酸性、无砂砾。以含砂量低，含腐殖质较高，不含铁、镁等金属离子为佳。使用前，将黄泥晒干后破碎成粉末，然后以 95％ 以上热水杀菌、润化，并踩至柔熟为好。

② 藕塘泥　含腐殖质较多的微酸性黏性熟泥。要求晾干后粉碎。

③ 酒尾　含酒度≤30％vol，一般 15％vol 以上为好。

④ 大曲粉　曲香较好，无霉变虫害的砖曲，粉碎成细粉。

⑤ 豆饼　要求无霉变、无蛀虫、无异味的优质豆饼。

⑥ 菌液　为酵母菌发酵液、己酸菌发酵液和丙酸菌发酵液，要求菌液发酵旺盛。

（2）窖泥培养具体操作方法

将黄泥、藕塘泥、大曲粉、豆饼粉等原料按比例一层一层地均匀铺好，按配方加入复合菌培养液、15％vol 以上的自制酒尾、磷酸二氢钾、硫酸镁和乙酸钠溶解液、适量的蒸馏水搅拌均匀。用搅拌机将窖泥混合均匀，并人工踩至柔熟收堆，控制总水分为 35％～40％。皮面用铁铲拍光，用塑料布盖好，第二天作为封窖泥入池。

窖泥入池采用中间凸起、四周下陷方式，入池后将窖泥表面用铁铲拍光，窖池四周窖泥务必压紧。控制窖泥水分在 25％ 以上，温度为 20～30℃，培养时间 30 天。每 3 天一次对其进行理化检验和感官观察。

2. 清蒸辅料

四特酒的辅料为稻壳，它是酿酒的疏松剂，与产品质量和产量有着密切的关系，尤其使用中碎米，因淀粉含量高，其稻壳用量达 65% 左右。稻壳带有糠腥等邪杂味，还常因大量堆放带来怪味。因此，试验的稻壳采用清蒸 30min，晾干备用，这样可减少对成品酒质量的影响。稻壳中含大量的硅酸盐，家畜吃了不容易消化，虽对酿酒质量有好处，亦应少用。为了增加酒的香味，宜加大配醅比例，减少稻壳用量，即"增醅、减糠"，这是提高质量的重要因素之一。

3. 掌握好打量水的用量

水是酿酒的主要原料，与发酵关系最为密切。白酒操作中使用的水，有的称为"浆水"，有的也叫"打量水"。出酒好坏与打量水的大小是否适宜关系很大。打量水温度宜高，可以钝化水中的杂菌，促使淀粉吸收快，不附着于原料的表面，称为"收汗"。为了提高四特酒的质量，控制入窖水分在 57%~60% 之间为宜。

4. 正确的蒸馏

最初蒸出的酒头里含有低沸点的醛类及一些酯类，称为醛酯酒，容易产生异杂味，同时每次蒸酒后要考虑尾酒不能全部流出，一定要适当地截头，每甑为 0.25~1kg，如质量好可少截，差则多截。

最后蒸出的酒尾里含有丙醇以上的高级醇，这些物质和水难以溶解，类似油状物，一般称为杂醇油。酒中杂醇油的含量过高，容易使人头痛易醉，且对消费者健康有害，因此不宜过多，蒸酒时常以断花去尾为佳。

5. 回酒发酵

借鉴茅台酒和泸州老窖经验，酒醅下窖加酒，以酒养糟，故有其很好的风味。将蒸酒时的酒头、尾酒及次品酒泼入大糙、二糙中，促进发酵产酯，增加酒的香味。经试验以回酒发酵的酒醅香浓，成品质量亦较好。

6. 回醅发酵

借鉴汾酒试点的经验，利用 5%~10% 成熟醅回入大糙、二糙中，含有发酵代谢的有机酸和酒精等成分，还有酵母菌及残余酶等有利于发酵过程中增加酒醅香味的物质。通过试验证明，成品酒的总酸、总酯含量均较高，香味浓郁，故能提高四特酒的质量。

7. 勾兑与调配

出厂酒的勾兑调配起到补充、衬托、制约和缓冲的作用，可统一酒质，统一标准，使出厂产品质量得到长期稳定和提高，更能突出其风格。常说白酒质量是七分酿造三分勾兑，说明勾兑的重要性。试制酒以新老酒和香、醇、甜等有差异的酒，采用不同比例进行调配，是提高四特酒质量的有效措施。

8. 严格生产操作规程

目前白酒生产还属于手工操作，劳动强度大，为了提高产品质量，必须操作细致。通过试验证明，酿酒工艺、卫生条件与质量稳定关系相当密切。要求生产操作达到"稳、准、细、净"，各个环节必须精工细做，以配料、上甑和蒸酒蒸料等最为重要，严格遵守操作规程。

❖ 第七节　豉香型

豉香型白酒是我国广东地方特产，生产和出口量较大，酒体澄清透明，无色或略带黄色，入口醇滑，有豉香味，无苦杂味，酒度一般在 30%vol 左右。其规范评语为：玉洁冰清，豉香独特，醇和甘滑，余味爽净。国家标准规定豉香型白酒（GB/T 16289—2007）：以大米为原料，经蒸煮，用大酒饼作为主要糖化发酵剂，采用边糖化边发酵的工艺，釜式蒸馏，陈肉酝浸勾兑而成，未添加食用酒精及非白酒发酵产生的呈香呈味物质，具有豉香特点的白酒。

豉香型白酒生产工艺特点比较独特，豉香型白酒按糖化发酵剂分类，属于小曲酒类。但它与半固态、全固态发酵不同，是全液态发酵下的边糖化边发酵产品。微生物的代谢产物与固态法不同，导致风味有别于其他小曲酒。生产工艺的另一独特之处在于大酒饼生产中加入先经煮熟焖烂的 20%～22% 黄豆。黄豆中含有丰富的蛋白质，经微生物作用而形成特殊的与豉香有密切关系的香味物质。成品酒的酒精体积分数仅为 31%～32%，是我国传统蒸馏白酒中酒精含量最低的白酒品种。肥肉酝浸是豉香型白酒生产工艺中的重要环节。经过肥肉酝浸的米酒，入口柔和醇化，而且在酝浸过程中产生的香味物质与米酒本身的香气成分互相衬托。形成了突出的豉香特点。这种陈酿工艺在白酒生产中独树一帜。

一、酒饼曲

1. 酒饼种制备

酒饼种是制酒饼曲的种子，各地制法略有不同，但其主要工艺都是用大米、饼叶、药材、饼种与水拌和成型，经培菌、干燥而成。

酒饼种制备的具体方法为，称取大米 12kg、橘叶 3kg、大青叶 1kg、桂皮 2kg、饼种 1.5kg、饼泥 3.5kg，将上述原料粉碎，筛分，放入容器，加水拌匀后，倒在木板上，用四方木格压成饼。再用刀横直切成小四方形。用竹筛筛圆，放入培养室，在 25～30℃保温培养 48～50h，然后取出晒干即成。

2. 酒饼曲制备工艺流程

酒饼曲即为成熟小曲，其工艺流程如图 4-11 所示。

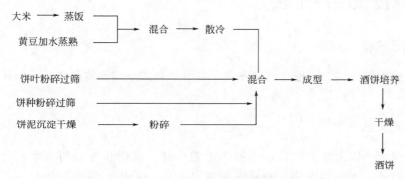

图 4-11 豉味玉冰烧酒的饼曲制备工艺流程

3. 酒饼曲制备方法

酒饼曲的配方及原料质量要求见表 4-53。制作方法如下。

表 4-53 豉味玉冰烧酒饼曲的配方及原料质量要求

原料	配方	质量要求
大米	48kg	颗粒饱满，色泽和气味自然，腹白度少，无蛀虫。淀粉含量≥72.0%，水分≤14%，其他卫生要求符合 GB 1354 规定
黄豆	9kg	颗粒饱满，色泽和气味自然，无蛀虫，无霉变。水分≤13.5%，杂质≤1.0%，其他卫生要求符合 GB 1352 规定
饼叶	3.6kg	为串珠叶(番荔枝科植物假鹰爪的叶子)和肉桂叶(樟科植物肉桂的叶子)，叶面干净，叶形完整，折断面闻有其固有的芳香，无虫蛀，无霉变
饼泥	9kg	水分≤13.0%。为白土泥粉，无杂质，无异臭，无污染。水分≤5.0%
饼种	1%	表面色白，大小、颜色均匀，无异味，无虫蛀。糖化发酵力≥88.0%，水分≤13.5%

(1) 制坯 将蒸熟的米饭、黄豆温度冷却到接种品温时，按配料比例依次加入饼种、饼叶、饼泥，将饭铲入接料斗（或起堆）。经混合、搅拌、挤压、切割成型，每块长 22cm，宽 20cm，厚 2.6cm，重 1.44kg。

(2) 培曲 成型后的酒饼坯再送入面积 30m²、高 4m 的培养房一块块用麻绳挂于竹杆上，架于木架间。饼间左右间距 1～1.5cm，行间距 6cm，挂饼后一般盖顶席和边席，使大曲饼保温保湿。

在培养过程中，根据初期、中期、后期培菌要求及时调节房温及湿度，品温从28℃升至45℃后逐步回落。培养6～7天，要求：酒饼色白，表里色泽一致，菌丝生长粗壮，分布均匀，味清香略有甜味，饼无霉烂。

（3）入库 培养完毕的酒饼出房后，进入干燥房在50℃以下干燥36h左右，即可入库备用。

二、传统生产工艺

1. 工艺流程

大米→蒸饭→摊晾→配曲拌料→入埕发酵→蒸馏→肉埕陈酿→沉淀→压滤→包装→成品

2. 生产工艺

（1）蒸饭 以大米为原料，一般要求无虫蛀、霉烂和变质的大米，含淀粉在75％以上。蒸饭采用水泥锅，每锅先加清水110～115kg，通蒸汽加热，水沸后装粮100kg，加盖煮沸时即行翻拌，并关蒸汽，待米饭吸水饱满，开小量蒸汽焖20min，便可出饭。蒸饭要求熟透疏松，无白心，以利于提高出酒率。目前广东石湾酒厂等已采用连续蒸饭机连续蒸饭，效果良好。

（2）摊晾 将熟透的蒸饭，装入松饭机，打松后摊于饭床或用传送带鼓风摊晾冷却，使品温降低，一般要求夏天35℃以下，冬天40℃左右。摊晾时要求品温均匀，尽量使饭耙松，勿使成团。

（3）配曲拌料 放至适温，进行拌曲。酒曲的用量，每100kg大米用酒曲饼粉18～22kg，拌料时先将酒曲饼磨碎成粉，撒于饭粒中，拌匀后装埕。

（4）入埕发酵 装埕时每埕先注清水6.5～7kg，然后将饭分装入埕，每埕5kg（以大米量计），装埕后封闭埕口，入发酵房进行发酵。发酵期间要适当控制发酵房温度（26～30℃），注意控制品温的变化，特别是发酵前期三天的品温，一般在30℃以下，不超过40℃为宜，发酵周期夏季为15天，冬季为20天。

（5）蒸馏 发酵完毕，将酒醅取出，进行蒸馏。蒸馏设备为改良式蒸馏甑，用蛇管冷却，蒸馏时每甑投料250kg（以大米量计），截去酒头酒尾，减少高沸点的杂质，保证初馏酒的醇和。

（6）肉埕陈酿 将初馏酒装埕，加入肥猪肉浸泡陈酿，每埕放酒20kg，肥猪肉2kg。浸泡陈酿三个月，使脂肪缓慢溶解，吸附杂质，并起酯化作用，提高老熟度，使酒香醇可口，同时具有独特的豉味。

（7）压滤包装 陈酿后将酒倒入大池或大缸中（酒中肥肉仍存于埕中，再放新酒浸泡陈酿），让其自然沉淀20天以上，待酒澄清，取出酒样，经鉴定、勾兑合格后，除去池面油质及池底沉淀物，用泵将池中间部分澄清的酒液送入压滤机压滤，最后装瓶包装，即为成品。

3. 成品质量指标

（1）感官指标

① 色泽　澄清、透明、无色或略带微淡黄色，无悬浮物及沉淀物。

② 香气　醇香，具有豉味玉冰烧酒独特的豉香味。

③ 滋味　入口醇滑，有豉肉香味，无苦涩味及其他怪杂味。

（2）理化指标　酒精度：埕装 29.5％vol；瓶装 30.5％vol。理化标准见表 4-54。

表 4-54　理化指标　　　单位：g/100mL（除注明外）

项目	总酸	总酯	总醛	氨基酸	甲醇	杂醇油	固形物	氰化物	含铅量
含量	≤0.08	≥0.15	≤0.1	≥0.002	≤0.06	≤0.2	≤0.02	≤0.5mg/L	≤1mg/L

三、豉香型白酒风味成分研究

独特的生产工艺使豉香型白酒具有了独特的豉香味。在酒体构成上表现为微量风味成分的组成及量比关系的差异。

1. 早期研究成果总结

1995 年，中国食品发酵工业研究院为确立"豉香"新香型及制定豉香型白酒国家标准，系统分析了一定批次的豉香型白酒酒样，通过液-液萃取浓缩后进质谱分离出 200 余个色谱峰，定性检出豉香型白酒中醇类 23 种、酯类 27 种、酸类 17 种、羰基化合物 13 种、缩醛类 5 种，共 85 种香味物质，准确定量出其中 66 种风味物质。

根据豉香型白酒的特殊生产工艺及其典型风格特征。1996 年 GB/T 16289—1996 豉香型白酒标准由国家技术监督局发布，是继浓香型、清香型、米香型、凤香型白酒国家标准之后，建立的第 5 个香型白酒国家标准。标准中规定了 β-苯乙醇含量高和存在二元酸（庚二酸、辛二酸、壬二酸）二乙酯是豉香型白酒产品的特征检验项目。

2001 年，九江酒厂余剑霞采用气相色谱定量分析豉香型白酒中的二元酸二乙酯，结果为：庚二酸二乙酯、辛二酸二乙酯、壬二酸二乙酯的相对标准偏差分别为3.19％、2.07％和2.92％。2002 年，金佩璋、袁艳雯采用毛细管直接进样测定分析了豉香型白酒中的高沸点香味物质，通过提高初温、快速程序升温，使目的组分和内标都在恒温条件下出峰，提高了分析速度和定量准确性。2006 年，九江酒厂余剑霞采用高效液相定量分析了豉香型白酒中 6 种高级脂肪酸，包括亚麻酸、肉豆蔻酸、亚油酸、油酸、棕榈酸、硬脂酸。

2. 豉香型白酒风味成分定量分析

2011 年 11 月 3 日，中国轻工业联合会组织专家对中国食品发酵工业研究院和广东省九江酒厂有限公司共同完成的中国白酒 169 计划项目——"中国豉香型九江双蒸白酒风味物质剖析技术的研究及应用"课题进行科技成果鉴定，参与项目研究的豉香型白酒"九江双蒸酒"在此研究成果中确立了新的豉香型白酒标准。

该项目根据白酒中香味成分的溶解性及极性，通过液液萃取及过柱，氮吹浓缩，将酒样分成 11 个组分进样，用 GC-MS 对样品进行定性。

经过对谱图的解析，定性出风味成分 615 种，其中包括醛类 16 种，酮类 27 种，缩醛类 9 种，醇类 67 种，酯类 116 种，萜烯类 3 种，苯酚类 8 种，硫化物 11 种，酸类 31 种，苯类 33 种，吡啶及吡咯类 7 种，吡嗪类 3 种，呋喃类 7 种，含氨基类 7 种，烷烃类 31 种，其他化合物 5 种，未知峰 234 个等。

根据中国酿酒工业协会"169 项目"要求，试验用嗅闻仪（GC-O）对豉香型九江白酒的呈香化合物进行了研究。采用原酒直接进样、浓缩（200 倍左右）进样、AEDA 进样，分别进行嗅闻，承担嗅闻工作的是两名酒类国家评委，并结合豉香型白酒生产工艺，从 80 种左右的呈香化合物中确定了 11～16 种特征香味化合物。

本研究采用了目前国内最先进的定量方法。采用固相微萃取结合气质联用，对豉香型白酒中微量风味成分的定量分析取得了较好的效果。同时，为了提高定量风味的准确性，在研究过程中，采用气相色谱分析酒体中常规风味，采用 HS-SPME 结合 GC-MS 分析酒体中微量风味，采用离子色谱分析酒体中有机酸类、多元醇类。对豉香型九江白酒风味定量分析达到了 100 种以上，大大提高了定量分析水平。为豉香型白酒的生产和勾兑工艺打下了基础。表 4-55 对比列举了 1995 年轻工业部食品质量监督检验中心定量分析的 66 种风味成分及本次阶段性研究的定量分析结果。

表 4-55　豉香型白酒风味成分定量结果对比

风味类别	1995 年定量结果	2011 年定量结果
醇类	甲醇、仲丁醇、正丙醇、异丁醇、仲戊醇、正丁醇、异戊醇、正戊醇、正己醇、正庚醇、正辛醇、正壬醇、2,3-丁二醇（左旋）、2,3-丁二醇（内消旋）、1,2-丙二醇、3-乙氧基-1-丙醇、苯甲醇、β-苯乙醇、3-甲硫基-1-丙醇、糠醇、丙三醇	仲丁醇、正丙醇、异丁醇、2-戊醇、正丁醇、异戊醇、正戊醇、正己醇、2,3-丁二醇、1,2-丙二醇、3-甲硫基丙醇、β-苯乙醇、2-辛醇、庚醇、正辛醇、苯甲醇、月桂醇、3-苯基-1-丙醇、甘油、赤藓糖醇、木糖醇、山梨醇、甘露醇、半乳糖醇、阿拉伯糖醇、麦芽糖醇
醛酮类	乙醛、正丙醛、异丁醛、正丁醛、异戊醛、2-戊酮、3-羟基-2-丁酮、糠醛、苯甲醛	乙醛、丙醛、异丁醛、乙缩醛、异戊醛、正己醛、糠醛、正丁醛、2-壬酮、壬醛、癸醛、苯甲醛、5-甲基糠醛、苯乙醛

风味类别	1995 年定量结果	2011 年定量结果
酯类	甲酸乙酯、乙酸乙酯、乙酸异丁酯、乙酸正丁酯、丁酸乙酯、乙酸异戊酯、戊酸乙酯、己酸乙酯、庚酸乙酯、辛酸乙酯、壬酸乙酯、月桂酸乙酯、肉豆蔻酸乙酯、棕榈酸乙酯、硬脂酸乙酯、油酸乙酯、亚油酸乙酯、乳酸乙酯、乳酸异戊酯、乳酸正丁酯、苯甲酸乙酯、丁二酸二乙酯、庚二酸二乙酯、辛二酸二乙酯、壬二酸二乙酯	甲酸乙酯、乙酸乙酯、己酸乙酯、庚酸乙酯、乳酸乙酯、辛酸乙酯、己酸异戊酯、壬酸乙酯、癸酸乙酯、十四酸乙酯、棕榈酸乙酯、油酸乙酯、亚油酸乙酯、丙酸乙酯、异丁酸乙酯、乙酸丙酯、乙酸异丁酯、丁酸乙酯、异戊酸乙酯、甲酸异戊酯、乙酸异戊酯、戊酸乙酯、己酸甲酯、乙酸己酯、己酸丙酯、乙酸异丁酯、己酸丁酯、己酸戊酯、乳酸丁酯、乳酸异戊酯、己酸己酯、辛酸丁酯、辛酸异戊酯、苯甲酸乙酯、丁二酸二乙酯、苯乙酸乙酯、乙酸苯乙酯、月桂酸乙酯、3-苯丙酸乙酯、庚二酸二乙酯、r-壬内酯、月桂酸异戊酯、辛二酸二乙酯、乙酸-β-苯乙酯、壬二酸二乙酯
酸类	乙酸、丙酸、异丁酸、正丁酸、异戊酸、正戊酸、正己酸、乳酸	庚酸、辛酸、壬酸、癸酸、乳酸、乙酸、丙酸、甲酸、异丁酸、正丁酸、丙酮酸、异戊酸、2-乙基丁酸、戊酸、己酸、山梨酸、琥珀酸、庚二酸、辛二酸、草酸、富马酸、壬二酸、邻苯二甲酸、柠檬酸、乌头酸
其他		1,1-二乙氧基甲烷、1,1-二乙氧基丙烷、苯酚、4-乙基愈创木酚、二乙氧基异戊烷、醋嗡

在对白酒风味成分的定性研究上，借鉴了目前国际国内较为先进的液液萃取等前处理方法，结合 GC-MS 对豉香型九江白酒进行了初步分析，表 4-56 为豉香型白酒风味成分定性结果数量对比。

表 4-56　豉香型白酒风味成分定性结果数量对比

风味类别	醇类	酯类	酸类	羰基化合物	缩醛类	萜烯类	硫化物	含氮化合物	苯酚类	苯类	含氨基类	烷烃类	其他化合物	未知峰
1995 年	23	27	17	13	5									约 115
2011 年	67	116	31	43	9	3	11	17	8	33	7	31	5	234

对豉香型白酒呈香化合物的研究起步较早，为豉香型白酒香型的确立发挥了积极的作用。目前，新版国标 GB/T 16289—2018 修订中，在理化要求上单独对 β-苯乙醇和 3 种二元酸二乙酯的量进行了规定，也是大家比较公认的豉香型白酒的重要风味成分。另外，不少专家学者针对豉香型白酒独特的酿造工艺，结合分析结果提出了可能的豉香型白酒特征风味。如曾新安、张本山等采用 GC-MS 及 GC 分析手段，对广东豉香型酒的特征香气成分进行鉴定，认为 β-苯乙醇及 9,9-二乙氧基壬酸乙酯是其主要特征香气成分。金佩璋通过分析研究，提出 3-甲硫基丙醇亦可能是豉香型白酒的特征性成分。

通过对豉香型九江白酒风味成分剖析，确立了豉香型白酒风味物质标准，并对不同样品中微量风味成分的量比关系进行了分析，找到关键复杂成分的工艺来源，确定了九江双蒸酒重要风味化合物。

❖ 第八节　兼香型

兼香型白酒的生产工艺，目前有两条成熟的工艺路线。一是采用大曲酱香型白酒和浓香型白酒相结合的生产工艺：即前几轮为酱香型生产工艺，石窖泥底，使用高温曲，高温堆积，高温发酵，后 3 轮采用浓香型生产工艺，泥窖中发酵，使用中高温曲，续糟混蒸混烧，1 年为 1 个生产周期；二是采用分型发酵，按酱香、浓香各自的工艺特点分型发酵产酒，分型贮存，按比例勾兑成型的技术路线。经过多年实践，这两条生产工艺路线均科学合理，产品的共同特征明显，有异曲同工之妙。业内认为，兼香型一开始就存在以白云边为代表的酱中带浓风格和以黑龙江玉泉酒（采用分型发酵工艺）为代表的浓中带酱风格的两个流派，它们各有所长。

下面以白云边为例详细介绍浓酱兼香型白酒的生产。

一、白云边酒制曲工艺

据白云边的熊小毛等研究，白云边酒生产采取高温曲和中温曲分开制曲，结合使用，形成了浓酱兼香型白酒特有的制曲工艺体系。这与浓、酱主流香型有一定区别。

1. 高温制曲

白云边酒高温曲以纯小麦为原料，经高温培养而成，最高温度控制在 65℃。

（1）工艺流程

小麦→润麦→磨碎→拌料→踩曲→晾曲→入房堆曲→培菌→摘草→质量检验→入库贮存

（2）操作要点

① 润麦　小麦经除杂处理后，加 3％～5％的热水拌匀，水温控制在 60℃左右，让小麦均匀吸水。润麦时间保持在 2～3h。润麦的主要目的是让小麦表皮吸收少量水分，使之在磨碎过程中被磨成片状。

② 磨碎　将润好的小麦用钢磨粉碎，要严格控制粉碎度。麦皮要磨成"梅花瓣"状，通过 20 目筛的细粉控制在 40％～45％。小麦磨碎的粗细与培菌效果和成

曲质量关系密切。高温大曲在培菌过程中要保持足够的水分，让微生物旺盛繁殖，积累温度。如果粉碎过粗，制成的曲坯疏松，水分容易蒸发，热量散失快，微生物的生长繁殖受到影响，导致曲坯来火猛，后火不足，成品曲难以成熟。粉碎过细，曲坯容易黏结，不易透气，水分、热量难以散失，使曲坯长时间处于高湿高温状态，不仅会使曲坯严重变形，而且容易导致曲坯酸败，成品曲中黑色曲比例过大，质量下降。

③ 拌料　将母曲、水和磨碎好的麦粉均匀混合。要求准确配料，充分搅拌，保证拌和好的曲料均匀、无干粉、无疙瘩，手握成团而不粘手。用量一般在 5% 左右，根据季节适当调节。

加水控制在原料量的 38%～42%。加水量是影响培菌发酵的重要因素，应严格加以控制。加水量过大，曲坯不易成型，或踩制过紧，使晾曲时间过长。入房后升温猛，散热难，形成"窝水曲"。加水量过小，曲坯不易黏合，入房后难以保持水分和温度，造成裂口和干皮，微生物不能正常生长和繁殖，成品曲酱味不足，质量差。

④ 踩曲　同酱香型（略）。

⑤ 晾曲　刚踩制成型的曲坯还不能达到搬运的强度，也不能承受较大的压力，需要在踩曲场地放置一段时间。具体操作是将曲坯踩制成型后平放在场地上，稍后侧立放置，以挥发掉部分水分，使曲坯表面收汗，强度增加。晾曲时间一定要恰当掌握。晾曲时间过长，使曲坯表面水分过度挥发，不利于微生物在表皮生长繁殖。

⑥ 入房堆曲　将曲坯运至曲房按一定的摆放要求堆码。先将曲房打扫干净，在地面铺上 12cm 左右厚的稻草，然后将曲坯侧立排列，曲坯间用稻草隔开，曲间距 2～3cm，排满一层后，在上面铺上一层 12cm 厚的稻草；再排列第二层，依次排列到 4 层为止，成为一行，接着排第二、三行至若干行，每房最后留 2 行位置，作为翻曲倒曲之用。

稻草的主要作用是保温，同时也是微生物的来源之一。曲坯的各个面均与稻草接触，完全处于稻草之中，这不能不说是高温大曲生产中的一大特点。稻草的挑选，要求新鲜，无霉烂，生长过程中无病虫害。

⑦ 培菌　每房堆曲结束时，在曲堆上面覆盖 12cm 厚的稻草，并在稻草上均匀洒水，关闭门窗，调节通气孔，保温保潮培菌。

A. 第一次翻曲　在适宜的温度、湿度条件下，曲坯上的微生物开始生长繁殖，产生热量，使曲坯品温逐渐上升。夏季经 6 天左右，冬季经 8 天左右，曲坯内部温度上升到 65℃，曲房内的湿度也会接近或达到饱和，此时，曲坯表面布满菌丝，这是霉菌和酵母大量繁殖的结果。应及时进行第一次翻曲。翻曲时应将上、下层，内、外行的曲坯位置对调，以均匀调节曲坯各部位的温度，使微生物在整个曲坯上均匀生长，成熟一致。翻曲过程中，对湿度太大的稻草应予以更换。第一次翻曲时的温度不宜超过 65℃，也不应低于 63℃。掌握好第一次翻曲的时机非常重要。要根据季节和环境条件的变化综合判断和分析。一般应考虑季节、曲房多点温度、曲坯内部温度、培菌时间、曲坯表面菌丝生长情况、曲坯感官特征等因素，在恰当的时候进行第一次翻曲。翻曲过早，曲坯温度偏低，制成的成品曲，白色曲多，酱味不足。翻曲过迟，曲坯温度过高，曲坯变形，黑曲多，有煳味，影响白酒发酵，影响产品质量。

B. 第二次翻曲　经第一次翻曲后，由于散发大量的水分和热量，曲坯品温降到 50℃ 以下。2 天后品温又开始回升。经 7～9 天，曲坯品温又回升到 58～60℃，即可进行第二次翻曲。二次翻曲后，品温先下降，后又缓慢回升，但回升的幅度明显变小。主要是经过前期的高温堆积后，霉菌酵母大量死亡，曲坯水分减小，高温细菌的繁殖也受到抑制，无力再将温度升到前次的高度。以后品温开始平稳下降，直到与室温相同。

⑧ 摘草　从入房开始，经过 45 天左右的培养，品温逐渐降至室温，曲坯基本干燥，即可把稻草摘去。要求把黏附在曲坯表面的稻草清除干净，把曲块整齐地堆放在曲房，进一步排出水分，让品温完全降至室温，曲坯成熟。

⑨ 质量检验　成品质量检验分感官检验和理化检验两个方面。感官要求：有较浓郁的酱香味，无其他异杂味，曲块表面颜色，黄色占 60%，白色占 30%，黑色占 10%，断面要求皮薄，黄色无生心。成品曲理化指标见表 4-57。

表 4-57　成品曲理化指标

项目	水分/%	酸度/(mL/10g)	糖化力/U	液化力/U	发酵力/(g/100g)
指标	≤14	1.2～2.0	180～350	1.5～2.5	1.5～2.0

⑩ 入库贮存　将成品曲运至贮曲库贮存 3～4 个月后，用于酿酒。曲库要求防潮、防虫、通风。并按先进先出的原则投入使用，避免贮存时间过长影响发酵效果。

2. 中温制曲

白云边酒中温曲以纯小麦为原料，经中温培养而成。最高培养温度为 55℃。工艺流程略。

操作要点：润麦、磨碎、拌料、踩曲、晾曲等操作要点与高温大曲大体相同。只是在拌料时，只加水，不加母曲。加水量比高温曲略少。

（1）入房排列　把曲房打扫干净，在地面上撒一层新鲜稻壳。将曲坯顺序侧立，排满一行后，再排第二行至若干行，只排一层。曲间距、行距 2～3cm。排满一房后，在曲坯上面盖上草帘，均匀洒上水，以保温保潮。要注意洒水不宜过多，防止水渗到曲坯上。操作完毕，关上门窗，保温培菌。

（2）挂衣　即指曲坯上长霉。在适宜的温度、湿度下，微生物迅速生长繁殖。

第一天，曲坯表面出现白色斑点和菌丝体。2~3天后，曲心温度升到40℃左右，曲坯表面80%~90%布满白色菌丝体，闻有甜香气，应揭开草帘，进行第一次翻曲。翻曲时，原来着地的一侧翻朝上，四周的转向中间，排列2层，硬度大的曲坯排在底层，每房翻完后继续保温保潮培菌。

（3）前火　第一次翻曲后，品温逐渐上升。注意开关门窗以调节温度和湿度，避免大幅升温和降温。约2天，当曲心温度升至50℃时，进行第二次翻曲。要求上下层对调，中间与周边对调，并根据曲坯软硬程度逐步加高层数。

（4）中火　第二次翻曲后，曲坯层数进一步加高，在保温保潮的条件下，品温又一直上升。经过前期的培养，微生物大量繁殖，处于生长的旺盛期，进入中期发酵，放出大量的热能，曲心温度升至最高控制温度55℃，应及时开启门窗降温排潮，防止温度进一步升高。及时进行第三次翻曲，开始并房，并加高层次，保持温度平稳变化。

（5）后火　经过中火以后，曲坯水分大部分散失，微生物生长繁殖受到抑制，品温缓慢下降，可视曲坯水分情况再进行2~3次翻曲。后火要保持一定的温度，让曲心水分继续排出，俗称"挤水分"。如果品温过低，曲心水分散发不出来，导致曲心有酸臭味，长黑毛，出现生心等异常发酵情况。因此，中温曲生产，在品温控制上要做到"前稳、中挺、后缓落"。

（6）拢火　后火期过后，品温逐渐下降，曲心水分降至16%左右，曲坯基本成熟，即进行拢火。将曲坯侧立靠拢排列，不留间隔，一般叠至6~7层。拢火后，利用曲坯的余温将曲心水分进一步排出，使最后含水量达到13%，曲坯成熟，培菌结束。

从入房算起，约需一个月的时间，即可出房。

（7）质量检验　感官要求：曲香纯正、气味浓郁，表面有均匀一致的白色斑点或菌丝，断面整齐呈灰白色，有生长良好的白色菌丝，皮薄心厚，无异色。中温曲理化指标见表4-58。

表4-58　中温曲理化指标

项目	水分/%	酸度/(mL/10g)	糖化力/U	液化力/U	发酵力/(g/100g)
指标	≤13	≤1.2	≥650	≥5	2.0~2.5

（8）入库贮存　将质量检验后的成品曲运到干燥通风防虫的曲库贮存3个月左右。再用于酿酒生产。

3. 白云边曲与浓香、酱香型大曲的比较

白云边酒曲与浓香型、酱香型大曲的指标比较见表4-59。

表 4-59　白云边酒曲与浓香型、酱香型大曲的指标比较

项目	酱香型大曲	浓香型大曲	白云边中温曲	白云边高温曲
水分/%	12.5	18.9	14.0	12.0
酸度/(mL/10g)	1.83	0.96	0.83	1.68
糖化力/U	270	1045	870	330
液化力/U	1.35	6.75	5.35	2.62
发酵力/(g/100g)	0.8	2.03	2.06	0.75
蛋白酶/(U/g)	111.0	61.23	61.5	82.3
酯化酶/(U/g)	0.42	0.56	0.49	0.36
酯分解率/%	40.72	30.6	27.6	27.8
酵母菌/($\times 10^6$ 个/g)	0.89	1.83	1.14	0.77
霉菌/($\times 10^6$ 个/g)	0.85	0.96	1.72	1.15
细菌/($\times 10^6$ 个/g)	3.59	5.50	5.42	4.22

注：历史资料，仅供参考。

（1）高温曲温度高低的问题　从目前的生产实践看，浓香型、兼香型、酱香型白酒生产厂家，制曲温度都有提高的趋势，其目的是使酒味丰满，增加后味，完善酒体风格，作用是比较明显的。但高温大曲的特点是随着制曲品温升高，导致最终成曲糖化力、液化力低，酸度、酸性蛋白酶高，酵母菌严重不足，影响发酵，势必使出酒率降低。因为白酒中许多香味成分是醇溶性的，如果酒醅中的酒精含量低，在蒸馏时必然有许多醇溶性的香味物质蒸不出来而残存于酒糟中，势必影响酒的质量。

制曲温度过高，除了发酵动力不足外，还容易使酒的煳苦味加重、酒色发黄。成品酒常带有焦煳味主要来自高温大曲。因此，高温制曲，并不一定是温度越高越好。高温曲的最高温度 65℃左右，中温曲的最高温度 58℃左右。当然各厂操作有一定区别。

（2）白云边高温制曲与美拉德反应　美拉德反应是氨基化合物和还原糖化合物之间发生的反应，广泛存在于食品加工过程中，是形成食品香味的主要反应之一。该反应生成多种醛、酮、醇及呋喃、吡喃、吡啶、噻吩、吡咯、吡嗪等杂环化合物。白酒中特别是酱香型白酒和兼香型白酒中含有较多的杂环化合物，应与美拉德反应有密切关系。其反应的影响因素包括温度、时间、湿度、pH 值、底物的浓度和性质等。高温制曲为美拉德反应提供了有利条件。

高温大曲的主要原料是小麦。小麦淀粉含量高，富含面筋等营养成分，含氨基酸 20 多种，维生素含量也很丰富。小麦蛋白质的组分以麦胶蛋白和麦谷蛋白为主。小麦中的碳水化合物，除淀粉外，还有少量的蔗糖、葡萄糖、果糖等，以及少量的糊精，非常适宜各类微生物生长繁殖。

　　高温制曲的前发酵阶段，由于温度水分适宜，霉菌和酵母大量繁殖，各种酶的活力也较强。曲坯中的还原糖和氨基酸的含量不断上升，美拉德反应的底物浓度高，有利于反应的进行。随着发酵时间延长，曲坯品温逐渐上升到65℃，淀粉和蛋白质的分解进一步加剧，曲坯中的氨基酸、多肽、糖类大为增加。有资料介绍，美拉德反应的最佳条件为pH5.0～8.0，还原糖和氨基酸含量要在6%以下，反应速度随温度升高而加快。高温制曲正好满足了这些条件。

　　高温制曲达到最高温度65℃以后，霉菌、酵母大量死亡，高温细菌，主要是芽孢杆菌生长旺盛，产生较多的蛋白水解酶，并将小麦中的蛋白质分解为大量的游离氨基酸，为美拉德反应提供了足量的前体物质。有试验表明，地衣芽孢杆菌对美拉德反应有催化作用。这说明美拉德反应与高温细菌的发酵及代谢的酶系有关。因此，可以这样认为高温制曲培养了高温细菌，高温细菌促进了美拉德反应。

　　高温制曲过程中，如果曲坯水分过大，踩制过紧，在培菌过程中翻曲不及时，曲坯长时间处于高温高湿状态，导致成曲变黑，有焦煳味。推测黑曲是美拉德反应过度的结果。在高温高湿条件下，淀粉与蛋白质过度分解，糖分过高，反应时间过长，出现焦糖化，导致黑曲过多。黑曲不仅成曲质量差，而且会给白酒带来焦苦味。高温大曲应该尽量控制黑曲的比例。一般要控制在10%以内。因此在高温制曲过程中，要合理调节温度和湿度，控制美拉德反应，以得到最理想的反应结果。

　　（3）高温制曲中的水分控制问题　　水是微生物细胞的重要组成成分，占活细胞总量的90%左右，机体内的一系列生理生化反应都离不开水。营养物质的吸收与代谢产物的分泌都是通过水来完成的，同时由于水的比热高，又是良好的导体，因此能有效地吸收代谢过程中放出的热，并将吸收的热迅速地散发出去，避免导致胞内温度陡然升高，故能有效控制胞内温度的变化。水是影响制曲的关键因素。

　　高温制曲，由于要在高温高湿的条件下培养微生物，因此需要比中温制曲和低温制曲更多的水分。水分控制要注意两个环节，一是要保证有足够的水添加到曲料中去；二是要掌握水分在曲坯中的保留时间和变化的幅度。

　　水是分两次加到曲料中去的。第一次是粉碎前的润麦，虽然添加量不大，但小麦表皮通过吸收水分而变软，有利于粉碎。第二次是在拌料时加水，加水量为原料的38%～42%，这是控制的重点。传统制曲是手工拌料，料和水分别用定量的容器计量，但很不准确，水分波动幅度大。现在多采用机器拌料。加水量可以精确控制。季节不同，空气温度、湿度不同，水分吸收和挥发的速度不同，要注意修正。

二、白云边酒酿造工艺

1. 工艺特点

　　以高粱为原料，多次投料，6轮堆积，清蒸清烧和混蒸续糟相结合，9轮操作，7次取酒，泥窖发酵。

2. 工艺流程

白云边酒酿造工艺流程见图 4-12。

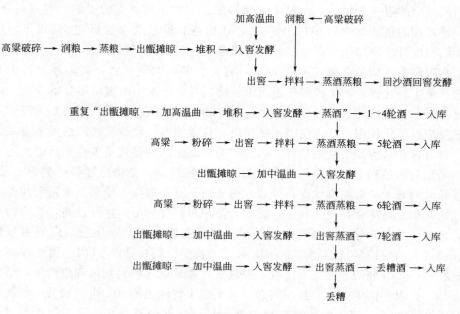

图 4-12　白云边酒酿造工艺流程

3. 操作要点

（1）第 1 次投料　每年 9 月开始投料，进入新一年度的生产周期。第 1 次投料时间为 15 个工作日，投料量占全年投料总量的 40%。

将高粱破碎，要求 80% 的整粒，20% 的破碎成 2～4 瓣，运至操作场地，用占投料量 45% 的 95℃ 以上的热水将高粱均匀润湿，收成方堆，放置 8～9h，让其充分吸水后，加入 10% 上年度留下来的末轮酒醅拌匀上甑蒸粮。蒸粮时间控制在 100min 左右。要求蒸匀、蒸熟，以无生心为度，不要蒸得过透。将蒸好的粮食出甑，适当补充量水，在晾堂上扬冷至 30℃ 或平室温，下高温曲，拌和均匀后，运至堆积场地收成圆锥形堆，堆积 2～3 天。要求堆体四周同步升温，待堆温升至 55～60℃ 时，开堆入窖发酵 1 个月。入窖时，要喷洒 2%～3% 上年度的末轮酒尾，以调节酸度和增加香味成分。科学利用酒尾，是提高白云边酒质量的有效措施。

（2）第 2 次投料　第 2 次投料时间为 30 个工作日。投料量占全年投料总量的 40%，日投料量为第 1 次日投料量的一半。将高粱破碎，要求 70% 的整粒，30% 破碎成 3～4 瓣，用占投料量 48% 的 95℃ 以上的热水将高粱均匀润湿，收成方堆，放置 9h。开窖取等量上轮发酵好的酒醅拌和均匀，上甑混蒸混烧。出甑、摊晾、下曲、堆积、入窖发酵与上轮相同。

（3）第3轮操作 将上轮发酵1个月的酒醅取出蒸酒，得到第1轮（次）酒。按酒醅在窖中的位置，分成上、中、下3层，分层取酒，分层分级入库，根据酒醅情况，在上甑时可以适当添加经彻底清蒸后的辅料。蒸完酒后，出甑摊晾至40℃，下高温曲，拌和均匀，运至堆积场地收成圆锥形堆。要求酒醅从堆顶均匀往下滑落，确保收堆温度的一致性。经3天左右的堆积，堆温达到50℃，即可开堆入窖发酵，发酵时间为1个月。

（4）第4~6轮操作 重复第3轮操作过程，分别取得2、3、4轮酒。这几轮操作，时至冬季，热量损失快，下曲温度不能太低，堆积要注意保温。视升温情况，合理掌握堆积时间。随着酒醅的黏性增加，要适当增加稻壳的用量，避免酒醅成团。保证曲粉与糟醅均匀接触，有利于发酵。

（5）第7轮操作 在本轮操作时要加入新料。本轮总投料占全年总投料量的10%。将高粱粉碎，润粮，均匀拌入出窖的酒醅中混蒸混烧，取得第5次酒，出甑摊晾，下中温曲，直接入窖发酵1个月。

（6）第8轮操作 将第7轮发酵好的酒醅取出，添加新高粱粉混蒸混烧，取得第6次酒。蒸完酒后出甑摊晾，下中温曲入窖发酵1个月。本轮总投料量占全年总投料量的10%。

（7）第9轮操作 本轮不加新料，取丢糟酒。取完酒后即行丢糟。另外留一部分不取酒，放在窖中继续发酵，用作下年度生产用母糟。

（8）生产周期 大生产周期为10个月，每年9月投料，次年6月结束，每轮发酵时间为1个月。

4. 各轮次生产工艺主要参数

各轮次生产工艺主要参数见表4-60。

表 4-60 各轮次生产工艺主要参数

轮次	用曲量/%	辅料用量/%	堆积顶温/℃	入窖水分/%	发酵周期/d
1	10	—	54~59	39~41	30
2	12	—	52~57	41~43	30
3	14	1.5	46~51	43~45	30
4	14	2.5	43~48	45~47	30
5	12	3.5	42~47	46~48	30
6	11	4	42~47	48~50	30
7	8	3		50~52	30
8	6	3		52~54	30
9	4	3		52~54	30

5. 白云边酒生产的特点探讨

（1）高温堆积的作用　高温堆积是白云边酒生产的重要工序。堆积质量的好坏直接影响半成品酒的产量和质量，并对白云边酒风格的形成有重大影响。据白云边酒厂熊小毛等的分析，白云边酒的高温曲中酵母和霉菌数量极少，以高温细菌为主。曲的糖化力和发酵力较弱。依靠它自身的力量不足以完成发酵过程，必须以适当的途径进行扩大培养和引入酵母菌等酿酒微生物。高温堆积正好解决了这个问题。在堆积过程中，高温曲中的微生物处于适宜条件下，由休眠状态转入生长繁殖状态，并进入对数生长期，微生物数量迅速增加。同时富集了生产场地、空气、操作工具等环境中的微生物，它们在堆积过程中迅速生长繁殖，为糖化和发酵提供了足够的动力，其效果相当于进行了一次中温制曲，并起到了先行糖化的作用。

堆积2~4天后，堆表面可见白色菌丝，酒醅酱味浓郁，并有香甜气味。用手插入堆中，可以感觉到较高的温度，足见微生物生长繁殖之旺盛。在堆里边，由于空气相对稀薄，微生物生长繁殖受到抑制，温度变化不大。因此在测定堆温时，应以四周和顶部离堆表面20cm左右深处的堆温为准。在第1轮和第2轮堆积时，由于环境温度较高，酒醅较为疏松，堆积温度上升较快，堆积顶温较高，以后几轮则逐渐下降。

（2）窖池的结构　白云边酒生产窖池的设计考虑了酱浓结合的特点。将窖壁下部三分之一用黄泥垒成，上部三分之二用砖砌成，窖底用优质窖泥铺满。这样的窖池结构比全泥窖要好。为保持窖泥的水分，要十分注意保养。在生产过程中，用双轮底发酵提高己酸乙酯含量。

（3）酒醅酸度与发酵的关系　白云边酒总酸含量较高，这与工艺上高温曲、高温堆积、酒醅酸度有直接关系。酒醅发酵需要适当的酸度，因为微生物和糖化发酵的各种酶系总是在适宜的酸度条件下，生长繁殖才最好，酶的活力才最高，积累的代谢产物才最多。白云边酒的酒醅酸度比浓香型要大，生产中大量使用酒尾也是原因之一。实践证明，酸度偏高的酒醅，发酵质量好，酒质也好。酸度对白云边酒发酵的影响，对产品风格形成的作用值得深入研究。

（4）关于高温曲与中温曲结合使用的问题　高温曲的糖化力、发酵力低，生产上必须通过堆积来解决这个问题。而中温曲的糖化力和发酵力比高温曲要高，也可以弥补高温曲的不足。在白云边生产实践中，技术人员探索出了高温曲和中温曲结合使用的方法，收到了良好的效果。

一种是将高温曲与中温曲按比例混合后，在堆积前加入，经堆积培养后入窖发酵。另一种方法是从第3次操作开始，堆积用高温曲，在入窖时加入2%~3%的中温曲，与高温曲协同发酵。实践证明，两种方法都比不加中温曲效果要好。第二种方法优于第一种方法。单从酒醅的酒精含量进行比较，第二种方法比第一种方法提高8%左右，比不加中温曲提高10%左右。全轮次综合出酒率提高5%左右。高温曲与中温曲的结合使用，是浓酱兼香型白云边酒生产特点之一。但高温曲与中温曲怎样协同作用，给发酵过程带来哪些变化，还需深入研究。

（5）丢糟的芳香　经过多次投料，9轮发酵，高比例用曲，积累了大量的芳香物质。但随着发酵轮次的增加，到最后几轮，酒的煳味也增大了，影响酒质。取完第7次酒后，酒糟只好全部丢掉。丢糟除了串香以外，残留在丢糟中的芳香物质好象没有其他办法可以利用。在用白云边酒丢糟作饲料发现，将丢糟烘干时放出沁人心脾的芳香，令人陶醉。这是些什么样的物质？如此芬芳？究竟有多少进入到了酒中？能不能把丢糟烘干时产生的气体的香味物质导入酒中？等等。这些都值得酒界同仁研究，对提高兼香型酒质量很有帮助，甚至可以推广到其他香型酒的生产中去。

三、白云边原酒贮存与勾兑

1. 白云边原酒的贮存

该厂酿造各班组将当天生产的原酒，按上、中、下层分开并入中转酒库陶坛，并由各班评酒委员自行分级。每周由技术质量部组织公司评酒委员对各班组的酒样进行密码品尝、分级。原酒分为优级、一级、二级和不合格4个级别。对初步判断为优级的酒样送色谱室进行色谱分析，将品尝和分析结果结合起来进行综合判定，最终确定级别。全部样品级别确定后，随即计量，分级、分轮、分层入贮存库陶坛密封贮存。陶坛规格有500kg和1000kg两种。对每批入库的原酒要建立档案，用计算机进行管理。最低贮存时间为3年。

2. 白云边酒的勾兑特点

白云边原酒经3年以上的贮存后，酒质发生了明显的变化。为准确掌握变化后有情况，先由技术人员对贮存好的酒逐坛进行品尝分类，与入库档案进行对照，并将重新品尝的结果记录在案，存入计算机。然后根据品尝的结果进行勾兑。

（1）原酒分类　通过对贮存的原酒进行品尝，依据其主要感官特征，对每坛酒分出类别。

偏酱香，兼香偏酱；偏浓香，兼香偏浓。

窖底香，己酸乙酯含量较高；乳酯香，乳酸乙酯含量较高。

陈香，具有幽雅的老酒香气；喷香，放香大、浓郁；焦煳香，出现在6、7轮酒中。

粮香，具有粮食原料的香气，常出现在1、2轮酒中；曲香，类似高温曲的香气；醇香，具有醇甜的香气；回香，余香悠长。

甜，回甜；苦，有后苦味；涩，有涩感；酸，酸味稍重。

幽雅，老熟的标志特征之一；醇厚，酒体醇厚丰满；爽净，后味干净、爽快；

细腻，老熟的标志特征之一。

差酒，不能用作白云边酒的勾兑。

（2）同轮次酒组合　白云边酒分 7 个轮次，每个轮次分上、中、下 3 层和优级、一级、二级 3 个级别，根据每个轮次的综合要求和质量标准，把相同轮次的原酒按一定的技术规范组合起来，成为轮次综合酒。

（3）异轮次酒组合　将 7 个轮次的综合酒，按照试验确定的勾兑方案，再一次综合起来，成为基础酒，基本上具备了白云边酒的风格特征，但还不够完美。

（4）调味　调味是对基础酒的进一步修饰和完善，起到画龙点睛的作用，要求精雕细刻，于细微处见功夫。首先由勾兑小组集体品尝，认真讨论，找出基础酒不完美的地方，再由首席勾兑师进行小样调味，提出 2～3 个可供选择的调味方案，进行色谱分析，最后由几个国家评酒委员确定一种调味方案，付诸实施。一般通过 2～3 次的调味，即可达到比较理想的水平。

（5）平衡、稳定　通过勾兑调味，原酒的平衡系统被打破，微量成分的量比关系发生了新的变化，需要建立新的平衡。因此，调味后的酒还不能立即装瓶出厂，需要一个平衡稳定的过程，一般要存放 2～3 个月的时间方能出厂。

（6）计算机辅助勾兑　该厂从 1988 年开始在有关院校、科研单位的大力支持下，采用物理方法、系统分析方法、复杂系统建模方法对白云边酒勾兑工艺的规律性，尤其是微量成分和感官指标之间的关系进行研究，建立了白云边酒勾兑调味过程的系统模型。运用国际上先进的人工智能专家系统技术，总结勾兑专家的经验，在知识获取和表达形式上形成勾兑调味专家系统知识库，通过计算机技术、最优化技术、气相色谱分析技术以及传统勾兑技术的科学结合，研制出了白云边酒同轮次原酒组合优化系统。通过品尝评价同一轮次原酒，进行打分，采用组合过程数学模型和最优化方法，对该轮次上、中、下 3 个层次和优级、一级、二级 3 个质量级别的原酒用量进行优化计算，在满足该轮次综合酒质量标准的前提下，最大限度地用质量好的酒带走质量较差的酒，从而提高经济效益。白云边酒异轮次勾兑优化系统，用气相色谱分析检测各轮次综合酒的理化指标，并通过品尝评价，采用勾兑过程数学模型和最优化方法对各轮次综合酒的用量进行优化计算，在满足基础酒质量标准的前提下，获得使基础酒经济效益最佳的勾兑方案和用量比例。白云边酒调味专家优化系统，采取人工智能专家系统知识获取和知识表达方式，系统地、科学地总结勾兑师的调味经验，形成调味专家系统知识库。通过专家系统工具语言编制调味专家系统，使计算机能够针对基础酒中的缺陷，模仿勾兑师进行思维、推理、判断、决策等工作，得到合理的调味方案。

另外，采用关系数据库管理软件和专家系统工具中的知识表达方式，编制了"酒库管理系统"和"知识库管理系统"两个辅助子系统，对库存的动态信息和勾兑调味经验及其规则进行科学管理，同时为勾兑和调味系统服务。整套系统在生产使用后，不仅帮助勾兑师进行了一系列思维、推理、判断、优化、决策工作，明显地减轻了劳动强度，大幅度提高了工作效率，提高了勾兑技术水平，而且在稳定质量的前提下，使勾兑过程中"好酒"最大限度地带走"差酒"，从而提高了白云边酒的出厂合格率。

四、浓酱兼香型新郎酒的工艺创新

四川郎酒集团有限责任公司，地处赤水河流域的泸州市古蔺县二郎镇，既是国家级名酒的原产地保护区，也是中国工农红军曾经四渡赤水的红色故土，主要以生产销售酱香、浓酱兼香、浓香3种香型产品为主的大型现代以生产优质酱香型白酒而闻名于世的郎酒。早在20世纪70～80年代，兼香型产品"郎泉酒"（新郎酒的前身）就以优质的产品质量在消费者心中树立了良好的口碑，尤其在川南地区有极高的知名度。该品牌在1984年被评为商业部优质酒；2002年郎酒改制以后，经过详细的市场调研，确定以"新郎酒"取代原有的兼香型产品，根据自身特点重新设计和创新了科学的生产工艺，形成了合理的产品结构，投放市场后得到了行业专家和消费者的一致肯定。现将其生产工艺特点介绍如下。

1. 新郎酒的生产工艺特点

新郎酒充分利用国家名酒——郎酒得天独厚的地理条件和制酒技术，采用分型发酵产酒、精心勾调的"两步法"生产工艺。它所铸造的优秀品质，来自郎酒"四宝"：佳境、郎泉、宝洞、工艺，在酿造过程中有以下特点。

（1）特殊的酿酒地理环境　郎酒生产基地地处赤水河流域、川黔交界的二郎镇，位于中国白酒金三角的"U"形名酒带上，这里山清水秀，气候湿润温和，四季分明，特殊的地理位置为酿造最优质的酱香、浓香原酒提供了最佳生态和自然环境；温润的气候和呈弱碱性的土壤，使上百种酿酒有益微生物在二郎镇周围繁衍生息，它们是新郎酒品质形成的必要条件之一。

（2）优质的酿造水源　新郎酒生产，以郎泉水作为酿造用水。它源于二郎大山，经上千米之厚的地下喀斯特岩层缓慢浸润净化，使郎泉水冬暖夏凉、清澈透明、甘洌清香而微带回甜。有诗云："出自幽深处，天然更沁香"。足见其天然生成，水质稳定，是酿酒的理想水源，在酿酒过程中能对新郎酒半成品酒基的质量产生积极的影响。经有关专家和相关部门曾多次对其水质进行检测，结果证明郎泉水为优质矿泉水。

（3）酿酒原料　新郎酒选用云贵高原及川南种植的米红粱和小麦为原料，米红粱颗粒饱满，大小均匀，壳少皮薄，淀粉含量多，是酿酒的好原料，可使酒体更加细腻、爽净，风格突出。从理化分析上看，单宁含量少，糖化时间短，出酒率高；在淀粉中有95％左右为支链淀粉，吸水性强，容易糊化。非常适宜根霉的生长与糖化，在发酵中能产生复杂的香味物质。

（4）得天独厚的贮存条件　新郎酒采用国家名酒郎酒的酱香半成品酒作为酒基

之一。经"回沙工艺"酿出酱香型原酒，一般需要贮存 3 年以上，才能组合勾调出厂。而新郎酒则对其酱香酒基的贮存有严格的规定，其贮存时间必须在标注规定的年份时间以上。

新郎酒长时间的贮存对贮酒空间要求非常大。为此，郎酒厂老一辈酒师们独具慧眼，在 20 世纪 70 年代后期几经反复论证，利用美酒河畔五老峰半山腰的两个天然大溶洞来贮藏原酒。现在这两个具有酒界奇观之称的郎酒天然大型藏酒库——天宝洞和地宝洞，上承壁立千仞的二郎大山，下临蜿蜒流转的一线赤水。洞内总面积约 1.42 万平方米，被称为"神州第一洞藏"，1999 年获上海大世界基尼斯之最。洞里冬暖夏凉，常年保持 19℃的恒温。

在洞壁密布"酒苔"，滋生着成百上千的有益微生物，新郎酒原酒贮存于洞中，经年累月，自然老熟，幽雅纯正。经研究，洞内贮存的酒体，和洞外自然老熟的酒体相比，前者香气更加柔和、优美，酒体更加细腻、协调、丰满。

(5)"两步法"分型发酵产酒工艺　新郎酒其中的酱香原酒生产完全采用国家名酒郎酒的独特工艺，即"四高两长"(高温制曲、高温堆积、高温发酵、高温馏酒；贮存期长、生产周期长)，经多年洞藏，制成酱香原酒；其浓香原酒酿造同样使用川南优质米红粱，秉承传统的泥窖固态发酵，续糟配料，混蒸混烧，既采用多粮型制酒工艺，又采用单粮型制酒工艺酿制浓香原酒。

两种不同香型的原酒分别贮存于天宝洞、地宝洞，经一段时间贮存后将两种原酒进行盘勾继续贮存，呈现出幽雅的香气及和谐的口感。

2. 新郎酒的工艺创新

(1) 生产工艺的创新　新郎酒的前身，"郎泉酒"采用前几轮酱香、后 3 轮浓香这样的大曲酱香型白酒和浓香酒相结合的生产工艺，1 年为 1 个生产周期。2002 年后，经反复实验对比，此工艺生产的半成品酒由于存在发酵期较短等诸多原因，其半成品酒质不及两步法生产的酒质。故新郎酒弃用原有的酱浓结合工艺，改为两步法直接生产。

(2) 酱香生产工艺的创新　新郎酒的酱香工艺部分进行了多项创新，一是生产原料，高粱破碎度的改进，将传统 20％左右的破碎度调整为 5％以内，既提高了出酒率，又保证了酒质；二是制曲工艺的创新，将传统制曲品温从 62～65℃提高到 65～70℃，增加了曲药的酱香和焦香味；三是适当延长了每轮次的发酵期，由 28～30 天增加到 30～35 天，使产酒的香气更突出。

(3) 浓香生产工艺的创新　在浓香型半成品酒的生产中，对运用生物培养液和翻窖技术的方法进行了实验、分析和总结，创新了一种名为"补充生物培养液进行翻窖的生产技术"的新技术(简称"培养液翻窖技术")，即在窖内糟醅发酵一定时间后，将其翻出，加入适量的"生物培养液"、曲药及稻壳，并充分拌匀，再入池发酵的生产技术。该方法经实验对比，能较大幅度地提高浓香型白酒优质品率。

3. 浓酱兼香型之酒体设计体会

目前，虽然酱香型白酒的消费群体比例有了一定的提高，但如今白酒市场仍然是浓香型占据主导地位的局面。因此，在产品设计时，杨大金等认为对新郎酒的定位，其酒体的感官质量，在适应大多数消费者的同时，也要体现酱香型白酒的幽雅和细腻的风格，所以将浓兼酱、浓头酱尾和绵柔协调作为感官坚持的方向。在勾兑调味上，兼香新郎酒精选天宝洞、地宝洞内盘勾后经过长期贮存的酱香、浓香（单、多粮型）两种优质基础酒，按一定比例科学、协调地勾兑融合，然后选用独特的调味酒调味后，其香气呈现高品质酱香与浓香相结合的馥郁感、和谐丰满的口感，体现了川酒注重香气到注重口味的转变：一定量的浓香原酒带来绵甜成分，与酱香酒结合后给人以酸甜味适中的舒适感觉；一定量的酱香原酒带来多种骨架成分和微量复杂成分，使酒体丰满细腻，后味悠长。

新郎酒采酱香之幽雅醇厚、浓香之甘洌绵甜，通过郎酒特有的盘勾勾兑和调味技艺，将浓、酱两种香型、两种风格迥异的酒体融合得浑然一体，形成浓酱馥郁、谐调舒适、幽雅细腻、丰满圆润、余味悠长、回味爽净的独特风格。它既有浓香型白酒的甘洌与浓郁，又有酱香型白酒的绵软内敛，是传统工艺与现代科学技术的结晶，是通过极致的调和艺术精心打造的上乘和谐佳酿。

五、不同流派兼香型白酒的比较

向军等为了验证兼香型白酒行业标准升级为国家标准的理化指标和感官指标的可行性和适应性，进一步了解兼香型白酒市场的口感流行趋势和合理调整产品结构，为企业争取更多的忠实消费者，通过市场采样对全国兼香型白酒酒样进行了感官品评与理化分析。现介绍如下供参考。

1. 兼香型白酒的品评

按照国家白酒感官检评的方式，根据酒度、价格等因素，按照质量、价格因素将 41 个酒样分成 7 轮密码编号，由取得省级及以上白酒评委资质的评酒委员会成员暗评，综合大多数评委的意见，形成最终评语。将酒样分别从低档、中档、高档对感官评语进行了综合统计。发现不同企业生产的兼香型白酒产品的个性以及不同流派特点在口感上有很大的区别。

（1）低档兼香型白酒感官品评分析　低档兼香型白酒对口味的要求不高，基本上维持了香气正、口味甜、淡雅、较净爽的特点。这一档次的兼香型白酒产量在整个酒种里所占比例不是很大，在北方销售比较多。其他地区相对较少。白云边42％vol 金满缘、45％vol 金满缘、42％vol 三年陈酿占有一定优势。

（2）中档兼香型白酒感官品评分析　作为兼香型白酒的主打产品，近几年市场流行口感变化较大，以白云边酒为代表产品的兼香型酒从过去强调以酱为主、以浓为辅，现转为酱浓谐调，陈香为辅，香气馥郁；以玉泉酒为代表产品的浓中带酱的兼香型酒从强调浓中有酱、放香浓郁，改为浓中有酱、香气淡雅。从收集到的所有中档兼香型酒样品的综合评语看，中档兼香型酒浓酱谐调、幽雅舒适、口味甜绵、酒体丰满柔和、回味爽净的口感特征是市场认可的主流口感。从整个品评过程中发现，浓香型酒作为白酒市场的主要流派深深地影响着兼香型白酒的口味的走向，影响着兼香型白酒主要消费者。所以，绝大多数企业在产品的口味上有了比较大的变化，向川派浓香型酒靠近的趋势更为明显。

（3）高档兼香型白酒感官品评分析　从收集到的高档兼香型白酒的情况看，浓中带酱流派的兼香型白酒不多，酱中带浓流派的兼香型白酒样品占的数量较大，其中白云边、新郎酒、口子窖、今世缘、玉泉酒的内在品质尤其令人称道。酱浓谐调、幽雅馥郁、酒体细腻丰满、回甜爽净依然是高档兼香型白酒的口味流行趋势。对于高端消费群体，品质更重要，他们更喜爱带有明显老陈酒特征的香气，要求酒香幽雅馥郁，口味甘润柔滑。

2. 兼香型白酒微量成分分析

白酒中的成分98%以上是水和乙醇组成的，余下的2%左右的是上百种微量香味成分。而白酒的风格特征则主要取决于这2%左右的呈香呈味物质。兼香型白酒在标志浓香型和酱香型白酒特征的一些微量香味成分含量上恰好在浓香型和酱香型白酒之间，较好地体现了其酱浓谐调、兼而有之的特点。不同地区所产兼香型白酒因地理环境的不同，酿酒原料、制曲原料、生产工艺的不同，各自具有鲜明的个性特征，这种差别所显现的异同点，在白酒的香气、口味和个性、微量香味成分及相互间的量比关系上体现出来，从而形成了兼香型白酒的传统意义上的两个不同流派：一类是酱中带浓，代表产品是湖北的白云边酒；另一类是浓中带酱，代表产品是黑龙江的玉泉酒。近年来口子窖酒、兼香新郎酒等则优势明显。

（1）兼香型酒样的微量香味成分色谱分析　对采集的41个全国兼香型酒样做了微量成分的色谱分析，分别从酸类、酯类、醇类、醛类物质来进行分析和探讨。

① 酸类的分析　酸是白酒中最重要的味感物质，是白酒中的协调成分，恰当含量的酸可使酒体丰满、醇和、自然感好，可以延长酒的后味，消除酒的杂味。有机酸的含量高低是酒质好坏的一个标志，在兼香型白酒中含量较高的乙酸、己酸、丁酸、丙酸、戊酸之间的比例是否合理、协调决定了酒的内在品质和产品档次。从41个酒样中选择了几种具有代表性的酒样进行酸类色谱分析（表4-61）。

表4-61　酸类色谱分析结果　单位：mg/L

酒样	乙酸	丙酸	异丁酸	丁酸	异戊酸	戊酸	己酸	庚酸
38°玉泉10年陈酿	410.49	0.00	4.94	70.10	3.38	12.28	215.97	8.61
50°龙突泉	369.75	41.16	0.00	130.67	8.67	28.07	380.91	8.21

酒样	乙酸	丙酸	异丁酸	丁酸	异戊酸	戊酸	己酸	庚酸
42°藏品新郎酒	420.57	36.86	7.81	95.91	7.92	22.93	494.75	9.39
42°白云边15年陈酿	411.96	71.86	13.25	83.75	10.52	23.91	271.65	5.08
48°龙滨王20年陈酿	556.77	0.00	13.58	89.94	10.87	19.08	218.46	8.00
46°口子酒10年陈酿	438.44	34.78	8.38	118.46	7.11	19.84	656.04	2.30
45°黄鹤楼秘酿壹号	645.92	58.70	11.53	123.88	8.03	32.27	595.66	8.44
45°白云边20年陈酿	478.49	61.13	10.77	85.54	9.16	26.75	387.22	9.85
52°白沙液15年陈酿	399.65	46.27	12.02	156.69	11.85	41.78	628.51	19.66
42°四开今世缘	338.57	65.46	11.97	199.89	11.38	38.48	718.29	9.58

由表4-61可以知道，在中、高档兼香型酒中，丁酸、丙酸、戊酸的含量绝大多数是丁酸＞丙酸＞戊酸，含量较高的乙酸、己酸在不同的兼香型酒中含量存在差异，如乙酸与己酸的比值，白云边兼香系列比值为（1.2∶1）～（1.5∶1），52°白沙液十年陈酿、46°口子酒十年陈酿比值为1∶1.5左右。白云边中、高档兼香型酒中五大含量高的酸类排序为乙酸＞己酸＞丁酸＞丙酸＞戊酸，玉泉酒为乙酸＞己酸＞丁酸＞戊酸＞庚酸。乙酸给酒带来愉快的香气和酸味，并使酒有爽快带甜的口感；己酸有强烈脂肪臭，有刺激感，有大曲味，爽口。己酸由于碳链较乙酸长，阈值比乙酸大，延长酒的后味的作用比较明显，同时压香作用也比乙酸明显。因此，在兼香型白酒中含量较高的酸之间的比例合理、协调的前提下，乙酸含量稍高于己酸有利于增加酒香的层次感，使酒更爽净。从表4-61中可知，白云边酒特征性成分之一的庚酸在白云边酒系列酒中广泛存在。

② 酯类的分析　酯类是白酒香味的重要成分，在白酒中，除了水和乙醇之外，酯的含量占第三位。在酯的呈香呈味上，通常是相对分子质量小而沸点低的酯放香大，且有各自特殊的芳香。相对分子质量大而沸点高的酯类，香味虽然不强烈，却有极其幽雅的香气。己酸乙酯、乙酸乙酯、乳酸乙酯、丁酸乙酯、戊酸乙酯、庚酸乙酯是兼香型白酒中比较重要的酯类。几种具有代表性酒样酯类色谱分析结果见表4-62。

表4-62　酯类色谱分析结果　　单位：mg/L

酒样	甲酸乙酯	乙酸乙酯	丁酸乙酯	乙酸异戊酯	戊酸乙酯	己酸乙酯	庚酸乙酯	辛酸乙酯	乳酸乙酯
38°玉泉10年陈酿	0.00	453.67	161.17	0.00	17.78	565.45	4.35	3.27	568.55
50°趵突泉	0.00	1011.64	193.64	0.00	65.91	1382.56	30.07	29.70	1347.70
42°藏品新郎酒	2.22	879.22	185.57	0.00	35.77	1789.18	12.58	7.70	693.04
42°白云边15年陈酿	4.53	1026.48	164.58	2.74	53.41	1483.51	15.56	10.89	700.64
48°龙滨王20年陈酿	0.00	897.77	142.57	0.00	19.92	842.36	7.22	0.00	1276.75
46°口子酒10年陈酿	0.00	700.58	125.27	0.00	20.41	1164.99	16.90	14.09	563.29

续表

酒样	甲酸乙酯	乙酸乙酯	丁酸乙酯	乙酸异戊酯	戊酸乙酯	己酸乙酯	庚酸乙酯	辛酸乙酯	乳酸乙酯
45°黄鹤楼秘酿壹号	4.98	1408.14	191.93	0.00	62.75	1559.86	32.58	12.29	672.05
45°白云边 20 年陈酿	4.91	1238.81	171.92	3.00	58.09	1658.46	17.32	12.27	668.14
52°白沙液 15 年陈酿	4.83	866.09	296.47	0.00	67.36	1609.86	30.05	37.07	995.40
42°四开今世缘	2.29	906.04	253.86	0.00	65.01	2185.39	41.72	42.70	1368.18

从表 4-62 可看出，乙酸异戊酯在有的酒样中不存在，但在白云边系列酒中存在，说明了乙酸异戊酯是白云边兼香型酒的特征性成分。白云边系列酒中戊酸乙酯含量也较高，戊酸乙酯是风味呈陈味的成分之一，能赋予白酒优美的陈香。白云边酒戊酸乙酯、庚酸乙酯、辛酸乙酯、乙酸异戊酯等相对分子质量大而沸点高的酯类在酒中含量都较高，造就了白云边酒的幽雅馥郁香气。从表 4-62 中组分含量的平均值可知兼香型白酒中己酸乙酯：乳酸乙酯：乙酸乙酯：丁酸乙酯的比值约是 2∶1∶1∶0.1，与浓香型酒中四大酯的比值相似，说明了兼香型白酒与浓香型白酒有着很深的渊源，这是兼香型白酒在香型产生和发展过程中科学、辩证地吸取其他白酒工艺长处为己用的一种体现。兼香型国家标准中己酸乙酯含量规定为 0.60～2.00g/L，数据显示，这些酒样的己酸乙酯含量是符合兼香型白酒国家标准的。

③ 醇类的分析　醇类化合物在酒中既呈香又呈味，它在挥发过程中"拖带"其他香味成分一起挥发，起到了助香作用，它是形成酯的前体物质。多元醇在白酒中呈甜味，因其具有黏稠性，在白酒中起缓冲作用，增加酒的绵甜感和醇厚感。它也是构成相当一部分味觉的骨架，主要表现为柔和的刺激感和微甜、醇厚的感觉，赋予白酒适量的苦味。下面几种代表酒样醇类色谱分析的结果见表 4-63。

表 4-63　醇类色谱分析结果　　　　　　　单位：mg/L

酒样	甲醇	仲丁醇	正丙醇	异丁醇	2-戊醇	正丁醇	活性戊醇	异戊醇	正戊醇	正己醇
38°玉泉 10 年陈酿	0.00	13.34	176.82	34.15	0.00	26.55	26.89	98.14	10.37	11.70
50°趵突泉	70.85	78.79	457.90	131.58	8.58	98.95	82.95	258.11	22.73	46.28
42°藏品新郎酒	54.39	58.17	1022.45	49.44	8.42	46.47	24.66	105.54	17.90	14.54
42°白云边 15 年陈酿	90.04	31.12	426.78	78.57	8.76	72.72	46.42	181.05	15.45	23.74
48°龙滨王 20 年陈酿	82.54	0.00	31.92	16.57	0.00	14.84	10.78	46.90	10.58	0.00
46°口子酒 10 年陈酿	33.34	27.95	143.09	62.25	6.10	96.31	42.19	157.76	6.76	33.63
45°黄鹤楼秘酿壹号	63.20	122.00	1319.21	79.65	13.22	68.10	33.04	162.77	13.41	21.05
45°白云边 20 年陈酿	88.08	67.09	713.50	71.90	7.20	67.61	43.04	177.54	10.19	25.04
52°白沙液 15 年陈酿	134.61	50.86	295.13	102.35	14.73	222.99	62.60	242.41	19.63	101.18
42°四开今世缘	100.23	75.40	233.95	83.81	25.67	166.24	40.58	177.33	29.39	97.31

从表 4-63 可以看出，白云边、藏品新郎酒、四开今世缘中醇类化合物含量较多，香气更持久，味道更丰满；酱中有浓的白云边跟浓中有酱的玉泉酒相比成分更复杂，说明白云边的整体质量要优于玉泉酒。在醇类化合物中正丙醇对兼香型白酒尤为重要，它在酒中的含量是兼香型白酒区别浓香型和酱香型白酒的特征性成分之一。白云边的正丙醇含量较高，它是玉泉酒和口子酒的 3~4 倍，新郎酒、黄鹤楼的正丙醇含量超过了 1000mg/L，在现行的兼香型白酒国家标准中正丙醇含量的范围是 250~1200mg/L，可见兼香型白酒国家标准中规定的正丙醇含量标准是适应企业发展要求的。

④ 醛类的分析　醛类是构成白酒香味的重要香味成分，对白酒的香气有协调作用。它可以提携其他香气分子的挥发，增加酒的放香和进口香。乙缩醛有清香味，可以增加酒体的柔和感；异戊醛、异丁醛呈坚果香；乙醛和乙缩醛的含量多少及其量比关系，直接关系到酒的风格水平和酒体质量水平。醛类色谱分析结果见表 4-64。

表 4-64　醛类色谱分析结果　　　　单位：mg/L

酒样	乙醛	乙缩醛	异丁醛	异戊醛
38°玉泉 10 年陈酿	58.59	31.92	0	0
50°趵突泉	236.87	236.92	0	4.15
42°藏品新郎酒	151.06	98.29	2.59	2.58
42°白云边 15 年陈酿	215.38	170.22	5.3	3.73
48°龙滨王 20 年陈酿	140.68	130.05	0	2.86
46°口子酒 10 年陈酿	65.73	64.53	0	0
45°黄鹤楼秘酿壹号	199.15	151.54	2.59	3.19
45°白云边 20 年陈酿	214.39	177.07	4.2	3.07
52°白沙液 15 年陈酿	216.72	262.27	5.07	4.51
42°四开今世缘	163.41	106.71	4.87	5.01

数据显示，乙醛、乙缩醛的含量接近于 1:1，说明兼香型白酒在较长的贮存过程中，醛类间的反应达到了平衡，在感官上呈现出的特点是香气协调，有陈味，口味醇和；另外，白云边、新郎酒、今世缘、趵突泉的乙醛、乙缩醛含量高出口子酒 1 倍，白云边酒的乙醛、乙缩醛含量高出玉泉酒 3 倍，因此酱中有浓的兼香型白酒在香气上更幽雅，陈味更足，口味更加细腻，酒体更丰满，回香回味更持久。

（2）兼香型酒样理化指标对比　对 41 个酒样做了理化指标的分析，其中几个酒样的分析结果见表 4-65。

表 4-65 理化指标的对比分析

酒样	总酸 /(g/L)	总酯 /(g/L)	甲醇 /(g/100L)	杂醇油 /(g/100L)	固形物 /(g/L)
38°玉泉 10 年陈酿	0.87	1.36	0.005	0.05	0.6
50°趵突泉	1.37	3.78	0.008	0.08	0.23
42°藏品新郎酒	1.17	2.62	0.010	0.033	0.2
42°白云边 15 年陈酿	1.02	2.71	0.014	0.086	0.31
48°龙滨王 20 年陈酿	1.32	3.24	0.008	0.083	5.57
46°口子酒 10 年陈酿	1.55	2.60	0.006	0.043	0.18
45°黄鹤楼秘酿壹号	1.86	3.12	0.006	0.067	0.31
45°白云边 20 年陈酿	1.23	2.90	0.015	0.089	0.33
52°白沙液 15 年陈酿	1.60	3.06	0.010	0.077	0.72
42°四开今世缘	1.37	3.53	0.010	0.086	0.31

分析结果表明，兼香型酒样中，总酯高于总酸，明显香大于味。数据显示，玉泉酒总酸为 0.87g/L，总酯为 1.36g/L，香和味比较谐调，香较淡雅，口味较淡薄，回味较净。白云边的总酸平均高出玉泉酒 0.2g/L 左右，总酯平均高出玉泉酒 1.4g/L 左右，今世缘总酸与白云边的总酸相近，总酯比白云边的总酯高一些。这次分析的全部样品都符合兼香型白酒国家标准 GB/T 23547—2009 中规定的理化指标含量。

3. 结论与分析

① 对全国兼香型白酒酒样的品评，可以看到低档兼香型酒对口味的要求不高，基本上维持了香气正、口味甜、淡雅、较净爽的特点。以白云边为代表的酱中带浓流派，浓酱谐调、幽雅舒适、口味甜绵、酒体丰满柔和、回味爽净的口感特征得到市场广泛认可；以玉泉酒为代表的浓中有酱流派，在北方凭借浓中有酱、香气淡雅、入口甜绵、诸味谐调、尾味爽净的特点在东三省有着较强的影响力，占据了当地大部分市场；江苏、安徽、四川等地的兼香型白酒也表现出了它们独特的个性及优势。今世缘幽雅馥郁的香气、甜绵圆润的口感得到评委的一致好评。

② 对微量香味物质成分的分析中，作为白云边酒为代表产品的兼香型酒特征性成分之一的庚酸在白云边系列酒中广泛存在，白云边系列酒中己酸乙酯的含量约是玉泉酒的 3 倍，乳酸乙酯约是玉泉酒的 1.2 倍，戊酸乙酯约是玉泉酒的 3 倍，庚酸乙酯约是玉泉酒的 4 倍，辛酸乙酯约是玉泉酒的 4 倍，乙酸异戊酯作为白云边酒的特征性成分，含量虽然少，但是在白云边系列酒中都存在，戊酸乙酯含量比较高，戊酸乙酯正是风味呈陈味的成分之一，能赋予白酒优美的陈香。有些相对分子质量大而沸点高的酯类在酒中还起到烘托主体香，增加和丰富酒的香韵作用。白云

边、新郎酒的正丙醇含量比较高。大多数样品中乙醛、乙缩醛的含量都接近于 1：1，这说明兼香型白酒在较长的贮存过程中，醛类间的反应达到了平衡，在感官上呈现出的特点是香气协调，有陈味，口味醇和。白云边系列酒总酸与总酯比接近 1：2.5 左右，经过陈酿的酒，大都放香不足，稍高的酯含量有利于酒的香气散发，与挥发性的酸类化合物、羰基化合物、含氮化合物等共同形成兼香型幽雅馥郁的香气。

③ 从分析全国兼香型酒样看，国家标准 GB/T 23547—2009 中规定的感官标准和理化标准是符合兼香型白酒发展要求的。

❖ 第九节　芝麻香型

芝麻香型白酒作为创新香型之一，经历了漫长曲折的发展之路，它的创立是白酒香型融合的典型范例，是中国白酒科技发展的必然结果。芝麻香型白酒作为近几年发展起来的后起之秀，其发展后劲充足，发展前景广阔，充分显示了其强大的生命力。其根本原因在于该香型白酒的独特风格特点受到广大消费者的青睐，这是推动该香型白酒迅速发展的原动力。

一、芝麻香型白酒的起源、香型确立及发展现状

据来安贵等介绍，芝麻香是从生产实践中提出来的，景芝白乾有芝麻香提法始于 1957 年。1965 年，原轻工业部组织临沂试点，提出以景芝白乾为目标，并对芝麻香的香气成分进行了初步研究。以纸上色谱技术提出了丙酸乙酯，并做了量的估计。主持试点的熊子书先生曾认为丙酸乙酯可能与芝麻香有直接关系。这无疑是对芝麻香最早的探索。芝麻香是一个虽不稳定但广泛存在的客观事实。说它质量不稳定，芝麻香时有时无，是因为还没有掌握该香型白酒的生产规律，没有总结出一套芝麻香型白酒的成熟生产工艺。既然消费者青睐它、需要它，生产厂家和酿酒界专家学者就有必要研究它、攻克它，总结出成熟工艺，生产出风格典型的产品投放市场。

以山东景芝酒厂、江苏泰州酒厂等为代表的众多生产厂家与有关大专院校科研院所联合开展了近半个世纪的芝麻香型白酒的科学研究终获成功。前期的研究除了总结工艺、研制产品外，很重要的是在浓、清、酱、米 4 个香型之外确立芝麻香型。芝麻香从风格特点看具有突出的焦香和轻微的酱香，有近似焙炒芝麻的独特风味，确是不同于浓、清、酱、米四个香型白酒而独树一帜。但一个新香型的确立是一个漫长而艰苦的过程，必须同时具备：群众公认、消费者接受、有独特风格、有

独特的工艺、有科学的数据等。1991 年由原轻工业部食品发酵所胡国栋主任领导的课题组运用先进的分析技术，在香型的划分和芝麻香的分析方面取得了里程碑式的进展。其一，用 7M 程序分析清香、浓香、酱香三香型数据形成一个三角形的分布，景芝白乾酒的各种水平的样品的点子均集中在三角形的中心，证明了景芝白乾的确是不同于别的香型而自成一体的；其二，用 4M 程序分析，景芝白乾与三种香型都有联系，相关组分含量均较少，这就是景芝白乾兼具三种酒的特点而风味淡雅的原因。由于处在三角形的中心，相关组分含量变动的范围很小，这就是芝麻香工艺的难点所在和质量不稳定的原因。后来又有芝麻香特征组分 3-甲硫基-1-丙醇的发现及其分析方法的突破，使芝麻香白酒有了科学的数据基础。

在此影响下，各芝麻香的生产厂家，加强了对芝麻香型酒的生产工艺、微生物、贮存与勾兑等技术的研究和攻关，并成立了由山东景芝酒厂担任组长的芝麻香协作组，在加强厂家协作、主管部门与厂家协作的基础上着手芝麻香行业标准的起草工作。1995 年山东景芝酒厂与中国食品发酵工业研究所等单位联合起草芝麻香行业标准 QB/T 2187—1995 于 1995 年 12 月 5 日由原轻工总会发布，并于 1996 年7 月 1 日实施。该标准的发布实施，标志着芝麻香作为一个正式的香型被确认，长期的芝麻香研究取得了行业和专家的认可。那个时期的芝麻香分几个流派，比如以山东郓城酒厂生产的水浒酒，在芝麻香的基础上兼有浓香风格；哈尔滨龙滨酒厂生产的芝麻香酒则是在麸曲酱香的基础上调整创新工艺而生产出来的，具有一定的酱香风味；山东景芝酒厂生产的特级景芝白乾是在原景芝白乾生产工艺的基础上经过创新改造而生产出来的，具有清雅爽净的特点。但是那个时期所产的芝麻香风格大都不是很典型，有的为浓香所掩盖，有的成了酱香，有的过于清净。有专家认为芝麻香分成了几个流派：偏浓的芝麻香、偏酱的芝麻香、偏清的芝麻香、馥郁香型芝麻香，虽各具特点，但共同点是都有了一定的芝麻香风味，并造成了一定的市场影响。事实证明芝麻香与清香、酱香、浓香确有着某种联系，但又有质的区别。应该说那个时期对芝麻香的研究还处于探索发展阶段，突出表现在芝麻香的生产比较困难，市场上典型性强的芝麻香产品凤毛麟角，芝麻香型酒仅占整个白酒销售量的 0.36%。

进入 21 世纪以后，芝麻香型白酒快速发展，生产工艺日臻成熟，产品质量不断提升。生产厂家认识到随着人们物质文化水平的提高，消费者对白酒产品的质量档次的要求进一步提升。正如沈怡方先生所预言："在市场经济出售精品酒的年代，工艺最复杂、品质最高、价格最贵的一个品种就是芝麻香型酒"，芝麻香型白酒到了大显身手的年代。因此，不少生产厂家在芝麻香技术研究和芝麻香产品销售方面加大投入并取得令人惊异的成绩。这一时期在芝麻香的技术研究方面以山东景芝酒业股份有限公司、山东扳倒井酒业、江苏梅兰春酒厂等企业走在了芝麻香技术发展的前沿。

2006 年 9 月，山东景芝酒业股份有限公司"芝麻香白酒的研制"项目在由山东省科技厅组织的专家技术鉴定会上获得通过。鉴定委员会专家认为：芝麻香白酒是白酒创新香型，景芝酒业公司首先提出并长期以来坚持不懈地进行卓有成效的工作取得成功；该香型符合白酒淡雅、爽净的消费趋势；该项目工艺独特，经多年研究总结出"清蒸清烧、泥底砖窖、大麸结合、多微共酵、三高一长"的工艺特点，属国内领先水平。同年，该公司受国家食品工业标准化技术委员会酿酒分委会的委托，在原 QB/T 2187—1995 行业标准的基础上，制定了国家标准 GB/T 20824—2007，并由国家质量监督检验检疫总局、国家标准化委员会批准于 2007 年发布实施。各兄弟厂家在芝麻香的研制过程中取得了多项国家专利及相关技术成果，受到了行业专家权威的认可和称赞，标志着芝麻香型白酒的研究已经达到了一个较高的水准。现将这一阶段各个生产厂家在芝麻香的研究方面取得的创新和发展作一综述。

1. 芝麻香酒的香味组分的分析方面

目前白酒的分析检测手段已经达到了较高的水平，对芝麻香酒的香味组分有了更加深入的分析结果。现在比较明确的是形成芝麻香的主体香微量成分不是一种或数种，而是在醇、醛、酸、酯多种框架成分含量及其量比关系达到一定的范围的基础上再辅以一定量的吡嗪类、呋喃类、酚类等杂环化合物及含硫化合物而形成的复合香，单纯讲哪种或那几种成分是芝麻香的主体香是欠妥的，这近似酱香型白酒。但是从口感上看芝麻香是在突出的焦煳香的前提下辅以适量的酱香，而酱香酒却是在突出的酱香的基础上辅以适量的焦香，其口感特点是有本质的区别的。所以芝麻香与酱香关系密切但永远是两条相近而平行的直线，不会合二为一。芝麻香酒醇类成分中以正丙醇、异戊醇和异丁醇含量较高。同时，又含有一定量的 2,3-丁二醇和 β-苯乙醇；醛类以乙醛、乙缩醛、糠醛、异戊醛含量较高，比如糠醛含量接近酱香型酒；酯类以乳酸乙酯、乙酸乙酯为主，辅以适量的己酸乙酯和丁酸乙酯作为陪衬；酸类以乙酸、乳酸为主，辅以适量的己酸和丁酸等，总酸含量仅次于酱香型酒。至于相对浓、清香型较高含量的吡嗪类、呋喃类、酚类等杂环化合物及含硫化合物则是与以氨基酸与还原糖之间发生的美拉德反应有着密切的关联。因此，美拉德反应成为芝麻香研究中的经典的反应机理。各个厂家的研究目标大都集中在如何使这一反应进行得更为顺利和彻底上，从而产生更多芝麻香的微量香味物质，使所产芝麻香白酒芝麻香风格更为典型突出。

2. 糖化发酵剂方面

到目前为止，芝麻香所使用的糖化发酵剂种类为各香型之冠：既使用麸曲又使用大曲，麸曲中包括河内白曲、复合生香酵母及复合细菌曲，称之为"大麸结合，多微共酵"。其实，芝麻香酒之所以香味成分相对复杂，风味独特，其根源在于众多种类和众多数量的有益微生物的协同发酵，因此芝麻香技术的研究重点就是有益微生物的研究。大曲，不仅是糖化发酵剂，同时大曲本身也是产香物质。大曲在生产过程中不仅繁殖积累了有益微生物，同时，也发生了复杂的生化反应，产生积累了众多的香味物质及其前体物。但大曲在芝麻香的生产中也有自身的缺点，主要是耐酸耐温性及糖化发酵力相对麸曲为弱。这是因为大曲是以自然微生物发酵为主，培养过程中，筛选的主要是自然环境中的有益微生物。如果单纯使用大曲作糖化发酵剂，在发酵酒醅的酸性环境下，难以实现"高温堆积、高温发酵"，因而单纯使用大曲生产芝麻香酒难度较大，这也是许多以大曲为糖化发酵剂生产芝麻香酒的厂家多年探索生产芝麻香酒而产品质量不理想的原因。而麸曲则是人为筛选的纯种微生物。河内白曲含有较高的糖化力、液化力和酸性蛋白酶活力且耐酸；酵母曲中一般为汉逊酵母、假丝酵母、球拟酵母等，高温高酸的条件下仍具有较强的发酵力、酯化力；细菌曲大都是经筛选的嗜热芽孢杆菌、地衣芽孢杆菌等，这些细菌不仅适应较高的堆积发酵温度，而且在发酵过程中还产生较多的酸性蛋白酶，是推动美拉德反应的关键菌种。麸曲一般是以麸皮为主要原料生产的，麸皮本身含有较多的氮源、木质素等，这又成为芝麻香酒生产不可或缺的原料。综上所述芝麻香生产中的麸曲具有大曲所无可比拟的优势。当然也有其局限性，由于其菌种有限，酶系单纯，香味物质前体物含量偏低，因此如果芝麻香生产单纯依靠麸曲作糖化发酵剂，产品幽雅度、细腻度和醇厚度就有欠缺，产品档次自然就低些。使用大曲和麸曲作糖化发酵剂，融合了大曲、麸曲之优点，克服了各自存在的缺点，这是目前芝麻香白酒生产的共同做法，也是芝麻香不同于其他香型的主要创新点之一。

3. 生产工艺方面

芝麻香型生产工艺集浓、清、酱三大香型之大成，是香型融合的典范，可谓博采众长、创新发展。芝麻香生产工艺采用清蒸清烧，清蒸粮前对原料进行高温润料，这是清香型酒的工艺特点，酒质清雅净爽、纯正，这正是融合清香型酒生产工艺的结果；采用泥底砖窖，又融合了浓香型白酒的"窖泥"工艺，使芝麻香酒产生了窖底香；高温堆积、高温发酵工艺原是酱香型白酒生产工艺之关键部分，芝麻香型白酒采用后产生了突出的焦煳香和轻微的酱香，在其他成分的陪衬下形成幽雅的芝麻香。芝麻香正是巧妙地融合了清、浓、酱三大香型的核心工艺才生产出来的。比如将芝麻香窖池窖底及四周挂满窖泥后，所产芝麻香酒浓香风格明显而芝麻香受到了抑制，有人称之为偏浓芝麻香；使用麸曲生产，过分依赖高温堆积高温发酵，就生产出了麸曲酱香；而如果忽视了高温堆积、高温发酵以及麸曲在芝麻香生产中的作用，所产芝麻香又过于清雅，芝麻香风格不显著，有人称之为偏清型芝麻香。景芝酒业芝麻香目前采用的生产工艺特征是（工艺流程见图4-13）：清蒸续糟，泥底砖窖，大麸结合，多微共酵，三高一长（高氮配料、高温堆积、高温发酵、长期贮存），精心勾调。这一生产工艺是经过几代酿酒传人的艰苦探索而成的，采用此工艺生产的芝麻香酒——"景芝神酿"于2006年被商务部和中国酿酒工业协会确定为芝麻香型白酒代表产品，后又被国家质量监督检验检疫总局公告批准为国家地理标志保护产品。该产品具有"幽雅纯正、醇厚细腻、丰满协调、回味怡畅、芝麻香典雅"的风格特点。当前，生产芝麻香酒的生产工艺已日臻成熟，生产技术的研究也在不断深入，生产典型芝麻香酒已不再困难。但具体做法各个生产厂家各有特点，比如在高温堆积方面，有采取纯粮高温堆积的，有采用全醅高温堆积的；有堆积 24h 的，有堆积 48h 的；堆积醅温有的要求在 45～50℃ 之间，有的要求在 50～55℃ 之间；有的厂家在操作场地上堆积，有的厂家盖堆积房堆积。高温堆积有益微生物二次扩培，目的是让自然界和曲中微生物在糟醅内进行大量繁殖培养，同时在高温条件还可以驯化优选有益菌株，并产生一定的香味物质及其前体物。因此保证堆积醅的透气性并使糟醅达到较高的醅温是前提。因为微生物在空气充足的条件下生长繁殖速度可以大幅度加快，而醅温是微生物生长繁殖旺盛度的外在表现，醅温不高，说明微生物的繁殖不够旺盛。另外在芝麻香的生产中还存在着"高淀"和"低淀"之争，有人认为只有在高淀粉的情况下才能保证堆积醅温和发酵顶火温度。芝麻香的配料，必须兼顾淀粉和蛋白质两大类物质的发酵，生产的关键是在配料过程中保持较高的氮碳比。淀粉含量过高，不仅造成淀粉利用率下降、出酒率偏低的问题，同时还容易使糟醅黏度加大，疏松度差，因此醅温反而难以达到理想的温度。因此"高淀"或"低淀"不是绝对的，关键是控制好堆积和发酵温度，这样才可确保美拉德反应顺利进行。现在看来，芝麻香生产技术争论的结果促使了芝麻香生产技术的不断进步。其实芝麻香就是在不断地争论和实践优化中创新发展起来的，今后仍将如此。

原料 → 粉碎 → 润料 → 配料 → 蒸料 → 摊晾 → 加水、曲、生香酵母 → 高温堆积 → 翻堆 → 入池发酵 → 出池 → 蒸馏 → 酒 → 贮存 → 勾调 → 成品

图 4-13 芝麻香型酒生产基本工艺流程

二、芝麻香型白酒发展趋势

从芝麻香酒的生产上看，生产工艺已趋成熟。随着生物工程技术的发展，芝麻香曲已经作为一种产品投放市场。目前许多生产厂家争相研制和开发芝麻香酒，业内形成了一股芝麻香酒发展潮流，各个生产厂家都想在芝麻香酒消费市场上抢占一定的份额，这对芝麻香酒今后的大发展无疑是一件庆幸的事。但是由于各个生产厂家芝麻香酒的研究时间长短不一及生产技术水平参差不齐，致使所产芝麻香酒质量也各不相同。有的名曰芝麻香酒，却不曾有芝麻香风味风格；有的有芝麻香风格，却不够典型突出；有的芝麻香风格典型突出，酒体却不理想，或欠缺丰满醇厚感，或粗糙、苦涩，欠缺协调感。有人认为芝麻香技术研究应从如下几个方面着手。

1. 生产工艺方面

在芝麻香型与其他香型的融合方面继续探讨研究，比如开展浓兼芝的研究，以便充分发挥芝麻香型生产工艺的优势，生产更适合消费者的新产品。另外在各类芝麻香曲的添加种类和数量方面继续进一步试验，摸索使用芝麻香曲的最佳工艺参数。高温堆积、高温发酵是芝麻香生产的关键工艺，其主要工艺参数仍是探讨的重要内容，因为这是决定芝麻香质量的关键工艺。

2. 微生物方面

继续在芝麻香微生物的筛选和诱变上下功夫，选育出对芝麻香有益菌株并应用到现有芝麻香酒生产上，或者替代原有的微生物菌种。微生物种类和数量是决定芝麻香酒质量的关键因素。

3. 微量成分分析方面

在对芝麻香框架成分分析总结的基础上，将着重点放在杂环类化合物、含硫化合物等微量香味组分的分析上，以便找到影响芝麻香的关键组分，更好地指导生产。

4. 酒体设计及产品开发方面

要将芝麻香酒研制方向确定为香气幽雅细腻，入口柔和丰满，入喉圆润舒畅，饮后舒适，副作用小。目前市场上已经有一部分高档化精品芝麻香酒投放市场，市场占有率逐步扩大。今后芝麻香酒将向舒适化、低度化、大众化、低醉酒度方向发展。只有这样，芝麻香酒才会在白酒市场上不断扩大市场占有率，企业才会取得更大的利润回报，也只有这样才会迎来芝麻香酒的良性发展。

三、芝麻香型白酒工艺特点

山东扳倒井酒业在总结经验的基础上，走出了一条创新之路，使该香型酒完善了自己独特的风格，稳定提高了质量，得以发扬光大。下面就以山东扳倒井复粮芝麻香型白酒的生产为例，谈谈其工艺特点。

1. 采用多种原料及复粮发酵

高粱、麸皮、小米、小麦、大米、玉米6种原料按照一定比例混合使用，这是移植了浓香型白酒的改单种原料为多种原料，能明显提高酒质的经验。在6种原料中以高粱为主，小麦和麸皮为辅，选用蛋白质含量高的原料，是为增加酒中蛋白质水解后的微生物代谢产物，为生产中进行美拉德反应提供丰富的物质基础；麸皮的用量较大，因为它是生成糠醛的基础物质。麸皮中富含的半纤维素，经多次蒸酒发醇，形成糠醛。糠醛是酱香型白酒风味的重要成分。不同原料生产的酒风味各异，以多种原料酿造的酒味觉丰满、醇厚，复合香气往往使人愉悦。

2. 高温大曲与多种微生物培养麸曲的联合使用

高温大曲以小麦为原料，制曲品温达到 65℃ 以上，生产方法与酱香型白酒使用的大曲相近，它的作用除作为糖化、发酵的粗酶制剂外，主要还提供美拉德反应底物，起增香剂作用。因原料大曲中的蛋白质含量高，用河内白曲制成的麸曲，其酸性蛋白酶含量高。还采用从高温大曲和高温堆积的酒醅中分离筛选出的 6 株水解蛋白质与淀粉能力强的嗜热芽孢杆菌，扩大培养成细菌麸皮曲，这就强化了美拉德反应，有利于酱香成分的生成。河内白曲不仅糖化力高，而且酸性蛋白酶活性也高，高于米曲霉数倍。在酒醅高酸度、蛋白质含量丰富的环境中能发挥优势，有利于酱香成分的生成。生产中还采用复合生香酵母、汉逊酵母、假丝酵母、球拟酵母、意大利酵母，这些酵母菌有的产酯能力强，有的产酱香明显，有的产焦香，有的产甜味物质，有的产多种有机酸，这就丰富了芝麻香型酒的风味物质。

3. 独特的井窖发酵

采用独特的井形窖体发酵方式，这是前辈留下的特殊遗产。窖壁采用青砖砌成，窖底是老窖泥。这种水井形酒窖，保温保湿效果好，窖的强度大，不会垮塌。

4. 清蒸续糟工艺

原料投产前，原辅料先清蒸以除去杂味，增加酒的爽净感，这是应用了清香型白酒的工艺特点。续糟有利于酒醅风味物质的积累，也可提高原料出酒率，这是吸取了浓香型白酒的优点。

5. 高温堆积、高温发酵、高温馏酒

原料加曲后不立即入窖，而是堆积一段时间。当温度上升后再翻拌入窖。这是移植小曲酒的工艺，它的用曲量不足原料的 1%，酒醅堆积使酿酒微生物得到扩大培养。在酱香型白酒生产中堆积不仅只有微生物的扩大培养作用，还对产生酱香物质起到关键作用。堆积也是芝麻香型白酒生产不可缺少的工序。扳倒井酒的高温大曲用量比茅台酒少得多，因此高温堆积是必需的。由于扳倒井酒用的高温大曲很少，因此在堆积中加入河内白曲、细菌麸曲与复合生香酵母。这些微生物的加入，使得堆积时间比茅台酒要短，堆积时间为 24h 时，温度超过 45℃。当堆积物表面出现大量白色斑点，手插入物料感到热手，物料有浓郁的水果香气时，即可翻堆入窖。

酒醅入窖温度控制在 35℃ 左右，窖内升温幅度 8~10℃，品温遵循"前缓、中挺、后缓落"的原则，顶温保持在 43℃ 左右，发酵期 40 天左右。因高温发酵，故

酒中乙醛、含硫化合物含量较高，其沸点都较低。高温馏酒（35℃左右），有利于这些物质的挥发，贮酒期可缩短，酒味容易纯净。

6. 分层蒸馏、分段接酒、地窖贮存

分层蒸馏、分段接酒、地窖贮存是确保质量的关键。由于井形酒窖较深，随着酒窖深度的不同，蒸馏出的酒各有特点。底层酒窖受窖泥的影响，己酸乙酯含量较高，酒质偏浓；中层酒醅乙酸乙酯含量较高，酒质偏清；上层酒醅因品温高，酒中乳酸乙酯偏高，焦香突出。每层前、中、后各馏分的风味差别较大。具体做法：根据蒸馏时取样测定，又将每次蒸馏分为 10 个馏分，最后一个馏分接酒酒度 54％vol 左右。这样整个窖池分为 30 个馏分，分别贮存。一个月后将风味一致的并坛，在地下酒窖贮存。贮存容器为陶坛，地下恒温恒湿，酒经过数年贮存，便具有了优雅细腻的陈酒香气。

芝麻香型白酒的生产工艺与茅台酒有很多相似之处，又有不同的特点，因此不属于酱香型白酒的范畴。酱香型白酒是多轮次发酵、单一高温大曲，用曲量与原料比接近 1：1；而扳倒井酒采用续糟发酵，虽然是高温大曲，但是用曲量比茅台酒少许多，还外加了许多有益微生物制成的麸曲。发酵用井窖，窖底虽是窖泥，但窖壁是青砖。酒醅与窖泥的接触面积少得多。因此该酒虽具有酱香、浓香的特点，但是有别于两者，而具有芝麻香型的特征。

❖ 第十节　老白干香型

全国白酒标准化技术委员会老白干香型白酒分技术委员会成立大会暨第一届第一次全体委员大会于 2011 年 12 月 15 日在石家庄召开。至此全国白酒标准化技术委员会第 10 个分技术委员会成立。

中国白酒香型的分类和发展是白酒科技进步的产物，成为我国白酒科学研究、技术开发和标准制定的基础。随着科学技术的发展，中国白酒不断推陈出新，到目前已确定了浓香型、清香型、酱香型、米香型、特型、凤型、芝麻香型、兼香型、豉香型、董香型、老白干香型和馥郁香型共 11 个香型。香型代表酒是同一香型中质量好、生产规模大、品牌知名度高的产品，是其他同类香型酒厂对标的标杆。

老白干香型酒的创型工作始于 1989 年，全国有 26 个厂家参加了"老白干香型白酒"创型协作组，各协作组成员就"老白干香型白酒"的发展方向、科技进步、工艺特点等进行了广泛深入的探讨和科研攻关。衡水老白干酿酒（集团）有限公司等牵头对老白干酒的生产工艺、大曲分离、微量成分的剖析等项目进行了深入研

究，2001 年正式向国家标准化管理委员会提出了制定标准的申请，获批准后列入制标计划，2003 年通过了专家组审查。2004 年 12 月 14 日，国家发展和改革委员会发布公告，批准《老白干香型白酒》行业标准。2007 年 1 月 19 日，国家质量监督检验检疫总局以 2007 年第 1 号（总第 101）公告，发布了《老白干香型白酒》（GB/T 20825—2007）国家标准，同年 7 月 1 日实施。标志着老白干香型国家标准正式确立。

根据国标委《标准化"十一五"发展规划》要求，2009 年，河北衡水老白干酒业股份有限公司等提出了筹建"全国白酒标准化技术委员会老白干香型白酒分技术委员会"申请。2009 年 7 月国标委【2009】110 号文件批准筹建"全国白酒标准化技术委员会老白干香型白酒分技术委员会"，2011 年 7 月，国家标准化管理委员会下发标委办综合【2011】110 号文件，正式批准成立全国白酒标准化技术委员会老白干香型白酒分技术委员会成立，编号为 SAC/TC358/SC3。

目前，国家已批准了茅台、汾酒、五粮液、西凤、衡水老白干酒等生产厂为秘书处单位的分委会 10 家。全国白酒标准化技术委员会老白干香型白酒分技术委员会主要负责老白干香型白酒的国家标准制定和修订工作，它的成立是继老白干香型创型之后的又一件大事，将会进一步促进老白干香型白酒的发展和提升老白干酒的知名度，并将对老白干香型白酒的生产技术、产品质量、科研水平、标准建设、食品安全以及保障行业科学、健康发展、保护民族产业，产生积极的作用，提高中国白酒的国际竞争力。

老白干香型主要产于华北、东北一带（目前西南一带也有老白干酒生产），以衡水老白干酒为代表。据张志民等研究，其主要生产工艺特征如下：①纯小麦中温大曲；②采用续糟混蒸混烧老五甑工艺；③地缸发酵，精心勾兑，具有"酒体纯净、醇香清雅、甘洌丰柔"的独特风格。

一、衡水老白干的传统工艺

1. 精选优质的原辅料

衡水老白干以优质高粱为原料，高粱淀粉含量高达 61% 以上，粉碎度要求 4～8 瓣，细粉不超过 20%，蛋白质含量为 8% 以上。辅料采用色泽鲜艳、无异味的稻皮，并清蒸 40min。

2. 续糟混烧，老五甑生产工艺

采用纯小麦踩制的中温大曲为糖化发酵剂，以精选的高粱为主料，续糟混烧老五甑生产工艺，地缸发酵、混蒸馏酒、分段摘酒、分级贮存、精心勾兑而成，具有发酵期短、产酒率高、贮存期短等特点。续糟混烧增加了淀粉的利用率，提高了出酒率，蒸粮蒸酒同时进行，这样增加了酒中的粮香。

3. 发酵期短，出酒率高

衡水老白干发酵期一般在 12~14 天，而大曲清香型白酒发酵周期一般在 28~30 天。衡水老白干所用的是纯小麦踩制的中温大曲，糖化力较高，一般在 1300mg（葡萄糖）/g（曲）·h 以上，发酵力 80％以上，综合出酒率达 50％。

4. 贮存期短，资金利用率高

衡水老白干酒的最佳贮存期一般为 3~6 个月，贮存期短，周转快，资金利用率高；大曲清香型酒则贮存期较长。

总之，衡水老白干酒在工艺特点上与清香型白酒存有明显的区别，有它固有的独特风格和典型性。

二、老白干香型白酒研究进展

据张志民等对老白干香型白酒的微量成分的初步研究，指出老白干香型白酒中的主要酯类是乳酸乙酯、乙酸乙酯及少量的己酸乙酯和丁酸乙酯，以及较多的棕榈酸乙酯等高级脂肪酸酯，其中乙酸乙酯：乳酸乙酯＝1：（1.5~2）；有机酸含量较多的是乙酸、乳酸、戊酸和己酸；醇类含量较多的是异戊醇、正丙醇和异丁醇等。

江南大学联合衡水老白干集团 2005 年以来开展了"老白干香型白酒香气成分分析"的研究。采用传统的液液萃取技术对老白干香型酒样进行预处理，萃取、分离、浓缩风味物质，应用 GC-O 法和 GC-MS 技术对其呈香风味化合物进行了定性分析和香气成分的香气强度分析，初步确定了对老白干香型白酒整体香气有重要贡献的呈香化合物，确定了老白干香型白酒的主要香气成分。

老白干香型白酒共检测到的香气物质有 107 种，其中醇类 14 种、酯类 20 种、酸类 14 种、呋喃类 9 种、酚类 6 种、吡嗪类 5 种、硫化物 1 种、内酯类 3 种、芳香族化合物 14 种、缩醛类化合物 2 种、其他化合物 2 种、未知化合物 17 种。老白干香型白酒中对香气贡献非常大的物质有 2 种，分别为 4-乙基愈创木酚和乙酸苯乙酯，其香气强度均为 3.83。香气贡献大的物质有 6 种，分别为丁酸、3-甲基丁醇、β-苯乙醇、2-乙酰基-5-甲基呋喃、苯丙酸乙酯、γ-壬内酯，香气强度为 3.67。次重要的香气物质有 5 种，分别为 3-甲基丁酸、香兰素、乙酸乙酯、1,1-二乙氧基-3-甲基丁烷、2,2-二乙氧基乙基苯，香气强度为 3.50。这些香气化合物是老白干香型白酒的重要香气成分，对老白干香型白酒的整体香气贡献非常大。另有 29 种香气强度≥3.00 的香气物质，这些香气成分对老白干香型白酒的整体香气有一定贡献，这些化合物分别为 2-甲基丙酸、己酸、庚酸、癸酸乙酯、2-乙基呋喃、四甲基呋喃、3-乙基-2,5-二甲基吡嗪等。

在以上研究的基础上，双方继续合作完成了中国白酒 169 计划——"中国老白干香型白酒风味物质剖析技术及其关键风味物质微生物研究"，于 2010 年 4 月在北

京通过了中国轻工业联合会组织的鉴定。该研究应用国外先进 GC-O 法和 GC-MS
技术建立了中国老白干香型白酒微量成分和风味化合物定量分析方法学体系，确定
老白干香型中关键风味化合物 12 种。首次发现并确认老白干香型白酒的特征风味
成分——TDMTDL。并对该化合物在酿造过程中的产生途径进行了全面系统研究，
从酿造过程中筛选得到 4 株产 TDMTDL 的菌株。据项目负责人徐岩介绍：确认了
该香型白酒主体或特征风味成分后，可以通过微生物工程、酶工程以及分子微生物
学的方法，研究整个发酵过程，寻找风味定向微生物，强化白酒中的主体风味物
质，从而提高酒类产品的优质品质。

❖ 第十一节　董香型

　　董酒的香气成分特征是三高一低。即所含酯类中丁酸乙酯含量较高，丁酸乙酯
与己酸乙酯之比是其他名酒的 3～4 倍；总酸含量高，乙酸、丁酸、己酸含量较多，
尤以丁酸含量高为其主要特征；正丙醇、仲丁醇含量高。一低指乳酸乙酯含量比其
他白酒低。董酒具有以肉桂醛为主要成分的药香，故又称为药香型（或董香型）。

　　董酒以其独特的生产工艺、独特的微量香味组成成分、独特的风格赢得了白酒界
行业的赞赏，受到广大消费者喜爱。目前董酒具有年产 3 万吨的能力，此外，四川、
江西、山东、湖北、云南、河南、黑龙江等省类似董酒风格的生产厂家也不少。董酒
独特的串香工艺已普遍为国内酒厂采用，对提高中低档白酒的质量起了很大作用。

一、传统董酒的生产特点

　　据董酒厂的贾翘彦等多年试验研究，传统董酒的生产有以下几个显著特点。
　　董酒独特的生产工艺可概括为 7 个方面：酿酒原料不粉碎；采用大曲、小曲酿
酒；制曲要添加少量中草药；独特的筑窖材料；用煤密封大窖（香醅窖）；董酒香
醅的制备；蒸馏采用独特的串香工艺。其工艺流程见图 4-14：

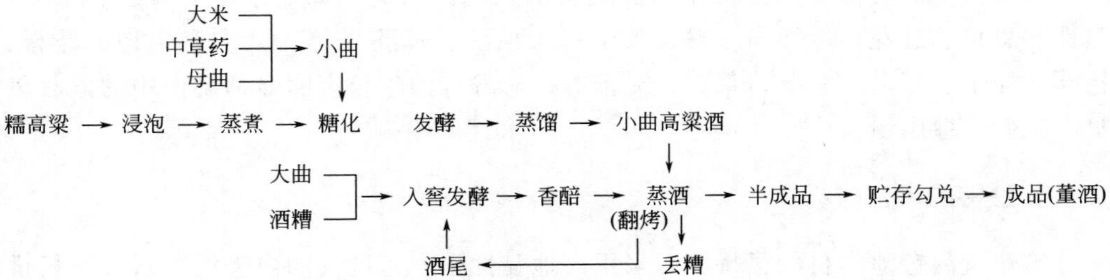

图 4-14　董酒的生产工艺流程

1. 酿酒原料不粉碎

酿酒原料主要有高粱、小麦、大米，另有少量中草药（130 余味）。3 种主要原料中高粱占 88% 左右，小麦占 11% 左右，大米占 1% 左右。中草药占小麦及大米的 4%～5%。

同时酿酒原料不粉碎，酿酒使用整粒高粱，减少了粉尘及黏度的影响，便于生产操作，还可最大限度地降低辅料稻壳的用量。董酒生产时稻壳用量仅占高粱的 3%～4%，大大减少了辅料带进酒中的杂味物质。

2. 采用大曲、小曲酿酒

国家名酒都是采用大曲酿酒，唯独董酒采用大曲、小曲混合酿酒。小曲用大米生产，又称米曲；大曲用小麦生产，又称麦曲。小曲和大曲分开使用。小曲用来制酒醅，发酵期 6～7 天；大曲用来制香醅，发酵期长达 10 个月以上。这样有利于控制产酒产香。经微生物分离测定，生产使用的小曲以起糖化作用的霉菌和酵母菌为主，有少量的细菌；生产使用的大曲以细菌为主，起糖化作用的霉菌和酵母次之。这使小曲和大曲各具产酒、产香的主要功能。

3. 制曲要添加少量的中草药

制小曲要添加 95 味中草药，用量为大米的 4%～5%；制大曲要添加 40 味中草药，用量为小麦的 4%～5%，所用中草药有相当部分是名贵或比较名贵的。添加中草药主要有三个作用。

一是所用的中草药大多数对制曲制酒微生物的生长有促进作用，相对来讲，对有害的微生物起到了抑制生长的作用，帮助曲子起烧、发汗、养汗、过心、干皮等过程得以顺利进行。

二是为董酒提供舒适的药香。

三是使董酒具有一定的保健功能。中草药中的一些微量成分，对长期适量服用董酒者确有一定保健作用。

中草药对微生物的影响试验结果表明，中草药对酵母菌生产影响较大，曲霉次之，根霉甚小。对酵母菌生长作用促进有明显的药材有当归、细辛、青皮、柴胡、熟地、虫草、红花、羌活、花粉、天南星、独活、瓜蒌壳等；其次有生地、益智、桂圆、桂子、草乌、甘草、茱萸、栀子等；对酵母菌生长有明显抑制作用的只有斑蝥、朱砂、穿山甲。

4. 独特的筑窖材料

筑建董酒窖池的材料很特殊，采用当地黏性强、密度大的白善泥、石灰和杨桃藤为主要材料，使窖池偏碱性。这样的窖泥材料对董酒香醅形成极为重要。只有这样，董酒中的丁酸乙酯、乙酸乙酯及己酸乙酯的量比关系，丁酸、乙酸与己酸的量比关系，才能形成符合董酒风格的量比关系。

5. 用煤密封大窖（香醅窖）

用煤封大窖，密封性能好，干后不会产生裂缝，可长期保持大窖中的香醅不变质。在香醅顶面与煤层交界之间，加盖一层塑料薄膜，更好地保护了顶层香醅不霉烂，提高了香醅利用率，降低了生产成本。

6. 董酒香醅的制备

董酒香醅制备有其特点：一是工艺比较复杂，它是由高粱酒糟、董酒糟、香醅（未经过蒸馏）3 部分糟醅加大曲发酵而成，类似浓香型酒的双轮底又不是双轮底；二是发酵期特别长，长达 10 个月以上。董酒的风格主要蕴藏在香醅中，它是构成董酒风格的关键。

7. 蒸馏采用独特的串香工艺

串香工艺是独特生产工艺中重要的一环，传统的串香工艺是先生产高粱酒后，再用高粱酒作底锅水串蒸香醅得酒。该法习惯上称为"二次法"串香。就董酒生产而言，这种办法复杂又费事。后来经研究，成功地将"二次法"串香得酒，改为"一次法"（又称"双醅法"）串香得酒。为此，董酒"一次法"串香（"双醅法"串香）及串香技术的研究项目荣获 1987 年贵州省科学技术进步四等奖。

根据"一次法"串香和"二次法"串香多年生产实际使用情况，"一次法"串香在提高质量，提高原料出酒率，降低消耗，节约劳力，节约厂房建筑面积，简化中间环节，降低生产成本等方面均有明显成效，克服了董酒酸味及丁酸味稍重的问题，适当改进了董酒的口味。

二、董酒的独特风格和主要指标

1. 独特风格

董酒在感官方面的独特风格可归纳成：酒液清澈透明，香气幽雅舒适，药香舒适（恰到好处），醇和浓郁，饮后甘爽味长。

另外，由于董酒的酯少酸高，在名白酒中浑浊物质最少，导致董酒的透明性比其他名白酒的透明性都好。

2. 董香型白酒的主要指标（DB52/T 550—2013）

感官要求和理化要求分别见表 4-66 和表 4-67。

表 4-66 感官要求

项目	高度酒要求	低度酒要求
色泽和外观	无色(或微黄色)、清澈透明,无悬浮物,无沉淀①	
香气	香气幽雅,董香舒适	香气优雅,董香舒适
口味	醇和浓郁,甘爽味长	醇和柔顺,清爽味净
风格	具有董香型白酒典型风格	

①当酒的温度低于10℃时,允许出现白色絮状沉淀物质或失光。10℃以上时应逐渐恢复正常。

表 4-67 理化要求

项目		高度酒指标	低度酒指标
酒精度/(%vol)		42.0~68.0	25.0~42.0
总酸(以乙酸计)/(g/L)	≥	0.9	0.7
总酯(以乙酸乙酯计)/(g/L)	≥	0.90	0.70
丁酸乙酯+丁酸/(g/L)	≥	0.30	0.20
固形物/(g/L)	≤	0.50	0.70

第十二节 馥郁香型

　　酒鬼酒公司在湘西传统小曲酒生产基础上,大胆吸纳中国传统大曲酒生产工艺的精髓,将小曲酒生产工艺和大曲酒生产工艺进行巧妙融合,并在我国白酒泰斗周恒刚、沈怡方等酿酒专家的指导下,历经漫长的生产实践而形成独特的风格,2005年8月被专家命名为馥郁香型,并给予了高度的评价:"虽然现在的香型比较多,但归根到底主要还是浓、清、酱,而酒鬼酒将这三大香型集于一身,创造了馥郁香型,这是一个创新"。具有的"色清透明、诸香馥郁、入口绵甜、醇厚丰满、香味协调、回味悠长,具有馥郁香型的典型风格"和"前浓、中清、后酱"的独特口味特征,除与其生产所处的气候和区域环境有不可分割的关系外,还与其所采用的独特生产工艺有紧密联系。其典型工艺如下。

一、制曲

　　"曲为酒之骨"充分说明了曲在酿酒生产中的重要地位。要酿好酒,必先有好曲,这是酿酒行业的共识。以酒鬼酒为代表的馥郁香型白酒生产,采用根霉曲单独对粮食进行糖化,再将糖化好的粮食进行配糟加大曲入泥池续糟发酵的独特工艺,充分体现了馥郁香型白酒生产在曲药使用上的独到之处。特别是在大曲的生产上,其他厂家采用地面或架子进行大曲培养,而酒鬼酒大曲生产采用立体制曲工艺,即地面与架子相结合的方式,由于培养方式的不同,促使大曲中微生物生长环境不同,从而大曲中的微生物种类与数量以及曲香成分都有差别,这也是形成酒鬼酒独特风格的原因之一。

1. 大曲生产工艺流程

小麦→除尘除杂→粉碎→拌料→制坯成型→安曲→培菌期→转化期→入库贮存→大曲粉碎→出库使用

2. 大曲制作

(1)曲室结构及设备 架式曲、酒鬼曲和地面曲 3 种大曲的曲室面积相同,为砖瓦结构,室内墙壁涂泥,砖地,上面用牛毛毡作顶棚,便于保温保潮。架式曲所用曲架是长×宽×高为 660cm×65cm×160cm 的角铁焊成的铁架。用竹板隔成上下 5 层的曲坯培养床。采用自动循环吹风和排风,以控制品温、室温及通风供氧与排出二氧化碳。酒鬼酒大曲的架子置于曲室长的两侧,其规格与架式一致。

(2)曲坯入房 原料全部为小麦,粉碎度要求通过 10 目筛的为 45%,加水量 38% 左右,人工制曲。包包曲,曲坯的体积为 29cm×17cm×6cm=2958cm³,每块曲坯的质量为 3.7kg,入室后码曲(安曲)。地面大曲按传统卧曲法在地面培养,地面利用率为 100%。酒鬼酒大曲采用架式与地面相结合,架式安曲与地面安曲的比例为 5∶3,地面利用率为 230%,架式大曲按培养层数分为 5 层排列,地面利用率为 380%。这 3 种方式都按包对包码曲。

(3)大曲培养 架式曲培养,按不同培养期进行温度自动控制。由微机自动控制曲室的品温、室温,并自动记录;地面曲按传统卧曲法培养,按常规传统方法进行,人工每天测一次品温及室温;酒鬼酒大曲按不同时期的特点人工进行品温、室温及湿度的控制。培养期都为 30 天。

(4)酒鬼酒大曲前期培养期的界定与特点

① 界定 前期培养期是指从曲坯成型进入小房培养到并入大房(高温期)的这一段时间,大约需 15 天,它经过发酵前期、升温期和控温期。

② 特点

A. 采用小房架式与地面培菌相结合,其中架式安曲与地面安曲的比例为 5∶3。

B. 翻曲一次,架式曲块与地面曲块互换,安在地面的曲块改为架式。时间为入小房后的 4~5 天。

3. 数据与分析

(1)3 种不同制曲方式的比较 以架式曲、地面曲和现行酒鬼酒大曲进行对比分析。3 种方式制曲前期培养大曲的发酵温度、化学成分及微生物变化对比,架式曲前期发酵升温快，5天可达到62℃，高温维持时间短，温度变化较大，这种培菌不利于微生物生长，而有利于香味前体物质的生成；地面曲前期发酵升温缓慢，一直处于升温状态，有利于微生物的生长和驯化；酒鬼酒大曲前期发酵升温较缓慢，与地面曲相似，在达到60℃时，在很长一段时间内变化不大，称这段时间为控温期，这是酒鬼酒大曲在前期培养的独特之处；在相同面积的曲房内，单位面积曲块安得越多，品温与室温升得越快且高，曲块的水分散失得快，品温与室温的控制主要依靠开门窗排潮来实现，因此，架式曲培养时的保潮性就没有酒鬼酒大曲和地面曲好，导致曲前期发酵升温快，高温维持时间短，温度波动较大。温度与水分支配着微生物的生长代谢，它们的波动较大，不利于微生物的生长，但由于单位面积曲块多，因此，品温与室温可在较长时间维持较高水平，高温有利于蛋白质分解成氨基酸和芳香族化合物的形成。它们都是白酒香味物质的前体物质，这一点在架式曲培养上得到充分的体现。地面曲由于单位面积安曲少，前期发酵升温慢，水分散失较少，温度在很长一段时间处于上升状态。这样有利于微生物的生长，并且慢慢地对微生物进行了驯化。酒鬼酒大曲的培养小房做有人字形夹层，它把整个小房空间分成上下约为1:9的两个部分，都有排潮窗，在前期培养时，很少开下面的排潮窗和门，主要开上面的排潮窗，每次排潮只排夹层上面的潮气，对整个小房影响较小。加之微生物呼吸快，始终使下层湿度维持在一定水平，这样，既达到了排潮控温的效果，又保持了大曲微生物生长所需的温度和水分，不影响微生物的生长。由于单位面积安曲较多，曲块的品温较高，且维持时间较长，有利于芳香族化合物的形成。

从表4-68可以得知，地面曲的糖化力、发酵力较高，有利于提高产量，而架式曲的液化力、生香力较强。酒鬼酒大曲化学成分变化与微生物变化，在前5天接

表4-68 3种制曲方式大曲化学成分对比

项目	培养时间/d											
	0	5			7			15			30		
	曲坯	架式曲	地面曲	酒鬼曲	架式曲	地面曲	酒鬼曲	架式曲	地面曲	酒鬼曲	架式曲	地面曲	酒鬼曲
水分/%	38	32	34	32	17	20	18	14.5	16	15.1	12.5	14.5	12.8
酸度/(mL/10g)	0.33	1.85	1.15	1.45	1.3	1.0	1.0	1.2	1.1	1.1	1.1	1.0	1.1
糖化力/U	1565	511	896	621	586	901	786	591	1001	811	580	1121	801
液化力/U	—	8.76	2.76	6.82	5.68	5.53	5.60	7.86	7.41	7.61	13.0	10.0	12.0
蛋白酶/(U/g)	3.81	24.91	29.3	27.8	25.67	31.4	26.7	33.9	34.84	33.97	49.1	50.87	49.91
氨基酸/(mg/100g)	0.011	0.231	0.259	0.241	0.328	0.133	0.261	0.413	0.385	0.401	0.336	0.301	0.321
发酵力/(g/100g)	—	4.4	4.6	4.6	5.0	7.6	6.0	4.7	8.0	7.2	4.7	7.5	6.2
酯化酶/(U/g)	—	0.34	0.36	0.35	0.21	0.22	0.2	0.21	0.3	0.25	0.2	0.26	0.255
酯分解率/%	—	27	30	29	27.7	28	28	23.8	29.5	27.5	39.6	40	39.1

注：历史资料，仅供参考。

近地面曲，翻曲后，特别是从 7 天到 15 天，即在并大房前接近架式曲。这充分说明酒鬼酒大曲的培养方式使微生物充分生长繁殖，同时又对微生物进行驯化，积累了大量的生香前体物质。酒鬼酒大曲的这种地面与架式相结合的培菌方式，在前 5 天，有效地起到保温和保潮的作用，使微生物生长较快；翻曲后，架式与地面互换，有利于微生物的驯化，在生产中发现架子上的曲块发酵升温要快于地面，并且要比地面的高，与此同时架子上的曲块上霉要快并且要好于地面的，这种方式可以有效地防止曲块的糖心偏离，有利于曲块的水分散发和微生物向内生长，有利于培菌。因为曲块的糖心偏离会导致曲块向四周水分散发不均匀，离糖心较远的一面，由于水分较少，易形成曲皮，且较其他面要厚，而其他面由于水分较多，温度较高，微生物生长受阻，生长不好，易产生窝水曲。即使不是窝水曲，这样的曲块经过并大房即高温转化期后，在皮厚的一面易产生厚厚的火圈或原料酸败现象，严重地影响大曲的质量。

（2）大曲不同时期的感官比较　从表 4-69 可以看出，架式曲成品曲的曲香浓、火圈较重、皮厚，注重产香；地面曲的成品曲曲香淡、泡气、菌丝粗壮、皮薄，侧重培菌；而酒鬼酒大曲成品曲的曲香较优雅、有轻微火圈、泡气、菌丝粗壮，介于前两者之间，既注重培菌又兼顾产香。架式曲由于前期温度较高，水分散失较快，在并大房时，已有一定的皮，经过并大房时，由于水分散发受阻，会产生较高的品温，产生较厚的火圈，而且皮较厚，这样不利于微生物的生长，而有利于产香；地面曲由于前期温度处于上升阶段，微生物得到了很好的培养和驯化，在并房时且有一定的糖心，经过并大房后，使微生物得到进一步培养和驯化，使微生物一直处于旺盛状态；酒鬼酒大曲在并房时水分较轻，有一点糖心，介于架式曲与地面曲之间，经过并大房后，使微生物得到进一步培养和驯化，大部分微生物一直处于旺盛状态，菌丝粗壮，注重了微生物的培养，有利提高产量，同时糖心较小，表皮较干，水分散发有一定的阻力，使品温较高，促使了生香前体物质的生成，有利于提高酒质，接近架式曲。

表 4-69　三种制曲方式不同时期大曲的感官比较

项目	并大房时(15 天左右)			成品曲(30 天左右)		
	架式曲	地面曲	酒鬼曲	架式曲	地面曲	酒鬼曲
香味	曲香较浓,有一定酱味	曲香正、淡	曲香较优雅	曲香浓烈,有一定酱味	曲香淡雅	曲香较优雅,有轻微酱味
断面	断面较齐,菌丝粗壮,有轻微火圈,部分有红黄斑点	较齐,有 10%~20% 糖心,菌丝粗壮	较齐,有 5% 糖心,菌丝粗壮	较齐,中心菌丝粗壮,呈灰白色,火圈较重,有分层现象	整齐,断面呈灰白色,泡气,菌丝粗壮	较齐,有轻微火圈,泡气,菌丝粗壮,呈灰白色
皮	有一定的皮	无	无	较厚	很薄	薄

（3）不同方式制曲大曲酿酒情况对比 酒鬼酒大曲出酒率介于地面曲和架式曲两者之间，更接近地面曲；微量成分含量丰富又接近架式曲，而总的感官评分远远高于两者，这充分说明酒鬼酒大曲融合了地面大曲的糖化力和发酵力高的特性，又吸收了架式曲的液化力和生香能力强的优势，使酒质得到全面的提升。

二、酿造

1. 五粮糖化工艺

在我国白酒生产中，以小曲或根霉曲对粮食进行糖化，大多数都是一种粮食，也有用两种粮食的，而在馥郁香型白酒生产中，是使用 5 种粮食同时进行糖化。粮食除含有淀粉外，还含有矿物成分及微量元素。而不同的粮食种类所含的矿物成分和微量元素又是不相同的。因此，多种粮食加在一起，就形成了一个营养成分十分丰富的培养基质。在传统工艺生产白酒中，糖化过程不仅仅只是将淀粉转变成糖，还是一个利用开放式生产的特点，网罗环境中微生物的过程。有这样一个营养丰富的培养基质，其所网罗的微生物种类与数量都有所增加，从而增加了参与发酵的微生物种类与数量。同时，该工艺也是形成馥郁香型白酒中清香香气的主要工艺，并由于采用堆积发酵，有可能产生形成酱香香气的前体物质。

2. 大曲续糟泥池发酵工艺

糖化好的粮食进行配糟加大曲入泥池续糟发酵的独特工艺，是馥郁香型对我国浓香型大曲酒生产工艺的继承与发展。使用大曲，不但提供了发酵微生物菌种，还有很多酶类和曲香成分，也可能有形成酱香香气的前体物质存在；续糟发酵是对原料、香味成分、有机酸等的传承利用；泥池发酵是充分利用窖泥微生物所产生的特殊有机酸对酒体的作用。这也是馥郁香型白酒浓香香气形成的主要工艺。这些都是与浓香型白酒工艺的共性。而其最大的不同点，除使用的大曲制作有所区别外，主要还在于馥郁香型白酒生产中所加的糖化料。由于糖化料的加入，使参与窖内发酵的微生物种类数量、活性等都发生了显著的变化，与浓香型白酒窖内发酵有很大的区别，这是形成馥郁香型白酒香味成分及量比独特的主要原因。

3. 清蒸清烧工艺

在馥郁香型白酒生产中，蒸粮与取酒是完全分开进行的。酿酒所使用的粮食事先都要经过统一清洗，以去出表面杂质和污染物，再进行清蒸，通过清蒸可以排除杂味。发酵完成的糟醅，也只加入适量的熟糠壳拌和均匀，即上甑蒸馏取酒。当班开窖，当班蒸完，不会造成糟醅的二次污染。此工艺保证了酒体中的香气成分全部来源于发酵过程，因此香气自然，酒体纯净。

4. 双轮底发酵工艺

　　双轮底发酵是馥郁香型白酒生产调味酒的主要措施之一。其生产方式比较独特，首先它是用已经取过酒的正糟（粮糟）不投粮，只加上适量的大曲进行拌和后作为双轮底糟源；其次采用"移位发酵"法，即每个窖始终有 2 甑底糟，每次开窖只取上面的一甑使用，新入的底糟又始终放在最下面，第一轮次在下面的糟醅到下一轮又移到上面。如此循环。这种做法的优点如下：其一是用 2 甑底糟可以减少正糟（粮糟）与黄水的接触，有效控制其酸度；其二是使用取过酒且不投料的糟醅，虽然自身发酵产酒不多，但经过 2 轮下渗黄水的浸淋，大量吸附了黄水中的乙醇和有机酸等有益香味成分，提高了对代谢产物的利用率；其三是所采用的"移位发酵"方式，保证了生产用底糟的水分不至于太高，利于上甑和蒸馏，且减少了底糟与窖底泥接触的时间，烤出的酒不会出现泥味。

　　馥郁香型白酒是在继承了中国白酒传统生产工艺的基础上创立的一个新香型，是对我国白酒香型的丰富与发展。也正因为是新香型，对其研究还不够深入，还需进一步强化。

❖ 第十三节　其他

　　除了以上主要香型白酒外，在中国幅员广阔的地区还有众多小作坊、小酒厂及一些民族酒类，它们继承先辈的传统酿酒技艺，或创新发展，生产出不少受当地老百姓喜爱的、物美价廉的酒，如青稞酒、奶酒、粉料酒等，现选择介绍如下。

一、粉碎原料生产小曲白酒工艺

　　近年来，高粱价格一路上扬，不少小酒厂采用玉米、小麦、稻谷等原料与高粱分轮次投料，并将原料粉碎后来生产小曲白酒，既保持了小曲白酒的风味，又降低了成本。该工艺的曲药系采用含高活性淀粉酶的复合曲（市面上又叫高产曲），通过特定工艺生产的小曲白酒既要保留固态法小曲白酒的传统风味，符合小曲白酒质量标准，又要使原料中的淀粉较彻底地转化为葡萄糖，然后发酵生成乙醇。该工艺使淀粉利用率达到 80% 以上，提高出酒率 5% 以上，降低能耗 30% 以上，而且还减轻工人劳动强度，缩短劳动时间，提高场地设施使用效率，达到提高经济效益的目的。

1. 工艺流程及操作要点

（1）工艺流程

高产曲→活化

原料→粉碎→润料→蒸料→扬冷→堆积糖化→配醅→发酵→蒸馏→小曲白酒

配糟→饲料

与传统小曲白酒生产工艺比较，新工艺增加了粉碎、润料工序，减少了浸泡、初蒸、焖水、复蒸等工序，收箱培养也改成了堆积糖化，使工作量和作业时间大大减少。

（2）新工艺操作要点

① 粉碎　所有原料都必须通过粉碎，粉碎粒度视原料而定，通常以直径为1.5～2mm 为宜。

② 润料　将原料与母糟拌和后（比例可视原料品种粗细定），加15％～25％清水混合均匀，收堆润料。润料时间夏季为2～3h，冬季为4～6h。

③ 蒸料　将润好的原料加入10％～20％的谷壳拌匀后，上甑蒸粮，须边穿汽边上甑，上大汽后蒸15min，将甑内粮食倒翻1次，3～5min后出甑。

④ 曲药活化　用曲量为投料量的1％，用水量为投料的30％。水温为（38±1）℃，活化时间控制在60～90min。

⑤ 下曲　将出甑熟料用扬糟机扬散摊晾，待温度降至42℃左右（夏天42℃，冬天45℃），将准备好的曲药活化液搅拌均匀并泼洒其熟料上，翻拌2～3次后收堆糖化。

⑥ 堆积糖化　堆积糖化的品温需保持在36℃左右（夏天34℃，冬天38℃），保温120min左右，此时糖化还原糖应在5％，出堆酵母应为0.2×10⁸ 个，口尝甜味明显。

⑦ 配醅　将糖化好的粮糟与配糟［比例为1：（4～6）］混拌均匀，配糟时温度不能过热或过凉，配醅后入窖混合糟温度宜控制在23℃左右（夏季平室温）。

⑧ 发酵　入窖时需将糟醅尽量踩紧，然后密封窖口，不能漏气，每天都应检查加固，发酵时间为6～7天。

⑨ 蒸馏　将发酵完毕的发酵糟按照轻倒匀铺使甑面穿汽平整的办法沿甑，满甑后立即压盘蒸馏。蒸馏时力求火力平衡。截头去尾，确保馏酒质量和产量。

（3）试验分析项目及方法

① 水分　采用称量法，将样品烘干至恒重计算失水率。

② 淀粉含量　盐酸水解法测定。

③ 还原糖　用廉-爱法测定。

④ 酸度　用中和滴定法测定。

⑤ 出堆酵母数量　采用平板稀释计数法，样品浸泡后在 600 倍显微镜下计算酵母细胞数量。

2. 结果与方法

（1）水分、温度、pH 值、时间对工艺的影响　从高产曲的构成看，主要含淀粉酶和根霉、酵母等微生物，而微生物的繁殖、生长、酶分解都离不开水分、温度、环境、pH 值和时间，淀粉酶也同样在作用时要受这几个因素的影响和制约。

① 水分　酿酒过程中水分多少是一个十分重要的因素。如水分过大，蒸料踏汽，糟子现腻，给糊化、糖化和发酵都将带来困难；相反水分过低，微生物和酶同样不能很好地发挥作用，导致发酵不彻底，残余淀粉增加。新工艺中水分的来源不像传统工艺，是在粮食泡、焖、蒸中控制，而是在润料加水量和活化液的水比例中掌握，这两次加水过程又必须视原料水分和母糟水分而定，一般而言，总加水量控制在 45%～60% 之间。

② 温度　根据淀粉酶的适应温度和微生物的生长温度来确定活化水温和堆积糖化温度。活化时，水温控制在 37～39℃，既能保证曲药里有效物质不受损失，又能达到吃水迅速、恢复酶与微生物功能的作用。在堆积糖化时，温度控制在 36℃左右，不宜超过 38℃，因为根霉最适培养温度为 32～34℃，酵母最适培养温度为 27～30℃，糖化酶最佳糖化温度为 50～55℃，这时酵母和根霉迅速培养。糖化酶虽然不是最佳糖化温度，但这阶段主要是创造良好的条件，使根霉与酵母迅速生长和繁殖并合成酶系，而不要求彻底完成糖化，为后期边糖化边发酵作准备。这时的温度如果太低，糖化时间长，容易生酸、感染杂菌；如温度过高，酵母易衰亡，且糖分急剧积累，使发酵不平衡，造成短产。

③ pH 值　固态小曲酒的传统风味离不开各种有机酸的酯化反应，所以发酵必须创造一个和谐的偏酸环境，且糖化酶、根霉、酵母生长和作用时都有一个 pH 值的最适环境，酵母最适 pH 为 4.5，根霉、糖化酶最适 pH 为 5。如果配糟酸度过大，边糖化边发酵过程不能正常进行，而且生酸必须消耗糖分，影响出酒率的提高；如果酸度不足，酒体风味也会受影响，所以，通过控制水分、谷壳用量，掌握配糟酸度为 0.8～1.2mL/10g 为宜。

④ 时间　操作工艺中各工序都涉及时间的问题。如润料时间不够，原料、吃水不均匀，淀粉糊化不彻底；时间过长则易生酸。蒸料时间过短，淀粉糊化不彻底；时间过长易使淀粉在高温条件下转化为焦糖，意外增加不可转化物质。糖化时间不够，酵母培养数太少影响发酵，出堆还原糖太低，不利于进窖后初期发酵的正常进行；时间过长又要造成酵母数量过大，杂菌繁殖，消耗糖分，还原糖太高，入窖后前期发酵过猛，酒精积累太快，抑制后期发酵。糖化控制好坏以出堆还原糖和酵母数来衡量。还原糖宜控制在 4%～5%，酵母数控制在 $(0.15～0.2)×10^8/g$ 个

为宜。其与出酒率的关系见表4-70。发酵时间的长短则是酒质控制的关键，传统工艺发酵5天与新工艺发酵5天总酸和总酯有一定差距（表4-71），将发酵时间延长到6天、7天、8天、12天进行观察，认为发酵时间延长1～2天完全能达到比较好的效果（表4-72）。

表 4-70　糖化质量与出酒率的关系

项目	时间	还原糖/%	酵母/($\times 10^8$ 个/g)	出酒率/%
1	8.29～9.19	4.24	0.126	57.10
2	9.20～9.25	4.36	0.148	58.70
3	9.26～10.3	4.47	0.196	57.95

表 4-71　新工艺与传统工艺发酵 5 天酒质对照表

项目	酒精度/%vol	总酸/(g/L)	总酯/(g/L)	杂醇油/(g/100mL)	甲醇/(g/100mL)
新工艺	59.97	0.582	0.616	0.149	0.0176
传统工艺	59.71	0.899	0.846	0.154	0.0209

表 4-72　不同发酵时间与酒质对照表

项目	5d	6d	7d	8d	12d
总酸/(g/L)	0.582	0.702	0.790	0.828	0.890
总酯/(g/L)	0.616	0.882	1.141	1.224	1.262
杂醇油/(g/100mL)	0.149	0.116	0.100	0.133	0.167
甲醇/(g/100mL)	0.0176	0.020	0.020		0.020

（2）粉碎粒度对工艺的影响　参考了麸曲白酒的生产工艺，原料粉碎可以促进淀粉均匀吸水，加速膨胀，利于蒸煮糊化。通过粉碎还可增大原料颗粒的表面积，在糖化发酵过程中以便加强与曲、酶、酵母的接触，使淀粉尽量得到转化，利于提高出酒率。但也不是粉碎得越细越好，过细则必须增加填充剂以调节疏松度，影响酒质，而且能耗相当大，粉碎设备消耗也大。过粗则达不到以上目的，文明运等经实验认为，粉碎粒度高粱为1.5mm为宜（图4-15）。

（3）配糟用量与出酒率的关系　在固态法小曲发酵工艺中均匀配入大量酒糟，主要是为稀释淀粉浓度，调节酸度和疏松酒醅，并能供给微生物一些营养物质，同时酒糟通过多次发酵，能增加芳香物质，对提高成品白酒的质量有利。新工艺的原料经过粉碎，更需一定量的酒糟来疏松酒醅和调节淀粉浓度，控制发酵速度。配糟用量与出酒率的关系见图4-16，由图可知，1∶6的配糟能保证出酒率达到最佳点。

（4）生产实验结果　经过实验，根据不同季节，确定不同的小组作为试验组，

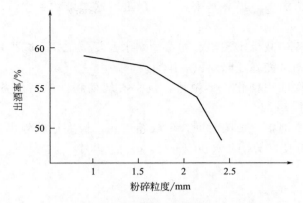

图 4-15　粉碎粒度与出酒率的关系（高粱）

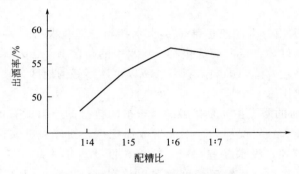

图 4-16　　配糟用量与出酒率的关系

通过对产酒情况和节能情况的比较，该工艺完全可以达到预期效果。

① 酒质　酒质经当地产品质量监督检验所检测，符合 DB50/15—2008 小曲酒的标准要求（表 4-73）。

表 4-73　新工艺酒质检测表

项目	酒精度 /%vol	总酸 /(g/L)	总酯 /(g/L)	甲醇 /(g/100mL)	杂醇油 /(g/100mL)	固形物 /(g/L)
指标	实测值	≥0.30	≥0.70	≤0.04	≤0.2	≤0.40
第一批	62.5	0.65	1.33	0.02	0.10	0.13
第二批	62.3	0.68	1.37	0.02	0.10	0.07
第三批	61.8	0.69	1.37	0.02	0.10	0.15

② 降耗节能及成本分析　通过多个试验组的应用与传统工艺平均数对照分析，新工艺比传统工艺的成本降低，同时提高了设备场地的利用率。

A. 由于采取了粉碎工序，提高了曲药的糖化酶含量和酵母含量，能大幅度提高淀粉利用率和出酒率，提高水平在 5％以上。这对节约粮食、增加效益有一定作用。

B. 在糊化过程中减少了浸泡、初蒸、焖水、复蒸工序，减少用水 25％，节约燃煤 32.4％，这对节能降耗起到积极作用。

C. 该技术采取堆积糖化，不做箱，减少占地面积，提高设备、设施利用率，为增量扩产奠定了基础。

D. 该技术减少泡粮、蒸粮时间，不收箱出箱，极大地减轻了工人的劳动强度和工作时间，具有良好的社会效益。

3. 讨论

将原料粉碎使用高产曲酿制小曲白酒是小曲白酒生产的一个新尝试，通过实验，证明该工艺是可行的，节约成本、减轻劳动量是可能的，但应用中仍有一些方面值得分析和讨论。

① 该工艺要求用符合国家标准的自来水拌料、活化曲等，特别是高产曲活化时的用水越清洁越好，以免曲药活化时，将水中的杂菌一并带入，消耗营养，代谢其他物质，抑制糖化发酵，影响出酒率。所以水质不好的地区，在春夏季最好用开水，冷却后作活化用水。

② 因为高产曲的酶类主要是接触酶，未被酶接触的原料就有可能不能被糖化，所以要求操作时拌和一定要均匀，不能形成面疙瘩。粉碎粒度要达到要求，玉米、高粱等原料质地较硬，吸水性差一些，粉碎粒度就应小一些（≤1.5mm），小麦、薯类质地较软，吸水性强，粉碎粒度就可以放宽到≤2mm。太糯的原料由于支链淀粉多，黏度很大，不能很好地与糖化酶接触，致使糖化酶发酵不彻底，出酒率低。

③ 新工艺由于将原料粉碎，在蒸料、发酵、蒸馏时为了保持一定的疏松度和通透性，谷壳用量比传统工艺多一些。要保证酒质醇正，除了熟糠壳配料外，设法降低谷壳用量也是一个值得探讨的课题，特别是原料粉碎后淀粉利用率大一些，残余淀粉相应减少，加上谷壳多，鲜酒糟不如传统工艺的酒糟好销。

④ 对高产曲的研制还仅仅局限于有利糖化和酒精发酵，还没有引入生香微生物，提高酒的质量靠的是延长发酵期，这还待进一步实践。

二、多粮青稞酒工艺

青稞酒的生产工艺已有几百年的酿造历史，在青海、西藏等地非常流行。传统青稞酒用粮主要以单一的青稞为原料，但是，随着多粮酿酒工艺的发展及多粮型白酒口感被广大消费者的广泛认可，许多这类型的厂家也开始研究多粮工艺酿造青稞清香型白酒。现将青海互助的经验总结介绍如下。

1. 原料及配比

多粮工艺酿造青稞清香型白酒的原料采用青稞、小麦、豌豆、高粱、大米、玉米等。辅料采用优质糠皮（水分≤14%，杂质≤1%），使用前要求加水拌湿，再经清蒸处理后使用。

原料：每窖原料投入量3500kg，青稞60%、高粱20%、大米5%、玉米3%、小麦10%、豌豆2%。

辅料：糠皮占原料的10%～20%。糖化发酵剂每窖加入量见表4-74。

表 4-74 糖化发酵剂每窖加入量　　　　　　　　单位：kg

项目	大糙	二糙	三糙	四糙
大曲	270	270	105	70
糖化酶	2.1	2.1	7	7
干酵母	0.35	0.35	1.4	1.4

2. 酿造工艺

（1）清蒸四次清工艺　采用传统的"清蒸四次清"工艺法，将多种原料经过不同的粉碎程度进行混合蒸煮，原料经蒸煮冷却后加糖化发酵剂入窖发酵，发酵完成后，再经蒸馏，所得的多粮青稞酒单独按糙次进行分级存放。

（2）发酵设备　采用深2.2m、长2m、宽2m的花岗岩石条窖池，窖底为混凝土，每个窖底中间有排水口，并在窖底末端设置1个全部窖底汇总的黄水坑，设有泥浆泵。用无毒塑料布作盖封窖顶，再用木板盖封窖口，保温。

（3）工艺流程　以青稞、高粱、小麦、玉米、大米、豌豆原料，经蒸煮糊化、入窖发酵、出窖蒸馏所得的多粮青稞酒分级贮存。工艺流程见图4-17。

3. 操作要点

（1）多粮原料和大曲的粉碎　青稞、小麦粉碎成4～6瓣，高粱、玉米粉碎成小米颗粒，细粉不超过20%，豌豆粉碎成半块，而大米以整粒为好。大曲粉碎成粉状，但要按季节调整粉碎度。

（2）润料堆积

① 每窖投料量　多粮原料生产多粮青稞清香型白酒，其投料量为青稞2100kg、高粱700kg、小麦350kg、大米175kg、玉米105kg、豌豆70kg。

将粉碎后的原料混合，加热水翻拌均匀，堆积成倒扣的碗形，用麻袋覆盖，保温。4～5h后翻拌1次，使原料润透，并防止浆水流失。如果翻拌时发现料干，还可适当添加温水。堆积2～3h即可蒸料。

② 传统润料条件　青稞清香型白酒传统生产润料条件见表4-75。

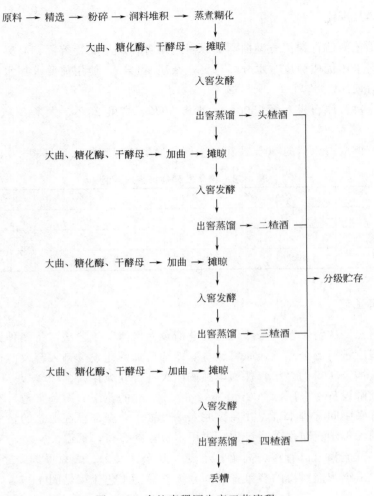

图 4-17 多粮青稞酒生产工艺流程

表 4-75 润料条件

名称	春	夏	秋	冬
加水量/%	50~60	50~60	50~60	50~60
水温/℃	35~40	25~30	35~40	40~50
堆积温度/℃	28~30	25~28	28~30	28~32
润糟时间/h	8~12	8~12	8~12	8~12

③ 高温润糙 采用高温润糙时，吸水量大，吸水速度快，水分不仅附着于颗粒表面，而且渗入其内部，易蒸煮糊化，入窖时不淋浆，而发酵时升温缓慢，因此，成品酒较绵甜；高温润糙促使果胶分解成甲醇，以便在蒸馏时排除，相对降低了成品酒中的甲醇含量。

④ 堆积　堆积不仅能使原料润透，而且在堆积过程中一些自然微生物侵入原料中进行繁殖发酵，并进行美拉德反应生成一些芳香物质成分，对增进成品酒的回甜有一定的作用。

（3）蒸煮糊化　首先在不锈钢蒸锅的甑箅上撒上一薄层清蒸糠皮，以防原料糁子掉入锅底，再打开蒸汽阀门，用簸箕将润好的糁子装入甑锅进行蒸煮。装甑要求轻、松、薄、匀、平、散。蒸煮糊化要求熟而不黏，内无生心。

（4）摊晾、加曲、入窖发酵　将糊化好的糁子摊晾在通风晾床上，打碎成团，然后用晾糁机扬凉，待温度降至 20～25℃（夏季尽可能降至 16～18℃）为好，加入糖化发酵剂，再翻拌均匀，入窖发酵，入窖条件见表 4-76。

表 4-76　入窖条件

名称	春	夏	秋	冬
曲粮比/%	9～11	9～11	9～11	9～11
下曲温度/℃	21～25	18～20	21～25	25～28
入窖温度/℃	18～21	16～18	18～21	20～25

按传统工艺进行 25 天发酵，发酵过程要求做到"前缓升、中挺足、后缓落"的规律。并要求做到"保大糁、养二糁、追三糁、挤四糁"的原则。

（5）出窖蒸馏

① 装甑　出窖的香醅拌上适当的清蒸糠皮。糠皮量不宜过多，否则造成成品酒的糠味过重；但也不宜过少，否则会造成装甑时压汽的现象。蒸酒时酒尾过长。

装甑要做到"轻、松、薄、匀、平、缓"。装甑香醅要"两干一湿"。蒸汽要"两小一大"。并要求"缓汽馏酒、大汽追尾"的原则。

② 接酒　接酒要做到"掐头去尾，量质摘酒"的原则，并要求分级分糟次贮存。

4. 原酒质量

原酒经色谱分析及常规检验，总酸含量 0.65～1.15g/L、总酯含量 1.95～4.33g/L、乙酸乙酯含量 1.81～4.56g/L、乳酸乙酯含量 1.29～2.65g/L。

原酒清香纯正，多粮香自然协调，绵甜爽净，尾净味长，并且较纯青稞酒绵甜柔顺。该多粮青稞酒的成功酿制大大提高了调味酒的酒质，为研制高档青稞清香型白酒奠定了基础。

三、生料白酒生产

生料酿酒的原理是利用适应生淀粉转化的糖化剂和酒精酵母的作用，将原料生淀粉转变成酒，再经蒸馏而成。它摒弃了传统固态法白酒复杂的工艺，出酒率提高

20％以上，设备利用率提高 30％，吨耗煤降低 35％，每吨酒成本降低 200～300元。另外，生料酿酒后的下脚料富含蛋白质，且不含糠壳等杂质，是优良的饲料。

1. 工艺流程

原料粉碎＋加水＋加曲→糖化→发酵→蒸馏→原酒→勾兑→成品白酒
　　　　　　　　　　饲料←糟液←┘

2. 操作

（1）原料选择　由于生料发酵没有熟料发酵蒸煮过程中的杀菌作用，因此，对原料的要求相对较高。用于生料酿酒的原料要求无杂质、无虫蛀和无霉变。对于陈粮，一般只有水分含量较低的原料才能用于生料酿酒。

（2）辅料选择　生料酒曲是一种多功能微生物复合酒曲，含生淀粉糖化剂、发酵剂和生香剂。同时应辅以适量的酸性蛋白酶、淀粉酶、纤维素酶等，以提高糖化发酵速率。

（3）原料粉碎　大米、碎米可不经粉碎，玉米、高粱粉碎以后经过 40 目筛孔可达 60％～70％。为了便于糖化发酵，防止杂菌感染，缩短发酵时间，大米也可作一定程度的粉碎，尽可能提高原料利用率。

（4）拌料　按粮水比 1：(2～3.5) 计，将缸内水温调至 30～40℃（夏季 30～35℃，冬季 35～40℃）。下料搅拌均匀，同时下曲，用曲量按要求添加，一般为0.5％～0.8％。加曲后，料温保持 25～30℃（冬春季 28～30℃）。

（5）糖化、发酵　生料发酵是边糖化边发酵的过程。糖化发酵温度以控制室温来掌握。室温 25～30℃，品温 28～35℃为宜，pH 控制在 4～5 之间。夏季控制品温 40℃以下，加强换气通风、洒水降温。

保持清洁卫生，以防杂菌污染。为确保发酵前期酵母繁殖，在封口前增加搅拌（每天 3～4 次），40h 后用塑料布密封发酵（每天适当搅拌），否则影响发酵，产酸多。

发酵液的成熟检查：一看、二闻、三尝。眼观液面料糟是否都沉入缸底，醪液由混浊变清，醪液呈淡黄色，表面无气泡，整个发酵醪呈静止状态，发酵终止。闻有舒畅的香味和冲鼻的酒味。口尝微酸涩、不甜。理化检测：含酒精 9％～12％，还原糖低于 0.35％，总酸≤0.5％。

发酵周期：发酵温度在 30℃以下时 10～15 天，发酵温度 30℃左右时 7～8 天。以大米为原料，其发酵过程变化见表 4-77。

（6）蒸馏　采用专用设备，截头去尾，量质摘酒，低酒度复蒸提度除杂。具体操作：先将甑桶（最好是不锈钢容器）洗净，并注入 15～30L 清洁水，加热至70～80℃。用醪液泵将发酵成熟的醪液泵入桶中。装料系数 50％～60％。跟传统烤酒一样，"大火蒸料、缓火出酒、猛火追尾"。

表 4-77 发酵过程变化

检测项目	发酵开始	发酵旺盛	发酵衰退	发酵完毕
眼观	液面布满气泡	小气泡增大似肥皂泡,原料上下翻腾,料液变混浊	原料漂浮于液面,气泡减少,少数原料上下翻动	液面原料沉入底,料液处于静止状态,并又混浊变清
耳听	有小气泡爆破声	有似蚕吃桑叶"喳喳"声	声音减弱	无声
鼻嗅	微弱 CO_2 味	辛辣、冲鼻,有酒味	酒香味,仍辛辣、冲鼻、熏眼	香味柔和,辛辣、冲鼻、熏眼减弱
口尝	无味——→酸甜适口	甜味弱,酸甜味增加,有酒味	酸为主,无甜味,酒味刺激	酸而不甜,有酒味,粮食已发空
品温	高于室温 1~2℃	高于室温 3~5℃	温度下降	与室温相同

3. 生料酒曲的配方基本原则

① 能直接对生原料进行较为彻底的糖化发酵,且出酒率较高,具有一定的生香能力。

② 能适应各种淀粉质原料的糖化发酵要求。

③ 能适应较高浓度和较宽温度、pH 范围的要求,且具有一定的耐高温、耐乙醇和抗杂菌能力。

④ 做到糖化速率与发酵速度平衡协调,符合双边发酵和"前缓、中挺,后缓落"的发酵要求。

⑤ 用曲量少,成本低廉,具有较长的保质期,便于使用和贮存运输,不含有毒有害物质和无邪杂异味。

复习思考题

1. 浓香型几大流派的特点和区别。

2. 浓香淡雅风格有何特点?

3. 什么是双轮底发酵?

4. 为什么要缓火蒸酒,大火蒸粮?

5. 什么是跑窖法?

6. 什么是原窖法?

7. 什么是老五甑法?

8. 贵厂是如何提高优级品率的?

9. 贵厂是如何安全度夏的?

10. 酱香型白酒生产有何特点?

11. 清香型白酒生产有何特点？

12. 固态法小曲酒的操作要点有哪些？

13. 白酒厂改扩建应注意什么？

14. 单粮改多粮注意事项。

15. 如何理解名酒生产中的天时、地利、人和？

第五章

酒体设计及其应用

❖ 第一节　尝评、勾兑与调味

一、尝评

尝评又称品评、品尝或鉴评，是利用人的感觉器官（视觉、嗅觉、味觉）按照各类白酒质量标准来鉴别酒类质量优劣的方法。要通过眼观其色，鼻闻其香，口尝其味，并综合色、香、味确定其风格。它具有快速方便而又比较准确的特点，是目前检测和控制白酒质量的重要手段，迄今为止，尚未出现能够全面正确判断香味的仪器，理化检验还不能代替感官品尝。

1. 尝评的作用和意义

① 尝评是确定质量等级和评选优质产品的重要依据。

② 通过尝评，了解酒质存在的缺陷。

③ 加速检验勾兑和调味的效果。

④ 利用尝评鉴别假冒伪劣商品。

2. 尝评的方法

目前主要有以下几种。

（1）一杯尝评法　可以考察尝评员的基本功，对训练尝评员的记忆力和再现性较好。

（2）二杯尝评法　此法可提高尝评人员对酒质量差异的辨别能力。

（3）三杯尝评法　此法用于提高尝评人员的准确性和辨别能力。

（4）顺位尝评法　该法可训练尝评人员对酒质量差异的分辨能力，在企业中常用于选拔基础酒和调味酒，以便确定配方。

（5）记分尝评法　主要用于评酒和检评酒质。

3. 尝评具体步骤

（1）眼观其色　人眼能观察到颜色物体是因为观察对象对光波的反射作用的结果。可见光波长是在 400～750nm 范围内。在白光照射下，如果溶液不吸收可见光，则白光全部通过，溶液呈无色透明；如果可见光被溶液全部吸收，则溶液不透光，呈黑色。

在白酒尝评中，利用视觉器官（眼睛）来判断酒的色泽和外观状况，如透明度、有无悬浮物、沉淀物等。白酒国家标准规定："无色或微黄，清亮透明，无悬浮物，无沉淀"。由于工艺条件不同和储存时间较长容易产生微黄色（如酱香型等白酒）。"当酒的温度低于 10℃时，允许出现白色絮状沉淀物质或失光。10℃以上时应逐渐恢复正常"。低度酒在低温时酒中一些醇溶性物质等会部分析出，像白色絮状物一样呈现于酒中，造成失光。

将酒样放于评酒桌的白纸上，用眼正视和俯视，观察其色泽、透明度等；然后酒杯拿起轻轻摇动再观察，作出色泽的判断。

（2）鼻闻其香　人的嗅觉器官是鼻腔。当有香物质混入空气中，经鼻腔吸入肺部时，经由鼻腔的甲介骨形成复杂的流向，一部分到达嗅觉上皮，此部位带有黄色素的嗅斑，呈 7～8 角形星状，大小为 2.7～5.0cm²。嗅觉上皮细胞由支持细胞、基底细胞和嗅觉细胞组成，其中嗅觉细胞呈杆状，一端到达嗅觉上皮表面，浸于分泌在上皮表面的液体中；另一端是嗅球部分，与神经细胞相连，把刺激传达到大脑。嗅觉细胞表面由于细胞的代谢作用经常保持负电荷，当遇到有香味物质时，其表面电荷发生变化，从而产生微电流，刺激神经细胞，使人闻出香气。一般从嗅闻到气味至发生嗅觉的时间为 0.1～0.3s。

注意人的嗅觉容易疲劳，当身体欠安、精神不爽时灵敏度会下降，有其他气味（如化妆品）或刺激性气味时，对白酒香味判断不准。

闻香时要求酒量一致，鼻子与酒杯距离 1～3cm，对酒吸气，吸气量要一致；先按顺序闻，仔细辨别酒的香气和异香，做好记录，再反顺序比较。有经验的人凭闻香就能判断酒质的好坏，可见鼻闻其香的重要性。

（3）口尝其味　味觉是呈味物质作用于口腔黏膜和舌面上的味蕾，通过味细胞再传入大脑皮层所引起的兴奋感觉，随即分辨出味道来。不同味觉的产生是味细胞顶端的微绒毛到基底接触神经处在 1ms 之内传导味信息，使味细胞膜振动发出的低频振动的量子现象。不同部位的味蕾乳头的形状不同，所显示的味感也不同，如舌头的绒状乳头对甜味和咸味敏感，舌两边的叶状乳头对酸味敏感，舌根部的轮状乳头对苦味敏感。从刺激到味觉产生仅需 1.5～4.0ms，较视觉快。咸感最快、苦感最慢，所以尝酒时往往有后苦感。

尝评时将酒饮入口中，注意酒液入口时要慢而稳，使酒液先接触舌尖，次两侧，最后到舌根，使酒液铺满舌面，进行味觉的全面判断。除了味的基本情况外，更要注意酒味的协调及刺激的强弱柔和、有无异杂味、是否愉快等。有经验的品酒师一次就能将酒质好坏、优劣分辨出来。要一边尝，一边做好记录。最好给出分数。要注意每次入口的酒量，做到基本相等，可避免偏差。一般认为，高度白酒每次入口量为 2～3mL，低度白酒为 3～5mL，酒液在口中停留时间为 2～3s，便可将各种味道分辨出来。酒液在口中停留时间不宜过长，因为酒液和唾液混合会发生缓冲作用，时间过久会影响味的判断。

（4）综合判断、确定风格　风格又称酒体、典型性，是指酒色、香、味的综合表现。它是由原料、工艺相结合而创造出来的，即使原料、工艺大致相同，通过精心勾兑，也可以创造出自己的风格。酒的独特风格，对于名优酒更为重要。品尝就是对一种酒作出判断，是否有典型性及它的强弱。对于各种酒风格的正确描述，主要靠平时广泛接触各种酒类，逐步积累经验，通过反复品尝，反复对比和思考，才能细致、正确地辨别。

4. 酒中诸味及关系

人的基本口味过去传统的只有酸、甜、苦、咸四味，现在鲜味也是。但辣味不属于味感，因为辣不是由味觉神经传达而是由刺激性产生的。在白酒生产中还有一些其他味觉出现，如涩味、金属味、糠味、泥味等，应结合生产及勾兑调味具体谈及。

二、 评酒与评酒员

评酒，是对酒类质量的检阅，在我国正式的全国性评酒开展了五次。而企业，特别是大型酒厂，对每一批将要出厂的酒或新开发的产品均要进行评酒，这项活动是常态性的。评酒需要有一定水平的尝评人员，即品酒师或评酒员（简称评委）。目前我国评酒员主要分白酒评酒员、啤酒评酒员、葡萄酒评酒员、露酒评酒员等。

对于各级评委，特别是国家评委，除具备良好的基本功外，还应坚持为社会服务的宗旨。关于评酒，全国白酒评比专家组原组长沈怡方先生提出了创新要求。他说，要成为市场型的白酒评委，就要多接触市场，跟市场需求相结合；要多接触产品，使白酒口感更贴近消费者；要根据市场的需要，来提升国家评酒委员的评酒水平，用消费者需求的口感来不断满足市场的需要。

一般来讲，评酒员都懂得勾兑和调味，对酒体设计有一定的经验；而勾兑人员必须具备评酒能力，二者之间关联度较高，故国家评委中大部分是生产一线的技术骨干或科研人员。

三、 勾兑技术

勾兑是把贮藏老熟的合格酒进行兑加、掺和，成为基本符合本厂产品质量要求的基础酒。勾兑主要是将酒中的各种微量成分以不同比例兑加在一起，使其分子重新排布和缔合，协调平衡，以烘托出基础酒的香气、口味和风格特点。

勾兑成的基础酒在香味或口味的某些方面存在不足，可用极少量的调味酒，对基础酒进行调味，使之完全符合质量要求。

一般来说，勾兑技术是由尝评、组合、调味三部分组成，简称勾兑技术，它是酒厂特别是名优酒生产工艺中非常重要的一环，是酒体设计的基础和根本。对于勾兑技术的发展，勾兑基本原理和方法，及勾兑人员的要求等相关资料均有详细介绍，本书概不重复。下面仅根据多年的体会，结合相关资料谈谈目前生产中容易忽略的问题。

1. 白酒勾兑人员的素质

（1）勾兑人员要不断提高评酒水平　对于勾兑师来说，评酒与勾兑两者是密不可分的。凡是食品的风格质量评价，感官鉴别的作用是决定性的，虽然科学发展至今，人们已经剖析出白酒香味成分达 340 余种，但人的感觉器官是最灵敏的，是任何先进仪器分析都无法取而代之的。同样的原材料（指基酒、酒精、香料、调味酒），不同的勾兑师勾兑出的产品的风格质量就大不相同，这与其评酒能力（包括实践经验）密切相关。因此，评酒水平是做好勾兑工作的先决条件。要成为优秀的评酒师，在品尝技术的要求上，必须具备以下 3 方面的基本素质：具有尽量低的味觉和嗅觉的感觉阈值（敏感性）；对同一产品的各次品尝的结果保持一致（准确性）；精确地表达所获得的感觉（精确性）。

要想上述素质得以提高，就需要经过长期艰苦的磨炼。此外，实事求是的工作态度和良好的职业道德对于一个优秀评酒师来讲也是应该具备的。

（2）深刻认识各种香型白酒的微量成分及风味特征　白酒中各种微量成分的含量多少和适当的比例关系是构成各种名白酒的风味和香型的重要组成部分。各种白酒的微量成分有许多共同点，亦有其特殊性（特征组分），要善于分析总结，这是搞好白酒勾兑调味的重要基础工作，也是勾兑出质量优异的不同香型酒的前提。

2. 白酒勾兑调味的关键

（1）准确认识基础酒和调味酒　白酒的勾兑，主要是依靠人的味觉和嗅觉，逐坛选取能相互弥补缺陷的若干坛酒组合在一起。如何认识基础酒，了解其优缺点，如何搭配能取长补短，这就"非一日之功"。不同香型、风格的酒厂，尤其是名优酒厂，由于生产有长期的延续性，合格的基础酒是什么特点，通过多年的色谱分析和品评，积累了大量的数据和经验，要善于总结、分析、思考，从而指导勾兑。

当今白酒勾兑，经常采用多种组合方式，如何确定多种组合方式，一是靠人，二是靠白酒的色谱定量分析数据库，三是利用计算机及相关软件系统。这后一种方式就是所谓的"计算机的色谱成分组合"，其组合的最终结果都能满足设定的多种成分的含量范围的要求，但还要依赖于人，靠人的经验来确定其中哪些组合方式更符合实际要求。

依靠色谱定量分析数据进行组合，只包含了或者说只解决了白酒中一部分成分的组合，并没有也解决不了其余复杂成分的组合问题，还得依赖勾兑员准确、高水平的品评能力，对各种基础酒有清晰的辨别能力，才能组合出高质量的基酒。

合格的基酒组合好以后，选择哪些调味酒才能"画龙点睛"，这就要求勾兑员要有丰富的实践经验。

（2）根据市场变化进行酒体设计　目前市场上畅销的多是中低度白酒，其酒精含量一般为 35%～46%。生产这个范围酒度的酒，降度除浊是必需的工艺步骤，在这个酒度范围相溶不好的物质大部分被除去，有的则损失殆尽。也就是说，这些主要表现呈味性质的物质的浓度和味感强度被充分降低了。与度数高的酒相比，这些物质浓度之间的差异相当大，它们对酒的呈味作用小，已不再是影响白酒口味的重要物质。

中低度酒中的各种物质，即使它们与高度酒有很近似或大体相同的色谱骨架成分，这些成分之间的相互作用、液相中的相溶性、气相中的相溶性、味阈值和嗅阈值、相应的味感和嗅感强度、味觉转变区间、酒的酸性大小等，均发生了强烈的改变。因此，不能用高度酒的一般经验规律来认知、解释或代替低度酒的规律性。例如，羧酸在水中的酸性比在乙醇中强 1 万～10 万倍，同样用量的酸在 52％vol 的白酒中酸性小，在 38％vol 的酒中酸性就大得多。

用较高度的酒加浆降度除浊，还是一个多种可溶性成分的浓度同时被降低的过程，本来就含量不多的复杂成分的浓度亦相应降低，以致酒的质量和风格发生了根本的变化。

（3）传统白酒与新型白酒的关系　新型白酒是在传统白酒科学技术发展的基础上诞生和成长起来的，传统白酒品质的提高、香味成分的认识及生物技术的发展，是新型白酒发展的基础。未来白酒的发展，专家预测是传统白酒与新型白酒并行，醉酒度低的产品将是市场的主流。

传统白酒生产，要认真贯彻传统工艺，提高基础酒和调味酒的质量，根据市场的变化，调整传统产品的口味，生产有特色、有个性的名牌产品。"资源整合、品牌创新"是名优酒厂发展的思路。

新型白酒灵活性很强，可不受香型的束缚，针对地域口味、消费者的爱好，进行整体设计。但有一个原则，勾兑出来的产品要"醇、甜、净、爽"，要刺激性少、顺喉，饮后消失快。

根据消费的变化，市场上白酒的酯含量普遍比以前偏低，有国标的往下限靠。现在市场上一批畅销产品，其风格特征是"芳香绵甜、醇和爽净"，不知是何香型，一尝才知是浓香型（或兼香型），没有传统的"窖香浓郁、回味悠长"等描述。这就是消费口味的变化，不喜欢"香浓"，也不喜欢"后味太长"。

（4）准确的计量　白酒勾兑调味从小样到大样，要使用一些工具和容器，由于计量不够准确，造成酒质差异的事经常发生，应引起足够的重视。

① 勾兑罐计量　勾兑罐是勾兑组合基础酒必备的容器，有大有小，小的 1～2t，大的超过 100t。现在各厂使用的勾兑罐无论大小，大多没有计量装置，罐内装多少酒只靠经验来定，有的插一竹杆作为计量，一般误差为 0.2％～0.5％，这些误差造成小样与放大样之间的差距，应引起高度重视。在那些容积人为误差控制得很好的工厂，则必须考虑另外几种误差对容积的影响，并在生产中加以修正。首先，没有装酒的空罐和装了 4/5～5/6 酒的同一罐的容积不相同，往往是后者的容积较大。这是因为酒罐的制作材料并非没有弹性，在压力作用下，装满酒的大酒罐

的罐内压力（液体静压）大于大气压力，使酒罐呈略有膨胀的变形。其次，夏天和冬天温差大，金属的膨胀系数差变大，对大容积酒罐的容积影响不可忽视。勾调用酒罐的容积相对计量准确，对勾调生产的作用和效果明显。因此，大罐组合酒时应以流量计或正确称重计量，才能保证计量的准确。

② 小样勾调时的计量　从 20 世纪 80 年代开始，白酒勾调技术逐步在全国普及和应用。那时勾调小样都推荐使用 2mL 的医用注射器和配 5.5♯ 的不锈钢针头，作为滴加调味酒或酒用香料的计量仪器。应该说这种计量方法的推广，在勾调技术推广普及的初期，是勾调计量上的一个进步，它比原来用竹提扯兑相对来说还是细致准确得多，而且使用习惯了也相当方便。但是，随着勾调技艺的深入研究，要求更加细致、准确，人们发现 2mL 医用注射器针筒仅是一种工具，不是计量用的仪器，针筒上的刻度误差太大，其数值只能供参考，不能作计量依据。由于 5.5♯ 针头的针尖斜截面的大小和不锈钢细管的直径大小，很难规范制作。因此，人们运用这一工具时，滴出液体的体积始终不准确，无法控制。

另外，勾兑人员在操作时力量、角度和方向的掌握不同，也会出现误差。

因此，很多勾兑员已不再使用注射器，而改用精密的计量仪器，就是用多规格的色谱进样器（微量注射器）。若勾兑小样要适当放大时，可用移液管或刻度吸管。

此外，需要特别提醒的是，不论小样制作或生产放样都应以容积为单位，并控制相对计量误差，才能保证小样酒与生产的大样酒质量较为一致。

❖ 第二节　酒体设计

一、概论

所谓酒体设计，就是酿酒企业事先将要生产的某一类型的酒的物理性质、化学性质、风格特点、感官特征以及广大人民群众对这一类型的酒的适应程度，本企业生产这一类型酒的工艺技术标准、检测方式、管理法规等内容，通过设计者的综合、协调、平衡后制定出来的能够对生产全过程进行有效控制，保证产品质量的一整套技术文件和管理准则进行的一系列工作。作为一门新的学问，酒体设计学还在不断丰富和完善中。

对于酒体设计学，从广义来讲，酒体设计学是研究酒体风味特征形成的规律，设计和指导生产具有独特风味酒类物质的科学。从狭义来看，它就是研究中国传统白酒酒体风味特征、规律，设计和指导生产具有中国白酒风味特征酒类物质的科学，再具体一点，就是指导生产出具有自己香型或自有风格特征的白酒。举例来说，浓香型的不同流派，就是运用总结的规律，按照各自的生产工艺特点，将产出的原酒通过储存、优化组合、勾兑调味而成，具有自有风格特征、独特个性的酒（即泸州老窖、五粮液、洋河大曲）；再如，目前市场流行的浓香"淡雅""柔顺"风格的酒，也即在其生产原酒基础上，通过市场调查、构思，融入消费者的口感变化，重新进行酒体的组合勾兑、开发的产品。

在酒体设计实践中，既要考虑形成独特风味个性，又要考虑到生产工艺技术模式的规范操作，同时还要遵守各项技术质量标准和实现这些指标的管理法规。所以运用酒体设计学的原理，只要规定名优白酒要达到某一质量标准、原料的品质、糖化发酵剂的多种微生物的培养模式及要达到的指标、生产工艺操作程序和标准来保证生产出各类品质的基础酒，就能改变原来完全靠最后一道工序的尝评检测挑选出少量的优级产品的原始生产方式。

当然，产品质量的保证，必须在制曲、发酵、蒸馏、尝评、勾兑、调味等工艺技术和全过程之间构成一个相互制约、相互促进的辩证关系。明确尝评勾兑、调味技术只是酒体设计中的重要组成部分；曲药、发酵、蒸馏等这些前置技术也是酒体设计中不可分割的组成部分，要使整个工艺路线和技术标准规范必须事先在酒体设计时考虑成熟，并作出全面而具体的规定，用以指导生产，从而使名优酒的生产全过程都在酒体设计所规定的范围内得到有效控制。

使用酒体设计的原理和方法，不仅可以有效地控制名优白酒的整个生产过程，而且能够形成完美的酒体和独特的风格，达到提高产量、保证质量、降低成本、提高经济效益的目的。它最大好处还在于帮助我们开发新产品和改造老产品（这也是用得最多的）。当然，要做好酒体设计也不是一件容易的事情，要求设计者具有较高的技术素质和较强的研究能力。设计者应该对酒的生产环境、适应区域，原料、糖化发酵剂的选择，发酵、蒸馏控制，尝评、勾兑、调味有切身的体会；对每一个环节、每一项技术都要有全面而系统的研究，创造新的酒体风味设计方案，使新的产品达到高标准、高适应度、高价值的要求，从而达到增强企业产品竞争能力的效果。

二、酒体设计学的特点

从以上阐述看出，酒体设计学是从酿酒原料、曲药、设备与工艺的联系入手，研究和探索酒体风味特征形式的基本规律，并在此基础上建立的、对酒体风味进行设计的一门科学。它是闻名于世的中国白酒酿造工艺学的一个分支学科，在研究方法上主要应用微生物、物理、化学的方法。

剑南春的徐占成经过多年的研究实践，提出了酒体设计学的目的、任务、方法和步骤。

1. 酒体设计学的目的

① 为消费者提供具有独特个性、酒体风味特征的产品。

② 提高中国白酒的适应性、产品质量。

③ 提高名优酒比率，节约粮食。

2. 酒体设计学的任务

它所担负的主要任务是探讨和解决以下几个方面的问题。

（1）原料、曲药、设备与工艺操作等因素对酒体风味特征形成的问题 "曲药是动力"，在酿酒过程中对不同香型白酒的影响是怎样的？对其酒体风味特征的形成有什么作用？不同原料对酒体风味特征的形成的关系怎样？设备、生产工艺模式对酒体风味特征的形成的关系怎样？等等。研究这类问题，主要是为了搞清和解决酿酒过程基础酒的质量问题。

（2）酒体特征的确认方式的问题 各种白酒风味特征与质量标准的对应关系怎样？各种微量成分在酒体风味特征中的作用如何？尝评在酒体风味特征确认中如何应用？其他一些现象如微观非均相及白酒"基因图谱"等能在酒体风味特征确认中应用吗？探讨和研究这类问题，就是为了解决酒体特征的标准和确认方式的问题。

（3）成品酒酒体特征的形成模式问题 成品酒酒体风味特征是如何形成的？特殊风味（如陈味、芝麻香）特征是如何形成的？酒中的协调成分对酒体风格是如何影响的？白酒的老熟原理及方法怎样？如何利用勾兑、调味等关键工序形成成品酒的酒体特征？同一香型不同流派的酒体风格如何？如何应用计算机勾兑专家系统管理模式？探索和研究这类问题，就是为了解决成品酒酒体特征的形成模式问题。

（4）实现成品酒酒体风味特征的关键技术问题 如何严格科学地控制生产过程？如何解决基础酒质量缺陷的问题？如何提高白酒视觉质量问题？如何解决低度白酒酒体的完美？如何提高产品的适应度？如何严格制定、控制白酒的质量标准？研究这类问题，就是为了解决成品酒酒体风味特征的关键技术问题。

上述四个方面的问题，是构成酒体设计学的主要内容，它们相互联系，是一个统一的科学整体。

3. 研究酒体设计学的方法

归纳起来研究酒体设计学主要有微生物学的研究方法、化学的研究方法、物理学的研究方法等。

微生物学的研究方法是以曲药（糖化发酵剂）中的微生物构成的体系，以及这些微生物在酿酒过程中的作用为研究对象，研究各种微生物的性质对生化反应的方向、种类、进程以及白酒中各种香味物质的来源，进而研究它与不同香型白酒酒体风味形成之间的关系。对浓香型大曲酒来说，窖泥中微生物的区系，也是研究的重点。该方法以宏观研究为主，宏观与微观相结合。

化学的研究方法是以传统的酿造工艺为前提，原料在曲药的作用和酒在自然老熟下，发生的各种变化为研究对象，研究乙醇及其他各种香味物质的形成过程和衍变方式，为白酒的形成找到科学的依据。该方法以微观研究为主。

物理学的研究方法是以白酒酒体形态为研究对象，研究构成白酒酒体风味特征的各组分、成品酒的物理性质，以及它们的质量水平，以便为白酒酒体风味特征制定科学的质量标准和确认方式。该方法以宏观与微观相结合。

上述三种方法各有其特点及适用范围，因而也各有其局限性。只有把它们有机地、紧密地联系起来研究，才能把握白酒酒体风味特征及其形成全貌，也才能搞好白酒酒体风味的设计工作。

三、酒体设计的步骤

1. 调查

（1）做好调查工作　调查工作的内容应该是以下几个方面。

① 市场调查　市场调查就是为了了解国内外市场对酒的品种、规格、数量、质量的需要。也就是说，市场上能销售多少酒（市场容量），现在的生产厂家有多少，规模产量如何；群众的购买力如何，何种产品最好销，该产品的风格特征怎样。这些酒属于什么香型，内在质量应达到什么程度，感官指标应达到什么程度，是用什么样的生产工艺在什么样的环境条件下生产出来的，为什么会受到人喜爱，等等。这从现代管理学来讲就叫市场分析，分析得越细，对酒体设计就越有利。

② 技术调查　调查有关产品的生产技术现状与发展趋势，预测未来酿酒行业可能出现的新情况、新趋势，为制定新的酒体产品设计方案准备第一手资料。

③ 分析原因　通过对本厂产品进行感官和理化分析，找出质量上差距的原因。

④ 新产品构思　根据本厂的实际生产能力、技术条件、工艺特点、产品质量情况，参照国际国内优质名酒的特色和人民群众饮用习惯的变化情况进行新产品的构思。

（2）关于酒体设计的构思创意及方案筛选　构思创意是新的酒体设计的开始，新的酒体设计的构思创意主要来自三个方面。

① 用户　要通过各种渠道掌握用户（消费区域及消费者）的需求，了解消费者对原有产品的看法，广泛征求消费者对改进产品质量的建议。同一个样酒，高寒地区的消费者会提出此酒太醇和或是香气不足，而东南沿海一带的消费者又会认为酒度太高，刺激性过大等。在接收了这些信息后，勾兑人员的头脑中就有了新的酒体设计的创意。也就是说，头脑中就有了根据消费者的饮用习惯，对特定的地区，设计特定的酒体和风格特色。

② 本企业职工　要鼓励本企业职工勇于提出新的酒体设计方案创意，尤其对销售人员和技术人员要认真听取他们的意见。

③ 科研人员　专业科研人员知识丰富，了解的信息和收集的资料、数据科学

准确，要充分发挥他们的专业知识作用。目前一些大厂均设有酒体设计中心，要充分调动他们的积极性。

（3）关于新酒体设计的决策　为了保证新产品的成功，需要把初步入选的设计创意，同时搞几个新产品的设计方案。然后再进行新产品的酒体方案的决策。衡量一个方案是否合理，主要的标准是看它是否有价值。

价值公式为：价值＝功能/成本

一般有五种途径可以使产品价值提高：①功能一定，成本降低；②成本一定，功能提高；③增加一定成本，使功能大大提高；④既降低成本，又提高功能；⑤功能稍有下降，成本大幅下降。

（4）酒体设计方案的内容　酒体设计方案的内容就是根据新设计的酒体要达到的目标或者质量标准及生产新产品所需要的技术条件等。

第一，产品的结构形式，也就是产品品种的等级标准的划分。一个企业要形成合理的产品结构，必须考虑以下因素。

首先，要搞清楚本企业的产品的特色是符合哪些地区的要求，以及那些地区消费者的口味习惯和特殊需要。其次，要搞清同一产品直接竞争对手的状况。总之，要根据所在地区资源状况和本企业的技术能力、生产设备、检测手段等诸方面，做到扬长避短，才能设计出使本企业优势得到充分发挥、具有明显独特风格的系列产品的酒体风味设计方案。

第二，主要理化参数，即新产品的理化指标的绝对含量。

2. 样品的试制

样品试制的第一步就是进行基础酒的分类定性和制定检测验收标准。基础酒的好坏，是大批成品酒是否达到酒体设计方案规定的质量标准的关键，而基础酒是由合格酒组成的。因此，首先就要确定合格酒的质量标准和类型。

3. 基础酒的组合

（1）按照样品标准制定基础酒的验收标准　按样品酒中的理化和感官指标、微量香味成分的含量和相互间比例关系等验收基础酒。

（2）数字组合　数字组合可分为人工组合和微机组合两种，不论是哪一种，都是首先将基础酒的标准数据保存下来。然后将进库的各坛酒用气相色谱仪分析检验，把分析结果输入数据库中储存起来，然后按规定的标准范围进行对照、筛选和组合，最终得出一个最佳的数字平衡组合方案。勾兑师按比例组合小样进行复查，待组合方案与实物酒样一致后，那么整个勾兑过程就算全部完成。

4. 制定调味酒的生产方法

它是确定新酒体风味设计方案中应制备的各种类型调味酒工艺。

5. 样品酒的鉴定

在样品酒制出后必须要从技术上、经济上做出全面的评价，再确定是否进入下一个阶段的批量生产。

6. 酒体风味设计的应用

它不仅应用于老产品的改造、新产品的开发，也使用于酿酒厂的新建设计。

四、酒体设计的发展

对酒体设计的研究要不断深入，如泸州老窖提出的"酒体层级设计"的理论，太白酒业的酒体设计的新诠释等。

1. 酒体层级设计

它包括三个方面。

（1）理论的内容

① 第一层级　酒体定位。根据细分市场、消费群体，确定散酒和酒体成本。

② 第二层级　讲究酒体是否干净、爽口。

③ 第三层级　讲究酒体香气。酒体香气是否愉悦，低档酒消费人群不太介意，对品酒有研究或者长期饮用高档酒的消费群体非常介意。

④ 第四层级　讲究香和味的平衡。

⑤ 第五层级　讲究酒体的绵软、柔顺、幽雅、舒适程度，是酒体设计的最高层级。

（2）理论的作用　提升酒体设计者的水平。

（3）理论的应用　指导开发新酒品，与时俱进地调整产品品质。

2. 酒体设计的新诠释

白酒具有"嗜好、助兴、寄托、保健"等多方面的功能。它是一种与人们心理、精神、审美、身份、地位等相关的特殊消费品。我国地域辽阔、民族众多，不同地区、不同民族的风土人情、饮食文化、消费层次等都存在较大差异，加之生活水平的不断提高，决定了白酒酒体的多样性、差异性。

（1）酒体设计的区域性　东部、南部地区喜欢饮用低度酒；西部、北部地区喜欢饮用高度酒；东南部以清淡、绵软为主；西北、西南部以香浓、醇甜为主。

（2）酒体设计的层次性　对于高档酒而言，消费者都是社会的高收入阶层，其购买的是身份和地位的象征。除包装要求高档典雅外，酒体设计的内在质量还要求做到精雕细琢，体现产品的雍容华贵和鲜明个性。对于中、低档次的产品，酒体设计要体现区域化、大众化。

（3）酒体设计的多样性　不同民族、不同地区都有自己的饮酒风格，北方人豪爽，饮酒讲究一醉方休，南方人精明细腻，饮酒讲究品位、享受。在酒体设计时，就要体现多样性。对北方则要求窖香浓郁纯正，入口净爽，醉后易醒。南方则要求酒体饱满，窖香浓郁，香气纯正，诸味谐调，醇和绵软。

（4）与时俱进提高酒体设计要求　以前，消费者对白酒要求是越浓越好，劲越大越好，而随着消费水平和社会文化的提高，对白酒的要求是"来得快，去得快"（醉酒度低），即开瓶喷香而饮后要求尽快去其香味，以免"满嘴酒气"。

作为酒体设计人员，要时刻关注市场的变化，不断发现新情况，研究新问题，把最大限度地满足消费者的要求作为酒体质量设计的出发点。只有这样，所设计的产品才具有生命力。

（5）酒体设计的原则　酒体设计的原则主要体现在以下几方面：①紧密联系消费群体，根据饮食文化、消费习惯、经济状况和社会阶层等要求，做到产品定位准确；②体现产品的个性化；③掌握市场变化规律，反应快速，提前设计，抢占市场；④酒体设计要敢于大胆创新，打破传统观念，只要符合国家标准，深受消费者欢迎，就是好酒；⑤对新设计的产品进行多方论证，寻找与消费者要求和期望的差距，及时进行优化、调整，力求完美。

（6）向酒体设计者进一言

① 酒体设计面对的问题　以前是企业生产什么酒，消费者就买什么酒。而如今是消费者喜爱什么酒，企业就要设计开发出什么酒。市场经济规律决定了酒体设计者必须两眼紧盯市场，紧跟消费者口感变化，与消费者交流沟通，拉近距离，把对企业负责、对品牌负责、对香型负责的态度一直延伸到对市场和消费者负责的层面上来。

消费者对白酒的鉴别取向可概括为 3 个方面：一要不上头，不干喉；二要适口、好喝；三要有特色，有个性。消费群体的变化其中一个特点是趋向性很强，因而引导消费群体的代表性人物的口感也很重要。

② 酒体设计者与消费者的认识差异

A. 设计需求理念模式上存在缺陷　前者是工作和专业，后者是消费和享用。两者是一个系统过程中的头和尾，其为因果关系，相互影响。原来那种勾调—销售—消费的过程是不完整的，应该有个导向反馈或主导与反主导的过程。

B. 消费感性和理性上存在差异　勾调员是轻啜淡尝，消费者是大口吞咽，甚至干杯。或者说勾调员注重鼻口腔反应，消费者同时注重喉、食道反应，对白酒作用于生理器官方面的反应的区别往往具有不同的评价。

C. 追求取向存在差异　勾调员注重专业细分，什么香型（香浓、香爽、香甜）、什么风味等，消费者注重白酒的总体反应，即酒体的总味道、总印象、总反应。或者说，勾调员重口味，消费者重体征（饮后反应），所以勾调员重过程轻结果，消费者轻过程重结果。

D. 判定定律的稳定性差异　勾调员受过专业训练，不易受外来因素影响；消费者则会跟着感觉走，其接受的影响是立体性的，移情别恋是常有的事。勾调员对企业、品牌负责；消费者只对自己负责，包括爱好、印象、健康追求和审美观等。

E. 以市场为中心和以群体消费为导向　专业勾调员的群体作用和个体作用同样重要，而消费者的个体反应就远不及群体反应作用大。当然，影响消费群体反应的因素也是多种多样的，所以，勾调员一定要认真分析市场信息来源的准确度和代表性，最大限度地满足有代表性的群体需求，不要自以为是，不能强加于人。

③ 对勾调的建议

A. 熟悉市场和了解消费者口味的变化　每位勾调员应该每年定期到全国各大市场进行调研，一改过去买几瓶国家名酒关在房里研究其色、香、味的做法，就算国家名酒也不能说它的产品感官质量就能适应全国各大市场消费群众的喜爱和要求。只有自己的产品更加贴近市场，才更具有生命力，才更加体现对企业品牌负责和对消费者负责的一致性，这就要求勾调人员在观念上有所转变、有所突破。

B. 勾调员要增加知识和提高技术　勾调员既要掌握高超的传统勾调技术，又要掌握不断进步的新工艺酒的勾调技术；既要掌握本企业的主体香型，又要多种香型都熟练；既要做到保持原有质量风格，又要探索勾调出有特色、有个性的产品；既要有出众的尝评能力，又要探索其后反应的先兆性。这里提出两个问题：一是浓香型酒的同质化如何突破；二是对新产品品种如何评鉴优劣。

C. 不断提高创造性勾调思维能力　目前，基本上是在经验勾调的范围，但可能或将进入创造性勾调的新阶段，这个新阶段的特点是特色性的勾调和更科学的组合。

D. 提高分析解决问题的能力　当前的主要任务是剖析白酒饮后喉干、上头的原因和机理，应主动分析各种因素，以积极的态度对待消费者带有趋向性的意见。

E. 倡扬文化和引导消费　勾调员要积极投身于企业产品的文化宣传和倡导消费，宣传白酒的四大功能：品评、饮用、观赏、（收藏）礼品，但如今人们多把其功能定位于饮用，被人们忽视的白酒品评及酒道是意韵无穷的，是白酒文化和文明的厚重体现。应该说，白酒饮用涵盖了知识性、文化性、趣味性、功能性，内涵深厚，回味无穷。

❖ 第三节　低度白酒

低度白酒经过多年的发展，在广大酿酒界同仁的努力下，其产量与质量进一步稳定与提高，为白酒工业的发展做出了重要贡献。

一、低度白酒贮存中的变化

1. 低度白酒贮存中芳香成分的剖析

低度白酒在贮存中会发生一些变化，如口味变淡并带异味，随着贮存时间的增加和贮存条件的差异，这种变化尤甚。为了探索低度白酒在贮存中质量变化的原因，找出解决问题的科学依据，众多科研机构和大型酒厂纷纷开展了此项研究，从中发现了一些规律性的东西，掌握了降度酒和低度酒在贮存中微量成分的变化，了解到口感变化的原因，为稳定和提高低度酒质量提供了可靠和科学的依据。

2. 芳香成分变化对低度白酒风味的影响

（1）不同贮存期曲酒的感官品评　为了解不同贮存期曲酒口感的变化，在取样检测微量成分的同时，即每隔 3 个月取样进行感官品评。

从尝评结果看，瓶装降度酒只要密封良好，贮存 1 年口感基本无大的变化；低度白酒即使密封良好，贮存 9 个月后会出现不同程度的不愉快味道，随着贮存时间的增加，这种味道会加重，酒味也随之变淡。这是由于酒中微量成分量比关系变化所致，与检测结果吻合。

（2）有机酸变化对酒质风味的影响　从色谱检测结果看，降度曲酒和低度曲酒在贮存过程中有机酸大多呈增加趋势。在浓香型曲酒中，乳酸、己酸增加较大，其次是乙酸和丁酸；在酱香型曲酒中，乙酸、乳酸、正丁酸、丙酸增加较多。"氧化"和"水解"反应是低度曲酒贮存中有机酸增加的途径。低度酒比降度酒增加幅度更大，这是引起口感变化的重要原因。

有机酸含量的高低，是酒质好坏的一个标志，在一定比例范围内，酸含量高的酒质好，反之，酒质差。瓶装酒，本来出厂时就已勾兑好，微量成分平衡、协调，但经贮存后，由于酒中有机酸的增加，使酒中酸、酯等微量成分平衡关系破坏、失调，引起了酒质的变化。

（3）酯类变化对酒质风味的影响　降度酒和低度酒经贮存后，酯类含量普遍降低，而且随着贮存时间的延长，酯类减少也随之增加。低沸点酯类中以己酸乙酯、乳酸乙酯等酯类变化最大；高沸点酯类变化微小，但亦呈下降趋势。

一般来说，低度曲酒在贮存中低沸点酯类的减少速度比降度酒或高度酒快。酯类减少，酸类增加，酸酯比例失调，是低度白酒贮存后口感变淡、出现不愉快气味的原因。

酯类在中国白酒中存在着下面的平衡关系：

$$RCOOR'(\text{酯}) + H_2O \longleftrightarrow R'OH(\text{醇}) + RCOOH(\text{酸})$$

这个反应是可逆的，当酒中乙醇含量较高，酸的含量也足够时，反应趋向酯化方向。但当原酒加浆降度，特别是降至低度酒后，水的比例增加很多，促使酯类水解，造成酯类含量减少，酸类含量增加。当然这个反应是十分缓慢的，通过 1 年多的跟踪检测，这个反应确实存在。

（4）醇、醛、酮变化对酒质风味的影响 低度酒和降度酒经一段时间贮存后，醇类普遍呈上升趋势，特别是异戊醇、正丙醇等；无论是降度酒还是低度酒，经贮存后，乙醛含量降低，随着贮存时间的延长，乙醛降得越多，乙缩醛则相反，这是醇、醛缩合的反应。醇、醛、酮、酸、酯在酒中是一个平衡体系，这些物质的变化造成平衡失调是低度白酒在贮存中质量变化的根本原因。

如何减缓或防止低度白酒在贮存中的"水解"，是低度白酒发展中应解决的技术问题。

二、提高低度白酒质量的技术关键

对低度白酒的具体生产很多书籍、杂志都有介绍，在此仅对提高低度白酒质量的技术作一探讨，供参考。

1. 低度白酒要保持原酒型的风格

低度白酒生产最初是从浓香型开始，现已发展到各种香型。浓香型白酒中微量成分含量丰富，原酒加浆降度后仍可保留较多的香味成分；酱香型白酒虽酒中微量成分丰富，但其中高沸点物质、难溶于水的物质随着酒度的降低，难以保留；清香型、米香型白酒中香味成分种类和数量多数不及浓香型、酱香型白酒，故原酒降度澄清后，容易出现"水味"，口感变淡；其他香型白酒降度后亦会出现同样的问题。

酒的风格是酒中微量成分综合作用于口腔的结果。高度酒加水稀释后，酒中各种组分也随着酒精度的降低而相应稀释，而且随着酒度的下降，微量成分含量也随之减少，彼此间的平衡、协调、缓冲等关系也受到破坏。因此，如何保持原酒型的风格，是生产低度白酒的技术关键。从现有的经验和认识来讲，要生产优质的低度白酒，首先要有好的基酒和调味酒，也就是说要大面积提高酒的质量，使基础酒中的主要风味物质含量增加，当加水稀释后其含量仍不低于某一范围，才能保持原酒型的风格。

2. 生产高质量的基酒和调味酒

中国白酒历史悠久，千百年来积累了丰富的经验，有一套行之有效、极具科学性的传统工艺和操作。但不同香型有不同的典型工艺，要生产优质基酒，首先要认真贯彻传统工艺操作，并不断创新和发展。

（1）浓香型 通过半个多世纪的研究和实践，在贯彻传统工艺的前提下，探索出许多提高基酒质量的技术措施。采用"次高温制曲""百年老窖（人工老窖）""多粮配料""六分法""陈酿勾兑"等，操作中坚持"稳、准、匀、适、勤"的传统工艺，生产优质基酒。

采用"双轮（或多轮）发酵""醇酸酯化""夹泥发酵""堆积发酵""翻沙工艺"等生产双轮调味酒、陈酿调味酒、老酒调味酒、浓香调味酒、酱香调味酒等多种各具特色的优质调味酒。

（2）酱香型　坚持传统的"四高二长"（高温制曲、高温堆积、高温发酵、高温馏酒、长期陈酿、发酵总周期长）工艺，认真细致操作，生产优质基酒。

采用特殊工艺生产酱香调味酒、窖底香调味酒、醇甜调味酒、陈香调味酒、酱香专用调味酒等多种风格的优质调味酒。

（3）清香型　采用"低温制曲""高温润糁""地缸低温发酵""一清到底的二次清""细致操作"生产优质基酒。还可应用现代生物技术，"增乙降乳"。

采用"高温发酵（缸内发酵最高品温为 36℃）""堆积发酵""多粮配料""低温长酵（9～12℃入缸，发酵 6 个月）""长期陈酿"等制取调味酒。

其他香型应根据各自特点，坚持传统工艺并创新和发展，结合现代科学技术，生产出优质基酒和各具特色的调味酒。

（4）适度贮存　现今市场上比较畅销的酒，基本都具有"陈香"，特别是浓香型，而且"陈香"与主体香配合得非常协调，即"酒香、陈香、曲香、糟香、窖香"融为一体，使酒体幽雅细腻、丰满协调。特别是生产低度白酒，基酒和调味酒的陈酿十分重要。

3. 香型融合、传承创新

（1）各种香型白酒的相互关系　中国白酒虽然香型不同，但其风格特征、香味成分和工艺特点有着密切的关系。最初认定的五大香型（即清香、浓香、酱香、米香和其他香），后又确定为 10 种香型（即其他香型又分为兼香型、特香型、凤香型、药香型、豉香型、芝麻香型），后来又新增两个香型，即老白干香型和馥郁香型，成为 12 种香型。我们要研究这 12 种香型白酒的成因、工艺特点、香味成分的个性、风味特征等，从而便于各香型之间的相互融合，取长补短，提高产品质量，开发新产品，传承创新。

许多人认为，中国白酒是分三大基本香型（清香、浓香、酱香），以大曲为主要糖化发酵剂来说，这种说法应是"共识"。除米香型、豉香型（以小曲为糖化发酵剂）外，余下 7 种香型，都是以"浓香、清香、酱香"三大基本香型为母体，以一种、两种或两种以上的香型，将制曲、酿酒工艺加以融合，结合当地地域、环境加以创新，形成各自的独特工艺，衍生出多种香型。在香型融合中，以浓香为母体的最多（如兼香型、凤型、特型、馥郁香型、药香型等），故以浓香型为主的生产企业，要搞香型融合十分方便。

（2）白酒市场对香型的淡化　近年来，白酒消费市场发生了很大的变化，随着生活水平的提高，人们对生活质量的追求，对白酒消费的要求逐渐发生变化。低度白酒和降度白酒的迅速发展、基酒大流通、白酒消费群体的变化、消费者对白酒选择和评价的标准、农村市场的扩大等说明消费者对"香型"的淡化，只需要"醇、甜、绵、净、爽""不口干、不上头、醉得慢、醒得快"即可，什么"香型"并不十分重要。

（3）香型融合和低度白酒的发展　低度白酒生产，最易出现的问题是"味淡""欠丰满""单调""欠浓厚"等，香型融合就不难解决这些问题。不少厂家已做出有代表性产品。

① 博采众长，相互借鉴。以三大基本香型为基础，各香型之间相互学习、借鉴已普遍进行，有的是用多种香型酒组合、勾调，如清、浓、酱组合；清香型酒可用大曲清香、麸曲清香和小曲清香组合；凤型、特型、芝麻香型、米香型、董型（药香型）等与浓香型酒组合，都有成功的产品。有的用不同香型的典型工艺来提高自身产品的质量，如浓香型酒生产中采用堆积发酵；小曲清香型酒在糖化糟中加入大曲配糟、中温大曲再入窖发酵；酱香型酒厂生产的"酱香型专用调味"酒；清香型与酱香型酒工艺结合生产的"清中带酱"酒；凤型酒与浓香型酒工艺结合生产的"凤兼浓"酒等都是成功的例子。

② 采用多种原料酿酒。不同原料酿制酒的风格各不相同。五粮液、剑南春、水井坊、国窖·1573、舍得酒等白酒的酒体"丰满、绵甜、柔顺、净爽"均与采用多种原料酿制有关。随着市场消费的变化，各种香型在酿造中使用多种粮谷，已是明显趋势。

③ 香型融合是提高低度白酒质量的重要途径。取长补短、相互协调，可弥补单一香型低度白酒的不足。事实上，市场上的低度白酒（包括降度酒），不少已是"香型融合"的产品。中国白酒的"香型"原来是区域消费，现在香型的融合创新是产品走向全国的必然趋势。只要口味符合广大消费者的要求，不必拘泥于什么"香型"。随着科学技术的发展，香型的借鉴、融合、创新，新的产品将会不断涌现。

香型融合创新也为新型白酒的发展提供了一个广阔的天地。

4. 低度白酒的澄清过滤与勾调

低度白酒在原酒加浆降度，随之香气成分含量相应地稀释而减少，通过澄清去浊（过滤），还除去了绝大部分棕榈酸乙酯、亚油酸乙酯和油酸乙酯，其他难溶于水的高沸点物质亦会同时被除去，造成酒体变淡、后味短等不足。

为了解决白酒降度后出现的白色浑浊和白色絮状物，采用冷冻过滤、淀粉吸附、活性炭吸附、离子交换、无机矿物质吸附、分子筛及超滤法等方法进行除浊，都取得了较好的效果。各种方法都有其优点，亦存在不足。据了解，现在低度白酒除浊主要采用活性炭吸附后过滤，也有用冷冻加吸附的方法进行处理。

低度白酒的勾调主要有两种方法：一是高度酒组合后降度、调味、澄清过滤后再行调味；二是原酒分别降度后经组合、调味、过滤后再调味。无论哪种方法生产低度白酒，其质量全赖基酒和调味酒，要求基酒富含"复杂成分"，原酒加浆降至所需酒度后，主要香味成分尚能保持一定的量比关系，过滤后仍能保持原酒的风格，再用优质、特点明显的调味酒进行细致的调味。

低度白酒勾调好后不要马上包装，需贮存一定时间，观察其变化，若发现经贮存后口感有所变化，应再次调味，以保证质量。

5. 解决酯类水解

前已述及，低度白酒因水比酒多，如 38％vol 酒（低于此酒度者更甚），水就占将近 62％（体积比），酯类水解是正常反应，如何减缓或防止酯类水解，是生产低度白酒需解决的问题。相关技术至今仍未见详细报道。在低度白酒生产实践中，发现增加低度酒中的酸、酯含量，有助于减缓"酯水解"。究竟增加多少，不同香型应有不同的范围，而且增加只能"适量"，否则会影响产品的口感和质量指标。

国标 GB/T 10781.1—2006 GB/T 10781.2—2006 和 GB/T 10781.3—2006 在酒精度、总酸、总酯、己酸乙酯、乙酸乙酯等为低度白酒生产提供了"相当广的范围"，也就是说可调性更大。指标的制定，也考虑到我国白酒的特定传统工艺。在白酒的感官要求一项中，加注："当酒温低于10℃以下时，允许出现白色絮状沉淀物质或失光。10℃以上时应逐渐恢复正常"。新国标的修订旨在保护民族传统产品的质量、特色和信誉，保护好民族瑰宝，紧密结合中国传统固态（或半固态）发酵白酒的特色而修订的。

低度白酒通过多年的研究、生产、推向市场，已为国人广为接受。在稳定和提高质量的前提下，传承创新，开发适合现代人消费的新产品，低度白酒的未来必将更加辉煌并走向世界。

❖ 第四节　新型白酒

新型白酒，又称新工艺白酒。它和传统白酒如何划分和区别，业内有不同认识，笔者认为，按新国家标准，应归入固液法白酒，即符合 GB/T 20822—2007 要求，它是以不低于30％的固态法白酒，加入液态法白酒（或食用酒精）、食品添加剂勾调而成的白酒。它与液态法白酒不同，后者按 GB/T 20821—2007 标准执行。

一、新型白酒与传统固态法白酒相比，具有的优势

① 淀粉出酒率高，能节粮降耗，大幅度降低成本，经济效益高。据测算，传

统固态法白酒平均吨酒粮耗 2.6～3.0t，而液态法白酒每吨耗粮仅 1.7～1.8t，吨酒节粮 40%左右；二者结合生产的新型白酒成本比传统固态白酒降低 30%以上，若生产中、低度白酒，成本更低，有很好的经济效益和社会效益，又符合国家酒类发展的方针政策。

② 食用酒精比固态法白酒杂质少，安全卫生。食用酒精标准（GB 10343—2008）提高了优级酒精中醛、正丙醇和不挥发物的要求，其有害物质如甲醇、杂醇油等比固态法白酒低得多，优质食用酒精稀释后带甜味，没有一般固态法白酒中的苦味、涩味，更不会有霉味、糠味、泥臭味等异杂味。故以食用酒精为基础的新型白酒口感舒适、干净带甜、更卫生安全。

③ 新型白酒是提高中、低档固态法白酒质量的捷径。传统的中、低档固态法白酒，一般质量上存在一定的问题，如基酒中主体香味成分比例失调，其他微量成分含量不足或不谐调，苦味、涩味等异杂味较重，若将其与食用酒精相结合生产新型白酒，质量问题就不难解决。若采用精湛的勾兑技艺，可使原有的固态法白酒质量提高 1～2 个档次。

④ 新型白酒的可塑性强，可根据市场需要和不同消费者的口味特点，随意开发新品种。白酒微量成分的剖析和勾调技术的进步，为新型白酒的生产提供了科学依据，可开发不同香型、不同风格、不同酒度的各类产品，参与激烈的市场竞争。

⑤ 便于全国基酒大流通，南北优势互补。北方地区受气候、水土、微生物区系等条件的限制，较难生产出优质浓香型基酒，普遍存在乳酸乙酯偏高、己酸乙酯偏低、异杂味重、典型性差等问题，适当从四川、贵州等盛产浓香型、酱香型白酒的地区引进优质基酒和调味酒，可弥补北方酒的不足。北方食用酒精产量大，质量不错，价格也较合适。全国基酒大流通，加速了资金的周转，促进了新型白酒的发展。

二、新型白酒与传统固态法白酒的关系

李大和先生认为，就当前的认识和技术水平来看，要想生产优质的新型白酒，都离不开传统的固态法白酒，而且与其质量密切相关。

现今市场上销售的档次较高、质感较好的新型白酒，在纯净的食用酒精中都加入了较多的传统固态法（或半固态法）白酒，再用香料按名优白酒的香味成分的量比关系补充其不足，最后用调味酒使酒体谐调、丰满。因此，新型白酒的质量与传统白酒的下列因素紧密联系。

① 传统固态法白酒基酒的质量。不论哪种香型的基酒，若是酒质好，在勾调新型白酒时，用量可以减少，成本可降低，且成品酒质量好；若基酒质量较差，带苦味、涩味甚至带臭味、霉味、糠味等异杂味，即使在勾调新型白酒时加入较少，有些杂味仍然难以克服，以致严重影响成品酒的质量。

② 通过串蒸使食用酒精去杂增香，是生产新型白酒的主要方法之一，其串蒸所用的固态法酒醅质量至关重要。浓香型酒的底糟、红糟、粮糟、上中下层糟、特

殊工艺糟，清香型酒的大楂糟、二楂糟，酱香型酒不同轮次的糟醅等，串蒸出来的酒差异很大。

③ 传统固态法白酒的酒头、酒尾、尾水等亦左右着新型白酒的质量。

④ 传统固态法白酒的调味酒质量，是补充新型白酒中"复杂成分"的关键材料，没有好的调味酒，难以使新型白酒"香气柔和自然，口感绵顺、谐调"。

⑤ 名优白酒香味成分的剖析，为新型白酒勾调先搭好"骨架"，再用"谐调成分"使酒体谐调，最后用调味酒中的"复杂成分"画龙点睛，提供了科学依据。

三、新型白酒的生产方法

当前新型白酒是将食用酒精净化、脱臭加水稀释再加入 30％以上的固态法白酒，配以部分酒头、酒尾及发酵副产物提取液和多种食用香精香料（食品添加剂）等，按不同香型名酒中微量成分的量比关系或自行设计的酒体进行增香调味而成。

1. 新型白酒的原料质量

（1）食用酒精　国标 GB 10343—2008 规定了食用酒精的术语和定义、要求、分析方法、检验规则以及标志、包装、运输和贮存。本标准适用于以谷物、薯类、糖蜜或其他可食用农作物为原料，经发酵、蒸馏精制而成的，供食品工业使用的含水酒精。

全国白酒企业都十分重视发展新型白酒，各企业所处地域不同、香型不同、品位不同、价位不同、档次不同，应用酒精的等级也各异。高、中档新型白酒的开发，必须采用以玉米为原料、六塔蒸馏的工艺手段、符合 GB 10343—2008 优级以上要求的酒精，并经优质香醅串蒸后使用，按名酒的成分进行酒体设计，进行精心勾兑和调味。选用酒精要求必须严格，不能有什么用什么，否则难以达到设计效果。

（2）串香　采用固态长期发酵，然后以小曲酒放置于底锅加热，酒蒸汽经香醅串蒸得到白酒，是董酒生产的传统工艺。20 世纪 60 年代中期将其引用到酒精串蒸固态发酵香醅制成新工艺白酒，开创了固液结合的生产工艺，解决了液态发酵法生产白酒的质量风味关键问题。发展至今已成为新型白酒生产的主要方法之一。串香工艺既能生产名优酒，又能生产普通级白酒。

在固态发酵的浓香、酱香、清香及其他香型白酒生产中，常规法蒸馏后的酒糟内还残留着大量的有机酸、酯、醇、醛等物质。为了充分利用这些物质，可加入酒精进行串蒸提取，也可在糟中加入少量粮食回窖发酵，然后再串香，酒质会更好。

用串香法来净化酒精，其处理效果与固态酒醅质量密切相关。有的厂本来酒醅质量就差，甚至霉味、泥味、异杂味严重，如用此酒醅串香，必然是"劳民伤财"，得不偿失。四川具有得天独厚的自然条件，对酿造浓香型酒特别适宜，故四川的串香酒就能达到较高的质量。串香法适用于任何香型白酒，不受限制。此外，串香法应注意甑桶和蒸馏过程的密封程度、馏酒速度、馏酒温度、上甑技术等，千方百计提高酒精回收率，降低生产成本。

常用的串香操作方法：将食用酒精加水稀释至 60％～65％，倒入底锅中，液面离甑算距离为 20～25cm。按正常操作要求上甑，酒醅层厚度约为原甑的 1/4～1/3 即可，慢火蒸馏，截头去尾，留取中馏部分，酒头酒尾回锅重蒸。切忌大火大汽快速蒸馏。一般串香的酒精损失在 3％～10％之间。

串香酒的质量与新型白酒质量密切相关，有的厂为了进一步提高串香酒质量，采用一些特殊措施：如用特殊方法制备香醅；在酒精稀释液中加入适量混合香料，串香后只需稍作调整，便可作为成品；将适量混合香料均匀混入固态酒醅中，按常法上甑、串蒸等。

（3）基酒和调味酒　准确地认识和选择基酒和调味酒，是提高新型白酒质量的重要工作。传统白酒勾调是酒勾酒、酒调酒，没有添加其他成分。但新型白酒勾调是在基酒中加入部分（多少视配方而定）食用酒精，再补充微量成分，然后用高质量的调味酒进行"画龙点睛"。

固液勾兑酒的质量与基酒和调味酒的质量密切相关。几年前不少厂采用劣质固态法基酒（或一般固态法基酒）加入大量的食用酒精勾兑新型白酒，这种酒因酒精占的比例大，加之固态法基酒杂味重，质量上存在香味单调、刺激性强、后味苦辣、浮香明显及酒精气味突出等缺点。人们已经逐步认识到，要想生产高质量的新型白酒，固态法基酒和调味酒质量至关重要。只要固态法基酒和调味酒质量好，勾兑时用量可以减少，成本不会增加太多，成品质量却可提高 1～2 个档次。四川的浓香型、贵州的酱香型都有得天独厚的自然条件优势，应该充分利用并进一步发挥。可以肯定，优质的固态法基酒和具有特色的调味酒会有广阔的市场。

（4）食品添加剂　新型白酒勾调时，使用香精香料等添加剂要严格按照 GB 2760—2011 的规定使用。但据多年实践得出，现在市场出售的酒用香料存在下列问题：品种少，特别是酒中的复杂成分香料无法购买，造成勾调时无法添加；纯度不够，常用的酒用香料纯度高的在 98％以上，低的不足 80％。也就是说，即使全部使用高纯度的香料，也有 2％左右的杂质，恰好是这些杂质严重影响酒的口感，若杂质含量多，影响更甚，有的还会造成沉淀浑浊。此外，同一品种的香料，生产厂不同，质量差异较大，应引起足够重视。

2. 酒体设计

（1）按酒体的色谱骨架成分进行设计　以大量的色谱定量分析数据为基础，从统计学意义上总结出一些基本经验规律，就可以得到来源于实践的色谱骨架成分的合理含量范围（表 5-1）。

把具体的含量数值加以设定，通过各种手段实现这一目标，就是白酒色谱骨架成分的设计。进行酒体的色谱骨架成分设计，有几个问题值得讨论。

表 5-1　某 52%浓香型名酒色谱骨架成分含量范围 单位：mg/100mL

成分名称	含量范围	成分名称	含量范围	成分名称	含量范围
乙醛	30～80	异戊醇	20～45	丁酸	7～30
乙缩醛	40～140	乙酸乙酯	90～130	乙酸	30～75
正丙醇	15～30	丁酸乙酯	20～40	乳酸	7～50
仲丁醇	1.5～2.0	戊酸乙酯	5～15	己酸	10～60
异丁醇	6～20	乳酸乙酯	100～160	总酯/(g/L)	2.0～3.5
正丁醇	10～40	己酸乙酯	180～250	总酸/(g/L)	0.4～0.9

① 色谱骨架成分含量范围的划定。综观相关研究结果，很多名酒厂发表的资料，其色谱骨架成分的含量都有一个范围，有的范围还较大。进行酒体设计时，究竟色谱骨架成分在什么样的含量范围内最合适，这是至关重要的。应该说这主要来源于实践，即使含量范围相对集中，也仅能作为参考数据，切忌生搬硬套。更要注意不同的酒度有不同的色谱骨架成分含量范围，不能简单按酒度进行折算。

② 色谱骨架成分的设计数值是可变的。白酒色谱骨架成分的设计数值不应该看作是一个固定不变的机械数值，而应该把它们看作是各个物质的一个较为窄小的含量范围。例如设定组合后的基础酒的己酸乙酸含量值是 200mg/100mL （52%vol），应理解为（$200 \pm X$） mg/100mL，这里的 X 值一般在 15 左右比较符合实际。无论如何，都不要把色谱骨架成分含量的设计值看成真实值，而应把它看作是一个理论值。合格基础酒的色谱定量分析数据，就是对预先设定目标（骨架成分设计）的客观检验。但应指出，这些数据是有分析偏差的近似值，也不是真实值。某些含量较少的组分更是如此。选酒时，即使色谱骨架成分非常接近，但绝不是一种酒，因复杂成分的差异以致口感相差甚远，这是实践中经常碰到的。

③ 基础酒色谱骨架成分与成品酒的色谱骨架成分等同。基础酒按设计的骨架成分组合后，再进行"调味"，因调味酒用量少，根本不可能对基础酒的色谱骨架成分的含量有任何实质性的改变，但对酒的质量和风格却产生了重大影响。

④ 尽量采用优秀的色谱骨架成分方案。设计方案应是从长年累月的实践中总结出来的优秀方案。一个好的设计方案，其色谱骨架成分含量范围有以下一些特点：色谱骨架成分的谐调性好，酒体的宽容度大，香和味一致性好，风格稳定。

（2） 根据市场变化进行酒体设计　市场上最畅销的是中低度白酒，其酒精含量一般为 35%～46%。生产这个范围酒度的酒，降度除浊是必需的工艺步骤，在这个酒度范围相容不好的物质大部分被除去，有的则损失殆尽。也就是说，这些主要表现呈味性质的物质浓度和味感受强度被充分降低了。

中低度酒中的各种物质，即使它们与高度酒有很近似或大体相同的色谱骨架成分，这些成分之间的相互作用、液相中的相容性、气相中的相容性、味阈值和嗅阈值、相应的味感和嗅感强度、味觉转变区间、酒的酸性大小等，均发生了强烈的改变。因此，不能用高度酒的一般经验规律来认知、解释或代替低度酒的规律性。

　　用较高度的酒加浆降度除浊，还是一个多种可溶性成分的浓度同时被降低的过程，本来就含量不多的复杂成分的浓度亦相应降低，以致酒的质量和风格发生了根本的变化。

　　中低度酒进行酒体设计应遵循什么原则？降度过滤去浊后的低度白酒，色谱骨架成分含量在多大范围内才是合理可行呢，这与具体酒度及色谱骨架成分中的几个重要物质含量多少有极重要的关系。以45度浓香型白酒为例，其色谱骨架成分见表 5-2（供参考）。

表 5-2　45 度浓香型白酒的色谱骨架成分　　　　单位：mg/100mL

成分	含量	成分	含量	成分	含量
己酸乙酯	120～180	正丙醇	15～25	己酸	29～32
乙酸乙酯	80～100	异戊醇	18～25	乳酸	10～11
乳酸乙酯	90～140	乙缩醛	20～40	丁酸	5～6
丁酸乙酯	12～16	乙醛	30～50	总酸	60～67
戊酸乙酯	3～5	乙酸	16～18		

　　（3）重视酸及乙醛、乙缩醛的功能和作用

　　① 白酒中酸的功能　　白酒中的酸绝大部分是羧酸（RCOOH）。酸是主要的谐调成分，功能相当丰富，影响面广。

　　酸可减轻酒的苦味。白酒中的苦味有很多种，主要原因是由原料和工艺上的问题带来的。正丁醇小苦，正丙醇较苦，异丁醇苦味较重，异戊醇微带苦，酪醇十万分之五就能感觉到苦，丙烯醛是持续的苦，单宁和酚苦涩，一些肽也呈苦味。在勾兑过程中，这些物质都存在，不能去掉，但有的酒就不苦，或苦味很轻，说明苦味物质和酒中的某些存在物有一种显著的相互作用关系。实践证明，这种存在物主要是羧酸，问题是酸量的多少，酸量不足酒苦，酸量适中酒带甜，酸量过多酒可能不苦，但会使酒带糙或产生别的问题。因此，酸的勾调十分重要。

　　酸是新酒老熟的催化剂。存在于酒中的酸，自身就是老熟催化剂。它的组成情况和含量多少，对酒的谐调性和老熟的能力有所不同。控制好入库新酒的酸度，以及必要的谐调因素，对加速酒的老熟起到很好的效果。

　　酸是白酒最好的呈味剂。酒的口味是指酒入口后对味觉刺激的一种综合反映，酒中所有的成分，既对香又对味起两方面的作用。羧酸主要是对味觉的贡献，是最重要的味感物质。羧酸可以增长酒的后味；增加酒的味道，使酒口味丰富而不单一；增加酒的回甜和甜味，在色谱骨架成分合理的情况下，只要酸量适度，比例谐调，可使酒出现甜味和回甜感；消除燥辣感，增加白酒的醇和度；可适当减轻中、低度酒的水味。

　　② 乙醛和乙缩醛的功能

　　A. 乙醛的作用

a. 水合作用　乙醛是一个羰基化合物，羰基是一个极性基团，由于极性基团的存在，乙醛易溶于水。乙醛与乙醇或水互溶。乙醛与乙醇互溶主要是物理性的，与水互溶则是反应性的溶解。醛自发地与水发生水合反应，生成水合乙醛。这是一个平衡反应，反应被酸催化，在醋酸催化下，反应速度加快。白酒中乙醛有两种形式存在，即以乙醛分子和水合乙醛的形式对酒的香气作出贡献。

b. 携带作用　由于乙醛跟水有良好的亲和性，以及较低的沸点和较大的蒸汽分压，使乙醛有较强的携带作用。何谓携带作用？即酒中的乙醛等在向外挥发的同时，能够把一些香味成分从溶液中带出，从而造成某种特定气氛。要具有携带作用，必须具备两个条件：它本身要有较大的蒸汽分压；它与所携带的物质之间在液相、气相均要有好的相容性。乙醛就是这样一种物质。乙醛与酒中的醇、酯、水，不论与该酒液或是与该酒液相平衡的气相中的各组成物质之间，都有很好的相容性。相容性才能给人的嗅觉以"复合"型的感知。刚打开酒瓶时的香气四溢（喷香）与乙醛的携带作用有关。

c. 阈值的降低作用　在勾兑调味中，乙醛对各种物质的阈值有明显的降低作用，对放香强度有放大和促进作用，即提高了嗅觉感知的整体效果，白酒的香气更加突出。这就是乙醛对各种物质阈值的影响。阈值不是一个固定值，在不同的环境条件下有着不同的值。

d. 掩蔽作用　蒸馏酒或者不同形式的固液结合白酒，在进行色谱骨架成分调整时，最难以解决的问题之一是闻香和气味的分离感突出（即明显地感觉到外加香），这将大大影响这类酒的质量。即使是完全用发酵原酒，甚至用"双轮底酒"加浆降度后，有时也会出现闻香和味分离感。产生这一现象的原因极其复杂，其原因可能有两个：一是骨架成分的合理性；二是没有处理好四大酸、乙醛和乙缩醛的关系。四大酸的主要表现为对味的协调功能。酸压香增味，乙醛、乙缩醛增（提）香压味。不论是全发酵酒、新型白酒或中低度酒，只要处理好这两类物质之间的平衡关系，使其综合行为表现为对香和味都作出适当的贡献，就不会显现出有外加香味物质的感觉。这就是说，乙醛、乙缩醛和四大酸量的合理配置大大提高了白酒中各种成分的相容性，掩盖了白酒某些成分的弊端。

e. 乙醛的聚合　在酸催化下，或者在微量氧气存在下，乙醛自身能发生聚合反应，主要生成三聚乙醛。例如市售的 40% 的水合乙醛，室温放置就会自动聚合，产生分层现象，上层是三聚乙醛，下层为乙醛水溶液。三聚乙酸是一种不溶于水的化合物，沸点为 $128℃$，是一种可散发出愉快香味的挥发物质。三聚乙醛在酸的作用下，又被解聚，回复生成乙醛。

B. 乙醛和乙缩醛的依存关系　乙醛在白酒贮存过程中，除了发生氧化、水合、聚合和解聚反应外，还要发生乙醛与醇的缩合反应，生成半缩醛和缩醛。乙醛的缩醛化反应可被酸催化，最终产物是乙缩醛。乙醛的缩醛化反应和乙缩醛的水解反应是一个平衡反应。经过长期贮存的白酒，从理论上讲，乙醛和乙缩醛的摩尔比应近似地等于 1。某些情况下，乙醛略大于乙缩醛；在另一些情况下，乙缩醛又略大于乙醛。因此，在勾兑调味时应正确掌握乙醛、乙缩醛的比例关系，它们在白酒中的绝对含量可从每 100mL 中几毫克到上百毫克，但这两种物质的相对比值不应有大的波动范围，比例应掌握在 1～1.2 较好。特别应注意的是，乙醛的色谱定量分析数据误差范围较大，分析值的可用性低于其他组分，故组合酒时只能作参考。

3. 调整产品结构和适应市场变化

传统固态法白酒与新型白酒是当今市场的两大主流，它们都有各自的市场和消费群。传统的固态法白酒，是中华民族的珍贵遗产，在世界酒林中独树一帜，它以品质、独特的个性和深厚的文化底蕴而誉满中外。传统固态白酒要在继承的基础上，运用现代科技和微生物技术，在保持传统风格特色的同时不断发展。而新型白酒的可塑性强，可根据市场需要和不同消费者的口味特点，随意开发新品种，成为市场有力的竞争者。二者共同形成当今市场的两大主流。

随着科学技术的进步，特别是酒体设计学的发展，香型融合技术的应用，对市场研究的深入，消费者饮用习惯的改变等，新型白酒的发展空间还很大，如营养保健酒的崛起，这就要求厂家根据市场变化，调整产品结构，开发更多的受消费者喜爱的新型白酒。

复习思考题

1. 尝评的作用与意义。
2. 白酒勾兑调味有哪些重要的原则？
3. 正确认识酒中的色谱骨架成分。
4. 你怎样认识白酒中诸味及其关系的？
5. 如何理解酸在白酒中的重要作用？
6. 浓香型特殊调味酒的制作。
7. 何谓酒体设计学？
8. 贵单位是如何应用酒体设计进行新产品开发的？
9. 如何理解低醉酒度。
10. 低度白酒的发展方向如何？
11. 贵单位怎样对待低度白酒用水的？
12. 低度白酒勾兑调味的要点。
13. 如何解决低度白酒的货架期混浊问题？
14. 怎样利用酒厂副产物生产新型白酒？

第六章

质量管理体系及人才培养

❖ 第一节　质量控制

一、白酒企业质量管理

白酒作为一种特殊的食品，其质量直接关系到消费者的健康与安全，因此白酒企业提升企业自身的质量管理尤为重要。质量管理已成为现代白酒生产、营销关注的焦点，也是企业管理不断探索的重要课题。

企业质量管理是一个系统工程，据汾酒集团研究，白酒企业质量管理主要涉及到质量管理体系的建立、质量管理体系的实施、生产过程管理、品质管理和品牌管理等关键环节。这是贯彻《食品安全法》的具体措施。

1. 质量管理体系的建立

质量管理体系是指运用系统的原理和方法，以保证和提高产品质量为目标，把企业各部门、各环节生产经营活动密切地组织起来，规定它们在质量管理方面的责任、权利和义务，并建立统一协调这些工作的组织机构，在企业内部形成一个完整的质量管理工作系统。白酒企业在建立白酒安全、卫生、质量一体化管理模型时应吸纳 ISO9000 质量管理体系的管理理念、体系框架和过程方法，在 ISO9000 质量管理体系的框架下，建立良好操作规范（GMP）和卫生标准操作程序（SSOP）平台，用危害分析和关键控制点（HACCP）手段对整个白酒加工的环境、人员、设备及从初始生产到最终消费的整个过程加以管理。ISO9000 是国际化的一个管理类标准，它是以质量管理为中心，吸取了全面质量管理的优点，具有科学性、系统性、严密性以及具有统一评价度、内外监督机制和便于贯彻实施等优点，更由于 ISO9000 标准的世界通用性，有利于打破国际贸易壁垒，与国际经济接轨，在加强企业质量工作中显得更加有效实用。GMP 对规范生产操作，保证产品质量具有很好的指导性，SSOP 和 HACCP 体系由于它对食品企业的独特性，更能发挥控制食品安全效果显著的优点，在满足质量要求的同时，确保白酒的卫生和安全。

2. 质量管理体系的实施

在建立企业质量管理体系的基础上，健全相应的组织结构，由企业最高领导层直接管理，因为最高管理者在质量管理中起着关键性作用。按照质量管理体系，对采购部、生产部、质检部、销售部等主要部门明确质量目标和责任分工，制订相应的标准和文件，文件可包括质量手册、程序文件、作业文件和记录，由专人负责实施。

在实施质量管理时，要贯彻全面管理和全员参与的理念，全员参与是成功的基本保证。质量管理体系的执行者是人，因此必须加强员工培训，在广大员工中持之以恒地开展质量管理教育，推广全面质量管理方法及群众性的质量管理活动，牢固树立和凝聚企业共同的质量价值观念，并贯穿于每个员工、每道生产工序、每一管理环节，使公司的质量管理、企业管理成为一个统一的整体，在运行过程中互相补充和促进，把各项现行的质量管理体系由"人为管理"变为"群体意识管理"，形成独具特色的质量文化管理体系。

在质量体系实施、运行过程中，企业还应逐步建立起一种长期有效的信息反馈系统，对审核中发现的问题，应及时采取纠正措施，建立起一种自我改进和完善的机制。PDCA 循环法对于提高质量管理体系运行的效果十分重要，而且可适用于所有过程，针对每个科室、整个企业均适用，可参照使用。PDCA 循环包括以下几个环节。

P——plan：策划、计划。策划整个过程要达到的目标，以及实现目标所要采取的措施。

D——do：执行、实施计划。

C——check：检查。根据计划要求对执行的结果进行监视和测量，并报告结果。

A——act：总结经验，并将正确的制订成标准，持之以恒；错误的或出现的问题，作为遗留待解决问题反映到下一个循环中去。

以上几个管理体系均由国际引入，各体系在质量管理方面侧重点不同，但许多方面有重叠交叉，因此，企业必须根据自身情况，有选择地、有机结合地使用，切忌重复操作，降低效率。

3. 生产过程管理

生产过程管理是白酒企业保证产品质量的主要环节，可通过 GMP、SSOP 和 HACCP 体系进行管理控制。目前，我国白酒企业 GMP 的国家标准尚未发布，但也应对其了解，它主要是对原辅材料采购、运输、贮存环节、设备和用具、个人的卫生健康要求、白酒生产的具体过程（制曲、发酵、勾兑、贮酒过程）、质量检验过程的具体操作规程，按照相关标准、法规提出要求并规范统一。SSOP 是企业为了保证达到 GMP 所规定要求，确保加工过程中消除不良的因素，使其加工的食品符合卫生要求而制订的，用于指导食品生产加工过程中如何实施清洗、消毒和卫生保持。SSOP 的正确制订和有效执行，对白酒生产过程中控制危害是非常有价值的。白酒生产企业 SSOP 至少包括 8 项内容：生产用水的安全，对白酒生产接触的表面，交叉污染的预防，洗手、手消毒和卫生间设施的维护，防止白酒被污染物污染，有毒化学物质的标记、贮存和使用，员工的健康与卫生控制，原料虫害的防治。对照 GMP 要求，看其是否全面和完善，然后加以整理和充实，以保证所有的操作和设施均符合强制性的良好操作规范（GMP）的要求。在实施 GMP、SSOP 的过程中，有机结合地运用 HACCP 原理，确定好关键控制点（CCP），白酒生产过程关键控制点为原辅料选择、蒸煮、酿造用水、发酵、蒸馏，控制关键限值和操作限值，以有效控制酒中卫生指标物质含量（如甲醇、杂醇油、铅等重金属及其他有毒有害物质）。

4. 品质管理

随着科学技术的发展，白酒产品的质量在不断提高，但长期以来，白酒和其他酒种相比，存在装备水平低，技术进步缓慢的现象。不少白酒企业设备老化，检验手段不齐全，在品质方面片面强调口味，而对其理化指标重视不够，在卫生条件上还未达到发达国家的要求，加上其原料的多样性，给质量控制带来了很大的难度。另外，有不少白酒生产企业，只重视市场开拓，不注重质量管理，出现了产品质量不稳定的现象。

中国白酒发展的真正动力是科学技术的进步，白酒业是传统的生物技术产业，其技术创新是社会经济快速发展和进入国际市场要求，也是行业自身发展的必经之路。随着生物工程新技术的快速发展，细胞技术、酶技术、发酵技术和基因工程等高新技术将会有效地促进白酒品质的提高，如有关特色高效菌种分离、窖泥微生物、酯化酶、酿酒发酵机理的研究、生产工艺的改革与创新、贮存、制曲的专业化等都将极大地推动行业的进步和发展。

许多先进仪器设备如色谱分析仪、原子力显微镜和激光共聚焦显微镜等，用于白酒成分和结构分析，为工艺改革、酒体设计、控制污染残毒等提供了科学依据，将有助于去除白酒中有害物质，保留有益物质，减少其对人体的伤害。积极应用现代科学技术，改造白酒各个生产单元的传统作坊模式，也将会给行业带来质的飞跃，提高产品品质，保证质量的稳定。

此外，结合营养保健学的理论改进白酒也是白酒行业发展的一大趋势。酒本身有舒筋活血、解除疲劳、祛除风湿等作用，很早以前就有许多治疗跌打损伤、开胃健脾和风湿止胃痛等药酒。以白酒为基酒，添加一些具有保健功能的成分，如人参、灵芝、丹参等研制成的保健酒是白酒发展的趋势之一。

品质管理涉及多方面，应从产品的设计开发，酒体、包装、防伪等方面考虑，需要以科技与创新的思维，准确的定位，并与企业战略发展方向、市场需求和技术成熟程度相适应，要把它真正当作一项关乎行业可持续发展的系统创新工程和企业的核心竞争力，认真对待。

5. 品牌管理

品牌不仅是一种标识，代表产品的特色属性和文化，更是一种品质的保证。酒类企业唯一拥有市场优势的途径就是拥有品牌，白酒市场的竞争就是品牌的竞争，因而有些公司甚至将其品牌的价值反映到了资产负债表中。

许多企业针对不同的消费者，提供以主力品牌为主，辅助品牌、细分市场品牌为成员的品牌体系，实施多品牌战略，不仅可以有效吸引那些有求新好奇心理的消费者，可大大提高市场占有率，还能促进企业内部各个产品部门和产品经理之间的竞争，提高企业整体效益。

但在品牌管理中，目前白酒企业存在问题较多，如品牌太多、太乱，定位不清，有的企业多达 20 多个甚至更多品牌，品牌之间没有明确的定位和品质差别，甚至主次不分，只盲目追求销售额，对品牌没有很好的管理和建设，这样对企业的长远发展不利，因此在品牌竞争的时代，企业要对自己的产品进行长远和科学的品牌管理和建设。正确的品牌定位是品牌规划的核心，是品牌获得成功的保证。企业相关人员根据市场调查和需求以及发展趋势，从战略的角度定位不同消费市场，建立相应的不同品牌，并组织专门人员负责管理品牌的维护和建设，使品牌做大做强。科学的品牌规划是企业品牌获得成功的前提；科学的品牌推广规划是品牌成功的关键。

中国白酒的历史文化价值和工艺价值共同构成的核心竞争力与独特文化力，是其竞争法宝和魅力之源，只有将其与品牌有机结合，才能形成无可替代的优势和地位。做好产业链体系，做大做强龙头企业，形成品牌企业。充分发挥原酒企业、经销商的各自优势，争取政府、行业管理、媒体及相关人士的支持和配合，使中国白酒业真正得以健康而且高水平地发展。

企业必须要树立全新的质量理念，按照质量管理体系的细则，从市场预测、产品设计、生产制造、售后服务等全过程实行全面质量管理；建立用户至上、市场导向、质量效益等广义的质量观念，始终坚持以质量求生存、以质量争市场、以质量促发展的方针，在实践中不断探索新的企业质量管理方法，使企业在竞争中立于不败之地。

二、白酒企业设备管理

很多白酒厂十分重视酒质，对生产管理日常比较熟悉。但对设备管理比较缺失，特别是一定规模的企业，如何发挥白酒企业生产设备的经济效益，降低故障率，保证正常运转，是酒厂及所有从事设备使用、维修人员必须重视的问题。

1. 维护保养为主、修理修复为辅

先进的生产设备是企业实力的重要标志，是产品质量保障的基本条件。随着企业的更新改造，新的生产设备也越来越多，技术水平及结构也越来越复杂，必须通过良好的维护，辅之以高水平的维修管理，才能保证其精度和安全性能可靠，从而避免生产设备发生故障。用好、管好生产设备是白酒厂质量管理体系的一个重要课

题，搞好生产设备的维护保养工作，其实就是做到了预防性维修。

（1）维护比修理更积极主动 维护是对正常运行的生产设备进行定期或不定期的保养检查，其目的是保证生产设备不发生或少发生故障，职能部门要掌握维护保养和修理应遵循的原则。保养由使用和管理人员自己灵活掌握，可自主计划和控制，是主动和积极的预防维修手段。修理则是对已发生故障的生产设备进行修复，目的是使其恢复原有功能，保证生产设备正常运转。修理的计划性和可控性差，是一种被动的、消极的维修手段。

（2）维护比修理更节省费用 由于维护是对正常运转的生产设备进行的保养，不需要更换零部件，在经济上花费较少，生产设备能正常运行，不影响厂内其他设备的使用，也不影响生产的进行。修理则不同，是对生产设备已经发生的故障进行排除。既然是故障，就说明已经发生了零部件的损坏，要更换一些零部件，一般代价都很高，费用也较大。而且当生产设备发生故障后，到底需要多长时间才能修复，很难准确把握。如果刚好库存备件不够，还需申请采购，既麻烦费用又高，还会影响生产的正常进行，经济效益也会受到影响。

（3）维护比修理更容易实现 维护是按操作规程的要求对正常运行的生产设备进行保养检查，不需要对生产设备进行大拆大卸，也不需要太多技术和复杂的工具，除一些特殊的大型复杂生产设备需要请厂家来人保养外，一般靠企业自己就可以完成。修理就不同了，由于是对已经发生了故障的生产设备进行修复，因此技术要求很高。需要检查出故障发生在什么位置，如何拆换，需要什么零部件或是由什么原因造成的。对有些判断不明的设备故障问题，往往需要设备制造厂商协助才能解决。

2. 建立完善的设备管理机制

做好生产设备维修与管理工作是企业生存与发展的关键，是企业进行生产活动的物质基础，直接关系到企业的经济效益。因此，不断加强和提高生产设备维修和管理工作水平，完善各项管理制度，增强自主维修意识，不放过任何细小的故障和隐患，合理做好设备配件管理工作，真正实现生产靠设备，设备靠管理，管理出效益。

（1）加强设备前期管理 工程技术和设备管理人员从设备选型采购和安装开始，就应主动根据生产设备对厂房、基础、水、电、气等的配套要求，进行现场准备。设备到现场后，应全力协助配合设备厂商的技术人员全程参与设备的安装、调试和验收工作，全面地了解和掌握生产设备的结构特点、工作原理、性能指标和维护保养方法等。在设备试运行期间，认真编写操作规程和整理相关管理文件、技术资料，为今后的使用、保养和维护修理奠定基础。

（2）重视人的因素 除了加强设备操作人员的上岗前培训，充分调动操作人员使用好、维护好设备的积极性外，应有针对性地培养和训练维修专业人员，特别是增加维修队伍的行为、心理、品德、理念、安全意识等方面的教育，提高其综合素质和维修技术水平。在每次排除设备故障的过程中，应注重原因分析，合理进行零部件更换，维修班组之间应严格执行交接班制度管理和定期技术交流总结，从而及时地补充和修改设备维护保养计划。同时还应实行维修人员工作考核和设备运行状况评价标准制度，坚持以人为本的设备管理体系。

（3）处理好生产和维修之间的矛盾　生产部门为了完成生产任务，只注重设备操作使用，不重视维护保养，使许多生产设备长期处在满负荷或超负荷运转中，不能按时进行日常和定期的检修保养，有的设备甚至带病运行，存在着严重隐患，一旦出现事故，将会造成重大的经济损失。因此必须进一步明确生产和设备维护的职责，理顺生产与设备管理的关系，合理安排好设备保养时间，发生故障要及时排除和进行原因分析，制定防范措施，防止类似情况的发生。

（4）加强配件管理工作　设备的配件厂家多、型号杂、购置周期长、费用高是一直困扰着设备管理者的老大难问题。搞好计、采、储、修等环节的管理，对保证生产正常运行具有十分重要的意义。企业应制定出易损配件的最少数量，做出合理的库存和采购计划；应组织技术人员消化吸收先进技术，加强各级人员的综合管理能，不断提高业务水平，明确工作职责，逐步实现维修配件的消耗定额管理；应对进口设备配件逐步实现国产化改造工作，有效节约企业成本。

3. 加强沟通是高效维修设备管理的保证

有了先进的生产设备，不等于有了战斗力，先进设备要与人的相互配合，才能充分发挥其有效的作用。人、机的协调统一可以保证生产设备的正常运转，也可以大大降低生产设备的故障与损耗，降低运行和维护成本。生产设备的维修工作是不间断连续性的过程，加强与设备制造商之间的沟通、自己内部人员之间的沟通都十分必要。当设备出现较大故障时，除了要发挥维修人员个人的专长外，同时更需包括操作者在内的团队通力配合进行修复，必要时请求厂商远程指导修理工作。这个方法对于搞好全厂生产设备的维修管理至关重要。

（1）与设备厂商配合维修　对新近购置的生产设备，维修工作一般处于摸索阶段，特别是锅炉、空压机等具有编程复杂联动控制的设备机组，应与厂商派来的专业技术人员共同现场维修。一方面，公司维修人员与制造厂商的专业技术人员水平相差较大，特别是对复杂的生产设备在使用之初，维修技术水平十分有限。因此，在最初阶段复杂设备的维修上，公司只能做到一般性的检修保养。另一方面，通过与制造厂商专业技术人员合作进行维修，也是培养和提高公司自己维修力量现场观察、监控、判断、决策和处理能力的好机会。

（2）做好经验的积累　对发生的典型故障，事后组织相关人员总结处理过程和方法，并记录在《设备台账》中，为日后工作提供指导。

白酒企业生产设备是生产活动的重心，只有确保其安全可靠、经济合理地运行，才能保证企业的正常运转。因此，企业对生产设备的管理（维修与保养）必须重视。虽然白酒企业生产设备数量庞大、涉及面广、制约因素及牵涉职能部门多，但作为维修保养的管理人员，应努力提高自身的技术和管理水平，加强责任意识。只有做到对设备的认真维护和保养，才能最大限度地减少设备故障的发生，才能充分发挥设备投资的效益，确保企业生产的顺利进行。

三、 HACCP 在白酒企业的应用

随着《中华人民共和国食品安全法》于 2009 年 6 月 1 日正式实施，我国对食品生产企业的管理更加规范化和严格化。白酒行业作为食品行业的重要支柱产业之一，白酒的安全性问题应当成为白酒行业技术人员研究的重点。HACCP 作为一种世界公认的确保食品安全的有效措施，正被逐渐地应用于食品行业的各个领域，并将成为未来食品安全控制的基础。下面着重从白酒生产的特点出发对如何运用 HACCP 进行探讨研究，从源头上降低白酒中的危害成分，提高白酒的安全性。

1. HACCP 定义和原理

HACCP 是 Hazard Analysis and Critical Control Point 的英文缩写，中文译为危害分析与关键控制点，是一种食品安全保证系统。其目的是设法将食品安全危害风险降到最低限度，是一个使食品供应链及生产过程免受生物、化学和物理性危害污染的管理工具。HACCP 体系已从最初的 3 个原理，即危害识别、确定关键控制点和控制任何危害、建立监控系统，发展到目前的 5 个初始步骤和 7 个原理。这 5 个初始步骤是：建立 HACCP 小组；描述产品及其销售特性；描述产品预期用途及产品用户；绘制过程流程图；验证过程流程图。7 个原理是：对危害进行分析；确定关键控制点（CCP）；建立关键限值；建立关键控制点的监控体系；当监控体系显示某个关键控制点失控时，确立应当采取的纠正措施；建立验证程序，以确认 HACCP 体系运行的有效性；建立文件化的体系。

目前，HACCP 体系现已被世界各国食品生产企业广泛使用。联合国食品法典委员会将 HACCP 制度列为食品的世界性指导纲要。亚太经合组织（APEC）积极推动以 HACCP 制度为基础的食品认证计划。欧盟要求各会员国于 1995 年前实施 HACCP 制度，而且规定进入欧盟的食品，其生产者必须通过 HACCP 认证。在美国等发达国家，食品企业在成立时就必须严格按照 HACCP 的要求进行实施。

具体来说，HACCP 体系推广应用带来的收益体现在以下几方面：提升国内白酒在国际上的认可程度，增强对中国白酒安全的信心；推行 HACCP 体系的企业将增强企业竞争力，有利于市场宣传；如果能够在整个食品链实行 HACCP 体系，将有利于整个食品链的安全控制，有利于促进政府监管机构的监管，解决监管缺位现象；增强酒类从业人员的食品安全及风险意识，从而切实提高食品质量水平，提升消费者健康指数。

2. HACCP 的应用

（1）确认生产流程图　包括白酒生产过程中所有步骤的次序和相互关系，原料和中间产品的投入点、返工和循环点，中间产物、副产品、废弃物的去除点和污水的排放点以及源于组织之外的过程等。

（2）原料和产品描述　对酿酒所用的原料、加工方式、白酒产品的食用方式、包装、销售方式、贮存方式、适宜人群以及企业所生产的白酒重要特性进行详细描述。

（3）危害分析　对照流程图上每一道工序进行危害分析。根据白酒生产的特点，对白酒生产的危害分析至少应包括以下内容。

① 白酒生产过程的危害分析　主要对以下几个过程进行分析：原辅料（包括高粱、豌豆、大麦、小麦、大米、糠壳等）验收和贮存；内包装材料（瓶子、盖子）的验收和贮存；外包装材料（纸盒、纸箱、标签）的验收与贮存；生产用水；原料粉碎过程；配料过程、蒸煮蒸馏过程；原酒入库与贮存过程；勾兑与调味过程；半成品酒检验和贮存过程；半成品酒的过滤过程；洗瓶过程；灌装过程；压盖过程。

对灯检、贴标、装箱、抽检、成品入库与运输出厂等过程，必要时也要进行相应的危害分析。

② 生产过程中循环部分的危害分析　传统的白酒生产过程中有相当一部分过程是在循环，对循环过程也应进行危害分析，这些过程主要包括以下几个方面：出甑过程、打量水过程、摊晾过程、加曲过程、入窖池发酵过程、出窖过程、配料过程、蒸馏过程。

③ 制曲过程危害分析　主要对下列过程进行分析：粮食粉碎过程、拌料过程、踩曲（压曲）过程、入房发酵过程、出房与贮存过程。

④ 生产用的蒸汽危害分析　传统的白酒酿造要耗用大量的蒸汽来进行蒸煮和蒸馏，其中蒸汽也直接与原辅料和白酒接触，因此对酿酒所用的蒸汽也要进行危害分析，这些过程主要有以下几方面：水处理过程、蒸汽的生产过程、蒸汽的供应过程。

（4）生产过程的 HACCP 计划表　通过分析确立 HACCP 计划表，主要分为关键控制点、监控对象、控制指标、纠偏措施、记录、验证等项目，确保生产的正常进行。

在白酒企业实施 HACCP 管理是一个复杂的系统工程。而体系实施的效果直接与企业领导层的重视和员工的责任心有着密切的联系。从上到下首先要树立全员参与的战略思想，结合 ISO9001 质量管理体系共同构筑成一个新的安全质量管理体系，认真按照 HACCP 计划表进行实施和监控，并且按 ISO9001 实施全面管理才可以达到安全、质量和效益共同提高的预期效果。

3. HACCP 在部分企业的实际应用

（1）某浓香型白酒企业 其危害分析及关键控制点确定和 HACCP 纠偏措施执行表分别见表 6-1 和表 6-2。

表 6-1 危害分析及关键控制点确定

1.加工步骤	2.识别引入或增加的潜在危害	3.危害是否显著	4.对第(3)栏的判定提出依据	5.采取的措施	6.关键控制点
原辅料选择	生物性危害:有害微生物	是	农作物容易遭受病原菌污染	后续蒸煮工序可以杀死大量有害微生物	是
	化学性危害:农药残留、黄曲霉毒素、重金属残留	是	农药使用不当;原料储存不当容易产生黄曲霉毒素;原料在生产或贮藏加工中被重金属污染	提供检验报告、抽样检测	
	物理性危害:杂质、异物	否	原料收割、加工、贮存、运输过程中混入	抽样检测,加强原料标准的执行力度	
生产用水	生物性危害:有害微生物	是	由于末梢水中余氯量较低或管网受到污染,水中可能存在细菌等有害微生物	可以通过 SSOP 中的生产用水的安全进行控制	否
	化学性危害:铁、铜、锌等重金属含量超标	是	管网腐蚀、老化等造成水中铁、铜、锌重金属含量超标	可以通过 SSOP 中的生产用水的安全进行控制	
	物理性危害:泥沙和碎屑等杂物,有异味,水硬度偏高、有机物超标	是	水中存在泥沙和碎屑等物理性杂物,供水设备不清洁,水源带入	可以通过 SSOP 中的生产用水的安全进行控制	
粉碎	生物性危害:有害微生物	否	粮食在粉碎过程中可能引起微生物危害	蒸煮过程可以杀灭有害微生物	否
	物理性危害:异物	否	粉碎过程中混入异物	粉碎过程中加装除尘装置可以去除	
配料	生物性危害:杂菌污染	否	操作时间很短	场地、工具干净卫生;蒸煮过程中可以杀灭有害微生物	否

1.加工步骤	2.识别引入或增加的潜在危害	3.危害是否显著	4.对第(3)栏的判定提出依据	5.采取的措施	6.关键控制点
蒸煮蒸馏	生物性危害:有害微生物	是	蒸煮温度与蒸煮时间控制不当致使有害微生物残存	按工艺要求,严格控制汽压、温度和时间等工艺参数	是
	化学性危害:甲醇、杂醇油	是	蒸馏温度、时间速度控制不当;含果胶质高的原料会造成甲醇超标	按工艺要求,严格控制汽压、温度和时间等工艺参数;缓火蒸馏、低温馏酒,量质接酒,掐头去尾;选择果胶质低的原料	是
	物理性危害:蒸馏设备管道、盛酒器具的材质含铅量超标	是	蒸馏容器、管道、盛酒器具材质选择不当,造成酒对容器中的铅产生溶蚀作用,使酒中铅含量超标	选择不含铅或含铅量较低的蒸馏设备、管道、盛酒器具(如不锈钢材料)	
摊晾冷却	生物性危害:杂菌污染	否	暴露在空气中,长时间摊晾冷却容易遭受杂菌污染	场地和工具干净卫生,打80℃以上的热量水,尽快入窖	否
入窖发酵	生物性危害:杂菌污染	是	车间、设施、窖池卫生差,会引起染菌;入窖淀粉、水分、温度、酸度等工艺条件不合理,适合杂菌生长繁殖;曲质差	控制车间、设施、窖池清洁、卫生;控制蒸煮过程中的温度、时间可杀灭有害微生物;按工艺技术要求控制入窖淀粉、水分、温度、酸度等;使用质量好的大曲	否
	化学性危害:甲醇、杂醇油	是	使用含果胶质多的原料,会使甲醇含量超标;黏液菌妨碍发酵,枯草杆菌分解果胶,增加甲醇含量;发酵过程中入窖淀粉、水分、温度、酸度等工艺条件控制不当;曲质差、用量不合理	选择含果胶质低的原料;蒸馏操作时,掐头去尾、量质接酒,按工艺技术要求控制入窖淀粉、水分、温度、酸度等;使用质量好大曲,用量合理	否

续表

1.加工步骤	2.识别引入或增加的潜在危害	3.危害是否显著	4.对第(3)栏的判定提出依据	5.采取的措施	6.关键控制点
原酒入库贮存	化学性危害:铅引起的危害	否	储酒容器材质选择不当,造成酒对容器中铅产生溶蚀作用,使酒中铅含量超标	选择不含铅或含铅量较低的储酒容器、管道	否
	物理性危害:杂质、异物	否	贮存过程中可能混入杂质、异物	定期清洗和维护过滤设备;后道工序可去除杂质、异物	
勾兑	生物性危害:有害微生物	是	勾兑用水的卫生质量,勾兑加浆过程中可能污染有害微生物	勾兑用水应预先处理,使符合国家卫生标准和生产要求	否
	化学性危害:食品添加剂超标	是	不按规定使用食品添加剂,误用或滥用	严格按照 GB 2760 规定要求使用	
灌装	生物性危害:细菌、霉菌	否	不洁灌装环境、灌装设备,操作人员不注意个人卫生均会使产品受致病菌污染	对灌装机和管道彻底清洗与灭菌;强化企业 SSOP 执行力度	否
	物理性危害:杂质、异物	否	瓶、盖等包材中混入;灌装过程中可能引入杂质、异物	加强验收、清洗、检验环节,去除瓶、盖等中的异物;加强灯检,剔除有杂质、异物的产品	
贴标、装箱、贮存和运输	生物性、化学性、物理性危害:无				

表 6-2　HACCP 纠偏措施执行表

1.关键控制点 CCP	2.显著危害	3.关键限值	4.监控				5.纠偏措施	6.验证	7.记录
			对象	方法	频率	人员			
原辅料接收(CCP1)	农药残留、黄曲霉毒素	索取分供方的检验报告	分供方的检验报告	查验分供方的检验报告单	每一批	原料接收人员	若分供方不能提供检验报告单,或其检验项目不符合标准,拒收原料	本厂抽取每批原料检验、送检。主管领导复核检验报告单	分供方的检验报告、进货检验报告、本厂抽检、送检记录

续表

1.关键控制点CCP	2.显著危害	3.关键限值	4.监控				5.纠偏措施	6.验证	7.记录
			对象	方法	频率	人员			
蒸煮蒸馏（CCP2）	甲醇、杂醇油	馏酒温度、速度、量质接酒、掐头去尾	计时器、压力表	监视	每一甑	操作员	调节蒸煮蒸馏时间和气压，量质接酒、勾兑和调味处理	定期将压力表送检，管理人员和HACCP小组成员定期复查煮蒸馏时间和馏酒汽压，每月记录审核	蒸煮蒸馏时间、馏酒汽压，CCP纠偏记录
	铅等重金属	材质符合国家标准	蒸馏设备、盛酒容器			设备管理员	材质使用前必须检验合格，确保铅等重金属符合国家标准		设备管理员记录

（2）某酱香型白酒企业 其危害分析及关键控制点和HACCP计划表分别见表6-3和表6-4。

表6-3 危害分析及关键控制点

生产步骤	潜在危害	危害种类	控制措施	CCP
原辅料	夹杂石块、金属碎屑等	物理危害	1.使用前过筛、除铁 2.后道蒸馏工序可除杂质	否
	农药残留	化学危害	1.要求原料基地加大监管 2.供方提供检测报告 3.酒厂采购前抽样	是
	储存中受潮霉变产生黄曲霉毒素	生物危害	1.及时剔除一些发霉原料，常温通风条件下储存 2.后道工序可有效去除，对酒质不会产生影响	否
	虫害、鼠害	生物危害	1.用物理方法去除 2.安装捕鼠器	否
高粱磨碎	机械设备磨损金属碎片脱落	物理危害	后道工序可去除杂质	否
润粮	润粮用水不净，引入杂质	物理危害	后道工序可去除杂质	否
	水理化指标超标	化学危害	对工艺用水实施监测	否
摊晾	工作环境不洁净带入杂质	物理危害	1.加强车间卫生管理 2.后道工序可去除	否
	工作环境不净或操作人员不健康可能带入有害微生物	生物危害	1.后续高温发酵和蒸馏过程中可起到筛选酿酒有益微生物的作用 2.加强车间卫生管理 3.定期对员工进行体检	否

续表

生产步骤	潜在危害	危害种类	控制措施	CCP
堆积发酵	控制不当可能产生过多的异杂醇等	化学危害	后续的量质接酒能控制过多的异杂醇等带入酒中	否
	工作环境不净或操作人员不健康可能带入有害微生物	生物危害	1.后续高温发酵和蒸馏过程中可起到筛选酿酒有益微生物的作用 2.加强车间卫生管理 3.定期对员工进行体检	否
封窖	封窖泥带入杂质	物理危害	后道工序可去除	否
	封窖泥带入金属离子	化学危害	1.经检测,少量铁及部分金属离子对酒质和安全不会产生影响 2.终产品检测	否
开窖起糟	抱斗不卫生可带入有害微生物	生物危害	定期清理	否
	封窖泥等落入糟中	化学危害	1.清理并加强操作工的培训 2.带入酒中产生泥味,分别储存处理	否
蒸馏取酒	蒸馏将糟醅中异杂醇带入酒中	化学危害	1.后续的量质接酒能控制过多的异杂醇等带入酒中 2.终产品检测	否

表6-4　HACCP计划表

CCP	CCP1(高粱、小麦、糠壳等原辅料验收)	CCP2(蒸馏取酒)
显著危害	农药残留	异、杂醇等化学危害
监控对象	卫生检验报告、供方评审记录	接酒温度、接酒浓度
控制标准	符合国家标准	生产工艺要求
纠偏措施	不达标高粱、小麦、糠壳拒收	及时检查工艺,发现偏差及时纠正
记录	采购人员记录	检测报告
验证	每批记录审核	终产品检验

(3) 某米香型白酒企业　其HACCP计划见表6-5。

表6-5　HACCP计划

关键点控制CCP	显著危害	关键限值	监控对象	监控方法	监控频率	监控人员	纠偏行动	验证	记录
CCP1大米验收	黄曲霉毒素、农药和化肥残留,汞、砷等重金属	符合相关的粮食企业标准、GB2715《粮食卫生标准》	供方提供的原料	按企业标准对感官、理化指标进行自检、委托送检	每一批	质量检验专职人员	自检感官、理化指标不合格的停止采购,送检不合格的停止采购	质量检验专职人员对供方的各批材料的检验记录和送检记录报告单进行验证,供应部门和HACCP小组不定期抽检	粮食检验记录、送检记录单、CCP纠偏记录

关键点控制 CCP	显著危害	关键限值	监控				纠偏行动	验证	记录
			对象	方法	频率	人员			
CCP2-1 截酒头	化学危害（甲醇）	≥100mL/锅	刻度杯	控制截酒头每锅1～2L	每一锅	接酒员	将酒重新进行蒸馏，并控制截酒头	最终产品检验	酒厂 CCP 记录
CCP2-2 去酒尾	化学危害（杂醇油）	≥25％vol	酒精计	控制去酒尾，不低于25％vol去尾	每一锅	接酒员	将酒重新进行蒸馏，并控制去酒尾	最终产品检验	酒厂 CCP 记录
CCP3 玻璃碴检验	物理危害（玻璃碴）	肉眼未检出	玻璃碴	在包装工序，班组质检员对看酒人员已检合格产品进行抽检	0.04％	班组质检员	看酒人员重新进行100％全检	最终产品检验	酒厂 CCP 记录

❖ 第二节　白酒生产许可证

一、实施工业产品生产许可证的重要性

产品质量不仅涉及消费者的健康，还关系一个国家经济的正常发展，关系社会的稳定和政府的威望。所以加强白酒产品的安全监督管理不仅仅是政府的职责，同时是全社会所应共同关注的一个严峻课题。

工业产品生产许可证制度是国家为了加强质量管理，确保危及人体健康、人身财产安全的重要工业产品的质量，配合国家产业政策的贯彻执行，促进市场经济的健康发展，而实施的一项政府行政审批制度。一方面，政府通过对企业的生产必备条件审查，并对产品质量进行型式试验和全项目抽样检验，审查企业是否具备连续生产合格产品的能力。对符合条件的企业，由政府颁发证书，准予生产。另一方面，通过执法监督对无证生产、销售无证产品以及有证生产不合格产品等违法行为，依法予以查处。因此，生产许可证制度是政府依法对产品质量实行强制管理的一项有效措施。

1. 提高企业准入门槛

按工业产品生产许可证工厂条件审查细则，白酒企业必须达到以下四个方面的要求。

（1）生产环境　按审查细则要求生产企业的生产环境必须符合 GB 8591—1988《白酒厂卫生规范》（注，该标准即将修改）的要求。厂房总体布局要求要有与生产相适应的原料库、制酒车间、酒库、包装车间和成品库；原料库应阴凉、通风、干燥、洁净，并有防虫、防鼠、防雀设施；酒库必须有防火、防爆、防尘设施，库内应阴凉干燥等。

（2）生产设备　必须具备满足生产需要的生产设施，并要维护完好。生产设备和工艺装备的性能和精度应满足生产合格产品的要求。固态法白酒生产设备必须有发酵容器、蒸酒机、贮酒容器、灌酒机等；液态法白酒生产必须有基酒贮存容器、勾兑或串蒸设备、贮酒容器、灌酒机等。

（3）质量检验

① 检验机构　企业要有独立行使权力的质量检验机构，负责企业原料的入厂检验、半成品的检验，按产品标准的要求对产品进行出厂检验，出具产品检验合格证，按规定进行包装和标识。

② 检测条件　必备的出厂检验设备有分析天平、分光光度计（或光电比色计）、气相色谱仪、恒温干燥箱、恒温水浴锅、比重瓶或酒精计、比色管等。

③ 检验人员　生产企业应具有技术员以上职称或具有经过专业培训证明的检验人员，来保证产品质量检验的正常进行。

④ 计量工作　为保证生产及检验结果的准确有效，计量器具及检验设备必须经有关计量部门检定合格，方能用于生产及检验工作。并有专人负责严格按检定周期及时检定。

（4）生产管理

① 标准文件　生产企业应有本企业所生产白酒品种的国家标准、行业标准、地方标准或经备案并现行有效的企业标准。同时也应具备产品标准中所涉及到的原料标准、产品的检验方法标准等。

② 工艺规程　企业必须有能正确反映生产工艺，符合生产需要的生产工艺规程，这是保证企业生产合格优质产品所必须的生产管理文件。在日常的生产中要严格执行，不得违反工艺规程随意生产。

③ 质量检验制度　企业应有原料进货及产品出厂检验制度，以保证产品质量，对每一批次的检验要有记录，以备查。

④ 安全规程　白酒生产企业应根据国家有关法律法规制定及实施安全生产制度，保证生产安全。企业生产设施、设备的危险部位应有安全防护装置，车间等地应配备消防器材，易燃、易爆等危险品应进行隔离和防护等。

⑤ 卫生管理制度　为了保证白酒生产的卫生，企业必须建立卫生管理制度并实施。

⑥ 原始记录　所有的生产过程，企业必须要有记录，以保证对不合格产品原因的可追溯性。

2. 加强获证企业的日常监督

企业取得生产许可证后，应积极采取有效措施，以保证其生产条件符合取证时的要求，保证其产品质量的稳定。各级质量技术监督部门应充分发挥生产许可证制度在从源头抓质量工作中的重要作用，不断提高生产许可证制度的有效性，强化本行政区域内获证企业的日常监督管理工作，严厉打击获证企业的各类违法行为，确保产品质量安全。

二、有关规定要求

1. 小酒厂纳入食品安全管理体系

"小酒厂"（具备卫生许可证和营业执照，未取得生产许可证）要与当地质量技术监督部门签订质量安全承诺书。

只生产散装白酒的企业，不要求有灌装设备，生产许可证书上加注"散装"其产品标识，应当按照 GB 10344《预包装饮料酒标签通则》的规定，在包装物明显位置注明；同时将生产许可证的标记和编号标注在适当的位置。

2. 关于使用企业食品生产许可证标志有关事项的公告

为贯彻落实食品安全法及其实施条例，做好企业食品生产许可工作，提高食品安全保障水平，按照有关法规，现将企业食品生产许可证标志及使用办法公告如下（总局 2010 年第 34 号）。

（1）企业食品生产许可证标志式样　企业食品生产许可证标志以"企业食品生产许可"的拼音"Qiyeshipin Shengchanxuke"的缩写"QS"表示，并标注"生产许可"中文字样。

（2）企业食品生产许可证标志使用的要求　企业食品生产许可证标志由食品生产加工企业自行加印（贴）。企业使用企业食品生产许可证标志时，可根据需要按式样比例放大或者缩小，但不得变形、变色。

3. 取消白酒产业限制政策

2019 年 11 月，国家发展和改革委员会发布《产业结构调整指导目录（2019 年本）》，自 2020 年 1 月 1 日起施行。《产业结构调整指导目录（2011 年本）（修正）》同时废止。值得注意的是，在新目录中，"白酒生产线"已从"限制类"产业中移除。这意味着，白酒产业将不再成为国家限制类产业。

对此，业内人士指出，取消白酒产业限制政策，有利于吸引优质资源、外部资本进入白酒行业，建立良性竞争机制，同时，使白酒行业生产技术、质量安全、标准化体系、诚信体系、溯源体系等各方面都提出了更高的标准要求，有力推动白酒产业落后产能淘汰机制，促进白酒产业升级和结构调整。

同时业内也指出，此前的限制使得白酒企业只能技改而不能新建，限制解除过后酒企可以新建生产线扩充产能，但未来行业整体产能不会大幅扩张。

❖ 第三节　加强酒类食品安全

随着《中华人民共和国食品安全法》的实施，政府有关部门对食品安全相继制定若干政策，全国白酒产品生产企业应引起高度关注。

广大酿酒生产企业应当认真学习和掌握新修改的《食品标识管理规定》，规范食品标识标注，加强管理和监督检查，严格贯彻执行《中华人民共和国食品安全法》。

一、加强酒类质量安全工作的措施

为进一步加强酒类质量安全监管，保障消费者身体健康和生命安全，促进酒类产业健康发展，2011 年 6 月 9 日国务院食品安全委员会办公室发布《国务院食品安全委员会办公室关于进一步加强酒类质量安全的通知》主要内容如下。

1. 严格落实各环节监管制度和强化全过程监管

（1）严格酒类生产环节监管　市场监督管理部门要严把酒类生产许可关，从严审核新建酒类生产企业，依法关停不符合生产许可条件的企业。完善酒类生产许可相关规定，严禁酒类非法分装，对使用外购原酒加工灌装的企业进一步严格许可条件，并将其列为生产许可证单独审核项目。加强日常监管，制定监督检查操作规范，全面检查原料采储、生产记录、出厂检验、生产环境条件等，严厉查处打击使用工业酒精等非食用物质以及滥用甜味剂、色素等食品添加剂违法行为。对主要原料无进货记录或原料数量与据产品数量测算所需原料数量明显不符的酒类生产企业，一律严肃追查，依法严惩制售假冒伪劣行为。重点开展对使用外购原酒加工灌装企业的专项检查，加强对外购原酒来源和质量安全的监管；对进口原酒要核查进口单证、检验检疫机构出具的卫生证书等有关文件，并重点核查出厂销售数量与进口原酒数量是否相符、出厂产品标签与进口原酒信息是否一致，严厉打击弄虚作假行为。

（2）严格流通环节监管　市场监督管理部门要严格酒类经营主体市场准入，细化和完善相关流通许可制度，依法查处取缔无证无照酒类经营者。加大市场巡查力度，督促酒类经营者认真查验供货者的许可证、营业执照和酒类产品合格证等文件，并做好相关记录，从严惩处违法经营行为。举办酒类相关交易会、展销会、博览会等活动的地方政府和主办单位，要严格审核参展单位资格，实施全程驻场监管，严厉查处在会展场所内及周边展售假冒伪劣酒类产品的行为。

（3）严格餐饮服务环节监管　市场监督管理部门要组织开展餐饮服务环节酒类产品专项整治，对餐饮服务单位外购及自酿或调配的酒类产品进行全面检查。督促餐饮服务单位切实加强酒类产品采购管理，严格执行索证索票和进货查验制度。对不落实索证索票、进货查验制度，以及采购、销售和使用来源不明、超过保质期限和假冒伪劣酒类产品的单位，依法从严处罚。

（4）严格进出口环节监管　海关、市场监督管理等部门要强化酒类进口监管。严厉打击酒类走私行为，规范进口酒类申报，充实价格信息等资料，查处原产地瞒骗等不法行为。加强监督检验和标签核对，对检验不合格、标签不规范的产品依法采取监督销毁、退运、技术整改等处理措施。对从事酒类进口业务的境内外企业和个人实施备案管理，进一步明确相关资质要求，督促进口酒收货人建立进口和销售记录。加强酒类出口企业备案管理，严格监督检验和产地核查，防止不合格酒类产品出口。

（5）强化重点部位监管　市场监督管理部门要加大对酒类生产加工小作坊、专营店、批发市场、酒吧等重点场所的监管力度，严厉查处制售假冒伪劣酒类产品的行为。对酒类生产加工小作坊相对集中的地区，当地政府要认真组织开展专项整治。各市、县政府重点加强对农村和城乡结合部的监督巡查，切实防止其成为假冒伪劣酒类产品的生产、经营集散地。

2. 加强检验检测、监测评估和健全追溯体系

（1）加强检验检测　各地区、各有关部门要加大对生产、流通、餐饮服务环节酒类产品质量安全抽检范围和频次，强化对重点地区、重点企业及甲醇、游离二氧化硫、糖精钠、甜蜜素、苯甲酸、色素等重点指标的监督抽检，严格落实随机抽检制度，逐步推行异地检验，督促企业严格落实出厂检验制度。研究推广假冒伪劣酒类产品鉴别检测技术，完善酒类生产用菌种鉴定技术。

（2）做好风险监测评估　要将酒类列为国家食品安全风险监测计划重点内容，加强对白酒、葡萄酒、黄酒等生产加工过程产生的氨基甲酸乙酯、生物胺等物质的风险监测和评估，并根据监测和监督检查情况及时调整监测范围和重点。

（3）完善酒类安全标准　要抓紧修订《蒸馏酒及其配制酒》、《发酵酒及其配制酒》等食品安全国家标准以及葡萄酒等酒类生产卫生规范，研究制定氨基甲酸乙酯

等限量和检测方法标准。开展酒类食品添加剂使用标准跟踪评估，完善添加剂使用管理规定。

（4）健全质量安全追溯体系　有关部门要强化各环节查验、记录的衔接，提高可追溯性。建立全国统一的酒类生产经营单位信息数据库，以白酒和葡萄酒为重点，开展酒类电子追溯体系建设试点工作，逐步实现从原料采购、生产、仓储、运输、批发到销售终端的全程有效监管，实现酒类产品来源可追溯、去向可查证、责任可追究，确保在各个环节都能快速辨别产品真伪。

3. 加大侦办惩处力度和严厉打击制假售假行为

（1）有效堵塞制假原料来源　各地区、各有关部门要严格原酒流通管理，严禁向不具备酒类生产经营资质的单位销售原酒。加强对酒类包装材料生产企业的监督管理，全面清理取缔不具备相关资质的酒类包装材料生产、印刷单位，严厉打击生产假冒酒类产品包装、标签等违法行为。餐饮服务经营者不得将废旧酒瓶、瓶盖、外包装等销售给不具备再生资源回收资质的经营单位和个人，销售时必须查验营业执照等相关证照，留存复印件，并详细记录销售品种、数量等信息。餐饮服务经营者、再生资源回收经营者不得向制售假冒伪劣酒类产品的单位和个人销售废旧酒瓶、瓶盖、外包装等。

（2）严厉打击非法制售行为　在省级人民政府统一领导下，各市、县由政府分管负责同志牵头，统筹协调有关部门，严格落实责任，分片包干，全面彻底清剿无证生产酒类产品和非法制售假冒伪劣酒类产品的"黑窝点"；严厉查处假冒注册商标、企业名称、认证标志、名优标志、产地、年份，以及擅自使用知名商品特有的或与其近似的名称、包装、装潢等违法行为；严厉打击在酒类生产经营中以"国家机关特供""军队特供"等名义进行虚假宣传的行为。要高度重视社会举报和案件通报线索，全面核清原辅材料来源、产品销售去向，及时通报有关地区开展追查工作，查清违法犯罪链条，严厉惩处包材印制、原料提供、生产加工、储存运输、流通销售等各个环节的违法犯罪分子。对辖区内长期存在非法制售窝点未及时查处的，要依法严肃追究分片包干责任人和政府分管领导责任。严密监测、坚决打击通过互联网方式销售假冒伪劣酒类产品的行为。鼓励酒类生产企业与政府监管部门共同研发、推广假酒鉴别技术，联合开展打假行动。

（3）加大惩处震慑力度　各级监管部门对制售假冒伪劣酒类产品的生产经营者要按照法定幅度的上限实施处罚，并向社会公布违法单位和个人信息及处罚结果，涉嫌犯罪的要及时移送公安机关，严禁以罚代刑。各地公安机关和有关部门要相互支持，密切配合，提高调查取证和刑事立案效率，严厉追究制售假冒伪劣酒类产品违法犯罪分子的刑事责任，对重大犯罪案件公安部要挂牌督办。各地区要细化完善假冒伪劣酒类产品投诉赔偿监督机制，特别要对酒吧、酒类专营店、批发市场、大型餐饮服务单位等销售量大的单位加大监督力度，明确监督员和监督电话，及时受理消费者投诉，依法严格监督落实"假一赔十"规定。酒类相关交易会、展销会、博览会出现严重制假售假问题的，要对举办地、举办方进行通报批评，并取消该地区举办类似活动的资格。酒类生产企业有制售假冒伪劣行为的，在严厉查处问题品牌产品的同时，还要依法暂停该企业所有品牌产品销售并向社会公告，经查明情况并批批检验合格后方可继续销售。

4. 严格落实各方责任和强化保障政策措施

（1）落实企业责任　强化酒类生产经营者的食品安全主体责任。酒类生产经营者要建立完善质量安全控制体系，依法严格执行进货查验、生产经营记录、过程控制、检验检测和自查自纠等制度。加强从业人员培训，强化法制观念，树立责任意识和诚信意识。建立酒类产品安全控制关键岗位责任制，依法配备食品安全管理人员，明确其为质量安全直接责任人。酒类经营者应严格落实不向未成年人售酒的规定，并在经营场所明显位置设置相关标识。加快推进酒类生产经营企业诚信体系建设，抓紧建立酒类生产经营单位、进出口商的信用档案，对有失信记录的单位和个人要加强监管，将其纳入"黑名单"并向社会公示，对有过食品安全犯罪和严重失信记录的要依法实行行业禁入。强化行业协会作用，促进行业自律，开展"放心酒"示范店建设。

（2）加强组织领导　地方各级政府要将酒类监管列为食品安全监管工作的重要内容，切实加大人力、物力和经费投入，保障监管工作需要。公安、商务、卫生、海关、市场监督管理等有关部门要认真履行职责，密切协调配合。各级食品安全综合协调机构要加强综合协调和督查指导。监察机关要加大行政监察和问责力度，对监管不力、失职渎职等行为要严肃追究责任。

（3）完善保障政策　商务部门要加强酒类流通行业管理，完善酒类经营者备案登记和酒类流通随附单制度，鼓励酒类连锁经营，建设现代物流配送体系，强化酒类市场运行监测和酒类进口统计分析。市场监督管理部门要研究制定进一步严格酒类商标注册管理的具体措施和办法，要完善我国酒类地理标志和原产地命名制度。

（4）强化社会监督　充分发挥社会监督作用，鼓励酒类企业从业人员、假冒伪劣酒类产品生产销售人员等主动提供线索。各地区、各有关部门要完善举报奖励制度，加大奖励力度，有效保护举报人。积极支持新闻媒体对酒类行业的舆论监督，畅通信息交流渠道，高度重视媒体反映的制售假冒伪劣酒类产品新闻线索，及时核查并回应社会关切。

（5）深入科普宣教　各地区、各有关部门要通过多种形式，向酒类生产经营者、餐饮服务经营者以及从业人员广泛宣传相关法规标准、假冒伪劣酒类产品危害以及惩处措施，开展案例警示，使其知法守法，自觉规范生产经营行为。积极向公众普及食品安全知识和识别假酒常识，切实提高广大群众识假辨假和防范风险的意识和能力，倡导健康饮酒、文明饮酒的良好风气。

二、建立质量安全追溯体系的指导意见

国家市场监督管理总局在《关于白酒生产企业建立质量安全追溯体系的指导意见》中指出，白酒生产企业通过建立质量安全追溯体系，真实、准确、科学、系统地记录生产销售过程的质量安全信息，实现白酒质量安全顺向可追踪、逆向可溯源、风险可管控，发生质量安全问题时产品可召回、原因可查清、责任可追究，切实落实质量安全主体责任，保障白酒质量安全。

1. 质量安全信息的记录

白酒生产企业建立质量安全追溯体系的核心和基础是记录质量安全信息，包括产品、生产、设备、设施和人员等信息内容。

（1）产品信息　企业应当记录白酒产品的相关信息，包括产品名称、执行标准及标准内容、配料、生产工艺、标签标识等。情况发生变化时，记录变化的时间和内容等信息。应当将使用的白酒产品标签实物同时存档。

（2）生产信息　信息记录覆盖白酒生产过程，重点是原辅材料进货查验、生产过程控制、白酒出厂检验等三个关键环节。

① 原辅材料进货查验信息　企业应当建立白酒原料、食品添加剂、食品相关产品进货查验记录制度，记录质量安全信息。重点是粮谷、外购原酒、食用酒精、食品添加剂、加工助剂、直接接触酒体的包装材料等质量安全信息。

② 生产过程控制信息　企业应当记录原辅材料贮存、投料、生产过程控制、产品包装入库及贮存等生产过程质量安全控制信息。主要包括：一是原辅材料入库、贮存、出库、生产使用的相关信息；二是制曲、发酵、蒸馏、勾调、灌装的相关信息；三是自产原酒的入库、贮存、出库、生产使用、销售的相关信息；四是成品酒的入库、贮存、出库、销售的相关信息；五是生产过程检验的相关信息，包括每批产品原始检验数据并保存检验报告。

③ 出厂检验信息　企业应当建立白酒出厂检验记录制度，记录相关质量安全信息。

（3）设备信息　记录与白酒生产过程相关设备的材质、采购、安装、使用、清洗、消毒及维护等信息，并与相应的生产信息关联，保证设备使用情况明晰，符合相关规定。

（4）设施信息　记录与白酒生产过程相关的设施信息，包括原辅材料贮存车间及预处理车间、制曲车间、酿酒车间、酒库、勾调车间、包装车间、成品库、检验室等设施基本信息，以及相关的管理、使用、维修及变化等信息，并与相应的生产信息关联，保证设施使用情况明晰，符合相关规定。

（5）人员信息　记录与白酒生产过程相关人员的培训、资质、上岗、编组、在班、健康等情况信息，并与相应的生产信息关联，符合相关规定。明确人员各自职责，包括质量安全管理、技术工艺、生产操作、检验等不同岗位、不同环节的人员，特别是制曲、配料、投料、发酵、蒸馏、原酒贮存、勾调、灌装、检验等关键岗位负责人，切实将职责落实到具体岗位的具体人员，记录履职情况。

2. 质量安全信息记录与保存的基本要求

企业质量安全信息记录与保存，应当确保产品从原辅材料采购到产品出厂销售所有环节，都可有效追溯。

（1）质量安全信息记录基本要求　一是真实。能够实时采集的信息应当实时采集，确需后期录入的应当保留原始信息记录。二是准确。采集使用的设备设施能够准确采集信息。三是科学。根据生产过程要求和科技发展水平，设定信息的采集点、采集数据、采集频率等技术要求。四是系统。信息应当形成闭环，前后衔接，环环相扣，做到"五清晰"：原辅材料使用清晰、生产过程管控清晰、时间节点清晰、设备设施运行清晰、岗位履职情况清晰。

（2）质量安全信息保存基本要求　一是不能修改。企业在建立追溯体系中采集的信息，应当从技术上、制度上保证不能修改。二是不能灭失，确保信息安全。采用纸质记录存储的，明确保管方式；采用电子信息手段存储的，要有备份系统。无论采取任何保存形式，都要明确保管人员职责，防止发生信息部分或全部损毁、灭失等问题。

3. 企业建立、完善和实施质量安全追溯制度

白酒生产企业负责建立、完善和实施质量安全追溯制度，通过统一规范，严格管理，保障追溯体系有效运行。

（1）建立制度　企业应当建立白酒质量安全追溯制度，适用和涵盖企业组织实施追溯的人员，生产过程各个环节实施追溯的记录，追溯方式及相关硬件、软件运用，追溯体系实施等要求。企业可根据实际情况选择具体追溯方式，如采用条码、二维码、射频识别（RFID）等。记录可采用纸质，或依托计算机的电子记录等形式。鼓励企业采用信息化手段采集、留存信息，不断完善质量安全追溯体系。

（2）组织实施　企业应当按照建立的质量安全追溯体系，严格组织实施。出现产品不符合相关法律、法规、标准等规定，或生产环节发生质量安全事故等情况，要依托追溯体系，及时查清流向，召回产品，排查原因，迅速整改；原辅材料发现质量安全问题，应当通报相关生产经营单位；如有人为因素，应当依法追究责任。企业建立、完善和实施追溯制度情况，应当向所在地县级市场监督管理部门报告。

（3）完善提高　在追溯体系实施过程中，企业应当及时分析问题、查找原因、总结经验，特别是对发生食品质量安全问题或发现制度存在不适用、有缺环、难追溯的情况，要及时采取有效措施，调整完善。企业的组织机构、设备设施、生产状况、管理制度等发生变化，应当及时调整追溯信息记录与保存的相应要求，确保追

溯体系运行的连续性。

4. 监管部门检查指导

地方市场监督管理部门根据相关法律法规和本指导意见，提出指导、监督白酒生产企业建立质量安全追溯体系的具体措施，督促企业落实质量安全主体责任，提高监管工作水平。

（1）试点示范和稳步推进　省级市场监督管理部门应当根据行政区域白酒生产企业实际，制定规划，做好指导、督促、推进和示范工作。可选择有代表性的白酒生产企业先行试点，逐步覆盖所有白酒生产企业。不断指导企业加强追溯信息化建设，重点是追溯技术平台建设，引导企业依托信息化手段，提升追溯体系实施水平。

（2）检查指导和取得实效　地方市场监督管理部门要对白酒生产企业建立质量安全追溯体系情况进行监督检查，对于没有建立追溯体系、追溯体系不能有效运行，特别是出现不真实信息或信息灭失的，要依照相关法律法规等规定严肃处理。不断探索根据监管需要调用企业追溯信息的方式方法，提高监管工作的针对性和有效性，严防区域性、系统性白酒质量安全问题的发生。通过大力推动企业建立追溯体系，提升白酒质量安全整体水平，保障我国白酒行业持续健康发展。

❖ 第四节　职业教育与人才培养

一、人力资源规划与战略

在这样一个改制、技术创新、外来资本介入等多重背景下的特殊时期，白酒企业要想构建自身的核心资源和核心竞争力，需要全方位人才队伍建设的支持，需要做好人员的招募、开发、使用和保留等工作。这使得企业的人力资源规划是否得当显得尤为关键。而酒类制造企业存在自身的特殊性。例如，由于水源的关系，绝大部分的酒类制造企业的总部和酿酒中心都在乡镇，这对人才吸引构成了较大的障碍。因此，酒类制造企业的人力资源规划将有其自身的特点。

1. 人力资源规划的原则与流程

原则与流程在大方向上规定了人力资源规划的有效性。要使酒类制造企业的人力资源规划更有效，必须深入思考原则和流程问题。

（1）酒类制造企业人力资源规划的原则

① 重视规划的稳健性　据徐国华研究，目前，大部分的酒类制造企业正处于

发展成长期，需要制定人员扩张的人力资源规划，其基本内容和目标是为了企业的壮大和发展。对于那些处于改制转型期的企业，特别需要制定战略性的人力资源规划，明确企业人力资源管理的未来发展方向，协调好劳资关系。对现时期的绝大多数酒类制造企业来说，鉴于前期发展迅速，为了确保企业在快速发展中稳健发展，更加迫切需要的是一个稳健的人力资源规划。

② 注意规划与战略和文化的一致性　从理想的角度讲，人力资源规划最好能充分考虑企业内外部环境的变化，适应需要，做到为企业发展服务。然而，酒类制造企业的外部环境变化较难把握，特别是来自市场的变化。因此，企业更应注重规划与内部环境，特别是战略和文化的匹配。就文化来讲，它主要是高层管理者价值观的延伸。这就需要规划在制定和实施时充分体现，而高层管理者的积极支持和参与是重要的一环。

③ 注重规划的完整性　从目前的实际来看，很多酒类制造企业的人力资源规划只包括人员增长、人员补充、人员调配和员工离职等方面的计划。在酒产品销售竞争激烈且人力资源管理日益成熟的条件下，这些是远远不够的。除了少数小型企业，绝大多数酒类制造企业的人力资源规划需要强调完整性，应该包括总体规划、人员配置、人员需求、招聘、培训、绩效考核、薪酬管理、人员晋升等规划。它们将力求反映人力资源管理工作的内部一致性。

（2）人力资源规划的流程　一般的人力资源规划流程是从企业战略出发，结合企业内外部环境的特点，考察人力资源战略，然后分析人力资源的供给、需求和存量，制定出人力资源规划的方案，最后是规划的评价和控制。针对目前我国酒类制造企业的实际，其人力资源规划的流程可以作以下一些调整。首先，在对战略的梳理上，不仅要关注人力资源战略，还要关注企业其他各层面的战略，特别是要分析人力资源战略与企业其他战略的匹配性。其次，不仅仅要分析人力资源供给、需求和存量，更要分析人力资源管理整个现状。再次，在进行规划与战略的一致性分析中结合其他分析，给出总体规划和业务策略规划，并进一步给出年度人力资源规划和短期规划。人力资源规划流程见图 6-1。

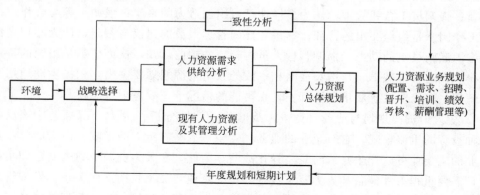

图 6-1　人力资源规划流程

2. 人力资源规划与战略的一致性分析

（1）酒类制造企业的战略选择　仔细分析当前国内酒类制造企业的战略选择，不难发现这样一个事实，即大部分企业的总体战略和业务战略是类似的，区别主要是在职能战略层面。大部分企业的总战略倾向于增长战略。实际上，酒类制造企业中的中小企业想做大，"增长"是唯一选择。而对有些大企业来讲，想在国际市场上分得一份羹，"增长"也是重要选择。在业务（竞争）战略上，则基本上是针对几种主要的不同业务，采用不同的业务（竞争）战略。对低端系列酒，主要采用成本领先战略；对中端系列酒，主要在各自品牌上做文章，采取差异化战略；对高端系列酒，主要在细分市场中追求别具一格优势，采用集中战略。在职能战略层面，不同企业呈现出不同的特点。以 JSY 酒业有限公司为例，销售战略主要是"打造品牌、文化营销"；制造战略主要是"以质取胜，科技创新"；人力资源战略是"以人为本，人才强企"。

人力资源战略的作用主要集中于两个方面：首先，人力资源战略将有助于企业发展和培育企业的核心资源。这种核心资源是企业的人力资源实践与人力资源本身相互作用的结果，将为企业的持续竞争优势作贡献。其次，人力资源战略将支持企业的其他战略，有助于企业塑造良性竞争环境，获取有力的市场竞争地位，提高企业的核心竞争力。

（2）人力资源规划与企业战略的一致性分析　人力资源规划是实施人力资源战略的重要环节。企业的人力资源规划与企业战略的一致性分析可以从三个层面来进行，即规划与企业的总战略、业务（竞争）战略以及职能战略（包括制造战略、营销战略等）的一致性。

① 人力资源规划与总战略的一致性分析　人力资源战略与总战略的一致性规定了人力资源规划与总战略的一致性。酒类制造企业的人力资源战略应该是一种创新型人力资源战略。创新型人力资源战略不仅与企业的总体战略，如增长战略保持一致，而且在某些方面可打好基础，引领企业战略。该战略还特别强调企业文化的创新；强调员工自我管理，认为多样性是组织创造力的来源；强调平等与合作，认为工作团队是组织突出的特征；尊重各部门管理人员的建议与参与，认为心理契约是组织激励员工的动力；强调管理人员对环境的超前认知，认为变革是组织的特定规律。在这种框架下，与增长战略相一致的人力资源规划要突出：积极主动地招募和聘用、高工资、扩展培训和开发，在可能的情况下还要考虑认股权。

② 人力资源规划与业务（竞争）战略的一致性分析　人力资源规划应该反映一种投资的策略模式。它对企业的业务（竞争）战略有重大的影响。由于酒类制造企业的主要业务（竞争）战略是差异化战略。因此，在人力资源规划的制定和实施中，需要重视人才储备和人力资本投资，建立企业与员工长期工作关系，发挥管理人员和技术人员的作用。应注重员工的培训、开发和薪酬等方面的管理，视员工为

投资对象，使员工感到有较高的工作保障。这样形成的备用人才库，可以储备多种专业技能人才，提高企业的业务竞争能力。

③ 人力资源规划与职能战略的一致性分析　目前，酒类制造企业的制造战略多种多样，如低成本、质量、柔性和创新等。不同的制造战略需要人力资源规划的不同支持。如低成本战略所要求的人力资源规划要体现：工作设计和职业生涯设计鼓励专门化和效率；业绩评估注重短期效果；薪酬计划中主要考虑市场层面；培训和开发限定在低水平层次。质量战略所要求的人力资源规划要体现：员工经常参与决策；业绩评估注重短期效果并且采用个人和团队混合的评判标准；有持续的员工培训计划。而柔性战略所要求的人力资源规划要体现：绩评估注重长期效果并尽可能地反映团队的成就；薪酬体系设计在市场为基础的前提下强调内部平等；强调广泛技能发展的职业生涯设计。另外，为支持营销战略，人力资源规划中应视不同的营销战略提供人力资源管理支持。这方面主要是绩效考核规划和职业生涯发展规划的制定和实施，目的是提高不同营销战略下营销人员的积极性和主动性。

3. 酒类制造企业总体规划和业务规划的重点

（1）总体规划中的重点　就总体规划的总目标而言，不同的企业在不同时期可以有不同的目标。对大型酒类制造企业而言，由于国际贸易、跨国投资和管理的经验不足，面对跨国资本的介入和国际化的竞争，人力资源管理的总体目标应该强调人力资源的优化配置，从人力资源的数量和结构上确保企业的战略灵活性和竞争优势。对于一些中小企业而言，由于自身的人力资源管理制度还不够完善，应强调人力资源管理的基础制度体系的构建和完善，优化人力资源管理策略，加大人力资源投资，提高员工忠诚度，支持企业战略目标的实现。

总体规划中的总策略为总目标的实现提供原则性的保证。酒类制造企业可以关注以下一些方面：树立正确的人力资源管理理念；合理设置部门结构，规范管理流程；建立和完善人力资源管理制度和政策；采用灵活多样的人力资源管理方法和手段；提高管理者自身素质和能力；加强人力资源管理的信息化工作。

酒类制造企业的产品在产地外的销售量有较大波动的特征。这类环境的变化极大地影响人力资源规划的实施。因此，在总体规划中应做好实施方面的预测。要明确影响实施效果的关键问题，并作未来设想。这种设想是在综合变化因素后的可能设想，不一定要十分精确，但要有大致的把握。在对设想与实际作差距分析后，力求寻找可能存在的原因及解决办法，以便促进短期目标和长期目标的实现。

（2）业务规划中的重点　在酒类制造企业的实际规划中，常常发现配置规划与需求规划及招聘规划之间不够协调。然而，这些规划之间的协调一致性是规划是否严密和细致的关键。其中，配置规划是基础。配置规划要在优化组织结构、完善岗位分析的基础上，强化人岗对应，坚持优势定位与群体相容。需求规划中要重视内部选拔与外部招聘相结合。招聘规划则需要结合配置规划和需求规划，对一般生产人员、技术研发人员、销售人员及管理人员采用有区别的招聘策略。

目前，酒类制造企业考核中的问题是多方面的。主要包括：绩效考核的作用没有充分体现；绩效考核的主管部门没有统一；绩效考核标准不够清晰，指标体系不够科学，内容不够完整等。因此，考核规划的重点是要使考核规划具有针对性。为使考核作用更好地发挥，要制定客观、明确、科学的考核标准，需要注重绩效考核反馈，建立绩效面谈制度。要将绩效考核的最终结果归口管理。

酒类制造企业的培训工作往往缺乏长期性、系统性。在培训投入方面，往往是有钱就多培训，没钱就少培训。很多企业的培训体系不够健全，外培注重不够。因此，培训规划的重点还是制度建设。要明确一线部门和职能部门在培训中的职责，建立责任体系。把培训内容与企业战略、员工的职业生涯规划相结合。建立多层次、个性化的企业员工培训体系。

4. 酒类制造企业人力资源规划实施时需要注意的问题

（1）高层管理者的参与　酒类制造企业人力资源规划的实施在一定程度上是一种管理变革，作为变革的主要推动者和组织者，人力资源工作者是当然的参与者。然而，高层管理者的积极参与是规划成功实施的重要保证。首先，它给人们信念上的支持。规划实施中的一些具体问题，如薪酬的重新设计、晋升通道的变化等使人们更需要看到高层管理者的决心。其次，可以使企业战略和人力资源管理联系得更紧密。高层管理者的参与有助于他对战略的思考，他将更清晰地感受到企业战略规划和实施中人力资源管理工作可以提供的支持。同时，也可以使人力资源工作者和一般员工更易了解规划实施对企业战略的支持作用。再次，使人力资源规划与企业文化相容。高层管理者参与的过程中所表达出的核心价值观会不断地得到理解和灌输。这既有助于规划的实施，也有助于企业文化的塑造。

（2）基础性工作　酒类制造企业人力资源规划的成功实施需要一些基础性工作的支持。在这方面，值得一提的是组织结构的动态调整和岗位说明书的规范管理。在实践中，虽然一些企业的中长期人力资源规划中也考虑到了组织结构的调整问题，但是，规划时的预测一般与实施时的实际仍相差很多。由于组织结构往往刚性地制约规划的实施，因此，做好组织结构的动态和谐调整，会给人力资源规划的成功实施提供支持。从目前的实际来看，除了少数大型企业适宜采用矩阵式组织设计，中小型酒类制造企业适宜采用区域职能型（销售采用区域型，其他采用职能型）或者职能型组织结构设计。目前，绝大多数的中小型酒类制造企业和少数大型企业在岗位说明书的管理中显得非常粗糙，甚至处于实际缺失的状态。我们不否认宽松式的岗位描述的某些优势，只是需要注意到，那些适宜采用宽松式岗位描述的企业往往是那些曾经有过严格的岗位描述（已经跨过这个阶段）的企业。这是我国很多酒类制造企业所不具备的。因此，建议企业加强岗位说明书的管理，它将有助于企业人力资源规划，特别是招聘、晋升、考核等规划的有效实施。

（3）动态一致性　人力资源管理工作的有效性在于满足人力资源管理的内外部一致性。如果说，规划的制定中重点是要注重人力资源的总体规划及业务规划是否与战略、企业文化、劳动力市场、政策等人力资源管理外部环境一致，那么，规划实施时则要力求各规划之间的动态一致性。有些规划的实施要相对提前一步，如考核规划等，有些规划的实施则是相互紧密联系的，如招聘规划与晋升规划。各规划之间实施时的动态一致性既需要人力资源部门经理的宏观把握，又需要各级主管的紧密合作。

二、酿酒行业职业技能培训和鉴定

高技能人才是我国人才队伍的重要组成部分，是技术工人队伍的核心骨干。从业人员没有技能，动手能力差，就无法形成高效的生产力，无法降低成本，节约原料和能源，因此培训工作是提高从业人员技能的重要途径，有着广阔的发展前景。

全国酿酒行业及相关企业大约有 2 万家，从业人员约 500 万人，在生产一线的人员约 350 万人，这就为我们的培训和鉴定工作提供了深厚的人力资源，中国酿酒工业协会在原劳动和社会保障部支持下，于 2003 年经批准成立了中国轻工酿酒行业职业技能培训和鉴定管理总站。之后，在全国建立了 20 多个酿酒行业职业技能鉴定站，分别是：中国轻工酿酒行业职业技能培训和鉴定管理总站、中国酿酒工业协会啤酒分会、天津科技大学、河北省白酒葡萄酒工业协会、内蒙古自治区酒业协会、吉林农业大学、黑龙江省酒业协会、江南大学、江苏食品职业技术学院、河南省酒业协会、湖北轻工职业技术学校、湖南省酒业协会、广东省酒类行业协会、广西酿酒协会、四川省酿酒协会、贵州省酿酒工业协会、陕西省酿酒工业协会、西北农林科技大学葡萄酒学院、甘肃省酿酒工业协会、新疆酿酒工业协会等。

1. 职业技能鉴定工作的主要成果

① 各鉴定站紧密联系，密切合作，依照国家有关规定，积极有效地开展了培训、鉴定工作。

中国酿酒工业协会认真贯彻执行党中央、国务院和有关部委的指示精神，把鉴定工作列入新型科学管理六大体系之一，强调全国酿酒行业职业教育的根本任务就是培养适应现代化建设需要的高技能专门人才和高素质劳动者，切实把加强职业教育作为关系全局的大事来抓，多次提出职业教育的思想认识和领导重视问题，要做到认识要到位，领导要到位，工作要到位。各省酒协和鉴定站的领导积极动员和组织企业参与鉴定工作，挑选有丰富实践工作经验的高级技术人员担任教师，传授知识和经验，有力地配合了中国酿酒工业协会的全面工作。几年来随着鉴定工作逐步深入和扩大，培训效果越来越能与实际生产相结合，鉴定工作程序越来越规范。

通过培训、鉴定工作，使一批生产一线的从业人员在职业技能上得到了提高，培养了数量众多的高技能人才和高素质劳动者，提高了解决生产问题的能力。参加培训的从业人员一致认为在培训班学到了多年想学的理论知识和实际工作经验，这样的培训班应该多办。

企业的领导也非常支持鉴定工作，为职工提供培训场所、学习时间及考试所用的仪器设备。通过培训、鉴定工作，为一批酒类老企业、老酒厂中的老职工解决了多年遗留的职业资格等级问题，通过考试获得了相应的职业资格证书，使老职工的技术和经验得到重视。为年轻职工开辟了学技术、学文化的方向。有些企业通过培训、鉴定工作，解决了多年不好解决的工资级别问题，按职业资格等级确定工资标准。

有些地区通过鉴定，获得高级技师证书的从业人员，在退休后享受高级工程师待遇，每月政府发给高职津贴。

② 技能竞赛与鉴定相结合，不拘一格选拔人才。

为了落实国家培养高技能人才的要求，组织举办了全国白酒和啤酒品酒技能大赛，使从业人员脱颖而出，不仅确立了参赛人员的社会地位，使所在企业在经济效益上也有较大的提高，更重要的是在从业人员中掀起了学技术、练技能的高潮，在提高产品质量上发挥作用，努力为消费者提供优质酒。

③ 建立了网站，扩大了沟通渠道。

为了更好地为企业服务，建立了网站，加强了与企业的沟通，鉴定工作从国家政策到职业标准以及工作程序、表格等都能在网站上查到，方便企业了解情况，有力地促进了工作的开展。

从以上工作说明，鉴定工作已从试点走向推广，绝大部分省酒协和鉴定站启动了鉴定工作并取得了一定的成绩。注：从20世纪90年代中期开始，四川等部分省市鉴定所就已开展白酒行业的职业培训与鉴定工作，如四川省食品发酵工业研究设计院与四川水井坊股份公司联合成立的川-131所，20年来先后培训近万人次白酒厂各类人员、鉴定上千人。

几年来鉴定工作也反映出还有需要改进的地方：①地区之间、酒种之间发展不平衡；②培训的方式需要改进，企业要办夜校；③要为年轻职工在技能上脱颖而出搭建平台；④鉴定工作要加强计划性；⑤个别鉴定站至今没有开展工作，拟建议上级部门查处。

鉴定工作关系到国家政策的落实，也关系到每一个从业人员的切身利益，过去的工作为今后普遍开展职业技能培训鉴定工作打下良好的基础，各省酒协和鉴定站要努力工作，要结合本地区的具体情况制定出切实可行的工作计划。

2. 下步工作计划

① 充分认识酿酒行业特有职业（工种）技能培训工作的重要性。

实施科教兴国战略和人才强国战略，实现国民经济长期持续发展，要依靠数以千万计的高技能人才和数以亿计的高素质劳动者。因此要大力发展职业教育和职业技能培训。各酿酒协会、各酿酒行业职业技能鉴定站、各酿酒企业要以科学发展观为指导，树立正确的人才观，把开展酿酒行业特有职业（工种）技能培训作为行业高技能人才队伍建设的一项关键性工作来抓。要通过加强酿酒行业特有职业（工种）技能培训，全面提高从业人员整体素质和业务水平，增强其贯彻执行国家有关酿酒业政策法规的能力和自觉性，为实现依法管酒创造有利条件，为促进酿酒行业健康发展提供人才保障。

② 严格执行酿酒行业国家职业标准，做好国家职业标准、职业技能培训教程的推广、使用工作。

从 2003 年 1 月到 2008 年 2 月，原劳动和社会保障部颁布了白酒酿造工、啤酒酿造工、黄酒酿造工、果露酒酿造工、酒精酿造工、酿酒师、品酒师、调酒师 8 个酿酒行业国家职业标准。同时中国酿酒工业协会根据酿酒行业国家职业标准，组织编写了职业技能培训系列教程（试用）。各酿酒协会、各酿酒行业职业技能鉴定站、各酿酒企业要积极做好酿酒行业国家职业标准、职业技能培训教程的推广和使用工作，并以此为契机，促进酿酒行业特有职业（工种）技能培训工作。

各酿酒协会、各酿酒行业职业技能鉴定站、各酿酒企业要认真贯彻执行酿酒行业国家职业标准，制订和调整技能人才培养方案，对从业人员职业道德、知识水平和基本技能提出明确要求，促使从业人员不断提高自身素质和技能水平。

③ 切实加强酿酒行业特有职业（工种）技能培训机构的建设和管理工作。

为做好酿酒行业特有职业（工种）技能培训工作，各酿酒协会、各酿酒行业职业技能鉴定站根据本地区酿酒行业的情况，积极整合教育培训资源，推荐培训教师，提出增补考评员计划，合理建立培训基地，形成等级配套、工种齐全，协会和鉴定站及培训机构、企业相协调的职业技能培训工作网络。培训基地严格按照健全的组织机构和管理制度、合格的师资、满足教学用的教室和实训工位等条件，中国酿酒工业协会对培训基地进行考核评估，不断提高培训能力和水平，严把质量关。

④ 认真开展酿酒行业特有职业（工种）技能培训工作，努力提高技能培训的实用性、针对性。

各酿酒协会、各酿酒行业职业技能鉴定站、各酿酒企业要充分利用现有设施、师资，面向行业广泛开展职业技能培训。职业技能培训要以提高从业人员的职业道德水平、理论知识、操作技能为主要培训内容，使其达到国家职业标准的要求。职业技能培训的目标是为行业特别是企业提供优质的技能培训服务，为行业发展提供人才支持。因此，各培训基地要积极开展调查研究，及时了解酿酒行业对职业技能培训的需求。在职业技能培训内容上，要结合生产一线的实际情况，设置学习内容，突出培训的针对性和实用性，达到学以致用、学用结合的效果；在培训目的上，要重视受训者职业素质的培养，提高他们的实际操作能力以及处理和解决问题的能力。同时，要创新培训理念和方式，充分运用现代信息技术，大力发展远程职业培训，提高职业培训的质量和水平。

2008 年 12 月 27～28 日人力资源和社会保障部在北京召开了企业人才评价试点工作会，会议对前一段鉴定工作进行了总结，会议认为培训鉴定工作的重点要向企业转移，解决培训与单位用人需求脱节的问题。人力资源和社会保障部指定燕京啤酒股份有限公司作为试点单位，总结出经验进行推广。

各酿酒协会、各酿酒行业职业技能鉴定站、各酿酒企业要坚持对技术岗位实行先培训后上岗的原则，逐步做到持证上岗。支持从业人员参加职业技能培训和技能鉴定，以技能鉴定促进技能培训。

⑤ 严格执行酿酒行业特有职业（工种）技能培训鉴定的有关制度，确保职业技能培训鉴定工作顺利进行。

各酿酒协会、各酿酒行业职业技能鉴定站、各酿酒企业在进行职业技能培训鉴定工作中要严格执行"考培分离""亲属回避"的原则。

⑥ 做好统计、计划工作。各酿酒协会、各酿酒行业职业技能鉴定站要掌握本地区应鉴定的从业人员数量，认真做好每年的培训鉴定计划（一年不少于 300 人），安排好时间，便于中国酿酒工业协会培训部统一协调。

⑦ 开展岗位练兵，举办技能竞赛。各酿酒协会、各酿酒行业职业技能鉴定站将技能鉴定与技能竞赛相结合，不拘一格选拔人才。在职业技能鉴定的同时，开展职业技能竞赛，使年轻有技术的人员脱颖而出，在全行业形成学技术、搞创新的风气。例如，各省级协会开展的职业技能竞赛获得前几名可破格晋升一级，借此调动从业人员参与技能考核与鉴定的积极性。

⑧ 扩大培训鉴定范围。将酒类销售人员纳入培训范围，以配合企业工作，解决这些人员的切身利益，使他们更好地为酒行业服务。

⑨ 加强毕业生的培养。开拓大、中专院校在校生的职业技能培养业务，这样在校生毕业时除了获得毕业证外，还可以拿到职业技能鉴定证，为其走上工作岗位奠定基础，同时也为酿酒行业的发展培养了人才。

三、职业工种

国家职业工种分类经过近几年的修订，白酒行业职业工种分类如下：酿酒师，职业编码为 6-02-06-01，将原有三个等级缩减为两个等级，并与各酒种酿造工对接，即分为二级/技师、一级/高级技师两个等级；品酒师，职业编码为 6-02-06-07，将原有三个等级调整为四个等级，即四级/中级工、三级/高级工、二级/技师、一级/高级技师四个等级；白酒酿造工，职业编码为 6-02-06-03，将原有五个等级缩减为三个等级，原有的一级、二级与酿酒师中的两个等级对接，即五级/初级工、四级/中级工、三级/高级工。

四、职业考试答题要领

根据近年来，各地职业培训鉴定及各级白酒评委考试中出现的一些技术问题，现以白酒品酒师（工种）为例，结合多年的培训经历，参考资料及专家的建议，就如何参加品酒师及评委考试，力争顺利通过考核，提出一些管见，抛砖引玉，供参考。

1. 品酒师（评委）的基本要求

白酒是一种食品，它的质量优劣除根据其理化分析，特别是卫生指标的判定外，感官检验也是非常重要的。白酒的感官质量包括色泽、香气、口味和风格，还可以增加酒体和个性等内容。由于感官检验到目前为止还要依靠人们的感觉器官来完成，所以感觉器官必须没有缺陷（含色盲、嗅盲、味盲），并有较高的灵敏度，可以明察秋毫。

李维青认为，品酒师（评委）应具备的基本条件可归纳为 5 条：①健康的身体，很少感冒，心态平静；②较强的业务能力，能实现"四力"，即检出力、识别力、记忆力和表现力；③熟练的评酒技巧，含按序品评、重点突出、牢记第一感等；④良好的职业道德，如实事求是、事业心强、坚持原则等；⑤较高的检评水平，含准确性、重复性、再现性和稳定性。为此，评酒员要经过集中培训，自我练习，不断提高，再经过考核委员会的考试，合格者上报，审核批准，发证聘用。所以，当一名国家级白酒评委，必须经过专业培训、严格考核等程序。

2. 考题分类

评委的考核是通过考试来完成的，考试就离不开试题。所以，试题是考核的核心，也是品酒师（评委）考核活动的中心工作。一般认为，考题的难度处于中等水平时，才能较好地区分考生的实际水平，但对学员来说，要有知难而进、勇攀高峰的思想准备。

题型的分类有几种，试举例如下：

（1）分为两类 ①文字题；②实物品评题，含视觉、嗅觉和味觉感官的考核，不同酒度或香型的识别，质量差的区分，重复或再现性的测试等。实物为酒样或不同基质配制的试样。

（2）分为三类 ①理论知识试题；②敏感力测试题，含嗅觉、味觉的识别，浓度差辨别等；③品评能力测试题，含质量差、重复性等。

（3）分为"四评"类型 ①评分——通常的实际品评能力的测定；②评型——感官敏感力的测试，含单体香味、酒样香型的辨认，寻找质量缺陷，以及理论知识题；③评序——对所给定的试样，按考试要求进行浓度差、质量差排序，质量等级及真伪辨别等；④评重——同一轮或不同轮次中酒样重复出现的识别。

（4）分为六类　①识别题，含香型、单体等的识别；②排序题，对不同的酒度或单体浓度等；③重现题，含重复性和再现性；④差别题，含质量差的区分，同香型白酒之间不同风格的辨认；⑤综合题，属综合上述内容的试题；⑥文字题，是对有关基础理论和表达能力的考查。

3. 嗅觉测试题

一般通过对每杯试样进行嗅闻，指出存在的香气特征。常见的有酯香、馊香、酸气、玫瑰香、桂花香、薄荷香等香精试样。

答题要点：①对某香气的突出特点进行反思和对比，再确认其存在；②可能有1杯试样是空白的，如纯净水，属于无香气，应先择出；③嗅觉很容易疲劳，所以速战速决为好。

有时利用酯类等单体物质作为试样，要求辨别其香气，写出单体的化学名称。

4. 味觉测试题

主要通过品尝对不同的味觉或呈味物质加以识别。常用的基质有砂糖、食盐、柠檬酸、味精、奎宁、单宁、丙烯醛等。在白酒中常见的味感有涩味、苦味、过甜味、酸味、糟味、油味、糠腥味、霉味、泥臭味、黄水味、酒梢子味等。

答题要点：①对每杯试样的品尝感受中找出1个最突出的呈味物质或味感，不可罗列几种味觉；②可能有空白的试样，如蒸馏水，属无味的，或者是淡淡的味精溶液；③排除各试样中普遍存在的干扰物质；④注意试样中有无重复的味觉；⑤将试样均匀地分布到舌面的各个部位；⑥先确认有把握的味觉试样；⑦味觉也容易疲劳，所以要控制进口的酒量，并按照先淡后浓的顺序品尝，识别。

5. 单体成分识别题

所谓单体成分，即白酒中的微量香味成分，主要有酸、醇、酯、醛、酮等物质。据有关资料介绍，从不同香型的白酒中已检出单体成分 346 种。白酒中常见的单体成分的名称及其气味特征举例如下：乙酸（酸气味），乙醛（辣味），乳酸（涩味），丁酸（汗臭味），己酸（脂肪臭），丙三醇（甜味），双乙酰（馊酸味），正己醇（杏仁味），乙缩醛（单乳气、甜涩味），异戊醇（杂醇油气、苦涩味），异丁醇（苦味），己酸乙酯（苹果香、甜味），乳酸乙酯（青草气、甜味），乙酸乙酯（果香），戊酸乙酯（菠萝香），丁酸乙酯（菠萝香、脂肪臭），β-苯乙醇（玫瑰香），等等。

一般通过认真嗅闻或品尝后，根据感觉到的气味特征，确认该试样中所含香精的名称，写出具体的化学名称。

答题要点：①记住不同香精的香气和口味的同时，要注意到同一香精当其浓度不同时，所呈现的气味会出现差异性；②基质不同时，即溶解单体的溶剂不同，单体所显示的香气或口味也会有些变化。

6. 酒精度排列题

如命题为"对酒精度的鉴别"。一般要求按照各酒样所含酒精度的高低来排列顺序，实际是排列杯号。

答题要点：①按照主考老师的指令排序，从高到低或从低到高，不可自以为是，颠倒序列；②可能有两杯酒样的酒度是相同的，确认后标出：③有时酒样的酒基不尽相同，如干扰物质参与其中，所以要以尝味为主，辅以闻香或摇杯看酒花；④如闻香时刺激感小，而尝味的刺激感大，该试样的酒度往往较高；⑤可试用视觉观察试样的色度，协助判断酒度的高低。

7. 浓度排列题

类似题型有"某特性强度的对比品尝"。常用某单体气味物质稀释成不同的梯度或浓度。考核时，主考老师可以提示试样中的某单体名称，有时不予提示。一般通过闻香、品味先找出各杯中共有的那种物质，再按其浓度排序。

答题要点：①按规定排序，切勿颠倒；②排除个别试样中存有无关的单体成分的干扰；③试样中往往存在香精露头的现象，可结合相关酿酒知识，从突出的气味中，感觉到共有的单体成分；④注意有无空白或重复的试样。

8. 香型识别（或鉴别）题

也称白酒典型性鉴别题。目前，我国白酒有 12 种香型，其中浓香、清香、酱香、米香、药香和豉香 6 种往往是考核评酒员时首选的酒样。一般通过品评，结合各香型白酒的风格特点，再确认各酒样的香型归属。

答题要点：①对熟悉的、易确认的酒样先择出，对不太熟悉的香型白酒，可反思其应有的风格；②尽量以闻香为主辅以品尝，着重领会各酒样的香气独特之处；③区分较难辨的酒样，如遇清香与米香型白酒时，其中口味较净的 1 杯，可试判为清香型；④对于类似题型"同香型白酒之间不同风格的认识和辨别"，则要从该香型白酒的共性中找出其个性，常见于浓香型白酒，其中，泸州老窖特曲，突出窖香浓郁，窖底香气大，余香悠长；古井贡酒，陈香兼有糟香，香气大而味长；洋河大曲，以淡雅的醇陈香略带清香和绵柔的口感著称，等等。

9. 质量差鉴别题

可理解为对感官质量差异的排序，近年来，这类试题的比重大有上升趋势。该试题一般特指某香型白酒的质量差。品评后，可由质量优的酒样开始，依次按质排序。

答题要点：①先将质量最优和最差的择出，再鉴评其余的酒样，如有重复的酒样也要尽量列出；②有时在同一原酒中，加入相同浓度而不同数量的食用酒精，注意区分其差异性；③如出现某酒样的香型与命题（或提示）的香型不一致时，可按偏格或错格论处，再按所得总分排序；④如书写评语时，必须与确认的香型保持一致，并有所侧重加以描述，如香气、口感、风格、协调性或异杂气味等。

10. 寻找质量欠缺题

白酒感官质量上存在的欠缺主要有香气不正，香气过大，杂醇油气，糠味，涩味，苦味，土腥味，生粮味，窖泥味，酒梢味，欠爽净，甜味过大或者香味不协调等。

答题要点：①用语要通俗易懂，又属于本行业的行话，文字要简练，宜粗不宜细；②如酒样中存在几种质量欠缺，要找出其中特别突出的1种；③如试卷上提出了几种可能存在的欠缺，要认真推敲，再从中选择，如某杯酒样中找不出上述的质量欠缺，可判为"基本无欠缺"。

11. 重复性题，又叫准确性题

题型有多种，如三杯法、三三法、一至二杯法等，要求从中找出感官质量完全一样的酒样。酒样中可能是有两杯的质量一样，也可能是多杯的质量一样。

答题要点：①品评酒样时，要着重抓住各杯酒样的个性特征，从中找出一个最突出的特点，即1杯酒样中只能确认1个特点，切忌贪多、全面评价。必要时可检查空杯留香的情况。②注意试卷的提示，"列出感官质量相同的酒样杯号"与"如有感官质量相同的，请列出酒样的杯号"，两者是略有差异的。前者暗示有重复的酒样，后者则可能存在或者不存在质量相同的酒样。③不要轻易列出连等式，如有5杯酒样，品评后判为A杯＝B杯＝D杯。④有时提示为，"某杯酒为标样酒"，要求指出其余酒样中哪一杯与标样酒相同。可能有几种情况，A.有1杯与标样酒的感官质量相同；B.有两杯酒样的质量相同，但与标样酒的质量不同；C.有3杯酒样（含标样酒）的感官质量相同；等等。⑤本题型所提供的酒样一般为5杯，可能有1杯酒样、两双酒样，3个酒样相同，5杯为同一酒样等不同组合；⑥抓住酒样的个性特点是重点，先看酒色，再鉴别香气，往往以味觉为突出点，最后判断确认。

12. 再现性题

该试题的实质与上题基本一致，只是难度比出现在同一轮的重复性题大一些。常见的题型有"单向对比品尝"，也叫两两品尝。

答题要点：①参阅上题有关条款；②可能酒样中有重复性的酒样，如确认存在，可先择出，再找再现性酒样；③每轮次中对每个酒样的评分、评语与风格特征必须认真记录在案，并妥为保存；④对确认的再现性酒样，必须用文字加以表述，即本轮中的×杯酒样与上轮×杯酒样等同，不得以判断分一致取而代之；⑤有时寻找酒样的突出缺点，往往利于识别再现性的酒样。

13. 异香味识别题

如命题"杂气味酒的识别"。白酒中常见的异香、异味可参阅第3、9试题。

答题要点：①如已明示几种异香或异味，应认真从中选择；②排除各酒样中共有的、起干扰作用的、带有异杂气味的物质，如某酒样中只有这种气味，可判为"基本无缺陷"；③针对不同香型的白酒，掌握好正常香气（味）的区分；④如对某酒样的异香（味）不能确认时，可试用"香精露头"一词。

14. 酒名识别题

近年，全国性考试中有"识别国家名优酒"的试题。类似的题型有"辨别真伪（酒）"……

答题要点：①反思国家名优白酒的典型风格；②注意有无重复性的酒样；③如主考老师提出其他方面的要求，应逐项回答，不得遗漏。

15. 文字题

文字题也称笔试题，是以书面方式答题，一般不属于考核的重点，约占总成绩的20%。这类试题的题型较多，每次试题的组合也不尽相同。近年来，全国性考试的试题是由选择题、填空题、判断题和问答题等组成。

答题要点：①对于选择题，要看清题意，认真审题，再行选择，切忌匆忙行事。如未标明单选或多选时，要注意是否存在多项选择；②对于填空题，要尽量填写实质性的内容，不写含糊其辞、偏离主题的文字；③对于判断题，即是非题，要对文字逐字推敲，拨开云雾，抓住关键词，再行判定。如题文中有对的又有错的部分时，应最后来做这些题，贯彻"一票否决制"；④对于问答题，类似的题型有"简答题""论述与场景题"等，要抓住要领，写清概念，问啥答啥，文字简洁、少发挥，但不要遗漏，有几问就应有几答；⑤对于修正题，即改正错误题，通过认真审题后，理解有关的定义与概念，找准错误的关键，再行修改；⑥对于名词解释题，即注释题或释义题，要以写清原著或概念为重点，文字简练而明确；⑦对于计算题，要弄清各计量单位，统一计量单位，又符合法定的计量单位。

16. 评酒题

如"以酒论酒""某香型白酒的品评"等命题。要求对每个酒样进行评分和写评语。

答题要点：①判定酒样的分项分时，不要超过该项设定的最高分值或满分值，如色 10 分，香 20 分，味 60 分，格 10 分；②描述酒样的评语时应按色、香、味、格的顺序逐项地进行简明的阐述；文字应属于评酒术语的范畴；选用的术语又要视所评白酒的香型不同而有所区别。

17. 综合题

一般为包含几种考核因素和多种组合形式的试题。要求认真评分和书写评语外，还可能有识别香型、酒度排序、质量差别、隐含的重复性，或者存在异杂气味等内容。比如：“香型识别与重复性”“某种香型酒的酒度差和质量差”“酒度排列、质量差与重复再现性”“香型和工艺特点的鉴别”等。

答题要点：①对各酒样的不同香型或者感官质量完全一样的，应先标出；②对酒样的酒精度有明显区别的，应标出最高与最低的酒样；③对感官质量有区别的酒样，可根据相应的香型白酒的标准，加以逐项评分，再排列质量差的序列；④要针对题意，对照香型，抓住重点，注意可比性，先熟（悉的）后生（疏的）。

18. 其他试题

比如，“不同类型白酒的评语与评分测试题”“无题”等，目的是进一步考查学员的品评技术或鉴别能力。

答题要点：①保持冷静不紧张，先抓香型和重复，再比较质量差，最后考虑再现性；其中重点往往是重复性的测试；②注意不同香型白酒的区分，有时将浓香型与兼复型白酒的酒样放在同一轮次中；有时将凤香、芝麻香和特香型白酒的酒样在同一轮出现，不要误判。

人们对事物的认识，总是先通过感觉器官的感觉，获得印象后形成知识和记忆，进而对其区分，这就是感觉器官的功能。该功能是可以通过训练得以改善和增强的，进而提高对白酒的品评和判断的能力。机遇对每个人都是平等的，但成为一名合格的品酒师（或评委）只给那些有准备的人。

五、品酒大赛实例分析

下面就 2010 年 11 月举办的《第二届全国白酒品酒大赛》为例进行技术点评，希望对酒厂一线人员以及想成为一名合格的白酒品酒师或评委的同志们有所帮助。

1. 命题分析

这次大赛命题宗旨就是要考出参赛选手真正的白酒品酒能力。理论考试 150 分，技能考试 600 分，总分 750 分。题目类型、分数设定都是第一次采用。

① 理论题目范围涵盖了国家一级品酒师教材全部。由于采用了计算机判分，所以理论题目设置受到一定局限，难度较小，但是题量较大。题型有判断、单选、

多选。建立了包含 300 题的题库。题库公开，考题选择由大赛监审组在考前两天从题库中抽取 100 题为考试题目，同时负责试卷的印制。

② 能力测试题目由大赛评审组出题并组织好轮次和酒样。大赛监审组在每轮考试前 20min 负责对每一轮酒样进行重新编号，重新编号结果在每轮考试结束后才通知大赛评审组，充分体现了大赛的试题保密性，保证公正、公平竞争。这次大赛能力测试题量较大，由于客观环境的影响，加上又是难度较大的六杯品评法，能力测试题目共十四轮，所以本次大赛是历届品评考试题量最大、难度最大的一次竞赛。

2. 品评技术、标准解析

为了搞好本次大赛，克服以往竞赛选手品评技能训练方法和标准不统一的局限性。此次竞赛明确了 18 种中国白酒典型类型酒样、9 种典型类型白酒的质量等级系列酒样，以及中国白酒重要呈香化合物 102 种，并且组织了所有标准酒样，同时责成具体提供办法。明确了白酒质量等级感官分值范围。

3. 评判方法解析

品评能力测定及判分方法采取中国酿酒工业协会白酒品评能力测试系统，协会提供技术支持。这个系统组合考题非常灵活，综合性很强，但也不妨碍个别出题，显然难度比以往的考试要大，但对具备品评经验和长期从事品评的技术人员来讲更有优势。因为这样的考试要求综合能力更强。再现考试可以跨轮次，增加了考题的难度。判分科学公正，真正考出品酒师能力。

糖化发酵剂、酿酒设备、典型类型、分值设定为 1 分，酒样总分设定分值为 3 分，质量排序每杯酒样设定为 3 分，酒度测定每杯酒样是 4 分，重现分值是 3 分，再现分值也是 3 分。酒度判分是按偏离度，就是标准酒度左右 3 度差得分，得分多少按接近标准酒度给分。总分按给定的分值范围给分，只要在给定范围就得满分。

在质量排序判定方面做了较大改进。1～6 序位，即如果 6 杯酒 6 个质量差就是 6 个序位，质量差的题目往往和重现性考试一起出题，那就可能是 5 个序位，也可能是 4 个或 3 个或更少。在回答这类题目时，品评者在当轮次认为样品是哪个质量序就填涂相应序号，但首先要明确当轮次中有没有重现酒样。

这类题目的设置克服了以往考试非对即错的判定原则，质量差设定的判分标准是按序差扣分，即假定本轮质量排序是 18 分，每杯酒样答对 3 分，每个序差是 0.6 分，如果把第一质量排到了第二，扣 0.6 分；排到了第三，扣 1.2 分，以此类推，偏离越多扣分越多。这样设置题目的原因如下。

① 因为质量排序的标准不应该是唯一的，因此不应该是非对即错。以往考试在这类题目上一些老评委和一些资深评委都很吃亏，他们回答出不了大错，但往往是由于一个序差错了，最后不得分。十分可惜，所以非对即错的判分标准有问题，

没有测定出真正的品评水平。品评测试的目的是测定品评能力，而不是测定和专家设定的结果是否一致。

② 按偏离度扣分，偏离度越大扣分越多，真正体现出偏离度越小品评能力越强。反之品酒能力越差。

③ 重复杯号直接填涂，也就是直接回答，也不像以往用同样的分值来描述。这样的好处在于，这一轮没有找出重现酒样，不影响下一轮再现性考试。

④ 再现的回答与以往考试有很大不同。A. 本轮酒样无论以上哪一轮出现都可以直接回答，可以是上一轮，也可以隔轮。B. 假如前些轮重现酒样出现了再现，前些轮又没有找出重现酒样，这时也可以改正，回答正确的再现杯号就可以得分。C. 可以多轮次再现，每一杯酒可以再现不同轮次酒样。

4. 能力测试题目分析

（1）第一轮　闻香鉴别化合物（答案）见表 6-6。

表 6-6　闻香鉴别化合物（答案）

杯号	1	2	3	4	5	6
化合物名称	香兰素	苯乙醛	2-乙酰基呋喃	2,5-二甲基吡嗪	4-乙基愈创木酚	异丁子香酚
编号	069	051	017	011	040	048

总分 18 分。答对 1 个得 3 分，共 18 分。考前将 102 种化合物训练范围缩小到了 30 种，应该说大大缩小了范围，这轮考试没有全部答对的，非常出乎预料，分析原因可能是考试现场主席台背景布散出的甲醛气味影响了选手的发挥。

（2）第二轮　兼香酒质量排序（答案）见表 6-7。

表 6-7　兼香酒质量排序（答案）

杯号	1	2	3	4	5	6
排序	2	4	3	1	3	1

总分 42 分。典型类型：兼香，6 分。糖化发酵剂：大曲，6 分。重现 4＝6，3＝5，12 分。排序：18 分。

这一轮选择了兼香白云边酒的质量等级前四个样品，这轮题难度不是很大，多数选手发挥不错，但是有两个相同酒样，多数没有答对。

（3）第三轮　大曲清香酒质量排序（答案）见表 6-8。

表 6-8　大曲清香酒质量排序（答案）

杯号	1	2	3	4	5	6
排序	2	1	2	3	3	1
糖化发酵剂	大曲	大曲	大曲	大曲	大曲	大曲

总分54分。典型类型：汾酒大曲清香，6分。糖化发酵剂：大曲，6分。酿酒设备：地缸，6分。重现：1=3，2=6，4=5，18分。排序：18分。

这轮考题相对难度较大，一是多数参赛选手对清香类型白酒训练不够，二是考题选用了大曲清香前三个酒样，质量等级不是特别容易区别。由于心理影响，一些选手没有答好这轮题。有个别选手没有鉴别出是汾酒，出现较大错误。

（4）第四轮 典型酒样（答案）见表6-9。

表6-9 典型酒样（答案）

杯号	1(剑南春)	2(泸州)	3(剑南春)	4(四特)	5(口子窖)	6(郎酒)
典型类型	多粮浓香	浓香	多粮浓香	特型	兼香	酱香
酿酒设备	泥窖	泥窖	泥窖	石窖	泥窖	石窖

总分36分。糖化发酵剂：大曲，6分。

这轮题目难度较小，但还是有一部分选手没有把握好得分机会。本轮给出等级酒样分值范围，某种意义上成了烟幕弹。许多选手明明品尝出是优级酒，由于受心理影响，将最终答案定为一级酒，甚至二级酒。

（5）第五轮 质量排序——单粮浓香酒质量排序（答案）见表6-10。

表6-10 单粮浓香酒质量排序（答案）

杯号	1	2	3	4	5	6
排序	5	4	6	3	2	1
糖化发酵剂	大曲	大曲	大曲	大曲	大曲	大曲

总分36分。排序18分，重现0分。糖化发酵剂：大曲，6分。典型类型：浓香，6分。酿酒设备：泥窖，6分。

这轮酒样是泸州老窖质量排序酒样，难度较小，没有重复酒样，部分选手品尝出没有相同酒样，但不够自信，没有拿到该得的分数。

（6）第六轮 质量排序——小曲酒质量排序（答案）见表6-11。

表6-11 小曲酒质量排序（答案）

杯号	1	2	3	4	5	6
排序	4	2	3	3	2	1

总分42分。典型类型：重庆江津，小曲清香，6分。糖化发酵剂：小曲，6分。重现3=4，2=5，12分。排序：18分。

这轮题难度一般，普遍得分较高，但是也有个别选手由于缺乏这类型酒样的训练，没能全面准确地回答好。

（7）第七轮 酒度Ⅰ（答案）见表6-12。

表 6-12　酒度 I（答案）

杯号	1	2	3	4	5	6
酒度	48 度剑南春	46 度泸州	46 度郎酒	46 度汾酒	52 度泸州	50 度汾酒
典型类型	多粮浓香	浓香	酱香	清香	浓香	清香
酿酒设备	泥窖	泥窖	石窖	地缸	泥窖	地缸

总分 42 分。典型类型，6 分。糖化发酵剂：大曲，6 分。酿酒设备：6 分。酒度：4×6＝24 分，4 度差（±2 度），按偏离度扣分。

这轮题难度较大，不同类型酒样在同一轮回答酒度，同时又是相同或接近的酒度。类似于一杯品评法，多数选手缺乏这方面训练，普遍得分不高。

（8）第八轮　质量排序——芝麻香酒质量排序（答案）见表 6-13。

表 6-13　芝麻香酒质量排序（答案）

杯号	1	2	3	4	5	6
排序	2	5	1	4	4	3

总分 36 分。排序：18 分。重现：4＝5，6 分。典型：芝麻香，6 分。糖化发酵剂：大曲，6 分。

芝麻香酒也是大多数选手感到难度较大的类型。这轮题出题时就降低了难度，训练基础好的选手都比较好地完成了这轮题。

（9）第九轮　质量排序——兼香酒质量排序，再现第二轮（答案）见表 6-14。

表 6-14　兼香酒质量排序，再现第二轮（答案）

杯号	1	2	3	4	5	6
排序	5	3	5	1	2	4
再现第二轮		3,5		4,6	1	2

总分 54 分。典型：兼香，6 分。糖化发酵剂：大曲，6 分。重现：1＝3，6 分。排序：18 分。再现：18 分。

这轮题与第二轮再现难度较大。关键在于隔了好多轮，又相隔一天时间，没有很好的记录、很强的记忆力和很好的训练基础，很难回答完整。同时又增加了一个 5 号样，第二轮又是两个重复酒样在这轮再现，可想难度的确比较大，所以这轮题得分普遍偏低。

（10）第十轮　质量排序——多粮浓香酒质量排序（答案）见表 6-15。

表 6-15　多粮浓香酒质量排序（答案）

杯号	1	2	3	4	5	6
排序	5	3	2	1	6	4

总分 42 分。典型：多粮浓香，6 分。糖化发酵剂：大曲，6 分。酿酒设备：泥

窖，6分。重现：1＝5，6分。排序：18分。

这轮题难度较小，主要是多数选手比较熟悉浓香类型白酒，低分较少。

（11）第十一轮 酒度Ⅱ（答案）见表6-16。

表6-16 酒度Ⅱ（答案）

杯号	1	2	3	4	5	6
酒度	53度三花	48度江津	50度三花	53度扳倒井	48度江津	53度郎酒
典型类型	米香	小曲清香	米香	芝麻香	小曲清香	酱香
糖化发酵剂	小曲	小曲	小曲	小曲	小曲	大曲

总分36分。酒度：24分，按照±2度差扣分。

这轮题与第七轮相近，难度也较大，不同类型和相近类型酒样在同一轮回答酒度，也是相同或接近的酒度。类似于一杯品评法，一些没有训练基础的选手有盲目猜的情况，所以高分不多。

（12）第十二轮 质量排序——清香酒质量排序，再现第三轮（答案）见表6-17。

表6-17 清香酒质量排序，再现第三轮（答案）

杯号	1	2	3	4	5	6
排序	1	5	2	2	3	4
再现第三轮	3,6		1,3	1,3	4,5	

总分66分。排序：18分。重现：3＝4，6分。糖化发酵剂：大曲，6分。典型类型：大曲清香，6分。再现：24分。酿酒设备：地缸，6分。

这轮堪称是难度最大的一轮考题，难在这类型酒令很多选手头痛，再加上又是相隔近10轮再现，同时又增加了两个酒样，很难判断那个是新增加的酒样，再加上第三轮所有酒样全部再现，没有特别高的品评水平，很难回答全面。这轮题目分值是整个能力测试题中最高的。所以说，这轮题得分高低决定着选手最终比赛成绩。

（13）第十三轮 质量排序——多粮浓香酒质量排序，再现第十轮（答案）见表6-18。

表6-18 多粮浓香酒质量排序，再现第十轮（答案）

杯号	1	2	3	4	5	6
排序	2	1	4	5	2	3
再现第十轮	3	4		1,5	3	2

总分63分。排序：18分。重现：1＝5，6分。糖化发酵剂：大曲，6分。典型类型：多粮浓香，6分。酿酒设备：泥窖，6分。再现：21分。

这轮题再现第十轮，相隔较近又是多数选手熟悉类型酒，有些选手得了高分，但是有一部分选手表现出隔天再现能力较弱，没有很好地发挥出水平。

（14）第十四轮 典型类型和酒度（答案）见表6-19。

表 6-19 典型类型和酒度（答案）

杯号	1	2	3	4	5	6
酒度	50度湘山	50度玉林泉	53度汾酒	53度三花	53度汾酒	50度湘山
典型类型	米香	小曲清香	大曲清香	米香	大曲清香	米香
糖化发酵剂	小曲	小曲	小曲	小曲	小曲	小曲

总分33分。酒度：3、4、5号杯，15分。糖化发酵剂：6分。典型类型：12分。

这轮题目是典型类型酒中的相近类型白酒，没有很好的训练基础也不是很容易区分的，酒度没有经过调整，题目虽然简单，但是主要考核选手的训练水平。

5. 环境心理分析

这次大赛在比赛环境以及选手心理方面也有许多方面需要总结。比如说品酒能力测试的第一轮由于竞赛环境影响了选手的发挥，在今后品酒考试时，应该特别注意。还有一项需要引起高度重视的是：由于这次大赛考试内容公开，各地参赛选手按规则训练备考，大赛时有许多选手感觉训练酒样与考试酒样明显不一样，其实酒样是一样的，为什么会感觉不一样呢？大赛前到异地培训的选手给出了答案，他们讲同样酒样在家训练与到异地培训感觉不一样。这就是环境不同时，品评酒样的感觉会有明显区别。对本次大赛充分重视，赛前做出相应调整的选手大都取得了好成绩，比如五粮液集团的参赛选手取得优异成绩就充分说明了这一点，他们把训练的全部酒样和化合物空运到北京，提前在驻地进行赛前训练，并且为了克服寒冷干燥的北方天气，还采取了配备加湿器等一系列的措施。

心理因素影响品酒结果，每个参赛选手都清楚，但往往他们还犯这方面错误。第一感觉很对，但自己又会问自己：会有两个剑南春吗？汾酒清香质量排序都是好酒吗？没有一级酒和二级酒怎么会给出提示分数呢？培训酒样考试时没有重新兑一下吗？酒样一定调整过，不会拿我们训练酒样来考试吧？等等。猜想影响了许多选手的发挥。甚至有些赛前十分看好的高水平选手因自己心理干扰的影响打败了自己，没有取得预想成绩。

6. 成绩分析

本次大赛最好成绩是648.3分，最低分数是383.3分；600分以上的有18名；580分以上的53名；560分以上的103名；500分以上的169名。82%的选手取得了500分以上的成绩。新选拔参赛的选手成绩喜人。前23名里有12名新选手，前 100 名有 70 名新选手。新选手成绩优异，共有 72 名新选手入选了 2010 届国家白酒评委。

前 23 名有老评委 11 名，新老选手平分秋色。老评委成绩两极分化，前 100 名有 30 名老评委，后 50 名里有 20 名老评委。据了解，积极备战、强化训练的老评委取得了理想成绩，不重视的老评委成绩较差，有个别老评委非常遗憾没有录取为 2010 届国家白酒评委。

从地区大赛成绩可以看出白酒重要产区以及在初赛和赛前强化培训方面组织得力的省市选手取得了较好成绩。应该特别提出的有 13 人次在不同轮次由于测试表填涂错误导致不得分，主要原因是赛前训练不够，有个别选手根本没有认真备战，所以才导致这样非常不应该出现的问题。

大赛的确考出了真正的品酒水平和训练水平，提高了所有参赛选手的品酒能力。全国白酒行业高水平的品酒师队伍又增添了新的活力。大赛取得了丰硕成果，但仍然有许多不足之处需要在今后品酒师培训和考试中改进和提高。比如品酒考试采取机读卡方式还有许多缺陷，还可以考虑用更先进的屏幕输入方式，以便更好、更全面地对品酒师进行考试。品酒器具、品酒标准样、样品测定时的容量等也需要在今后的品酒实践中改进。如何确定和完善白酒感官质量等级标准，怎样更好地应用品评指导和监督白酒质量的稳定、提升，这些都是需要在今后的工作中探索和解决的问题。

最近几年又相继举行了全国大学生品酒师比赛，主要省市也举办类似大奖赛，提升了各级品酒人员水平。

复习思考题

1. 白酒厂家如何贯彻执行食品安全法？
2. 如何进行质量追溯？
3. 小酒厂如何进行质量控制？
4. 目前我国白酒人才培养体系如何？
5. 白酒行业职业工种有哪些？
6. 如何成为一名合格的品酒师？
7. 酿酒师中的技师、高级技师应掌握的知识有哪些？

附录

附录1 白酒（产品）国家标准汇集

名称	标准号	发布日期	实施日期	备注
浓香型白酒	GB/T 10781.1—2006	2006-07-18	2007-05-01	已修订,待发布
清香型白酒	GB/T 10781.2—2006	2006-07-18	2007-05-01	已修订,待发布
米香型白酒	GB/T 10781.3—2006	2006-07-18	2007-05-01	
酱香型白酒	GB/T 26760—2011	2011-07-20	2011-12-01	
凤香型白酒	GB/T 14867—2007	2007-01-19	2007-07-01	
豉香型白酒	GB/T 16289—2018	2018-06-07	2019-01-01	
特香型白酒	GB/T 20823—2017	2017-09-07	2018-04-01	
芝麻香型白酒	GB/T 20824—2007	2007-01-19	2007-07-01	已修订,待发布
老白干香型白酒	GB/T 20825—2007	2007-01-19	2007-07-01	
浓酱兼香型白酒	GB/T 23547—2009	2009-04-14	2009-12-01	正在修订
董香型白酒	DB52/T 550—2013	2013-10-16	2013-12-01	
馥郁香型白酒	GB/T 22736—2008	2008-12-28	2009-06-01	地标产品 酒鬼酒
液态法白酒	GB/T 20821—2007	2007-01-19	2007-07-01	
固液法白酒	GB/T 20822—2007	2007-01-19	2007-07-01	
小曲固态法白酒	GB/T 26761—2011	2011-07-20	2011-12-01	
地理标志产品 剑南春酒	GB/T 19961—2005	2005-11-17	2006-03-01	含1号修改单
地理标志产品 贵州茅台酒	GB/T 18356—2007	2007-09-19	2008-05-01	含1、2号修改单
地理标志产品 水井坊酒	GB/T 18624—2007	2007-09-19	2008-05-01	含1号修改单
地理标志产品 古井贡酒	GB/T 19327—2007	2007-09-19	2008-05-01	含1号修改单
地理标志产品 口子窖酒	GB/T 19328—2007	2007-09-19	2008-05-01	含1、2号修改单
地理标志产品 道光廿五贡酒	GB/T 19329—2007	2007-09-19	2008-05-01	含1号修改单
地理标志产品 互助青稞酒	GB/T 19331—2007	2007-09-19	2008-05-01	
地理标志产品 西凤酒	GB/T 19508—2007	2007-09-19	2008-05-01	
地理标志产品 玉泉酒	GB/T 21261—2007	2007-12-13	2008-05-01	
地理标志产品 牛栏山二锅头酒	GB/T 21263—2007	2007-12-13	2008-05-01	含1号修改单
地理标志产品 舍得白酒	GB/T 21820—2008	2008-05-05	2008-10-01	
地理标志产品 严关五加皮白酒	GB/T 21821—2008	2008-05-05	2008-10-01	
地理标志产品 沱牌白酒	GB/T 21822—2008	2008-05-05	2008-10-01	
地理标志产品 国窖1573	GB/T 22041—2008	2008-06-25	2008-10-01	
地理标志产品 泸州老窖特曲酒	GB/T 22045—2008	2008-06-25	2008-10-01	
地理标志产品 洋河大曲	GB/T 22046—2008	2008-06-25	2008-10-01	含1号修改单

续表

名称	标准号	发布日期	实施日期	备注
地理标志产品　五粮液酒	GB/T 22211—2008	2008-07-31	2008-11-01	含1号修改单
地理标志产品　景芝神酿酒	GB/T 22735—2008	2008-12-28	2009-06-01	
地理标志产品　酒鬼酒	GB/T 22736—2008	2008-12-28	2009-06-01	含1号修改单
奶酒	GB/T 23546—2009	2009-04-14	2009-12-01	
绿色食品　白酒	NY/T 432—2014	2014-10-17	2015-01-01	
绿色食品　配制酒	NY/T 2104—2018	2018-05-07	2018-09-01	
露酒	GB/T 27588—2011	2011-12-05	2012-06-01	

注：截至2019年12月，供参考。

附录2　白酒主要相关国家标准

名称	标准号	发布日期	实施日期	备注
白酒生产许可证审查细则		2006		新规定待发布
白酒产品质量监督抽查实施规范	CCGF 103.1—2010	2010-07-13	2010-08-01	
食品安全国家标准　蒸馏酒及其配制酒	GB 2757—2012	2012-08-06	2013-02-01	
蒸馏酒及配制酒卫生标准的分析方法	GB/T 5009.48—2003	2003-08-11	2004-01-01	新国标将出台
食品安全国家标准　酒中乙醇浓度的测定	GB5009.225—2016	2016-08-31	2017-03-01	
食品中糖精钠的测定	GB5009.28—2003	2003-08-11	2004-01-01	
食品安全国家标准　食品中阿斯巴甜和阿力甜的测定	GB5009.263—2016	2016-12-23	2017-06-23	
饮料酒分类	GB/T 17204—2008	2008-06-25	2009-06-01	已修订,待发布
白酒工业术语	GB/T 15109—2008	2008-10-19	2009-06-01	正在修订
白酒分析方法	GB/T 10345—2007	2007-01-02	2007-10-01	正在修订
白酒感官品评导则	GB/T 33404—2016	2016-12-30	2017-07-01	
白酒感官品评术语	GB/T 33405—2016	2016-12-30	2017-07-01	
白酒风味物质阈值测定指南	GB/T 33406—2016	2016-12-30	2017-07-01	
酿酒大曲通用分析方法	QB/T 4257—2011	2011-12-20	2012-07-01	
酿酒大曲术语	QB/T 4258—2011	2011-12-20	2012-07-01	
浓香大曲	QB/T 4259—2011	2011-12-20	2012-07-01	
食品安全国家标准　蒸馏酒及其配制酒生产卫生规范	GB8951—2016	2016-12-23	2017-12-23	
白酒企业良好生产规范	GB/T 23544—2009	2009-04-14	2009-12-01	

续表

名称	标准号	发布日期	实施日期	备注
发酵酒精和白酒工业水污染物排放标准	GB 27631—2011	2011-10-27	2012-01-01	
食用酒精	GB 10343—2008	2008-12-29	2009-10-01	已修订,待发布
食品安全国家标准　食用酒精	GB 31640—2016	2016-12-23	2017-06-23	
食品安全国家标准　预包装食品标签通则	GB 7718—2011	2011-04-20	2012-04-20	
食品安全国家标准　食品添加剂使用标准	GB 2760—2014	2014-12-24	2015-05-24	
食品安全国家标准　食品中真菌毒素限量	GB 2761—2017	2017-03-17	2017-09-17	
食品安全国家标准　食品中污染物限量	GB 2762—2017	2017-03-17	2017-09-17	
食品安全国家标准　食品中农药最大残留限量	GB 2763—2019	2019-08-15	2020-02-15	
食品容器、包装材料用添加剂使用卫生标准	GB 9685—2008	2008-09-09	2009-06-01	
生活饮用水卫生标准	GB 5749—2006	2006-12-29	2007-07-01	
玻璃容器　白酒瓶	GB/T 24694—2009	2009-11-30	2010-05-01	
清洁生产标准　白酒制造	HJ/T 402—2007	2007-12-20	2008-03-01	
酒厂设计防火规范	GB 50694—2011	2011-07-26	2012-06-01	
取水定额　第15部分:白酒制造	GB/T 18916.15—2014	2014-09-03	2015-02-01	

参考文献

[1] 沈怡方.白酒生产技术全书.北京：中国轻工业出版社，2009.

[2] 余乾伟.传统白酒酿造技术（第二版）.北京：中国轻工业出版社，2017.

[3] 张文学，赖登燡.中国酒概述.北京：化学工业出版社，2011.

[4] 徐占成.酒体风味设计学.北京：新华出版社，2003.

[5] 周恒刚.白酒工艺学.北京：中国轻工业出版社，2000.

[6] 陈益钊.中国白酒的嗅觉味觉科学及实践.成都：四川大学出版社，1996.

[7] 余乾伟.技术创新提升产业升级　再续"十二五"酒业宏图.酿酒科技，2011，（12）：118-123.

[8] 马勇.中国白酒三十年发展报告（上）.酿酒科技，2016，（2）：17-23.

[9] 丁国祥，赵甘霖，张长伟，等.酿酒高粱生产现状生产现状与发展对策.农业技术与装备，2010，（9）：13-15.

[10] 赖登燡，陈万能，梁诚.入窖七因素的变化规律及相互关系的研究（三）：水窖水分.酿酒科技，2011，（2）：32-35.

[11] 李大和.川滇小曲酒比较，酿酒科技，2010，（5）：55-59.

[12] 杨官荣.四川小曲酒技术的改进与创新，华夏酒报，2011-4-29.

[13] 胡鹏刚，邱树毅，李继杰.酱香大曲酒生产工艺关键环节与其风格质量的关系.酿酒科技，2010，（8）：36-39.

[14] 敖锐，彭茵，陈仁远，等.酱香型白酒的勾调和调味酒的运用，酿酒科技，2016，（12）：74-76.

[15] 崔维东，李勇.米香型白酒机械化发展之路.酿酒科技，2011，（2）：77-79.

[16] 张五九，何松贵，韩兴林，等.豉香型白酒风味成分分析研究.酿酒科技，2010，（12）：58-64.

[17] 向军.全国兼香型白酒品评与分析，酿酒科技，2010，（11）：105-109.

[18] 杨大金，蒋英丽，邓皖玉，等.浓酱兼香型新郎酒的发展及工艺创新，酿酒科技，2011，（4）：53-59.

[19] 来安贵，赵德义，曹建全.芝麻香型白酒的发展历史、现状及发展趋势，酿酒，2009，36（1）：91-95.

[20] 吴晓萍，樊林.馥郁香型白酒的典型工艺.酿酒科技，2009，（1）：51-53.

[21] 文明运，向昕.粉碎原料生产小曲酒工艺研究.酿酒科技，2010，（6）：57-59.

[22] 曹红，赵生玉，赵生元.多粮青稞酒工艺的探讨，酿酒科技，2011，（3）：71-75.

[23] 谭滨.酒体设计与市场需求.酿酒科技，2011，（8）：53-54.

[24] 徐岩，范文来，王海燕，等.风味分析定向中国白酒技术研究的进展.酿酒科技，2010，（11）：73-78.

[25] 赵国敢，陈诚.洋河绵柔型白酒风格浅析，酿酒，2009，36（5）：21-23.

[26] 荣瑞金.白酒企业质量管理探讨，酿酒科技，2009，（8）：137-139.

[27] 宋洪宾.白酒企业生产设备的维修与管理.酒、饮料技术装备，2010，（1）：70-71.

[28] 王传荣，沈洪涛.HACCP在浓香型白酒酿造中的应用探讨.现代食品科技，2010，26（6）：639-642.

[29] 李维青.白酒品评考试答题要领，酿酒科技，2007，（5）：51-54.

[30] 宋书玉，赵建华，甘权.第二届全国白酒品酒职业技能大赛技术点评.酿酒，2011，38（1）：10-13.

[31] 赖登燡.中国十二种香型白酒工艺特点、香味成分及点评要点.酿酒，2005，32（6）：1-6.